トランスレーショナルリサーチを

遺伝子医学MOOK（ムック）・22号

最新疾患モデルと病態解明,創薬応用研究,細胞医薬創製研究の最前線

最新疾患モデル動物,ヒト化マウス,モデル細胞,ES・iPS細胞を利用した病態解明から創薬まで

好評発売中

編集：戸口田淳也（京都大学iPS細胞研究所増殖分化機構研究部門教授
　　　　　　　　京都大学再生医科学研究所組織再生応用分野教授）
　　　池谷　真（京都大学iPS細胞研究所増殖分化機構研究部門准教授）

定価：5,600円（本体 5,333円＋税）送料別、B5判、276頁

●序文
●第1章　創薬に向けた新規遺伝子改変動物
　1．ヒト化肝臓をもつキメラマウスを用いた創薬研究
　2．ジンクフィンガーヌクレアーゼ（ZFN）による重症免疫不全（SCID）ラットの作製と創薬応用研究への試み
　3．トランスジェニックマーモセットの開発とiPS細胞治療薬前臨床モデル確立への試み

●第2章　各種病態モデルと創薬研究
　1．神経疾患
　　1）ES細胞からの機能的な脳下垂体組織の形成：医学応用への展望
　　2）Demyelinationラット：脱髄の最新疾患モデル
　　3）脳虚血モデルマウスを用いた創薬応用研究
　　4）神経変性疾患におけるiPS細胞研究の現状と展望
　　　-アルツハイマー病iPS細胞の樹立と解析-
　　5）球脊髄性筋萎縮症（SBMA）モデルマウスを用いた抗アンドロゲン療法の開発
　　6）パーキンソン病治療に向けた多能性幹細胞由来ドパミン神経細胞移植による前臨床研究
　　7）iPS細胞作製技術を利用した神経疾患病因機構の解明と創薬開発への取り組み

　2．視聴覚疾患
　　1）ゼブラフィッシュを用いた視細胞死の分子メカニズムの解明および創薬応用研究
　　2）高眼圧モデルマウスを用いた緑内障研究と創薬応用
　　3）多能性幹細胞を用いた網膜疾患の細胞移植治療
　　4）ヒト難聴のモデルマウスから見出されたアクチン構造様式制御と創薬研究

　3．循環器疾患
　　1）多能性幹細胞を用いた心臓疾患治療薬の開発
　　2）iPS細胞を用いた遺伝性心疾患の分子病態の解明と創薬研究
　　3）iPS細胞を用いた腎疾患治療薬の開発研究
　　4）NF-κB活性化を中心とした脳動脈瘤形成の分子機序の解明と創薬研究

　4．代謝性疾患
　　1）アルファレスチンファミリー欠損マウスの解析から判明したエネルギー代謝調節機構と肥満・糖尿病の新たな治療法開発
　　2）iPS細胞を用いた糖尿病に対する再生医療開発に向けた取り組み

　　3）レドックス異常を回復する化合物 レドックスモジュレーターの探索：Redoxfluorの創薬への利用

　5．筋原性疾患
　　1）グルココルチコイド筋萎縮モデルラットを用いたグルココルチコイド副作用の克服に向けた取り組み
　　2）筋ジストロフィー犬とエクソンスキップ治療の最前線
　　3）縁取り空胞を伴う遠位型ミオパチーに対するシアル酸補充療法

　6．骨軟骨疾患
　　1）軟骨無形成症モデルマウスを用いたCNP投与療法の開発
　　2）難治性骨軟骨疾患罹患者由来iPS細胞を用いた病態再現と治療薬開発の試み
　　3）大腿骨頭壊死動物モデルを用いた細胞増殖因子治療の取り組みと臨床応用研究

　7．皮膚・炎症性疾患
　　1）アトピー性皮膚炎に見出されたフィラグリン遺伝子の変異を有するflaky tailマウスを用いた新規アトピー性皮膚炎モデル-創薬応用研究の可能性-
　　2）生体内骨髄間葉系幹/前駆細胞動員因子を利用した体内再生誘導医薬開発の展望
　　3）AP-1B欠損マウスの解析から判明した炎症性腸疾患の新たなメカニズムと創薬応用研究

　8．血液疾患
　　1）血友病モデル犬を用いた創薬/臨床応用研究
　　2）ヒト疾患化マウスを用いた白血病創薬応用研究
　　3）臨床応用に向けたヒト多能性幹細胞由来血小板造血研究

　9．腫瘍性疾患
　　1）胃がん発生の分子機序解明と創薬研究を目的としたマウスモデルの開発
　　2）ホルモン療法耐性前立腺がんモデルマウスを用いた前立腺がんの増殖亢進の分子メカニズムの解明および創薬応用研究
　　3）前立腺がんおよび乳がんの骨浸潤モデル：骨微小環境における腫瘍間質相互作用の分子メカニズムの解明と骨転移治療薬の開発への応用
　　4）がん幹細胞に着目した悪性脳腫瘍形成の分子機構解明-よりよい創薬標的を求めて-
　　5）PICT1による核小体ストレス経路を介したp53と腫瘍進展制御-腫瘍予後マーカーや今後の創薬応用に向けて-

発行／直接のご注文は

 株式会社 メディカルドゥ

〒550-0004　大阪市西区靱本町1-6-6　大阪華東ビル5F
TEL.06-6441-2231　FAX.06-6441-3227
E-mail　home@medicaldo.co.jp
URL　http://www.medicaldo.co.jp

遺伝子医学 MOOK 23
臨床・創薬利用が見えてきた microRNA

● C型慢性肝炎におけるペグインターフェロン＋リバビリン併用療法の薬剤効果と関係するmiRNA（文献3より）

（本文31頁参照）

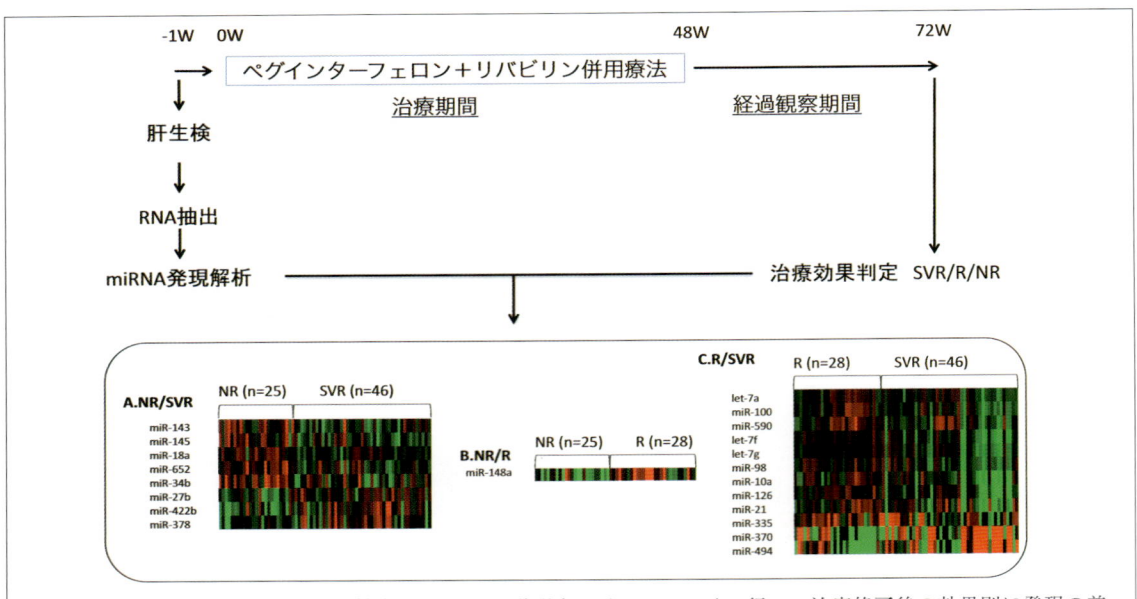

治療前に肝生検を行いtotal RNAを抽出し，miRNA発現をマイクロアレイで行い，治療終了後の効果別に発現の差を示した。AはNR（25例）とSVR（46例）で発現に差のあったmiRNA，BはNRとR（28例），CはRとNR。

● 肝線維化の程度別のmiRNA発現解析（文献4より）

（本文32頁参照）

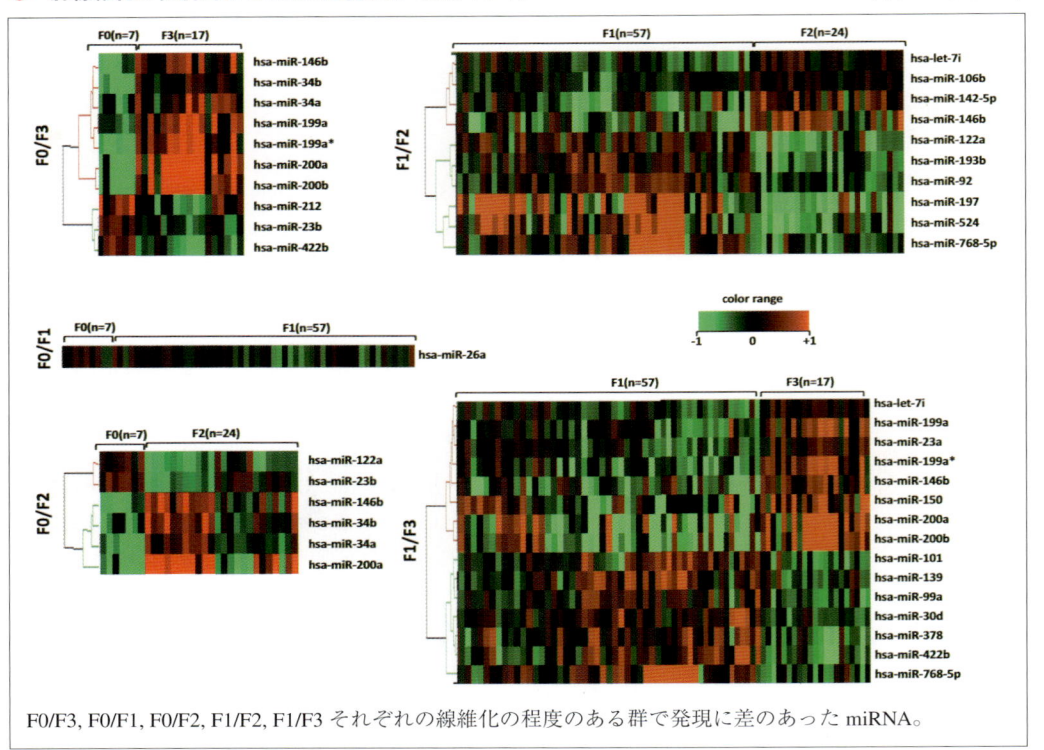

F0/F3, F0/F1, F0/F2, F1/F2, F1/F3 それぞれの線維化の程度のある群で発現に差のあったmiRNA。

巻頭 Color Gravure

● メサンギウム領域に沈着した IgA1（本文 42 頁参照）

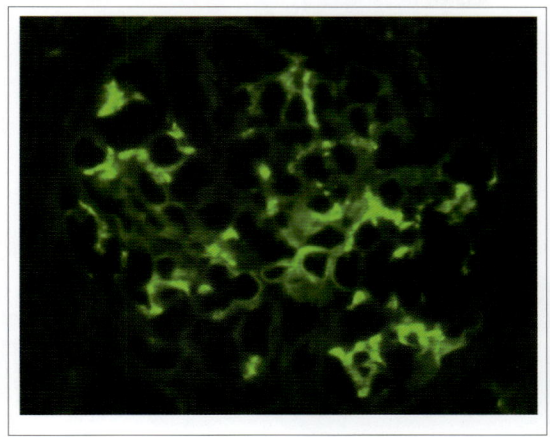

● miR-210 過剰発現は多極紡錘体を誘導し，aneuploidy を引き起こす（文献 10 より）　　　（本文 79 頁参照）

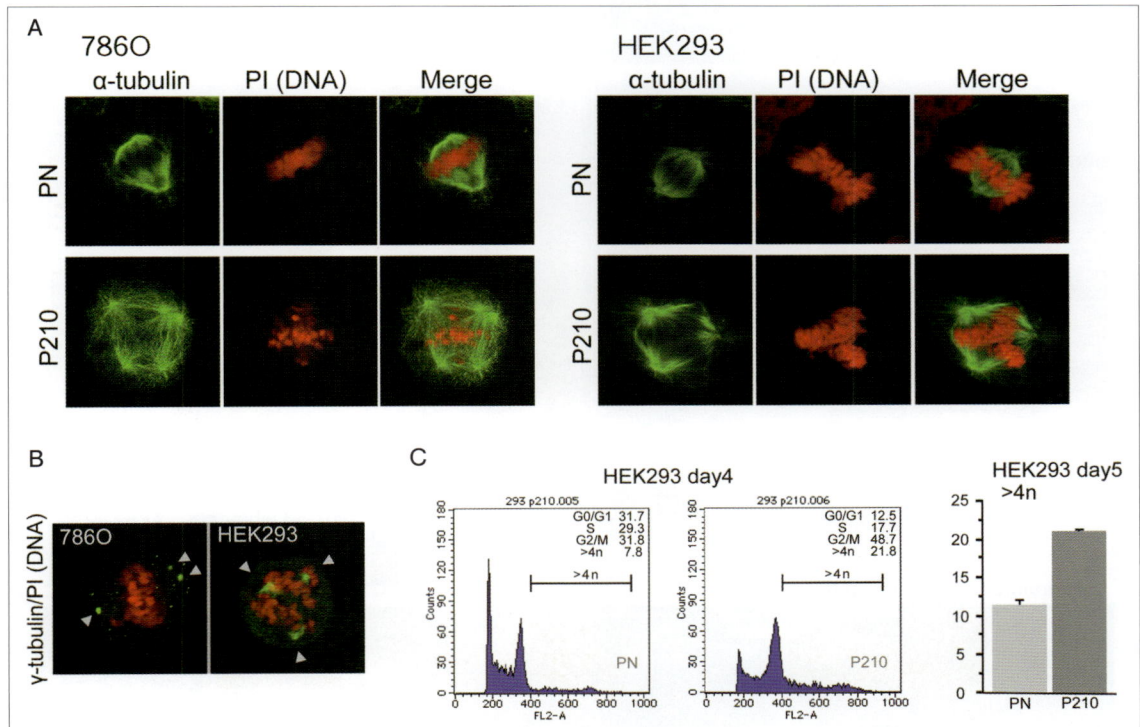

A. 腎がん細胞株786Oとヒト胎児腎細胞株HEK293にmiR-210を過剰発現させると，多極紡錘体が形成された（下段）。
B. miR-210を過剰発現させた細胞では中心体数が増えて（>2）いた（γ-tubulin：中心体マーカー）。
C. HEK293細胞にmiR-210を導入して4日間培養した後にFACSを行い，細胞あたりのDNA量を調べた。すると4n以上の分画（>4n）にある細胞が増加していたことから（左：コントロール，中央：miR-210），aneuploid cellが増えていることが明らかとなった。右端は5日目に同様の実験を行い，>4n分画にある細胞の割合をグラフに示したものである。

巻頭 Color Gravure

● 白内障疾患（A）と眼内レンズ挿入眼（B）（本文84頁参照）

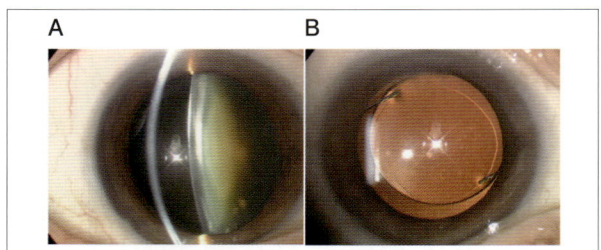

● 網膜の層構造　　　　　　　　　　　　　　　　　　　　　　　　　　　（本文87頁参照）

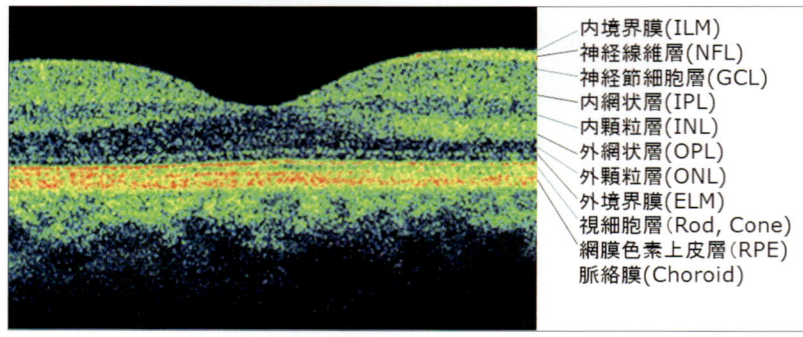

● 神経障害性疼痛下における DNMT3a 発現変化と局在（文献10 より）　　　　　　（本文118頁参照）

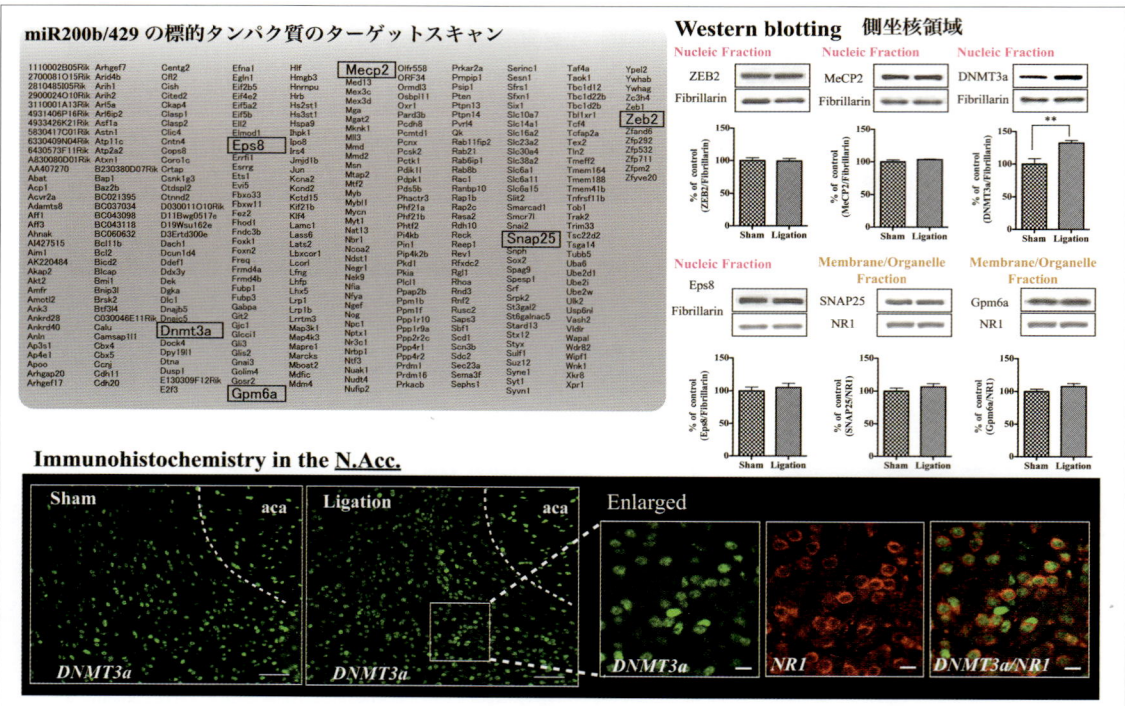

側坐核領域での DNMT3a 発現変化を示す。Sham 群と比較し，Ligation 群において DNMT3a の発現増加が認められる。また，NR1 との共局在を示すことから，神経に特異的に発現していることが示された。

巻頭 Color Gravure

● ドロップアウト法の概要 （本文128頁参照）

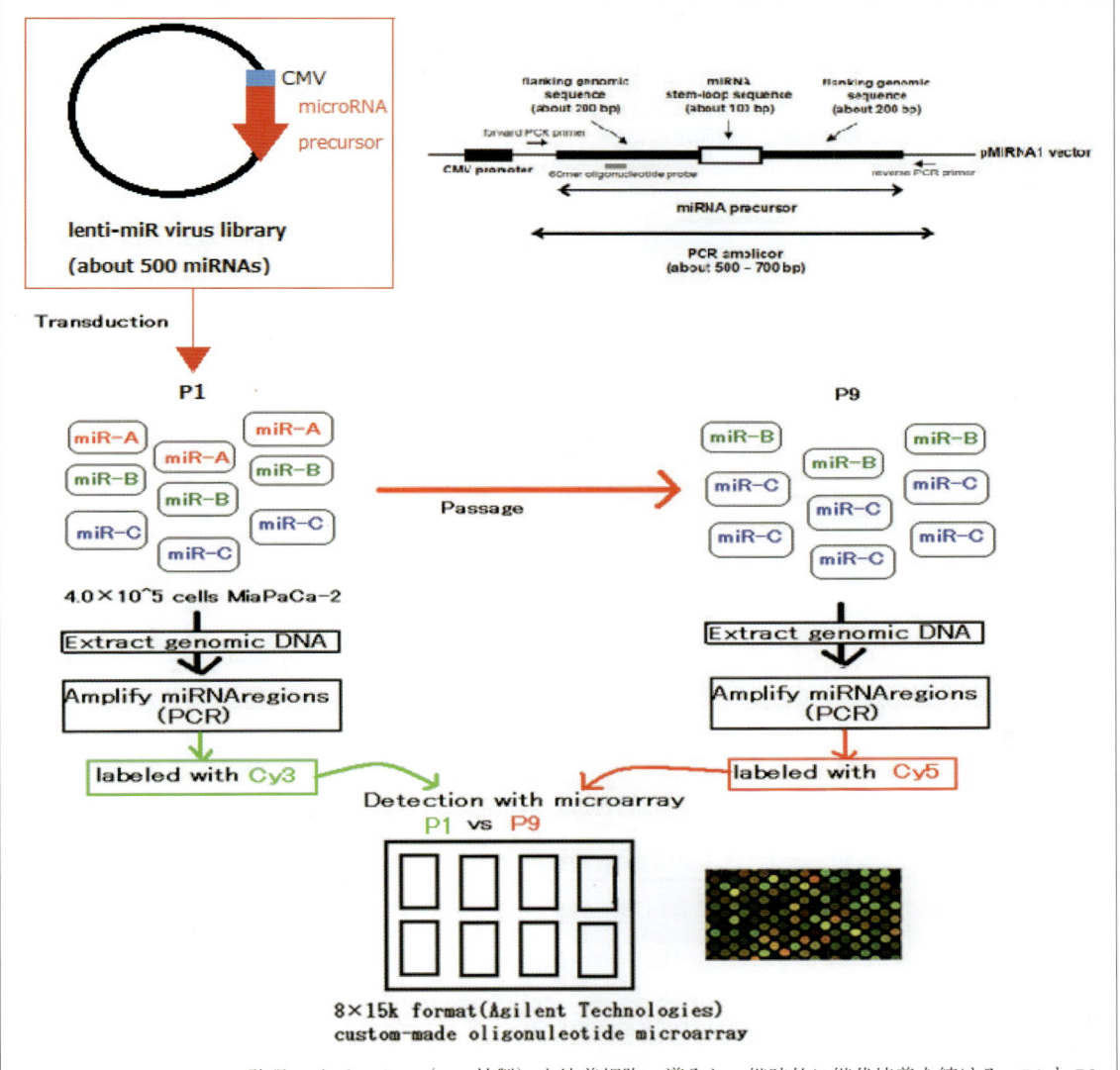

レンチウイルスmiRNA発現ライブラリー（SBI社製）を培養細胞へ導入し，継時的に継代培養を続ける。P1とP9細胞からゲノムDNAを調製し，図右上に記すベクターアームプライマーでPCRを行い，継代時に細胞が保持しているウイルスベクター由来miRNAを増幅する。それらを等量混合した後，アレイ上で競合的ハイブリダイゼーションし，相対コピー数の算出と比較を行う。

巻頭 Color Gravure

● ヒト手術検体からのがん幹細胞の分離同定 　　　　　　　　　　　　　　（本文 134 頁参照）

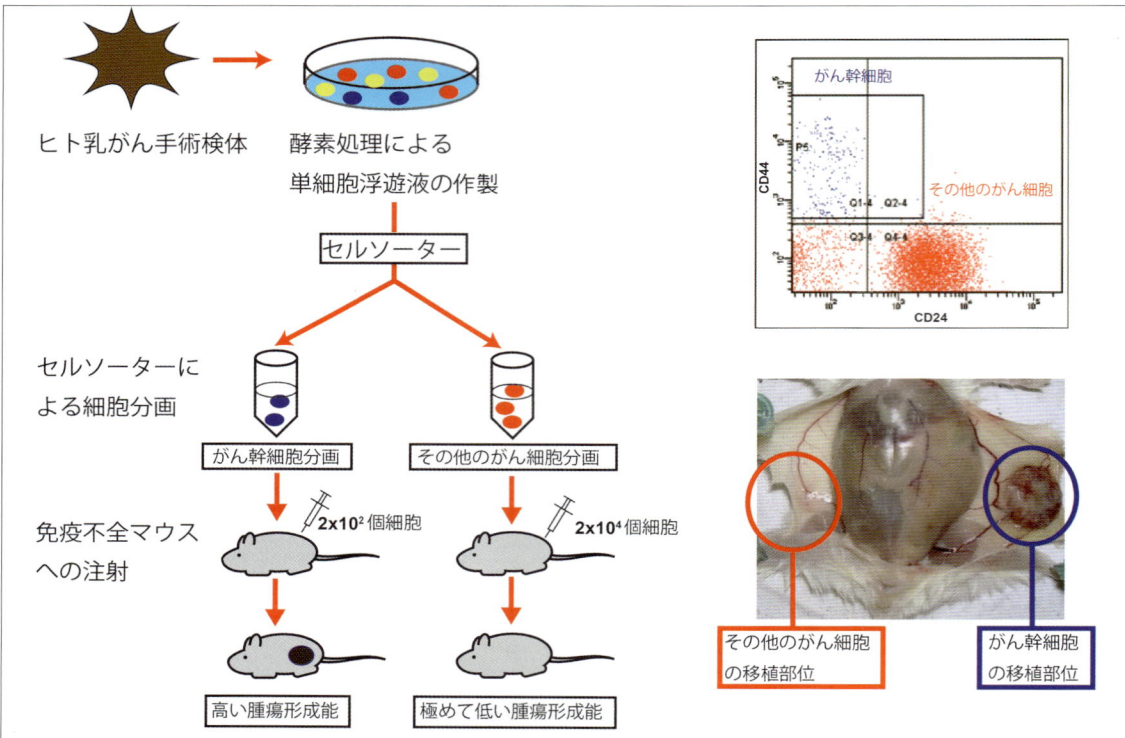

がん手術検体を酵素処理して，単細胞浮遊液を作製した後，抗体にて標識する。がん細胞表面のがん幹細胞マーカーの発現を指標にセルソーターにてがん幹細胞分画に属するがん細胞を分画する。がん幹細胞分画に属するがん細胞は，$2×10^2$ 個でも免疫不全マウスの乳腺領域に腫瘍を形成することが可能であるが，その他のがん細胞分画に属するがん細胞はその 100 倍の細胞数でも腫瘍形成を認めない。

● 細胞老化マイクロRNA「miR-22」の同定（文献3より） （本文140頁参照）

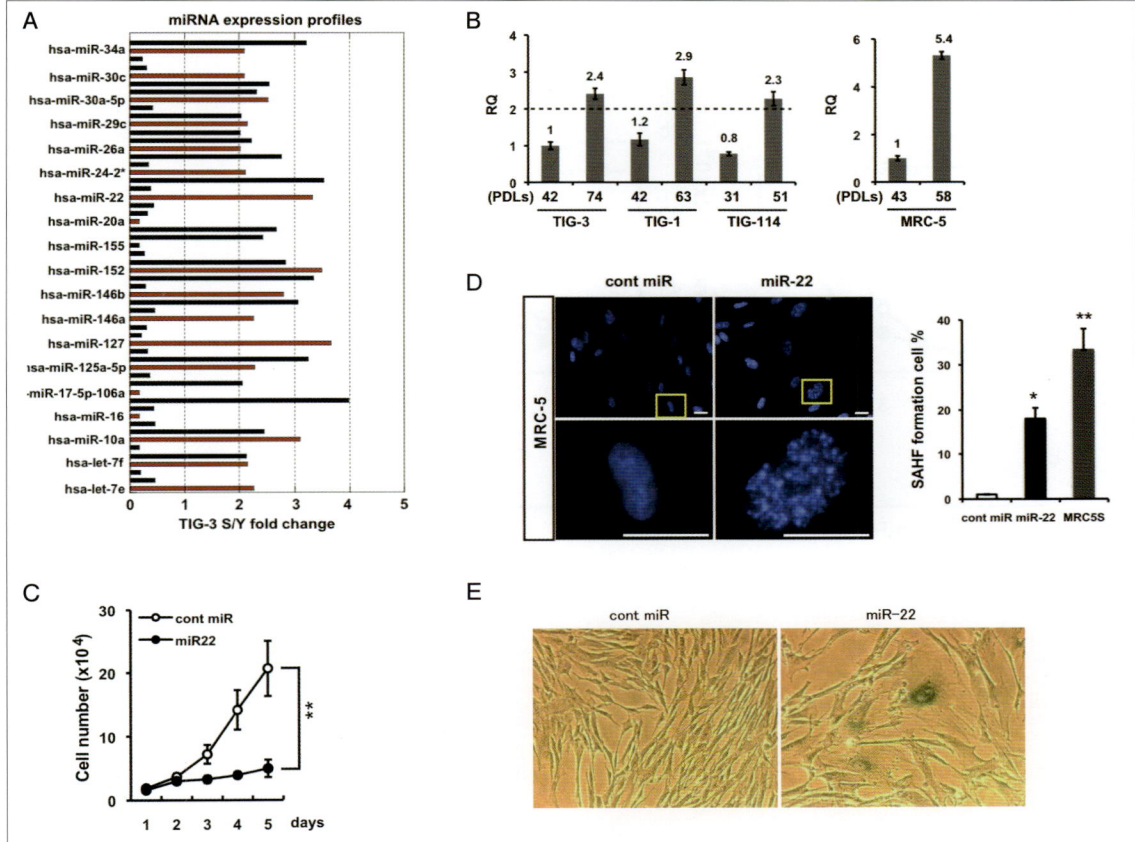

A. 正常線維芽細胞におけるマイクロRNA発現プロファイル。ヒト正常線維芽細胞TIG-3細胞の若い細胞と老化した細胞のマイクロRNAの発現量をマイクロアレイを用いて比較した結果。
B. 正常線維芽細胞の老化に伴うmiR-22の発現増加。様々なヒト正常線維芽細胞の若い細胞と老化した細胞におけるmiR-22の発現量をqRT-PCRで測定し，比較を行った。
C. miR-22による正常線維芽細胞の増殖抑制。合成した成熟型二本鎖miR-22を正常線維芽細胞MRC-5細胞に導入し，細胞計数により細胞増殖に与える影響を評価した。
D. miR-22による正常線維芽細胞の核におけるSAHF形成。合成した成熟型二本鎖miR-22を正常線維芽細胞MRC-5細胞に導入した6日後に細胞を固定し，DAPIによる核染色を行った。
E. miR-22による正常線維芽細胞の老化誘導。合成した成熟型二本鎖miR-22を正常線維芽細胞MRC-5細胞に導入した6日後に細胞を固定し，老化特異的ベータガラクトシダーゼ活性を調べた。

巻頭 Color Gravure

● miR-22の発現ががん細胞に与える影響（文献3より）　　　（本文142頁参照）

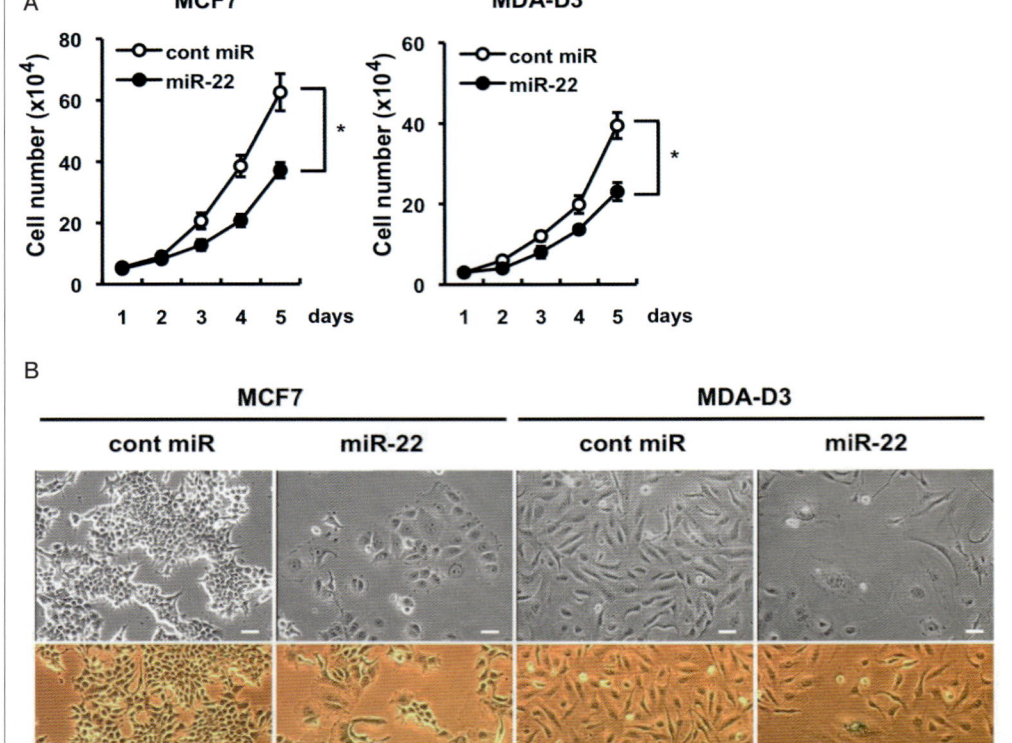

A. miR-22によるがん細胞の増殖抑制。合成した成熟型二本鎖miR-22を乳がん細胞株MCF-7細胞，MDA-MB-231-luc-D3H2LN（MDA-D3）細胞に導入し，細胞計数により細胞増殖に与える影響を評価した。

B. miR-22によるがん細胞の老化誘導。合成した成熟型二本鎖miR-22を乳がん細胞株MCF-7細胞，MDA-MB-231-luc-D3H2LN（MDA-D3）細胞に導入した6日後に細胞を固定し，老化特異的ベータガラクトシダーゼ活性（下段）を調べた。上段は細胞の形態写真を示す。

巻頭 Color Gravure

● miR-22による乳がんモデルマウスでの増殖および転移の抑制（文献3より） （本文144頁参照）

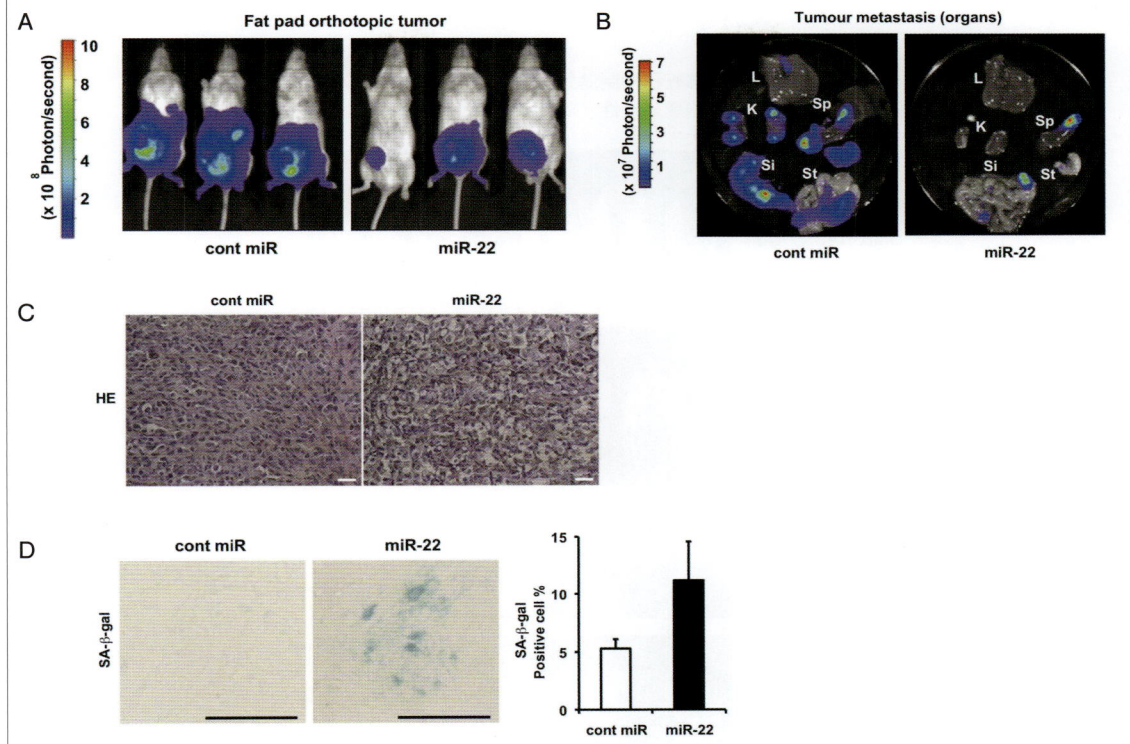

ルシフェラーゼを発現する乳がんの高転移株（MDA-D3）を乳がんモデルマウスの皮下に移植し，約10日目よりmiR-22の投与をJET PEIのデリバリーを用いて皮下に直接投与した．その後もmiR-22を定期的に投与し続け46日目にmiR-22が生体内で腫瘍に与える効果を評価した．

A. miR-22による乳がんモデルマウスでの腫瘍増殖抑制．移植した腫瘍の投与後46日目における細胞数をルシフェラーゼ発現細胞数により評価した．
B. miR-22による乳がんモデルマウスでの他臓器への転移抑制．移植した腫瘍の投与後46日目における肝臓（L），腎臓（K），脾臓（Sp），小腸（Si），胃（St）への転移を，それぞれの臓器におけるルシフェラーゼ発現細胞数により評価した．
C. miR-22による乳がんモデルマウスでの組織空胞化．移植した腫瘍の投与後46日目における移植組織をHE染色で染色した．
D. miR-22による乳がんモデルマウスでの腫瘍老化誘導．移植した腫瘍の投与後46日目における移植組織における老化特異的ベータガラクトシダーゼ活性を調べた．

● 経尿道的膀胱内注入による膀胱がんモデルマウスの作製 （本文149頁参照）

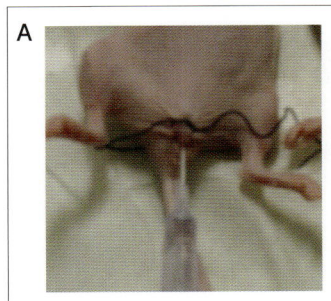 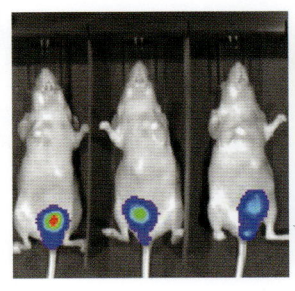

A. メスマウスの尿道にカテーテル（サーフローF&F, 24G, SR-FF2419, テルモ）を挿入（必要なら結紮する）し，膀胱がん細胞を注入する．合成miRNAあるいは抗miRNA分子も同様の方法により投与する．
B. ルシフェラーゼを安定に発現する膀胱がん細胞株の移植により，in vivoイメージング（IVIS, Caliper Lite Science社）でがんの増殖や転移が視覚化可能な膀胱がんモデルマウスとなる．

巻頭 Color Gravure

● miR-143による骨肉腫肺転移抑制効果（*in vivo* イメージングによる評価）と原発巣における腫瘍細胞増殖活性（文献4より改変） （本文153頁参照）

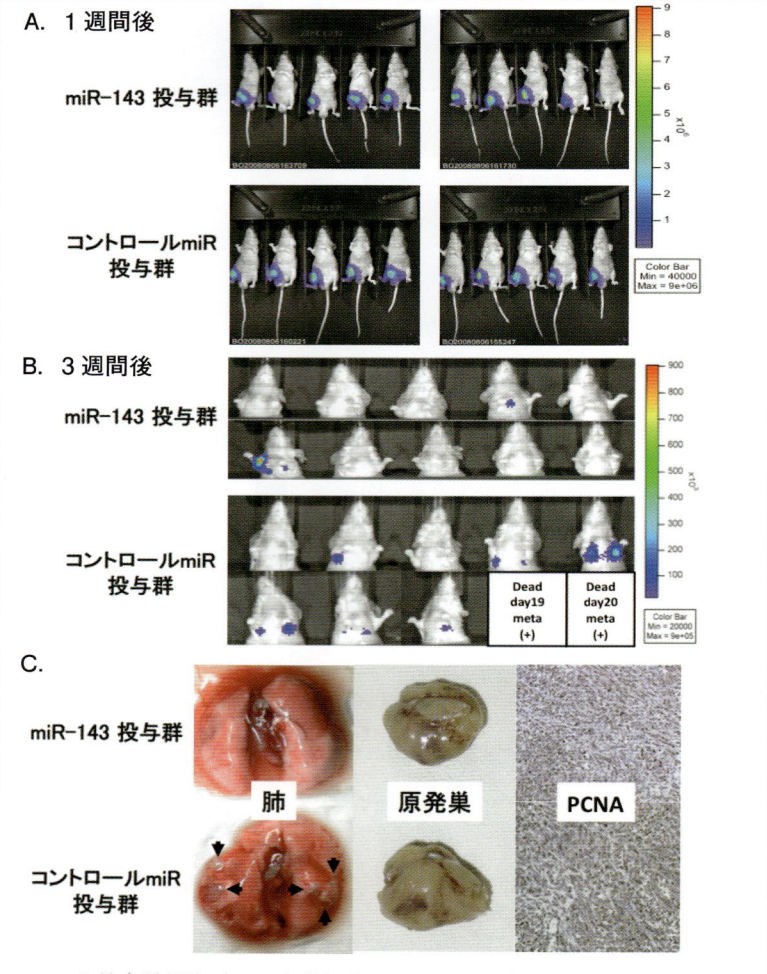

A. ヒト骨肉腫細胞（143B細胞）をマウス膝関節内へ接種することにより，接種部位に原発巣を形成する。
B. 腫瘍細胞接種3週間後，コントロールmiRを経静脈的に全身投与した群では10匹中8匹に肺転移巣が確認されたが，miR-143投与群では，肺転移が抑制されている。
C. 肺転移巣は，コントロールmiR投与群でのみ肉眼的に観察された（矢印）。miR-143原発巣の重量および腫瘍細胞増殖活性は，miR-143投与の有無にかかわらず同程度であった。

巻頭 Color Gravure

● ヒト骨肉腫原発巣における miR-143 および MMP13 発現解析（文献 4 より）　　（本文 155 頁参照）

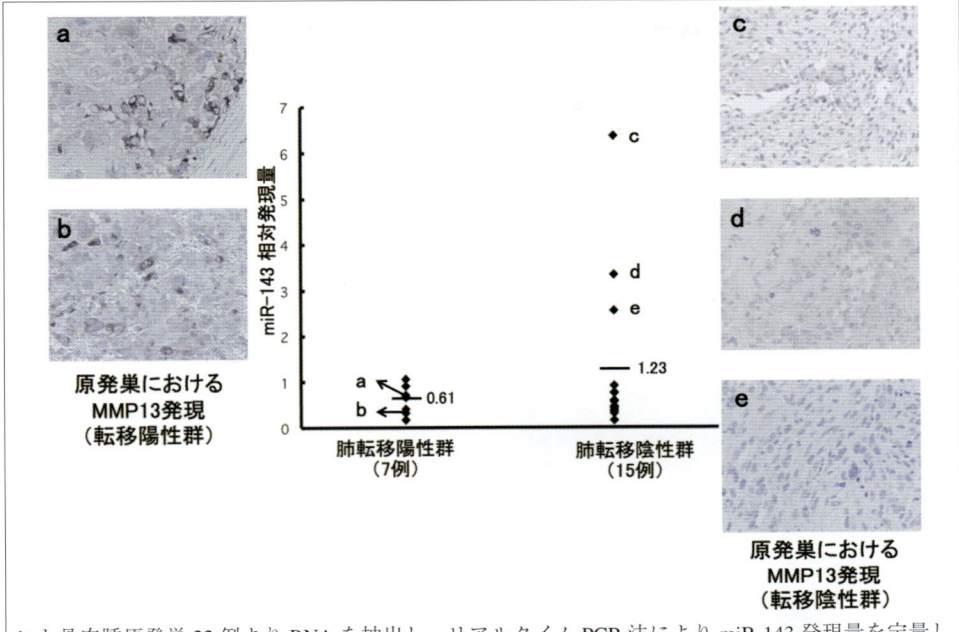

ヒト骨肉腫原発巣 22 例より RNA を抽出し，リアルタイム PCR 法により miR-143 発現量を定量した結果，転移陰性群（15 例）と比較し転移陽性群（7 例）で低値を示した．さらに原発巣における MMP13 発現を免疫組織化学的に検索した結果，転移陰性群では MMP13 陽性腫瘍細胞が散見されるが，転移陰性群の中で miR-143 高発現を示す症例では MMP13 陽性腫瘍細胞は極めて乏しかった．

● 有機無機ハイブリッド籠型磁性粒子のナビゲーション　　（本文 167 頁参照）

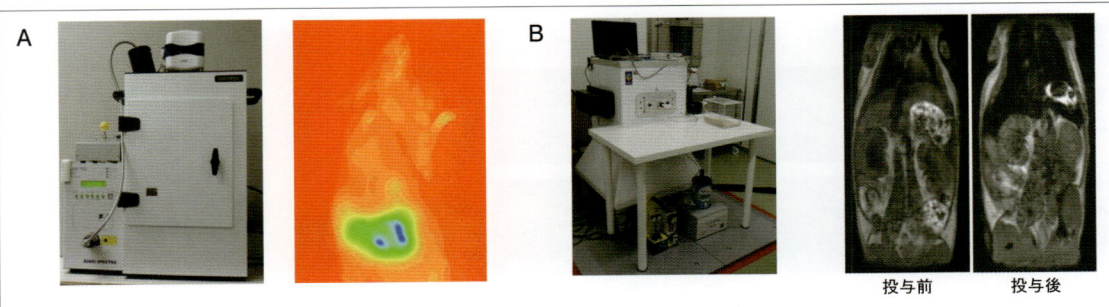

A. イメージング装置（左）による蛍光を搭載した籠型磁性粒子のマウス肝集積の観察（右）
B. 動物用 MRI 装置（左）による籠型粒子のマウス肝への集積の観察（右）

● チタンめっきネオジム磁石（実願 2007-10221）　　（本文 167 頁参照）

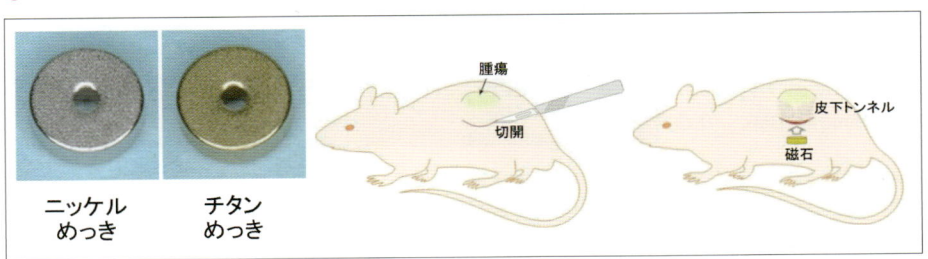

巻頭 Color Gravure

● チタンカプセル化ネオジム磁石（特願2008-304288）（本文168頁参照）

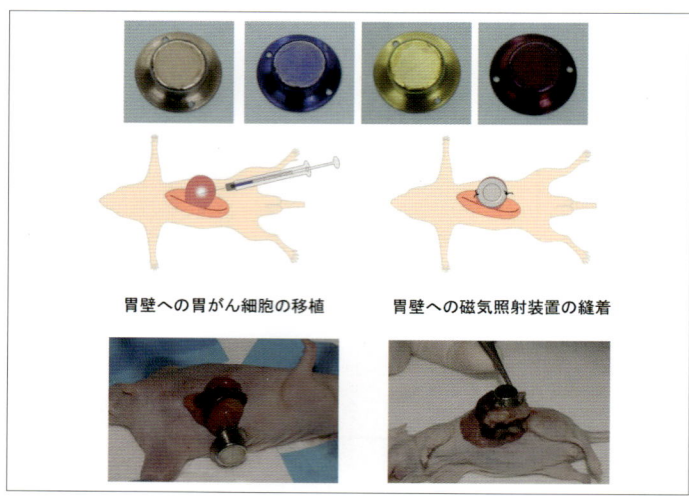

● ワクシニアウイルス膜タンパクB5RのmiRNA制御と伝播増殖性 　　　　　　　　　　　（本文179頁参照）

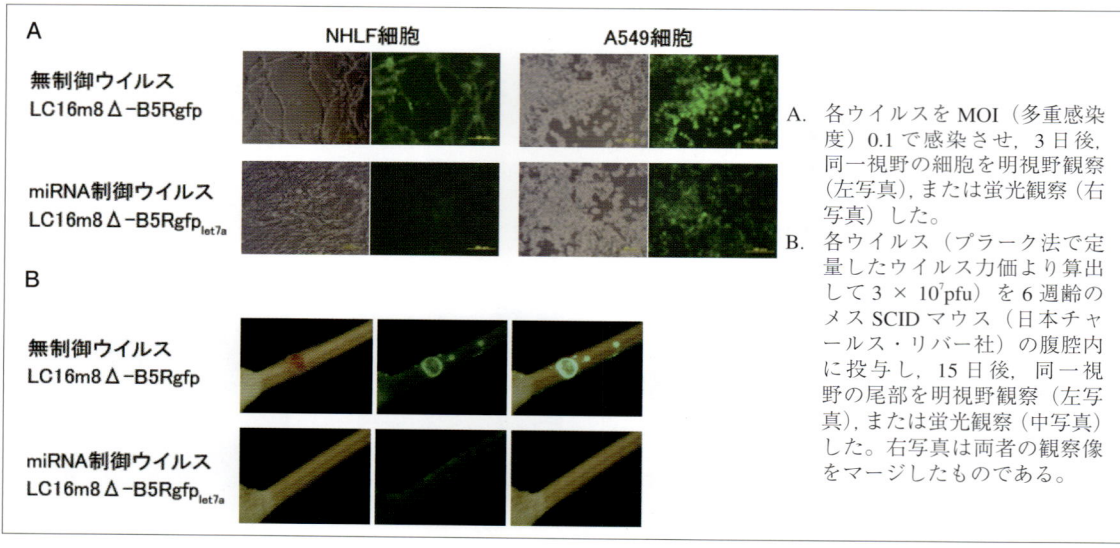

A. 各ウイルスをMOI（多重感染度）0.1で感染させ，3日後，同一視野の細胞を明視野観察（左写真），または蛍光観察（右写真）した。

B. 各ウイルス（プラーク法で定量したウイルス力価より算出して3×10^7 pfu）を6週齢のメスSCIDマウス（日本チャールス・リバー社）の腹腔内に投与し，15日後，同一視野の尾部を明視野観察（左写真），または蛍光観察（中写真）した。右写真は両者の観察像をマージしたものである。

● 担がんマウスモデルにおけるmiRNA制御ワクシニアウイルスの腫瘍特異的増殖性　（本文180頁参照）

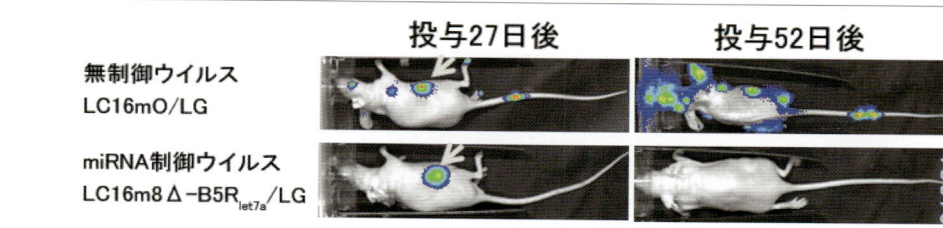

各ウイルスは，感染細胞内でルシフェラーゼを発現するので，ウイルス投与27日および52日後におけるBxPC3担がんマウス体内のウイルス分布をルシフェリン投与によって非侵襲的にモニターした。増殖ウイルス数は赤色ほど多く，赤色＞黄色＞黄緑色＞水色＞青色となっている。矢印は腫瘍部位を示している。

巻頭 Color Gravure

● miR-122a 標的配列をホタルルシフェラーゼ発現カセットに挿入した Ad ベクター（文献 13 より改変）（本文 184 頁参照）

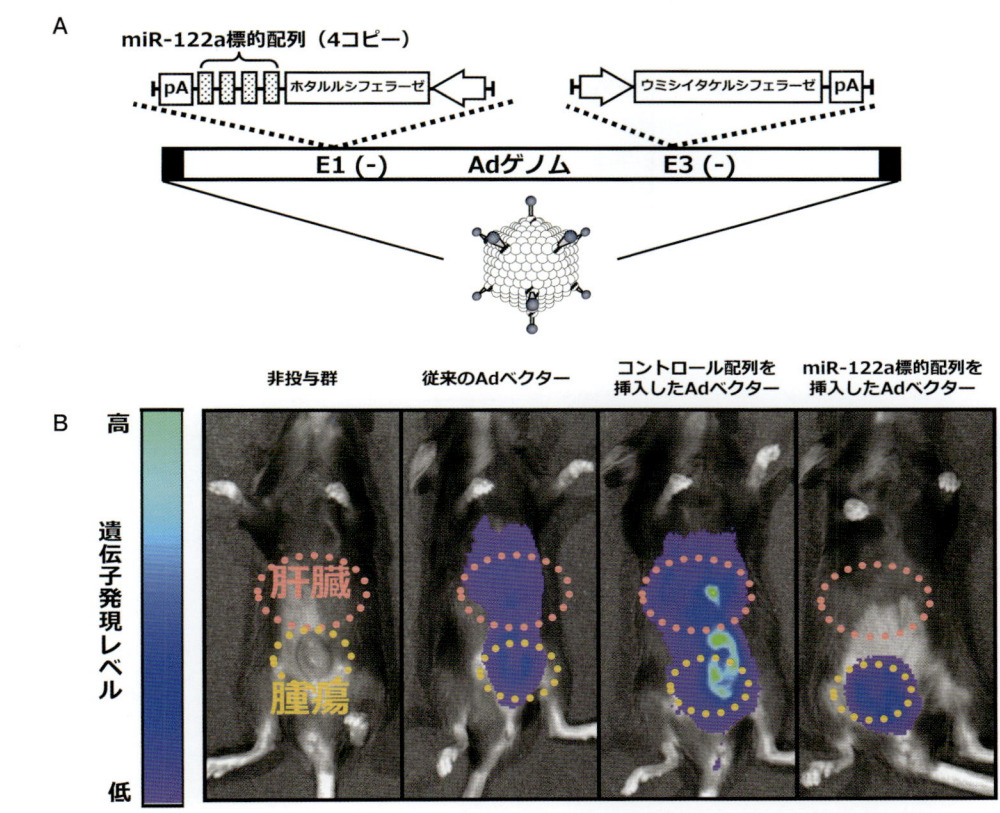

A. 肝臓での遺伝子発現を抑制するため，ホタルルシフェラーゼ遺伝子の 3'非翻訳領域に miR-122a 標的配列を 4 コピー挿入した．またホタルルシフェラーゼ発現量を補正することを目的に，E3 欠損領域にはウミシイタケルシフェラーゼ発現カセットを挿入した．
B. miR-122a 標的配列をホタルルシフェラーゼ遺伝子の 3'非翻訳領域に挿入した Ad ベクターを，マウス皮下腫瘍内に投与した．投与 24 時間後にホタルルシフェラーゼの発現を解析した．

● miR-1, miR-133a, miR-133b, miR-206 がコードされているヒトゲノム領域と各成熟型 miRNA の塩基配列

（本文 221 頁参照）

miR-1/miR-133a・miR-206/miR-133b クラスター

Human Chromosome 20q13.33 — miR-1-1 — miR-133a-2
Human Chromosome 18q11.2 — miR-1-2 — miR-133a-1
Human Chromosome 6p12.2 — miR-206 — miR-133b-2

miR-1:   UGGAAUGUAA**A**GAAGU**A**UGUA**U**   miR-133a: UUUGGUCCCCUUCAACCAGCU**G**
miR-206: UGGAAUGUAA**G**GAAGU**G**UGU**GG**   miR-133b: UUUGGUCCCCUUCAACCAGCU**A**

miR-1 と miR-206 は 4 塩基，miR-133a と miR-133b は 1 塩基の差異がそれぞれあるが，シード配列（5'末端側の 2-8 塩基目の配列）は共通である．

巻頭 Color Gravure

● KEGG パスウェイ「PATHWAY IN CANCER」マップの一部 （本文 225 頁参照）

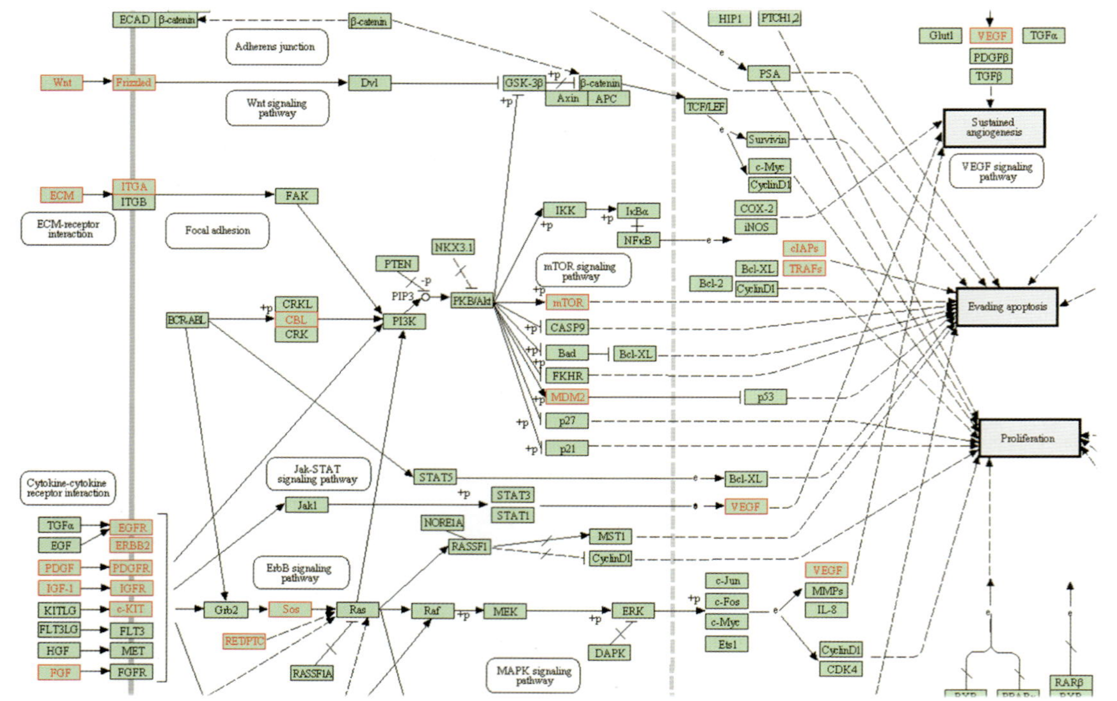

EGFR，VEGF，mTOR を含む miR-375 の標的遺伝子は赤字で表示されている．

トランスレーショナルリサーチを支援する

好評発売中

遺伝子医学 MOOK・4号（ムック）

RNA と創薬

編集：中村義一（東京大学医科学研究所教授）
定価：5,250円（本体 5,000円＋税）送料別、B5判、236頁

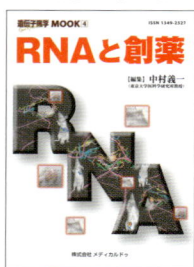

概論：RNA科学
● 第1章　創薬ツールとしてのRNA
　1. アプタマー創薬
　2. RNAi創薬
　3. RNA工学プラットフォーム
● 第2章　創薬ターゲットとしてのRNA
　1. RNAスプライシング異常と疾患
　2. リボソーム構造と創薬
　3. mRNA品質管理と創薬
　4. 翻訳開始因子（eIF）の異常による癌化と創薬
● 第3章　未知なるRNAと創薬の地平
　1. 創薬科学におけるnon-coding RNAの可能性
　2. RNPアーキテクチャー

発行／直接のご注文は 株式会社 メディカルドゥ

TEL.06-6441-2231　FAX.06-6441-3227
E-mail　home@medicaldo.co.jp
URL　http://www.medicaldo.co.jp

遺伝子医学MOOK別冊

創薬研究シリーズ
最新創薬インフォマティクス活用マニュアル

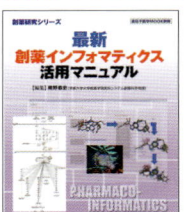

編　集：奥野恭史
　　　　（京都大学大学院薬学研究科教授）
定　価：4,500円（本体4,286円＋税）
型・頁：A4変型判、168頁

遺伝カウンセリングハンドブック

編　集：福嶋義光
　　　　（信州大学医学部教授）
編集協力：山内泰子・安藤記子
　　　　　四元淳子・河村理恵
定　価：7,800円（本体7,429円＋税）
型・頁：B5判、440頁

ペプチド・タンパク性医薬品の新規DDS製剤の開発と応用

編　集：山本　昌
　　　　（京都薬科大学教授）
定　価：5,600円（本体5,333円＋税）
型・頁：B5判、288頁

はじめての臨床応用研究
本邦初!! よくわかるアカデミアのための臨床応用研究実施マニュアル

編　集：川上浩司
　　　　（京都大学大学院医学研究科教授）
定　価：3,300円（本体3,143円＋税）
型・頁：B5判、156頁

創薬技術の革新：
マイクロドーズから
PET分子イメージングへの新展開

編　集：杉山雄一
　　　　（東京大学大学院薬学系研究科教授）
　　　　山下伸二
　　　　（摂南大学薬学部教授）
　　　　栗原千絵子
　　　　（放射線医学総合研究所分子イメージング
　　　　　研究センター主任研究員）
定　価：5,600円（本体5,333円＋税）
型・頁：B5判、252頁

薬物の消化管吸収予測研究の最前線

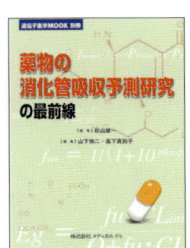

編　集：杉山雄一
　　　　（東京大学大学院薬学系研究科教授）
　　　　山下伸二
　　　　（摂南大学薬学部教授）
　　　　森下真莉子
　　　　（星薬科大学准教授）
定　価：3,150円（本体3,000円＋税）
型・頁：B5判、140頁

お求めは医学書販売店、大学生協もしくは弊社購読係まで

発行／直接のご注文は

 株式会社 メディカルドゥ

〒550-0004
大阪市西区靱本町1-6-6　大阪華東ビル5F
TEL.06-6441-2231　FAX.06-6441-3227
E-mail　home@medicaldo.co.jp
URL　http://www.medicaldo.co.jp

遺伝子医学 MOOK 別冊

進みつづける細胞移植治療の実際 -再生医療の実現に向けた科学・技術と周辺要素の理解-

《上巻》 細胞移植治療に用いる細胞とその周辺科学・技術
《下巻》 細胞移植治療の現状とその周辺環境

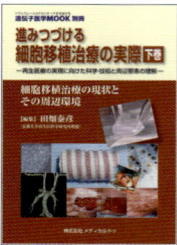

編 集：田畑泰彦
　　　（京都大学再生医科学研究所教授）
定 価：各5,400円（本体5,143円＋税）
型・頁：B5判
　　　　上巻 268頁、下巻 288頁

ますます重要になる
細胞周辺環境（細胞ニッチ）の最新科学技術
細胞の生存，増殖，機能のコントロールから
創薬研究，再生医療まで

編 集：田畑泰彦
　　　（京都大学再生医科学研究所教授）
定 価：5,850円（本体5,571円＋税）
型・頁：A4変型判、376頁

絵で見てわかるナノDDS
マテリアルから見た治療・診断・予後・予防，
ヘルスケア技術の最先端

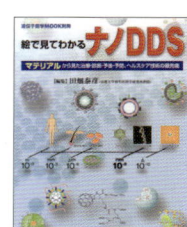

編 集：田畑泰彦
　　　（京都大学再生医科学研究所教授）
定 価：5,600円（本体5,333円＋税）
型・頁：A4変型判、252頁

バイオ・創薬・化粧品・食品開発をサポートする
バイオ・創薬 アウトソーシング
企業ガイド 2006-07

監 修：清水　章
　　　（京都大学医学部附属病院
　　　　探索医療センター教授）
定 価：3,700円（本体3,524円＋税）
型・頁：A5判、344頁

分子生物学実験シリーズ
図・写真で観る
タンパク構造・機能解析実験実践ガイド

編 集：月原冨武
　　　（大阪大学蛋白質研究所教授）
　　　　新延道夫
　　　（大阪大学蛋白質研究所助教授）
定 価：4,500円（本体4,286円＋税）
型・頁：A4変型判、224頁

お求めは医学書販売店、大学生協もしくは弊社購読係まで

発行／直接のご注文は

 株式会社 メディカルドゥ

〒550-0004
大阪市西区靱本町1-6-6　大阪華東ビル5F
TEL.06-6441-2231　FAX.06-6441-3227
E-mail　home@medicaldo.co.jp
URL　http://www.medicaldo.co.jp

トランスレーショナルリサーチを支援する
遺伝子医学MOOK 23
Gene & Medicine

臨床・創薬利用が見えてきた
microRNA

【監修】**落谷孝広**
（国立がん研究センター研究所
分子細胞治療研究分野分野長）

【編集】**黒田雅彦**
（東京医科大学分子病理学講座主任教授）

尾﨑充彦
（鳥取大学医学部生命科学科
病態生化学分野准教授）

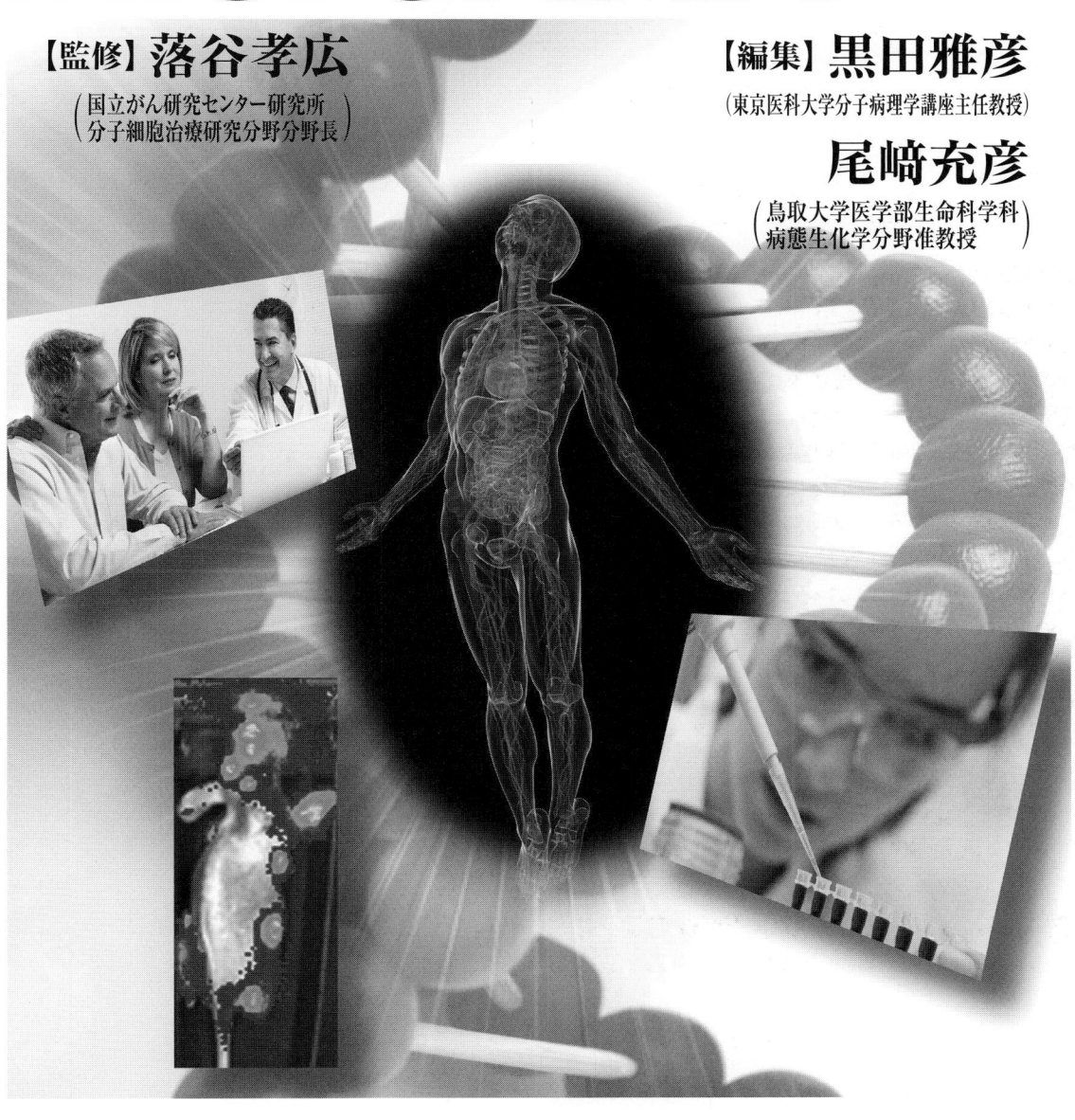

序文

　non-coding RNA の一種である microRNA は，生命現象の微調整役として多くの遺伝子やタンパク質の発現制御に関与している．これまでの microRNA の発現解析では，主に細胞・組織内の microRNA が対象とされてきた．それらの研究が示すものは，microRNA の発現異常を補正することが新たな疾患治療に貢献する可能性である．がんなどの多くの疾患では，特定の microRNA のコピー数が上昇したり低下したりするため，補充療法やアンタゴニストなどによる抑制療法が治療戦略としては可能である．最近，欧州の企業による LNA（locked nucleic acid）誘導体を利用した miRNA-122 の阻害剤を使った C 型肝炎患者に対する臨床試験フェーズ 2 は良好な成績を収めるなど，microRNA を対象にした医薬品開発も目覚ましい進展をみせている．さらに最近になって，細胞外に分泌される microRNA（分泌型 microRNA）に注目が集まるようになった．分泌型 microRNA は体液中を循環するが，エクソソームのようなナノサイズの小胞顆粒に包埋されたり，特定のタンパク質と結合した形態で分泌されるため，多くの消化酵素が存在する血漿・血清中でも安定である．特にがんをはじめとする疾患の病態やステージなど，ヒトの生理状態によってその発現量や種類が大きく変化するため，血液などの体液を利用した非浸襲的な診断用バイオマーカーとして開発されようとしている．こればかりではなく，分泌された microRNA は周囲の細胞へと到達し，何らかのシステムで取り込まれた後，内包された microRNAs が受容細胞中で機能するらしい事実も次々と明らかになってきた．こうした発見は，特にがん細胞の転移のメカニズムにわれわれがこれまで知り得なかった策略が秘められていたことを物語る現象として興味深い．microRNA が内包されていたことに端を発して，エクソソーム研究が再燃し，新しい潮流として世界中を湧かせており，ISEV という研究組織が本格的に動き出したことも 2012 年の特筆すべき事象である．

　本特集では，microRNA がもたらすメガインパクトを，この領域の第一線の研究者らによって，疾患の診断と治療の両面から徹底的に分析していただく機会を得た．国内においても，核酸医薬に真正面から取り組む企業が出現するなどの明るい話題も豊富であり，これらの最前線の研究内容が，核酸医薬の新しい時代の幕開けとなり，疾患で苦しむ方々への光明となることを祈念する．

落谷孝広

トランスレーショナルリサーチを支援する
遺伝子医学MOOK 23

臨床・創薬利用が見えてきた microRNA

目　次

監　修：落谷孝広（国立がん研究センター研究所分子細胞治療研究分野分野長）
編　集：黒田雅彦（東京医科大学分子病理学講座主任教授）
　　　　尾﨑充彦（鳥取大学医学部生命科学科病態生化学分野准教授）

　　　巻頭 Color Gravure ………………………………………………………… 4
　　●序文 ………………………………………………………………………… 21
　　　　　　　　　　　　　　　　　　　　　　　　　　　　　　落谷孝広

第1章　microRNA 診断

1. 肝疾患における miRNA 診断 ……………………………………………… 30
　　　　　　　　　　　　村上善基・田中正視・棚橋俊仁・田口善弘
2. 肺がんにおける miRNA 診断 ……………………………………………… 36
　　　　　　　　　　　　　　　　　　　　　　　　　　　　石川雄一
3. 糸球体腎炎における miRNA 診断の展望 ………………………………… 41
　　　　　　　　　　　　平塩秀磨・中島　歩・正木崇生・田原栄俊
4. 神経変性疾患に関与する miRNA とその臨床応用への可能性 ………… 44
　　　　　　　　　　　　　　　　　　　　　　　　今居　譲・服部信孝
5. 整形外科疾患における microRNA ………………………………………… 48
　　　　　　　　　　　　　　　　　　　　　　　　中原啓行・浅原弘嗣
6. 乳がんにおける microRNA 診断 …………………………………………… 54
　　　　　　　　　　　　　　　　　　　　　　　　　　　　柴田龍弘
7. 小児疾患における miRNA 診断 …………………………………………… 60
　　　　　　　　　　　　　　　　　　　　　　　　　　　　大喜多　肇
8. 血液疾患における miRNA 診断の応用 …………………………………… 64
　　　　　　　　　　　　　　　　　　　　　　　　大屋敷純子・大屋敷一馬
9. 胃がんにおける miRNA 診断 ……………………………………………… 72
　　　　　　　　　　　　　　　　　　　　　　　　阿部浩幸・深山正久
10. 腎がんにおいて異常発現する miRNA とその機能 ……………………… 77
　　　　　　　　　　　　　　　　　　　　　　　　中田知里・守山正胤

11. 眼疾患における miRNA ・・ 83
橋田徳康

12. 大腸がんにおける miRNA 診断 ・・・・・・・・・・・・・・・・・・・・・・・・・・・・・ 89
大野慎一郎・高梨正勝・土田明彦・黒田雅彦

13. 血清中 microRNA を用いた炎症性腸疾患の診断 ・・・・・・・・・・・・・ 95
中道郁夫

14. 膵がん領域における miRNA 研究 ・・・・・・・・・・・・・・・・・・・・・・・・・ 101
金井雅史・松本繁巳・村上善基

15. 脳腫瘍における miRNA ・・・・・・・・・・・・・・・・・・・・・・・・・・・・・・・・・ 105
秋元治朗・原岡　襄

16. 妊娠における miRNA 診断：
　　胎盤特異的 miRNA と妊娠高血圧症候群の発症予知 ・・・・・・・・ 110
瀧澤俊広・大口昭英・右田　真・松原茂樹・竹下俊行

17. 疼痛と神経疾患による脳内 miRNA 発現変動：
　　中枢性疾患の診断基準としての miRNA ・・・・・・・・・・・・・・・・・・ 116
西須大徳・山下　哲・葛巻直子・成田道子・落谷孝広・成田　年

第2章　microRNA 治療

1. miR-146 による関節炎モデルにおける骨破壊抑制 ・・・・・・・・・・・・ 122
中佐智幸・越智光夫

2. がん抑制的 miRNAs - 効率な単離法から機能解析まで - ・・・・・・ 126
土屋直人・中釜　斉

3. マイクロ RNA によるがん幹細胞標的治療 ・・・・・・・・・・・・・・・・・・ 133
百瀬健次・下野洋平

4. miR-22 による乳がんモデルマウスを用いた増殖・転移抑制 ・・・・ 139
石原えりか・福永早央里・田原栄俊

5. 膀胱がんに対する miRNA 治療の可能性 ・・・・・・・・・・・・・・・・・・・ 146
竹下文隆・落谷孝広

6. マイクロ RNA によるがん転移予防への展開
　　- miR-143 による骨肉腫肺転移抑制効果とその標的遺伝子の同定 - 151
尾﨑充彦・杉本結衣

7. 分泌型 microRNA による新たな細胞間コミュニケーション：
　　エクソソームを用いた microRNA 治療への挑戦 ・・・・・・・・・・・・ 157
小坂展慶・萩原啓太郎・吉岡祐亮・落谷孝広

● CONTENTS

8. 核酸医薬などのドラッグデリバリーをめざした
   磁性ナノコンポジットの創製 163
   　　　　　　　　　　　　　　　　　　　　　　　　並木禎尚

9. 2'-OME RNA オリゴを基盤とした独特の二次構造をもつ
   新規 microRNA 阻害剤 S-TuD 169
   　　　　　　　　　　　　　　　　　　　　　　原口　健・伊庭英夫

10. miRNA 制御ウイルスによるがん細胞特異的治療法の開発 176
    　　　　　　　　　　　　　　　　　　　　　　　　　　中村貴史

11. microRNA による遺伝子発現制御システムを搭載した
    アデノウイルスベクターの開発 182
    　　　　　　　　　　　　　　　　　　　　　　櫻井文教・水口裕之

12. miRNA による iPS 細胞作製と再生医療への展開 188
    　　　　宮崎　進・山本浩文・三吉範克・石井秀始・土岐祐一郎・森　正樹

13. miRNA による抗がん剤感受性増強効果 193
    　　　　　　　　　　　　　　　　　　　　　西田尚弘・三森功士・森　正樹

第3章　microRNA 創薬

1. アテロコラーゲンによる核酸医薬デリバリー開発 202
   　　　　　　　　　　　　　　　　　　　　　　牧田尚樹・永原俊治

2. miRNA 医薬開発の現状と展望 208
   　　　　　　　　　　　　　　　　　　　　　　山田陽史・吉田哲郎

3. がんにおける miRNA 生合成機構の異常と治療標的としての可能性 ... 214
   　　　　　　　　　　　　　　　　　　　　　　　鈴木　洋・宮園浩平

4. がん抑制型 microRNA を基点としたがん分子ネットワークの解明と
   がんの新規治療戦略 219
   　　　　　　　　　　　　　　　　　　　　　　野畑二次郎・関　直彦

索引 228

執筆者一覧（五十音順）

秋元治朗
東京医科大学脳神経外科学教室　准教授

浅原弘嗣
東京医科歯科大学大学院医歯学総合研究科システム・再生医学研究分野　教授

阿部浩幸
東京大学大学院医学系研究科人体病理学・病理診断学分野

石井秀始
大阪大学大学院医学系研究科消化器癌先進化学療法開発学　教授

石川雄一
がん研究会がん研究所　副所長，病理部長

石原えりか
広島大学大学院医歯薬保健学研究科細胞分子生物学研究室

伊庭英夫
東京大学医科学研究所感染免疫部門宿主寄生体学分野　教授

今居　譲
順天堂大学大学院医学研究科神経変性疾患病態治療探索講座　先任准教授

大喜多　肇
国立成育医療研究センター研究所小児血液・腫瘍研究部分子病理研究室　室長

大口昭英
自治医科大学産科婦人科学　准教授

大野慎一郎
東京医科大学分子病理学講座　助教

大屋敷一馬
東京医科大学血液内科　主任教授

大屋敷純子
東京医科大学医学総合研究所分子腫瘍研究部門　教授

尾﨑充彦
鳥取大学医学部生命科学科病態生化学分野　准教授

越智光夫
広島大学大学院医歯薬保健学研究科整形外科学　教授

落谷孝広
国立がん研究センター研究所分子細胞治療研究分野　分野長

金井雅史
京都大学医学部附属病院臨床腫瘍薬理学講座　特定講師

葛巻直子
慶應義塾大学医学部生理学教室　特任助教

黒田雅彦
東京医科大学分子病理学講座　主任教授

小坂展慶
国立がん研究センター研究所分子細胞治療研究分野　研究員

西須大徳
慶應義塾大学医学部歯科・口腔外科学教室
星薬科大学薬理学教室

櫻井文教
大阪大学大学院薬学研究科分子生物学分野　准教授

柴田龍弘
国立がん研究センター研究所がんゲノミクス研究分野　分野長

下野洋平
神戸大学大学院医学研究科分子細胞生物学分野　准教授

杉本結衣
鳥取大学大学院医学系研究科遺伝子機能工学部門

鈴木　洋
東京大学大学院医学系研究科病因・病理学専攻分子病理学分野　特任助教

関　直彦
千葉大学大学院医学研究院先端応用医学講座機能ゲノム学　准教授

高梨正勝
東京医科大学分子病理学講座　助教

瀧澤俊広
日本医科大学大学院分子解剖学　教授

田口善弘
中央大学理工学部物理学科　教授

竹下俊行
日本医科大学大学院女性生殖発達病態学　教授

竹下文隆
国立がん研究センター研究所分子細胞治療研究分野　主任研究員

田中正視
東京医科大学分子病理学

棚橋俊仁
神戸薬科大学医療薬学研究室　准教授

田原栄俊
広島大学大学院医歯薬保健学研究院細胞分子生物学研究室　教授

土田明彦
東京医科大学第三外科学講座　主任教授

土屋直人
国立がん研究センター研究所多段階発がん研究分野　ユニット長

土岐祐一郎
大阪大学大学院医学系研究科外科学講座消化器外科学　教授

執筆者一覧

中釜　斉
国立がん研究センター研究所　研究所長 / 発がんシステム研究分野　分野長

中佐智幸
広島大学大学院医歯薬保健学研究院整形外科学　助教

中島　歩
広島大学病院再生医療部　助教

中田知里
大分大学医学部分子病理学講座　助教

永原俊治
大日本住友製薬株式会社技術研究本部製剤研究所 DDS 研究グループ　グループマネージャー

中原啓行
The Scripps Research Institute　研究員
岡山大学大学院医歯薬学総合研究科整形外科

中道郁夫
九州歯科大学総合内科学　助教

中村貴史
鳥取大学大学院医学系研究科機能再生医科学専攻生体機能医工学講座生体高次機能学部門　准教授

並木禎尚
東京慈恵会医科大学臨床医学研究所　講師
了徳寺大学健康科学部　客員教授

成田道子
星薬科大学薬理学教室

成田　年
星薬科大学薬理学教室　教授

西田尚弘
大阪大学大学院医学系研究科外科学講座消化器外科学
九州大学病院別府病院外科

野畑二次郎
千葉大学大学院医学研究院先端応用医学講座機能ゲノム学
千葉大学大学院医学研究院耳鼻咽喉科・頭頸部腫瘍学

萩原啓太郎
国立がん研究センター研究所分子細胞治療研究分野

橋田徳康
大阪大学大学院医学系研究科視覚情報制御学講座　助教

服部信孝
順天堂大学医学部神経学講座　教授

原岡　襄
東京医科大学脳神経外科学教室　主任教授

原口　健
東京大学医科学研究所感染免疫部門宿主寄生体学分野　助教

平塩秀磨
広島大学病院腎臓内科

深山正久
東京大学大学院医学系研究科人体病理学・病理診断学分野　教授

福永早央里
広島大学大学院医歯薬保健学研究科細胞分子生物学研究室

牧田尚樹
大日本住友製薬株式会社技術研究本部製剤研究所 DDS 研究グループ

正木崇生
広島大学病院腎臓内科　教授

松原茂樹
自治医科大学産科婦人科学　教授

松本繁巳
京都大学医学部附属病院臨床腫瘍薬理学講座　特定准教授

右田　真
日本医科大学大学院小児・思春期医学　准教授

水口裕之
大阪大学大学院薬学研究科分子生物学分野　教授
大阪大学 MEI センター　教授
医薬基盤研究所幹細胞制御プロジェクト　チーフプロジェクトリーダー

三森功士
九州大学病院別府病院外科　教授

宮崎　進
大阪大学大学院医学系研究科外科学講座消化器外科学

宮園浩平
東京大学大学院医学系研究科病因・病理学専攻 分子病理学分野　教授

三吉範克
大阪大学大学院医学系研究科外科学講座消化器外科学

村上善基
大阪市立大学大学院医学研究科肝胆膵病態内科学　病院講師

百瀬健次
神戸大学大学院医学研究科分子細胞生物学分野
神戸大学大学院医学研究科消化器内科学分野

森　正樹
大阪大学大学院医学系研究科外科学講座消化器外科学　教授

守山正胤
大分大学医学部分子病理学講座　教授

山下　哲
星薬科大学薬理学教室

山田陽史
協和発酵キリン株式会社研究本部バイオ医薬研究所　主任研究員

山本浩文
大阪大学大学院医学系研究科外科学講座消化器外科学　准教授

吉岡祐亮
国立がん研究センター研究所分子細胞治療研究分野

吉田哲郎
協和発酵キリン株式会社研究本部バイオ医薬研究所　主任研究員

編集顧問・編集委員一覧 (五十音順)

編集顧問

河合　忠　国際臨床病理センター所長
　　　　　自治医科大学名誉教授

笹月　健彦　九州大学高等研究院特別主幹教授
　　　　　　九州大学名誉教授
　　　　　　国立国際医療センター名誉総長

高久　史麿　日本医学会会長
　　　　　　自治医科大学名誉学長
　　　　　　東京大学名誉教授

本庶　佑　京都大学大学院医学研究科免疫ゲノム医学講座客員教授
　　　　　京都大学名誉教授

村松　正實　埼玉医科大学ゲノム医学研究センター名誉所長
　　　　　　東京大学名誉教授

森　徹　京都大学名誉教授

矢崎　義雄　東京大学名誉教授

編集委員

浅野　茂隆　早稲田大学理工学術院特任教授
　　　　　　東京大学名誉教授

上田　國寛　学校法人玉田学園神戸常盤大学学長
　　　　　　京都大学名誉教授
　　　　　　スタンフォード日本センターリサーチフェロー

垣塚　彰　京都大学大学院生命科学研究科高次生体統御学分野教授

金田　安史　大阪大学大学院医学系研究科遺伝子治療学教授

北　徹　神戸市立医療センター中央市民病院院長

小杉　眞司　京都大学大学院医学研究科医療倫理学分野教授

清水　章　京都大学医学部附属病院探索医療センター教授

清水　信義　長浜バイオ大学特別招聘教授
　　　　　　慶應義塾大学名誉教授

武田　俊一　京都大学大学院医学研究科放射線遺伝学教室教授

田畑　泰彦　京都大学再生医科学研究所生体材料学分野教授

中尾　一和　京都大学大学院医学研究科内科学講座内分泌代謝内科学教授

中村　義一　株式会社リボミック代表取締役社長
　　　　　　東京大学名誉教授

成澤　邦明　東北大学名誉教授

名和田　新　九州大学名誉教授

福嶋　義光　信州大学医学部遺伝医学・予防医学講座教授

淀井　淳司　京都大学ウイルス研究所名誉教授

トランスレーショナルリサーチを支援する

遺伝子医学 MOOK
Gene & Medicine

21号
最新ペプチド合成技術と
その創薬研究への応用

編　集：木曽良明
　　　　（長浜バイオ大学客員教授）
編集協力：向井秀仁
　　　　（長浜バイオ大学准教授）
定　価：5,600円（本体5,333円＋税）
型・頁：B5判、316頁

- ●序　章　ペプチド合成と創薬のマイルストーン
- ●第1章　ペプチド合成の基本と新技術
- ●第2章　ライゲーション法によるペプチド・糖タンパクの
  　　　　合成と創薬への応用
- ●第3章　特殊ペプチドの合成と創薬研究への展開
- ●第4章　プロテアーゼ阻害剤の合成と創薬研究
- ●第5章　細胞内輸送ペプチドの合成と創薬
- ●第6章　ペプチドの立体構造と機能解析
- ●第7章　ペプチドライブラリーから創薬をめざす
- ●第8章　ペプチドリガンドの合成と創薬研究

20号
ナノバイオ技術と
最新創薬応用研究

編　集：橋田　充
　　　　（京都大学大学院薬学研究科教授）
　　　　佐治英郎
　　　　（京都大学大学院薬学研究科教授）
定　価：5,400円（本体5,143円＋税）
型・頁：B5判、228頁

19号
トランスポートソーム
生体膜輸送機構の全体像に迫る
基礎，臨床，創薬応用研究の最新成果

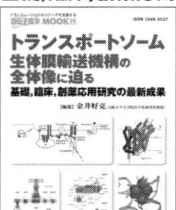

編　集：金井好克
　　　　（大阪大学大学院医学系研究科教授）
定　価：5,600円（本体5,333円＋税）
型・頁：B5判、280頁

18号
創薬研究への
分子イメージング応用

編　集：佐治英郎
　　　　（京都大学大学院薬学研究科教授）
定　価：5,400円（本体5,143円＋税）
型・頁：B5判、228頁

17号
事例に学ぶ。
実践、臨床応用研究の進め方

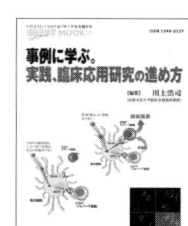

編　集：川上浩司
　　　　（京都大学大学院医学研究科教授）
定　価：5,400円（本体5,143円＋税）
型・頁：B5判、212頁

お求めは医学書販売店、大学生協もしくは弊社購読係まで

発行／直接のご注文は

 株式会社 メディカルドゥ

〒550-0004
大阪市西区靱本町1-6-6　大阪華東ビル5F
TEL.06-6441-2231　FAX.06-6441-3227
E-mail　home@medicaldo.co.jp
URL　http://www.medicaldo.co.jp

第 1 章

microRNA 診断

第1章　microRNA 診断

1. 肝疾患における miRNA 診断

村上善基・田中正視・棚橋俊仁・田口善弘

　miRNAは20mer前後の小分子RNAで，塩基配列特異的に標的遺伝子を認識し，その発現を調節している。生命の発生，分化誘導などの生命現象に深く関与しているだけではなく，疾患，特に感染症，炎症，発がんなどに関係していることも明らかになった。miRNAは臓器別に発現パターンをもっている，その発現には個体差が少ないなどの特徴があり，miRNAを新たなバイオマーカーとして利用する試みがなされている。本稿では肝組織中のmiRNAを利用して，薬剤応答，慢性肝疾患の程度の評価の試みを紹介したい。

はじめに

　C型肝炎ウイルス（HCV）感染は本邦で約1.5％程度あると推定されている。HCV感染は高率に慢性化し，持続的な炎症は肝線維化を惹起し年余の変化を経て肝硬変，肝細胞がんに移行する。肝線維化の進行は疫学的に肝発がんと密接な関係があり，線維化の進行と肝発がんは正の相関を示し，特に肝硬変からの発がんは年率約8％である[1]。肝細胞がんでの5年生存率は40〜50％程度であることと，死因が肝細胞がんであるものは年間3万人に上るため[2]，肝線維化の程度の低い慢性肝炎の状態で治療を行うことが重要である。

I. 肝疾患診断のための miRNA 解析

　C型慢性肝炎の評価のために肝組織中の，①薬剤応答に関係するmiRNAの同定[3]，②慢性肝疾患の状態に関係する肝線維化と関係するmiRNAの同定[4]を試みた。

1. 薬剤応答に関係する miRNA

　現在のC型慢性肝炎の標準的な治療方法であるペグインターフェロンとリバビリン併用療法は日本人に多い遺伝子型1bの高ウイルス量症例では奏効率が55％程度であること，48週投与が標準であるために副作用の発現により高齢者や女性に投与中断例があり使用する患者に制限があること，薬価の高いことなどが問題であった。そのため治療前の治療効果予測は患者のQOLの維持，医療経済の観点から数多く今まで試みられている。治療効果のウイルス側の指標として，HCVのNS5A領域のインターフェロン感受性領域の変異（ISDR）[5]，core領域のアミノ酸変異（core 70aa, 91aa）[6]があり，ISDRではウイルス遺伝子の変異があるものはインターフェロン感受性が高く，core領域のアミノ酸の変異があるものはインターフェロン感受性が低い。一方，宿主側の要因としてIL28Bの遺伝子多型があり[7]，野生型ではインターフェロン感受性が高いことが報告されている。

　組織中のmiRNA発現が慢性ウイルス性肝炎の治療効果と相関するか否かを明らかにするために，ペグインターフェロンとリバビリン併用療法前に肝生検により肝組織を採取し，total RNAを抽出しマイクロアレイ（Agilent社 human miRNA microarray Rel 9.0）にてmiRNA発現解析を行った。

---

key words

miRNA，マイクロアレイ，バイオマーカー，慢性肝炎，ウイルス感染，HCV，肝線維化，薬剤応答

図❶ C 型慢性肝炎におけるペグインターフェロン＋リバビリン併用療法の薬剤効果と関係する miRNA（文献3より）

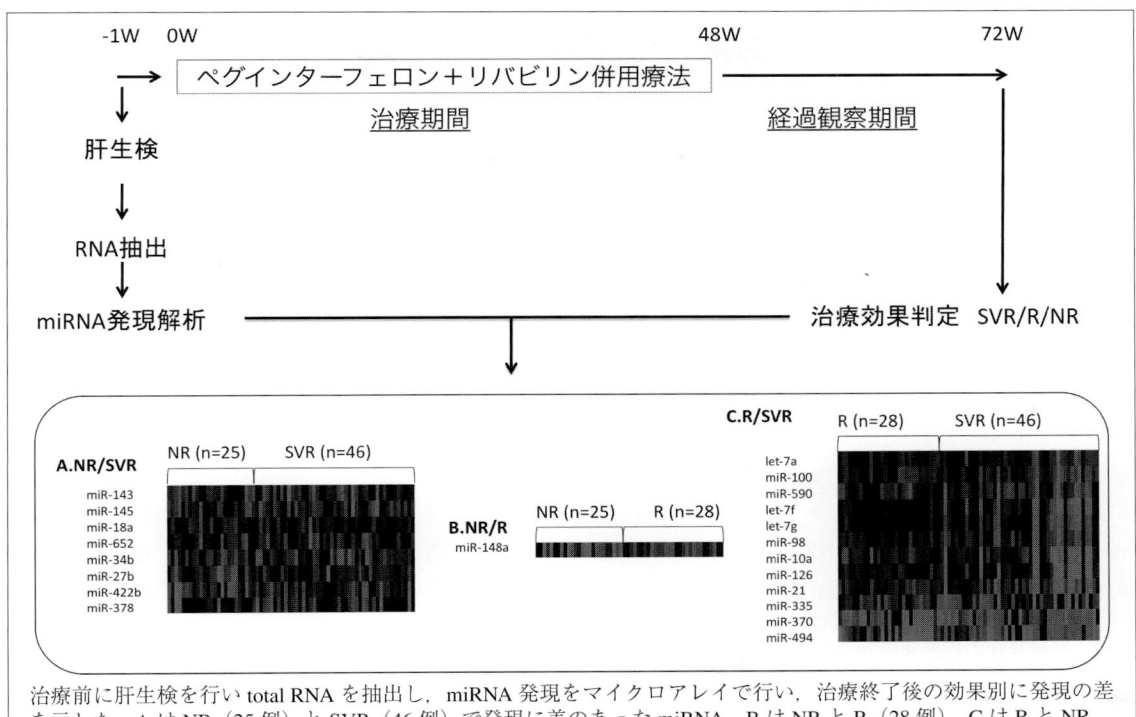

治療前に肝生検を行い total RNA を抽出し，miRNA 発現をマイクロアレイで行い，治療終了後の効果別に発現の差を示した．A は NR（25例）と SVR（46例）で発現に差のあった miRNA，B は NR と R（28例），C は R と NR．
（グラビア頁参照）

図❷ MCCV を用いたペグインターフェロン＋リバビリン併用療法の治療効果予測（文献3より）

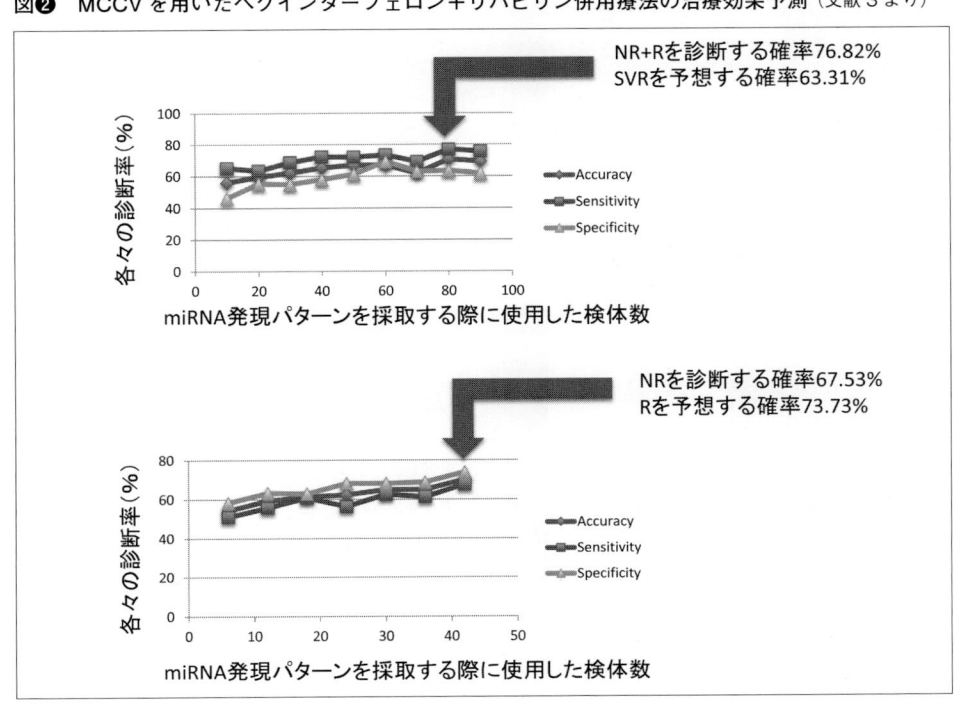

99 例の C 型慢性肝炎治療終了後の効果判定結果を照らし合わせて，治療効果判定別〔治療効果後 24 週間の経過観察で血中 ALT の正常化と HCV RNA が検出感度以下を持続したものを奏効例（SVR），治療終了時点で血中 ALT の正常化と HCV RNA が検出感度以下であるが経過観察中に HCV RNA が検出されたものを再発例（R），治療中に血中 ALT の正常化と HCV RNA の検出感度以下が達成できないものを無効例（NR）〕に miRNA 発現プロファイルを作成した（図❶）。その結果を Monte Carlo Cross Validation（MCCV）にて治療効果予測をシミュレーションした。SVR と NR+R を分別の 18 種の miRNA の発現パターンを用いて試みたところ，accuracy，sensitivity，specificity はそれぞれ 70.47％，76.82％，63.31％であった。次に 26 種の miRNA の発現パターンにて NR と R を分別すると，accuracy，sensitivity，specificity はそれぞれ 70.00％，67.53％，73.73％であった（図❷）。

2. 慢性肝炎の状態を評価する miRNA

肝線維化の評価のゴールデンスタンダードは肝組織の病理学的評価である。C 型慢性肝炎の病理評価は新犬山分類が広く用いられている[8]。これは，F0 が全く線維化がないもの，F4 が高度な線維化があり肝硬変状態であるもの，その間を線維成分がどのように広がっているかを指標に F1 から F3 まで分類している。この評価は病理医によって行われるが，その評価は専門性が要求されること，病理医によって評価が異なることがあり，定量的な評価方法の開発が望まれている。血液検査では血小板数が線維化の程度を表すが，高度な線維化であれば血小板数は少なくなるが，線維化がないまたは軽度である場合に血小板数の変化に反映されない。画像検査においても高度な線維化状態である肝硬変の診断は可能であるが，軽度の肝線維

図❸ 肝線維化の程度別の miRNA 発現解析（文献 4 より）

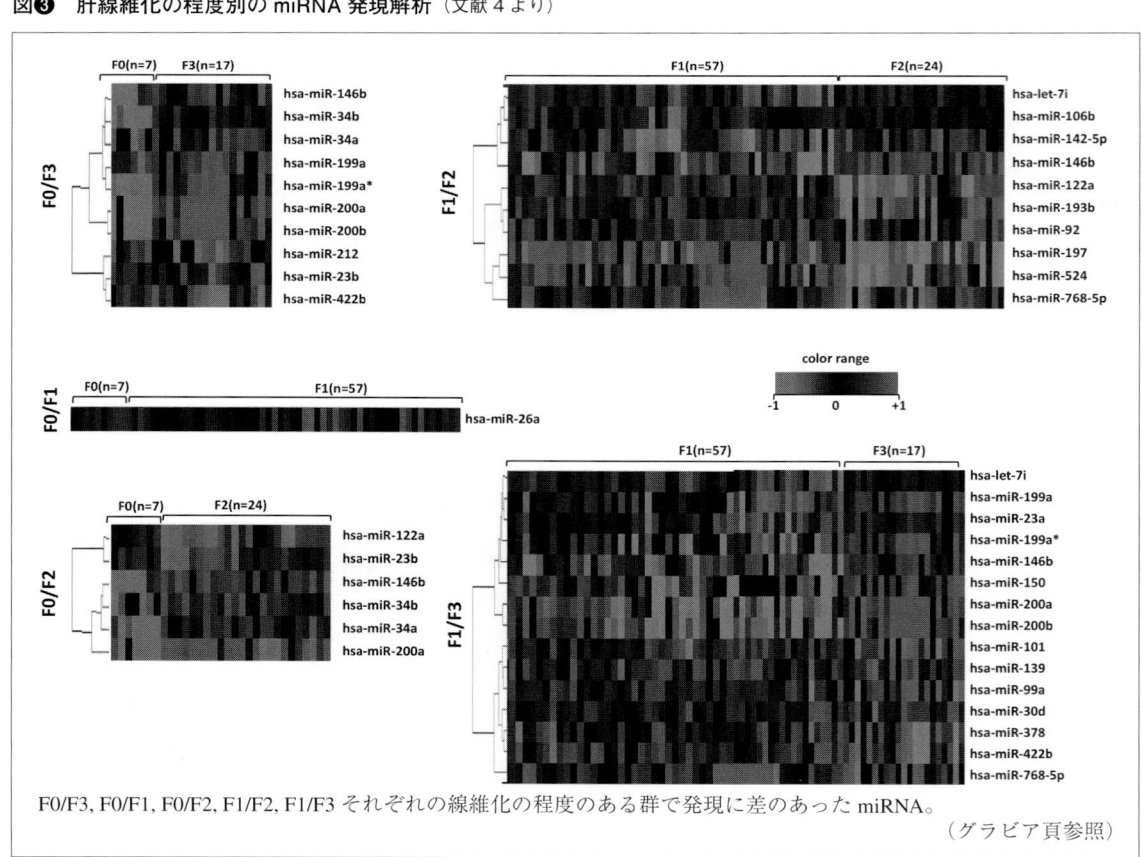

F0/F3，F0/F1，F0/F2，F1/F2，F1/F3 それぞれの線維化の程度のある群で発現に差のあった miRNA。

（グラビア頁参照）

化を評価するのは難しいのが現状である。今回,肝組織中のmiRNAの発現が肝線維化と関係するのかを明らかにするために,病理組織にて肝線維化の程度が行われた105例のC型慢性肝炎症例より肝線維化スコアF0, F1, F2, F3それぞれmiRNA発現プロファイルを作成した(図❸)。このプロファイルを元に肝線維化の程度別にLeave One Out Cross Validation(LOOCV)を行い,線維化の程度の診断を行った。F0とF1+F2+F3を分別する場合のaccuracyは84.8%で,F1とF2+F3では81.6%,F2とF3は87.8%であった。線維化の進行しているものから選択して,F3とF0+F1+F2を分別する場合のaccuracyは81.9%,F2とF0+F1では81.8%,F0とF1では84.4%であり,良好な分別能を示した(図❹)。

3. 末梢血のmiRNAを使った肝炎の診断

臨床検査として重要な点は,患者にストレスが少なく検体が採取可能である,採取した検体は安定して保存ができる,取り扱いが簡便であることが挙げられる。肝組織中のmiRNA発現解析は多くの情報をもたらすが,検体の採取は肝生検を行うため被験者に負担を与えるため,反復の採取は難しいという難点がある。そのため末梢血にて循環しているmiRNAを用いた肝疾患診断について紹介する。

エクソソームはHIVなどのウイルス粒子を伝搬すること[9)],免疫担当細胞由来のエクソソームは細胞由来のmiRNA発現プロファイルをもっていることより[10)],感染症,免疫応答に深く関与している。エクソソームの表面にある受容体・リガンドを通じて細胞特異的に結合し,エクソソームの

図❹ 肝組織中のmiRNAによる線維化程度の分類

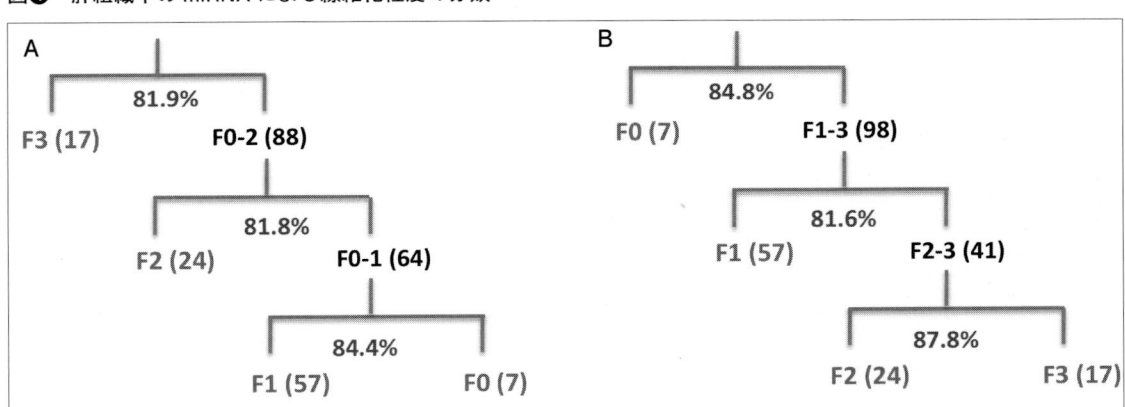

A. 線維化の程度の高いものから順に除外してLOOCVを用いて分類を試みた場合を示す。F3(17例)とそれ以外は81.9%のaccuracyで分別できる。以下F3を除いた後にF2(24例)とそれ以外を分類し,さらにF2, F3を除いた後にF1(57例)とF0(7例)を分類した。
B. 線維化のない状態のF0とそれ以外の分類を行い,F1, F2と順に分別を行った。

表❶ 血清中のmiRNAとエクソソーム中のmiRNAを解析対象にしたときの発現解析の再現性の比較

	エクソソームmiRNA(1回目)	血清miRNA(1回目)	エクソソームmiRNA(2回目)	血清miRNA(2回目)
エクソソームmiRNA(1回目)	1	0.836	0.998	0.809
血清miRNA(1回目)	-	1	0.831	0.93
エクソソームmiRNA(2回目)	-	-	1	0.821
血清miRNA(2回目)	-	-	-	1

同一検者(筆者)より2回別の時間に採決し,それぞれ血清とエクソソームよりRNAを採取し,マイクロアレイにて発現解析を行った。それぞれ得られたmiRNA発現解析の相関係数を示した。

図❺ 末梢血エクソソーム miRNA による C 型慢性肝炎と正常肝の比較

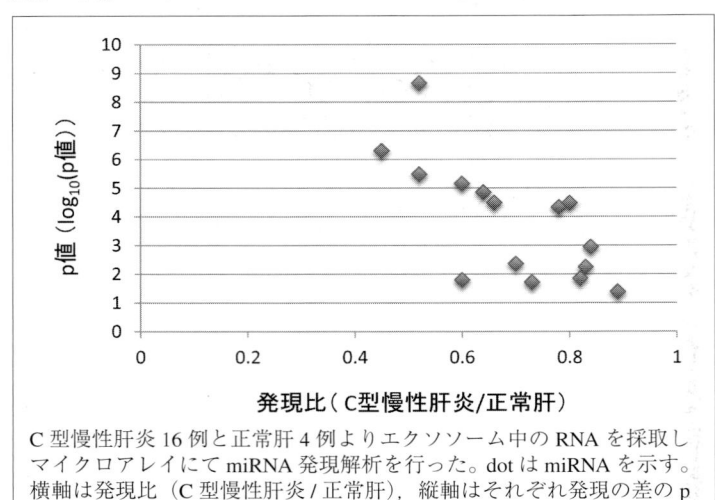

C 型慢性肝炎 16 例と正常肝 4 例よりエクソソーム中の RNA を採取しマイクロアレイにて miRNA 発現解析を行った．dot は miRNA を示す．横軸は発現比（C 型慢性肝炎 / 正常肝），縦軸はそれぞれ発現の差の p 値を対数で取り，さらに -1 を掛けた．

もつ情報伝達を細胞特異的に行う[11]．がんの診断にエクソソーム中の miRNA が有用である[12]．以上の知見より血清中の miRNA を解析対象とするよりエクソソーム中の miRNA を解析するほうがより病態を反映し，バイオマーカーとして適切ではないかと仮定して，血清中の miRNA とエクソソーム中の miRNA を比較解析した．エクソソームの回収は患者血清よりエクソクイック（System Bioscience 社）を用いてエクソソームの濃縮を行い，total RNA を回収しマイクロアレイ（Agilent 社 human miRNA microarray Rel 14.0）を用いて miRNA 発現解析を行った．表❶に示すようにエクソソーム中の miRNA を用いたほうが血清中の miRNA 解析に比べ再現性がよかった．

この結果をもとにエクソソーム中の miRNA 解析を C 型慢性肝炎 16 例と正常肝（HBsAg(-)，HCVAb(-) で AST，ALT 正常）4 例を対象に行った

ところ，両者に発現の差がみられる miRNA が 15 種あった（$p<0.05$）．興味があることに，これらの miRNA は全例 C 型慢性肝炎症例で発現が低下していた（図❺）．

おわりに

肝疾患において miRNA 発現解析はバイオマーカーとして有用であることを示した．特に病理組織でしか正確な評価ができない肝線維化について，肝組織中の miRNA 発現解析は線維化の状態を定量化でき，再現性のある検査方法として有用である．肝組織以外の miRNA 発現解析について，薬剤応答予測は現状では十分な情報を提供できるには至っていない．また末梢血では慢性肝炎を診断できる可能性を示している．今後，組織や血清中の miRNA を組み合わせて使うことで有力なバイオマーカーとして使用することが期待できる．

参考文献

1) 白鳥康史，岩崎良章，他：日本醫事新報 4145, 1-10, 2003.
2) 厚生労働省：人口動態統計 2010.
3) Murakami Y, Tanaka M, et al：BMC Medical Genomics 3, 48, 2010.
4) Murakami Y, Toyoda H, et al：PLoS One 6, e16081, 2011.
5) Enomoto N, Sakuma I, et al：N Engl J Med 334, 77-82, 1996.
6) Akuta N, Suzuki F, et al：Intervirology 50, 361-368, 2007.
7) Tanaka Y, Nishida N, et al：Nat Genet 41, 1105-1109, 2009.
8) 市田文弘，小俣政男，他：第 19 回犬山シンポジウム記録集，183-188, 中外医学社，1995.
9) Izquierdo-Useros N, Naranjo-Gomezet M, et al：PLoS

Pathogens 6, e1000740, 2010.
10) Mittelbrunn M, Gutierrez-Vazquez C, et al：Nat Commun 2, 282, 2011.
11) Mathivanan S, Ji H, et al：J Proteomics 73, 1907-1920, 2010.
12) Kosaka N, Iguchi H, et al：Cancer Science, 2087-2092, 2010.

村上善基	
1992 年	金沢大学医学部卒業
	京都府立医科大学消化器内科研修医
1993 年	大津市民病院内科
1999 年	京都府立医科大学大学院医学研究科病理学第一専攻単位取得後退学
	医学博士
	フランス国立保険医学研究所研究員
2002 年	国立福井病院消化器科医長
2004 年	京都大学ウイルス研究所研究員
2007 年	京都大学大学院医学研究科附属ゲノム医学センター 産学官連携准教授
2012 年	大阪市立大学大学院肝胆膵病態内科学病院講師

第1章　microRNA 診断

2．肺がんにおけるmiRNA診断

石川雄一

　肺がんは日本で最も死亡数の多いがんであり，その治療・予防のための適切なバイオマーカーの開発が急務である。肺がん細胞の性質をより正確に特徴づけたり，肺がんを分類するには，mRNAよりもmiRNAのほうが適している。喀痰中ではmiR-21の発現が増加しており，また肺がん患者の血漿では，miR-21など4種のmiRNAが高発現しており，miRNAによる肺がん診断の可能性がある。さらに，肺がんの予後，組織型，喫煙と相関するmiRNAが知られている。また，腫瘍自体のみならず周囲の正常肺におけるmiRNAの発現が，発生するがんの悪性度と相関する可能性があることである。パラフィン包埋材料もmiRNA発現研究に使えることがわかり，さらなる進展が期待される。

はじめに

　現在日本では，肺がんによって約70,000人/年が死亡し，がん死因の第1位を占める。肺がんは一般に，かなり進行してから発見されるため，死亡率が高くなる。そこで，早期に肺がんを発見するため，および手術後の予後を推定するためのバイオマーカーを見出す試みが長年にわたって続けられてきた。

　筆者らも以前から，肺がんを対象に網羅的遺伝子発現解析を施行し，その発生・進展・予後と相関するバイオマーカーを見つける試みを行ってきた。その結果，小細胞がんや扁平上皮がんではいくつかの成果も得ることができた[1,2]。しかしながら，肺がんの中でも最も頻度が高く，増加を続けている腺がんについては，有意な結果を得ることが容易ではなかった。わずかに，神経内分泌性をもつ腺がんと予後との相関を得ることができたにとどまる[3]。

　ところが，遺伝子発現を網羅的に解析している過程で奇妙なことを見出した。当時（1990年代後半）では，mRNAおよびそれに類する比較的長鎖のRNAはアノテーションが充実しつつある途上であった。肺がんの組織型と遺伝子発現との相関を検討しているときに気がついたのは，より組織型と関連しているRNAは，タンパクをコードしている遺伝子のmRNAではなく，アノテーション不明のEST（expression sequence tag）が多いということであった。その後，それらの多くが「SINE，LINEおよび非コード領域」というアノテーションの付いたRNAであることがわかった。筆者はこのことが頭から離れず，その後はタンパクをコードした遺伝子の発現から非コードRNAのほうに関心を移していくことになった。

　マイクロRNA（miRNA）自体についての詳細な解説は，本書では別の項で行われるであろうから，本稿においては，上記のような筆者の経験を紹介するとともに，ポストゲノムシークエンス時代の現在にあっては，細胞の制御を司る因子の研究が重要になってくるであろうことを強調することに

---

key words

肺がん，予後，組織型，喫煙，喀痰，パラフィン標本，let-7，miR-21，miR-31，miR-205

したい．

I．肺がんの診断に有用な miRNA

まず，肺がんの診断に関わる miRNA の例を示す．肺がんの診断が血清中のバイオマーカーを用いてできるようになれば，早期診断にとってこの上ない朗報となり，肺がん死亡率は激減する可能性もある．

Xie らは，喀痰中の miR-21 発現は，がん患者において有意に高く，感度は 69.7％，特異度は 100％ と報告した[4]．一方，Shen らは，肺がん患者の血漿中の 4 つの miRNA（miR-21, -126, -210, 486-5p）の発現は，腫瘍組織中の発現量と有意に相関し，86.2％の感度と 96.6％の特異度をもって健常人と有意差を認めることを報告した[5]．このような研究は肺がんの早期診断に非常に有用であると考えられる．

1．予後と相関する miRNA

トランスレーショナル研究という観点から，バイオマーカーの最も重要な機能の 1 つは，予後予測であろう．本節では肺がんの予後予測に関する miRNA を紹介する．

let-7 は，線虫で見出された miRNA であるが，進化の過程で広く保存され，ヒトでも重要な役割を果たしていると考えられている．Takamizawa らは，かなり早い時期から miRNA，特に let-7 に着目し，その肺がんにおける性質を調べた[6]．その結果，let-7 の発現の低い肺がん症例は有意に予後不良であった．また，肺腺がん細胞 A549 に let-7（特に let-7f）を過剰発現させたところ，増殖能が有意に低下した．これは，miRNA が肺がんの増殖と予後に関わるということを初めて示した画期的な業績である．われわれもこれを追試し同様の結果を得たが，詳しく見るとかなり事態は複雑であることも判明した．われわれは，非浸潤性の肺がんである細気管支肺胞上皮がん（bronchioloalveolar carcinoma：BAC，最近は上皮内腺がん adenocarcinoma in situ：AIS ということが多い）を対象に let-7 の発現を調べ，浸潤がんと比較した[7]．let-7 の発現は，浸潤がんにおいては正常より有意に低下していたが，AIS においても同様に有意に低下しており，プログレッションして予後不良のがんになったから低下したのではなく，発がんのかなり早期から低下していると考えられる（図❶）．さらに，AIS には粘液型と非粘液型があるが，それらの間で比較したところ，粘液型 AIS では非粘液型 AIS より

図❶　肺腺がんにおける let-7 の発現

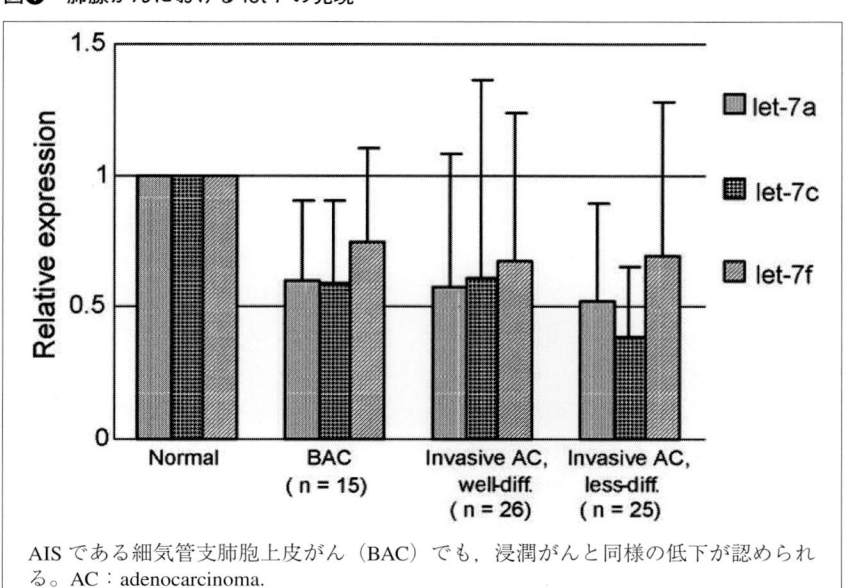

AIS である細気管支肺胞上皮がん（BAC）でも，浸潤がんと同様の低下が認められる．AC：adenocarcinoma.

さらに低下していた。このことは，let-7が単に肺がんの予後マーカーであるのみならず，組織型にも関わるmiRNAであることを示しており，腫瘍の遺伝子発現-表現型という観点からも興味深い。

中国・南京のHuらは，肺がん患者の血清中のmiRNA発現を調べ，長期生存群（平均49.5ヵ月）と短期生存群（9.5ヵ月）との間で比較した[8]。その結果，miR-486, -30d, -1, -499の発現が生存期間と有意に相関していた。この研究は，120例のtraining setと123例のtest setを設定した信頼度の高いものである。

2. がん遺伝子としてのmiRNA

がん遺伝子として働くmiRNAも指摘されている。Liuらは，miR-31の肺がんにおける高発現と，そのノックダウンによる細胞増殖能および造腫瘍性の低下を確認した[9]。彼らはさらに，miR-31のターゲットががん抑制遺伝子*LATS2*であることも確かめた。これらのことより，miR-31は代表的なoncogenic miRNA（oncomir）であるといえる。

3. 組織型と相関するmiRNA

「はじめに」で述べたように，miRNAは細胞機能の制御に関わることで，肺がんの組織型にも強く相関している。以前は肺がんは，小細胞がんと非小細胞がんとに大別され，臨床の場ではそれ以上の詳しい分類はあまり重要ではなかった。しかし，分子標的薬の一部や殺細胞性の新薬で，扁平上皮がんに使用すると逆効果となる薬剤があることがわかってきた。例えば，ベバシズマブやペメトレキセドは，扁平上皮がんに使うのは禁忌とされている。それゆえ，扁平上皮がんの診断は重要であり，そのバイオマーカーがあれば非常に有用である。これに関連して，以下の2つの例を述べよう。

miR-31は，前節で述べたようにがん遺伝子として働くmiRNAであるが，組織型別に詳しくみると，特に扁平上皮がんで発現低下が有意であるという（$p=0.048$）[9]。これは興味深い結果である。

さらに興味深い研究もある。Lebanonyらは，非小細胞がんの中から扁平上皮がんを区別するmiRNAはないかを検索した[10]。彼らはまず，122例の非小細胞がん組織をマイクロアレイで解析し，その結果を別の症例で検証した。次いで，さらに別のグループの非小細胞がん組織で診断アッセイ系を確立した。最後に，そのアッセイ系の検証を，組織型が伏せられた第4のグループで検証した。その結果，miR-205の高発現が扁平上皮がんの特徴であり，それにより非小細胞がんの中から扁平上皮がんを区別できることを報告した。この研究では，最初の122例の民族は不明であるが，検証に用いた95症例では白人以外も14例含まれており，白人のみを対象としたものではない。いずれにせよ，肺がんは民族や国によって大きくその性質を異にしているので，アジア人での再検が待たれる。

最後に，Hayashitaらは19種の肺がん細胞株を調べ，Heらの報告したmiR-17-92クラスター（miR-17-5p, -17-3p, 19a, -20, -19b-1, -92-1）[11]が，特に小細胞がんで過剰発現していることを見出した[12]。これも，miRNA発現-組織型相関の一例となる可能性もある。

4. 原因と相関するmiRNA

多くの胃がんの原因がH. pylori菌であることが判明して話題を呼んだが，それでもなお頻度の高い多くのがんは原因が不明であった。それに対し肺がんは，以前から原因との相関が極めて明瞭ながんであった。すなわち肺がんの大半は，喫煙が原因で発生する。それゆえ，喫煙という原因を示唆するバイオマーカーがあると治療や予防に有用である。Gaoらは，肺がん組織中のmiRNA発現を網羅的に調べ，喫煙歴を含む臨床病理学的事項と比較した[13]。リンパ節転移や予後などとの相関も重要であるが，原因と関連して興味深いのは，miR-143の低発現と喫煙とが有意に相関したことである（$p=0.026$）。これまで多くの種類のがんで，原因（放射線，喫煙，カビ，重金属など）を示唆するバイオマーカーの研究が行われ，主として遺伝子変異と原因との相関が確認されてきた。この研究の結果は，miRNA発現が肺がんの原因と相関するという示唆であり，興味深い。さらに別の集団での追試が望まれる。

5. 背景の正常肺のmiRNAと肺がんの性質の相関

Boeriら[14]は，喫煙歴のある1035人を対象とし，

図❷ AISである細気管支肺胞上皮がん（BAC）の2つの亜型，すなわち粘液型（mucinous）および非粘液型（non-mucinous）におけるlet-7の発現

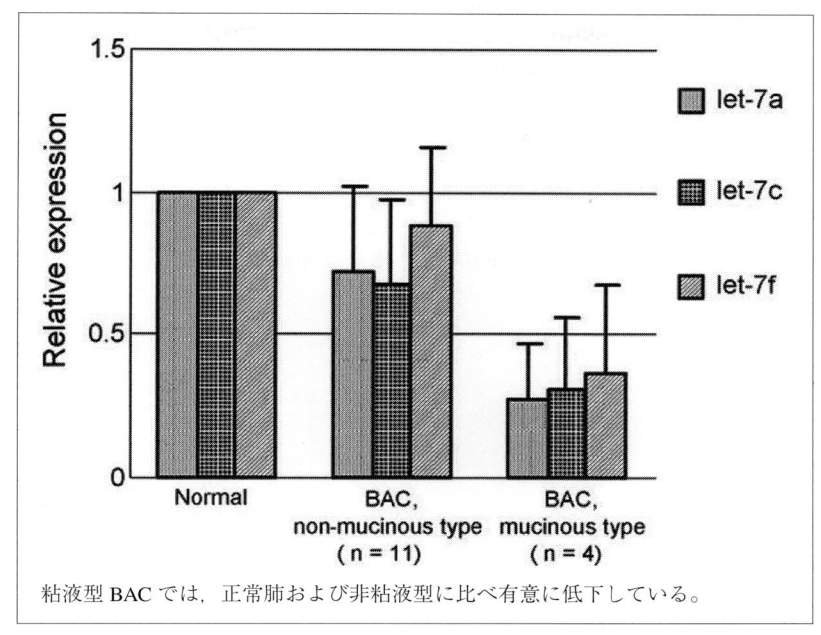

粘液型BACでは，正常肺および非粘液型に比べ有意に低下している。

38人の肺がん発生が確認されたCTスクリーニングプロジェクトの中で，興味深いmiRNA発現研究を施行した。スクリーニングの初期（1〜2年）で発見されたがん（n=22）と，後期（3〜5年）で発見されたがん（n=16）とでは，後者のほうが予後不良であることが述べられているが，これらの患者の正常肺で発現しているmiRNAのパターンも異なるという（図❷）。すなわち，発生するがんの悪性度が，正常肺のmiRNAパターンで判定できる可能性があるのである。また，この論文では，CTでがんが発見される1〜2年前の血漿中のmiRNAパターンが，がんのない人と異なっていることも報告されており，興味が尽きない。

おわりに

本稿では，肺がんに関わるmiRNAの発現変化について，いくつかの論文をもとに紹介した。mRNAの発現よりもmiRNAの発現のほうが，細胞の性質をより反映していることがほぼ確実となってきた。また，ホルマリン固定パラフィン包埋材料からの検索も一般的となってきている。miRNA解析は今後，一層広範囲の腫瘍で行われ，有用なバイオマーカーが多く発見されるであろう。大学や病院の病理部には，それこそ無数のパラフィン標本が保存されており，それを用いた研究は無限の可能性を秘めているといえる。

参考文献

1) Jones MH, Virtanen C, et al：Lancet 363, 775-781, 2004.
2) Inamura K, Fujiwara T, et al：Oncogene 24, 7105-7113, 2005.
3) Fujiwara T, Hiramatsu M, et al：Lung Cancer 75, 119-125, 2012.
4) Xie Y, Todd NW, et al：Lung Cancer 67, 170-176, 2010.
5) Shen J, Todd NW, et al：Lab Invest 91, 579-587, 2011.
6) Takamizawa J, Konishi H, et al：Cancer Res 64, 3753-3756, 2004.
7) Inamura K, Togashi Y, et al：Lung Cancer 58, 392-396, 2007.
8) Hu Z, Chen X, et al：J Clin Oncol 28, 1721-1726, 2010.
9) Liu X, Sempere LF, et al：J Clin Invest 120, 1298-1309, 2010.
10) Lebanony D, Benjamin H, et al：J Clin Oncol 27,

2030-2037, 2009.
11) He L, Thomson JM, et al：Nature 435, 828-833, 2005.
12) Hayashita Y, Osada H, et al：Cancer Res 65, 9628-9632, 2005.
13) Gao W, Yu Y, et al：Biomed Pharmacother 64, 399-408, 2010.
14) Boeri M, Verri C, et al：Proc Natl Acad Sci USA 108, 3713-3718, 2011.

石川雄一
1977年　東京大学理学部地球物理学科卒業
1985年　東京医科歯科大学医学部卒業
1989年　（財）癌研究会癌研究所病理部研究員
2005年　同病理部長
2012年　（公財）がん研究会がん研究所副所長，病理部長

第1章　microRNA 診断

3．糸球体腎炎における miRNA 診断の展望

平塩秀磨・中島　歩・正木崇生・田原栄俊

　慢性糸球体腎炎のうち，最も一般的な疾患である IgA 腎症は，わが国における透析導入原因として主要な疾患である。同疾患の診断および治療方針決定を目的に腎生検を行っているが，同検査は侵襲的である。現在 microRNA192 などを中心とした血中・尿中の microRNA が，IgA 腎症の発症や進展，疾患重症度と深く関わっていることが明らかとなっており，その役割に注目が集まっている。特定の microRNA が IgA 腎症の診断マーカーとして開発されること，また治療に関わる創薬が成されることなどに期待がもたれている。

はじめに

　腎臓の主たる機能は当然尿の生成を行うことであるが，これを担う構造体がネフロンであり，正常では片側の腎臓に100万個を有する。この構造体は腎臓の最小機能単位であり，血液を濾過して尿を生成する。ネフロンの始まりにあたり，尿生成の主たる役割を担っているのが毛細血管で構成される糸球体（glomerulus）である。同組織は，この糸球体毛細血管を作る糸球体血管内皮細胞，糸球体支持結合組織であるメサンギウム基質とメサンギウム細胞，基底膜や足突起で構成されている。

　この糸球体に原発性に生じる疾患には，メサンギウム増殖性腎炎，その中でも特に IgA 腎症，その他には膜性腎炎，膜性増殖性糸球体腎炎，急性糸球体腎炎，微小変化型ネフローゼ症候群，巣状糸球体硬化症，急速進行性糸球体腎炎などが挙げられるが，それぞれの病因は明らかでないことが多い。これらのいわゆる慢性糸球体腎炎は，現在わが国の透析患者の導入原因となる基礎疾患としては糖尿病性腎症に次ぐ第2位に位置するが[1]，その中でも IgA 腎症はわが国の慢性糸球体腎炎の大半を占め，透析導入患者も多い[2]。

　本稿では，IgA 腎症の発症・進展に関わる分子学的知見に基づき，糸球体腎炎を中心とした腎疾患と microRNA の関わりについて検討し，今後の診断および治療への応用について，その展望に触れる。

Ⅰ．IgA 腎症の発症機序

　IgA 腎症患者では，血清中では IgA サブクラスのうち IgA1 が増加しており[3]，これが糸球体構造のうち特にメサンギウム領域に沈着している[4]（図❶）。IgA1 は糖鎖異常を呈し，このことが糸球体メサンギウム領域に沈着する有力なファクターであることが知られているが，その詳細な機序はいまだ不明な点が多い。この糖鎖不全 IgA1 は，自己凝集能，易粘着性，抗原として認識される性格を有しており，免疫複合体となってメサンギウム領域に沈着する。この免疫複合体が炎症性サイトカインを誘導し，メサンギウム細胞増殖を惹起することが知られている[5,6]。この免疫複合体が

---

key words

IgA 腎症，慢性糸球体腎炎，透析，メサンギウム，腎生検，ステロイド，microRNA192，microRNA200b，microRNA429，エクソソーム

図❶ メサンギウム領域に沈着した IgA1

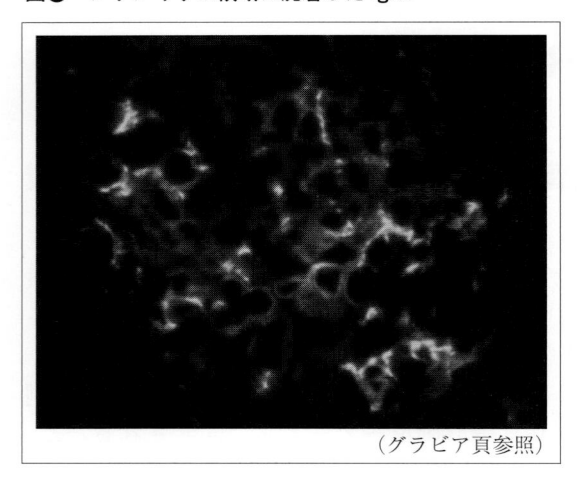

（グラビア頁参照）

どのようにして腎組織障害を惹起するのかについては未知の部分も多く，その機序の解明が待たれるところであるが，近年では腎組織の炎症を司るmicroRNAの果たす役割にも注目が集まっている。

現状ではIgA腎症の診断および治療方針の策定は，目下患者に侵襲を強いる腎生検を行うほかない。また治療法の基本は，各種の副作用を有するステロイド薬を使用する治療が主軸となっており，患者にとっては診断から治療に至る経過は負担の大きいものとなっているのが現状である。

血液中の循環 microRNA，尿中に排出されたmicroRNAによるIgA腎症の診断あるいは治療が可能となれば，本疾患に対する福音となる可能性を大いに有すると考えられる。

II．腎疾患とmicroRNA

microRNAは当初，ヒトの腫瘍細胞株においてlet-7 microRNAが発がん作用を有するRASを調節し，がん抑制因子として機能する可能性が示唆されるなど，がん疾患周辺領域で報告が続いた[7]。その後の研究によりmicroRNAはがん関連疾患のみならず，全身の各臓器に特異的な発現を示し，組織の分化や機能発現に関与することが推測されており，それはmicroRNAによるタンパク質をコードする遺伝子の制御機構によると考えられている。この働きが欠損または過剰になるとき，各種の疾患が発症すると考えられる。

腎疾患においては，糖尿病性腎症による末期腎不全とmicroRNAとの関連についての報告が早期よりなされている。糖尿病性腎症から末期腎不全に至る臨床経過は今や本邦でも重要な治療課題となっている。糖尿病による高血糖状態はtransforming growth factor-$\beta 1$（TGF-$\beta 1$）を誘導し，糸球体メサンギウム細胞の増殖・線維化，コラーゲンに代表される細胞外基質の増生をもたらす[8]。このTGF-$\beta 1$の働きによりmicroRNA216a/microRNA217の発現が上昇する。また糖尿病性腎症モデルのマウス腎メサンギウム細胞では，microRNA192の発現が増加していることがわかっており，この働きにより腎組織にコラーゲンなどが沈着し，線維化をきたして糖尿病性腎症に至ると考えられている[8]。

このmicroRNA192の発現は，IgA腎症における疾患重症度とも相関するとされており[9]，いずれも腎の線維化を促進させる因子であるTGF-$\beta 1$がSmad3を介してmicroRNA192発現を調節している機序が証明された[10]。

このように糖尿病性腎症の機序を明らかにする過程で，IgA腎症におけるmicroRNAの果たす役割についても徐々に解明が進みつつある。これまでにIgA腎症とmicroRNAの関連について述べられた報告が散見されている。DaiらにてIgA腎症の腎生検組織のmicroRNAが網羅的に解析された[11]。また，Wangらは同様に腎生検組織からmicroRNA200ファミリー，microRNA205，microRNA192，microRNA141を同定し，IgA腎症の病因診断の一助とする報告を行った[12]。これらは腎生検を行い腎組織から直接microRNAを検討しており，診断の手法として腎生検を用いているため，従来の方法と比較し特に有用とは言い難い。さらにIgA腎症患者の尿検体中の試料として尿沈渣に着目し，同検体よりmicroRNA200a，microRNA200b，microRNA429を同定し，腎機能と尿沈渣中microRNA200bおよびmicroRNA429との相関が強いことを証明した[13]。続けて彼らはIgA腎症患者の腎生検組織と尿沈渣中のmicroRNA146a，microRNA155の発現がコントロール群より明らかに上昇していたことも報告している[14]。

これらの腎の炎症や線維化に関与するmicroRNAsが同定されてきつつあり，またそれが及ぼす臨床的機序についても徐々に明らかとなってきている。これらの腎疾患特異的なmicroRNAのうち，発現が低下しているものについてはそれらを補うことでIgA腎症の治療を行いうる可能性がある。また，IgA腎症の疾患特異的に上昇しているmicroRNAを同定しえれば同疾患の診断根拠となり，今後IgA腎症の診断法が大きく変換する可能性もありうると考える。

Ⅲ．エクソソームと腎疾患

近年になり，血液中，尿中，乳汁，羊水などの体液中に分泌され，安定な物質として細胞由来のエクソソームが注目を集めており，このエクソソーム内には比較的多量のmicroRNAが内包されていると考えられている。このエクソソームはそれを分泌した由来細胞により，その内包されているmicroRNAなどの内容が異なっており，これが細胞への作用を司っている可能性が考えられている[15]。

そのため，エクソソーム中のmicroRNAを分析することで，各種の疾患に対する新たなバイオマーカーとして有用である可能性がある。今後の研究課題として期待される。

Ⅳ．われわれの取り組み

最後にわれわれが取り組んでいる研究の概要について触れたい。腎生検にて組織傷害度が高いIgA腎症患者数名の血液検体と，組織傷害度が軽微なIgA腎症患者数名の血液検体，これに健常人の末梢血の検体をコントロールにし，疾患特異的に上昇または低下しているmicroRNAの選定，または組織傷害度によって変動の大きいmicroRNAを選定する取り組みを行っている。また，それぞれのIgA腎症患者を約3年間フォローアップし，その間治療介入がなされ腎機能やタンパク尿などが変化した際のmicroRNAの変化などにつき現在精査中である。これらの結果が，疾患診断マーカーとして，また治療標的として同定されることを期待している。

参考文献

1) 日本透析医学会統計調査委員会：わが国の慢性透析療法の現況（2010年12月31日現在），日本透析医学会，2010.
2) 川村哲也：日腎会誌 44, 514-523, 2002.
3) Barratt J, Feehally J：J Am Soc Nephrol 16, 2088-2097, 2005.
4) Tomino Y, Endoh M, et al：N Engl J Med 305, 1159-1160, 1981.
5) Gómez-Guerrero C, López-Armada MJ, et al：J Immunol 153, 5247-5255, 1994.
6) Novak J, Tomana M, et al：Kidney Int 67, 504-513, 2005.
7) Johnson SM, Grosshans H, et al：Cell 120, 635-647, 2005.
8) Kato M, Arce L, et al：Kidney Int 80, 358-368, 2011.
9) Kantharidis P, Wang B, et al：Diabetes 60, 1832-1837, 2011.
10) Chung AC, Huang XR, et al：J Am Soc Nephrol 21, 1317-1325, 2010.
11) Dai Y, Sui W, et al：Saudi Med J 29, 1388-1393, 2008.
12) Wang G, Kwan BC, et al：Lab Invest 9, 98-103, 2010.
13) Wang G, Kwan BC, et al：Dis Markers 28, 79-86, 2010.
14) Wang G, Kwan BC, et al：Dis Markers 30, 171-179, 2011.
15) Valadi H, Ekström K, et al：Nat Cell Biol 9, 654-659, 2007.

平塩秀磨
2002年　聖マリアンナ医科大学医学部医学科卒業
2007年　広島大学病院腎臓内科勤務
2008年　広島大学大学院医歯薬総合研究科博士課程（展開医科学病態制御医科学講座分子内科学）

第1章　microRNA 診断

4．神経変性疾患に関与する miRNA と
   その臨床応用への可能性

今居　譲・服部信孝

　miRNA 合成酵素 Dicer のノックアウトマウスの解析から，miRNA が予想以上に哺乳類の神経細胞・グリア細胞の発生・分化・機能維持に関与していることが示唆されている。さらに個々の遺伝性神経変性疾患の研究から，これら疾患に関与する miRNA とその標的遺伝子が明らかとなってきた。今後は，これらの発見の臨床での検証・応用へ向けての技術開発が課題となる。一方，血液・脳脊髄液から検出される miRNA を利用した孤発性神経変性疾患バイオマーカー開発の試みは，疾患の早期診断につながると期待される。

はじめに

　近年，タンパク質をコードしない RNA 群が様々な生物種から同定された。これらの RNA は多様な方法で遺伝子の発現を制御することが明らかにされつつあるが，このうち microRNA（miRNA）と呼ばれる 20 塩基あまりの RNA 断片が細胞内で合成され，mRNA の発現を制御していることが理解されるようになった。脳神経系での miRNA の役割もここ数年で急速に解明が進んでおり，神経組織の発生から疾患・再生まで，様々な過程において関与している事例が報告されている。本稿では，神経組織の維持や神経変性に関与する可能性を示唆した miRNA 研究を紹介し，その臨床応用への可能性を概説する。

I．神経細胞やグリア細胞の生存性と機能を支える miRNA

　多くの miRNA は RNA ポリメラーゼ II により 1000 塩基以上の pri-miRNA として転写された後，Drosha と呼ばれる RNase により，ヘアピンステムループ構造をもった 70 塩基程度の RNA（pre-miRNA）として切断される。pre-miRNA はさらに Dicer と呼ばれる RNase によって 20〜25 塩基の二本鎖（miRNA：miRNA*用解1）にプロセスされる。その後，RNA-induced silencing complex（RISC）に取り込まれ一本鎖にされた miRNA は，その配列特異性に依存して mRNA のサイレンシング（翻訳の阻害）を行う。

　miRNA の役割を解析するために，その合成に必須の酵素 Dicer のノックアウトマウスが作製されたが，胚性致死となることから成熟した神経系での miRNA の役割は不明であった[1,2]。そこで，Cuellar らはドーパミン受容性神経細胞特異的に Dicer 遺伝子をノックアウトしたマウスを作製した[3]。このマウスは運動失調を示し，解剖学的には脳サイズおよび神経細胞のサイズの減少を示したが，神経細胞死は認められなかった。一方，プルキンエ細胞特異的な Dicer の不活性化は，加齢依存的な運動失調とそれに伴ったプルキンエ細胞の変性が報告されている[4]。オリゴデンドロサイトおよびシュワン細胞特異的な Dicer の不活性化はミエリン化

key words

アルツハイマー病，パーキンソン病，エクソソーム，血液・脳脊髄液，バイオマーカー

の阻害や脱ミエリン化を引き起こし，ミエリン構造により維持される神経軸索の変性が認められている[5)-7)]。さらに，アストロサイトにおいての Dicer 遺伝子の出生後の除去においても，小脳顆粒細胞やプルキンエ細胞の変性，加齢依存的な運動失調と寿命の短縮が報告されている[8)]。

II．神経変性疾患に関与する miRNA

1．アルツハイマー病

マウス前脳特異的に Dicer を不活性化すると，進行性の運動失調，神経変性，寿命の短縮がみられる。病変部位ではグリア細胞の活性化や高度にリン酸化された Tau の蓄積が認められた。その病理メカニズムとして，miR-15 の発現低下が ERK1[用解2] の発現亢進の原因となり，Tau のリン酸化と神経変性を導くことが示されている[9)]。老人斑の構成成分でありアルツハイマー病の病因であることが疑われている A ベータの前駆タンパク質である APP やその産生酵素 BACE1 の発現上昇は，アルツハイマー病発症のリスクを高めると考えられる。これに関連して miR-29a/b-1 が BACE1 の翻訳を抑制すること，孤発性アルツハイマー病において miR-29a/b-1 の発現低下が報告されている[10)]。一方，miR-106a と miR-520c が APP の発現を抑制することが in vitro で示されている[11)]。しかし現在まで，アルツハイマー病とリンクした miRNA 遺伝子の変異や，APP や BACE1 の miRNA 結合部位の変異は分離されていない[12)]。

2．パーキンソン病

中枢ドーパミン神経の発生および維持に必須の転写因子 Pitx3 が miR-133b によって負に制御されることが報告されている[13)]。Pitx3 自身は miR-133b の発現を正に制御することから，Pitx3 と miR-133b の間にはネガティブフィードバックループが存在することが提案されている（図❶）。miR-133b の発現低下がドーパミン神経の変性をもたらすことが示唆されているが，Pitx3，miR-133b 遺伝子多型がパーキンソン病においての危険因子となる事例は今のところ見つかっていない[14)]。

多方面の研究結果より α-Synuclein の発現亢進が孤発性パーキンソン病の危険因子となることが明らかとなっているが，miRNA が α-synuclein 遺伝子の発現制御をする可能性も検討されている[15)16)]。さらに，α-Synuclein の発現亢進との相関が指摘されている Fgf20 遺伝子のパーキンソン病リスク多型として miR-433 結合部位が同定されている[17)]（図❷）。一方，パーキンソン病リスク多型とはならないという報告もある[18)]。

孤発性および遺伝性パーキンソン病にリンクするキナーゼ LRRK2 は，キナーゼ活性に依存して let-7 および miR-184* を負に制御する[19)]。その結果，転写因子複合体を形成する DP と E2F1 の神経細胞においての発現上昇と細胞死をもたらすことが示唆されている。

3．ハンチントン病

転写抑制因子 REST は huntingtin（Htt）と結合することによって細胞質に隔離されている。しかし，ポリグルタミンが伸長した疾患型 Htt は REST との結合が減弱しており，核への移行が誘導されるということが報告された[20)21)]。REST はゲノム上の

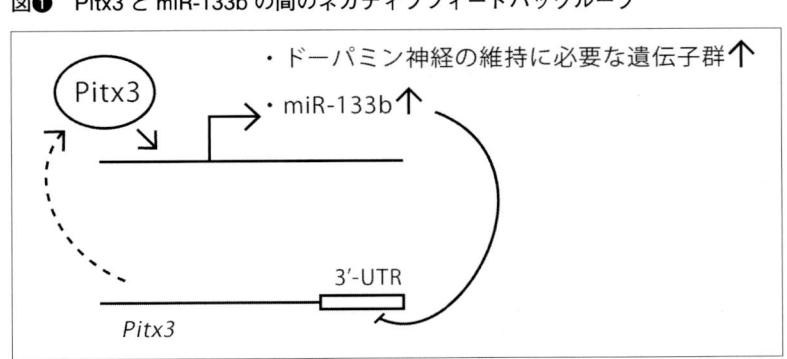

図❶ Pitx3 と miR-133b の間のネガティブフィードバックループ

図❷ miR-433, FGF20 と α-Synuclein の関係

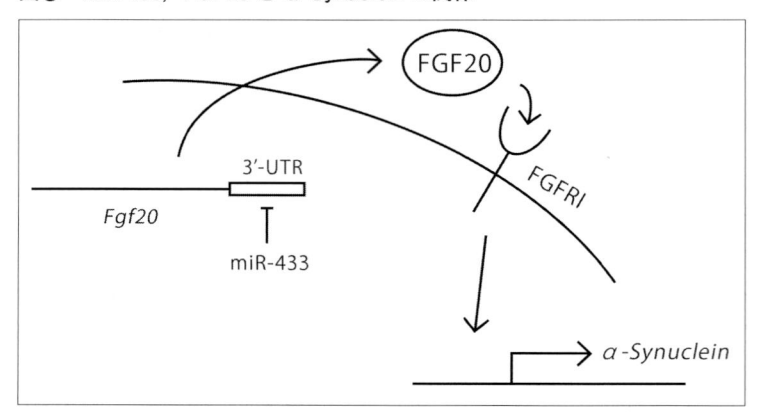

図❸ Htt が機能を制御する REST/CoREST と miR-9/miR-9* の関係

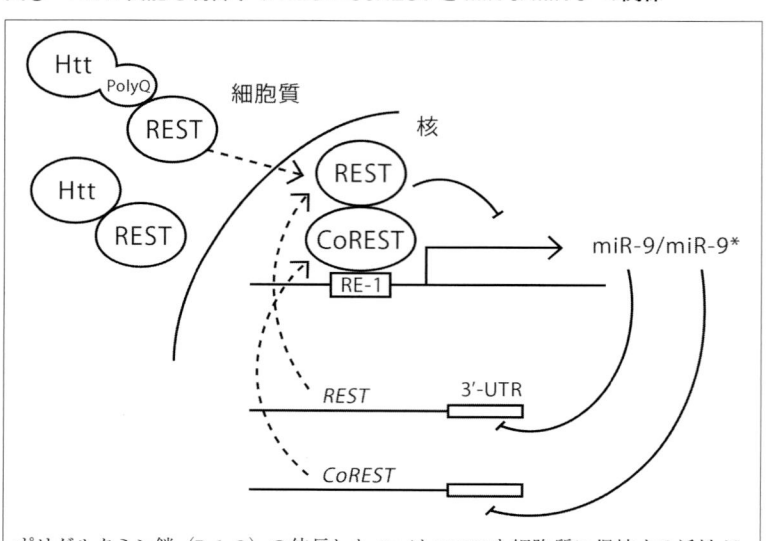

ポリグルタミン鎖（PolyQ）の伸長した Htt は REST を細胞質に保持する活性が減弱しているため，REST が核内に移行する．その結果，miR-9/miR-9* の発現の抑制が起こる．

RE-1 コンセンサス配列に結合し，REST corepressor 1（CoREST）などとともに，神経特異的な遺伝子群の発現を抑制する．さらに，REST/CoREST 複合体は脳に豊富に発現する miR-9/miR-9* の発現も負に制御する．一方で，miR-9/miR-9* が REST/CoREST の発現を負に制御するというネガティブフィードバックループが存在することが示されている [20)21)]（図❸）．

miRNA を疾患のバイオマーカーとして検討する研究も進められている．血漿中の miRNA は比較的安定に存在し，試料の凍結融解にも耐性である．疾患型 Htt 遺伝子キャリアにおいて発症前から miR-34b の存在量が増加していることが観察されており，ハンチントン病のバイオマーカーとなる可能性が考えられている [22)] ．

4. 脊髄小脳失調

脊髄小脳性運動失調症 1 型（spinocerebellar ataxia type 1：SCA1）の原因遺伝子 *ataxin-1* 内の CAG リピートの異常伸長は，小脳プルキンエ細胞の変性をもたらす．伸長した CAG リピートか

ら翻訳されたポリグルタミン鎖をもつ Ataxin-1 の神経細胞内においての蓄積が変性をもたらすと考えられている。*ataxin-1* は約 7 kb と比較的長い 3'UTR をもち，この領域に miR-19, miR-101 および miR-130 が結合すること，これらの miRNA の機能を阻害すると疾患型 Ataxin-1 による細胞死が増強することが示されている[23]。

おわりに

神経変性に関与する miRNA とその分子標的が明らかになってきた。しかし，これらの研究はまだ端緒についたばかりであり，臨床においてこれらmiRNAの制御の有用性を検証していかねばならない。また個々の発見に基づき，特定の miRNA や遺伝子発現を阻害する試薬や，脳神経系に対する効果的なドラッグデリバリーシステムの開発も今後の課題である。一方これらのアプローチとは別に，孤発性アルツハイマー病，パーキンソン病のような罹患率が高く社会的な影響の大きい神経変性疾患に関しては，血液・脳脊髄液のエクソソーム内外に存在する疾患特異的な miRNA を同定し，疾患バイオマーカーとしての有用性を検討していく必要があると考えられる。

用語解説

1. **miRNA***：長い一本鎖 RNA として転写された pri-miRNA は，ヘアピン型の構造をもつ miRNA 前駆体として切り出され，細胞質に輸送された後，Dicer により成熟型の短い二本鎖 RNA（miRNA／miRNA*）へとプロセスされる。通常，一方の鎖が miRNA として RISC に取り込まれ機能すると考えられるが，miRNA* が機能的な miRNA として機能する例も報告されている。
2. **ERK1**：MAP キナーゼの一種。

参考文献

1) Bernstein E, Kim SY, et al：Nat Genet 35, 215-217, 2003.
2) Harfe BD, McManus MT, et al：Proc Natl Acad Sci USA 102, 10898-10903, 2005.
3) Cuellar TL, Davis TH, et al：Proc Natl Acad Sci USA 105, 5614-5619, 2008.
4) Schaefer A, O'Carroll D, et al：J Exp Med 204, 1553-1558, 2007.
5) Shin D, Shin JY, et al：Ann Neurol 66, 843-857, 2009.
6) Bremer J, O'Connor T, et al：PLoS One 5, e12450, 2010.
7) Pereira JA, Baumann R, et al：J Neurosci 30, 6763-6775, 2010.
8) Tao J, Wu H, et al：J Neurosci 31, 8306-8319, 2011.
9) Hebert SS, Papadopoulou AS, et al：Hum Mol Genet 19, 3959-3969, 2010.
10) Hebert SS, Horre K, et al：Proc Natl Acad Sci USA 105, 6415-6420, 2008.
11) Patel N, Hoang D, et al：Mol Neurodegener 3, 10, 2008.
12) Bettens K, Brouwers N, et al：Hum Mutat 30, 1207-1213, 2009.
13) Kim J, Inoue K, et al：Science 317, 1220-1224, 2007.
14) de Mena L, Coto E, et al：Am J Med Genet B Neuropsychiatr Genet 153B, 1234-1239, 2010.
15) Junn E, Lee KW, et al：Proc Natl Acad Sci USA 106, 13052-13057, 2009.
16) Doxakis E：J Biol Chem 285, 12726-12734, 2010.
17) Wang G, van der Walt JM, et al：Am J Hum Genet 82, 283-289, 2008.
18) Wider C, Dachsel JC, et al：Mov Disord 24, 455-459, 2009.
19) Gehrke S, Imai Y, et al：Nature 466, 637-641, 2010.
20) Johnson R, Zuccato C, et al：Neurobiol Dis 29, 438-445, 2008.
21) Packer AN, Xing Y, et al：J Neurosci 28, 14341-14346, 2008.
22) Gaughwin PM, Ciesla M, et al：Hum Mol Genet 20, 2225-2237, 2011.
23) Lee Y, Samaco RC, et al：Nat Neurosci 11, 1137-1139, 2008.

今居 譲
1994年　京都大学農学部卒業
1999年　京都大学大学院理学研究科博士後期課程修了（理博）
　　　　理化学研究所脳科学総合研究センター研究員
2004年　スタンフォード大学医学部病理学部門博士研究員
2007年　東北大学加齢医学研究所准教授
2011年　順天堂大学医学研究科神経変性疾患病態治療探索講座先任准教授

専門：分子遺伝学，分子生物学。パーキンソン病モデルショウジョウバエ，マウスを用いて，パーキンソン病の発症メカニズムに関する研究を行っている。

第1章　microRNA 診断

5．整形外科疾患における microRNA

中原啓行・浅原弘嗣

　近年，microRNA（miRNA）などの non-cording RNA は複数のターゲット遺伝子の発現を調節し，がん浸潤，組織発生および炎症反応などの様々な分野において重要な因子であることがわかってきた。整形外科領域においても組織特異的または発生段階特異的に発現し，組織ホメオスタシスや炎症応答，発生をコントロールする種々のmiRNAが報告されている。本稿では，整形外科疾患におけるmiRNAの働きと今後の臨床応用の可能性について関節炎を中心にまとめる。

はじめに

　変形性関節症（osteoarthritis：OA），変形性脊椎症や関節リウマチ（rheumatoid arthritis：RA）などの慢性関節疾患は非常に患者数が多く，特に本邦では高齢化に伴い一人の患者が複数の慢性関節疾患をもっていることがしばしばあり，治療に難渋するケースも少なくない。なかでも，OAは関節軟骨の減少と修復のバランスが崩れることによる関節軟骨の変性を主因とし，細胞レベルでも遺伝子発現やプロテインネットワークのホメオスタシスバランスが崩れ，細胞死や細胞増殖，分化などの変性が進み，最終的には軟骨破壊をきたし，疼痛や関節の緩み，筋力低下などにより運動機能を著しく障害する整形外科領域で最も頻度の高い疾患の1つである。進行したOAは軟骨変性，骨棘形成，滑膜増生，血管新生などを伴い，その影響は半月板や前十字靭帯などの靭帯組織にまで及ぶ[1]。

　プロテアーゼインヒビターや転写因子など様々な遺伝子がOAの治療ターゲットとして試されているが，現在のところ十分な効果をもつ治療薬はできていない。そのためOA治療の主流は，進行期における鎮痛薬やリハビリテーションによる疼痛コントロール，筋力強化，末期における人工関節置換術となっている。しかし近年，整形外科領域においても様々なmicroRNA（miRNA）が組織ホメオスタシス維持に働いていることがわかってきており，新しい治療薬として期待されている。

　miRNA は non-cording RNA の1つであり，複数の遺伝子発現の重要な調節因子として働き，細胞機能を維持している。調節のメカニズムは主に標的mRNAの分解または翻訳抑制であり，これらは主に標的 mRNA の 3'-untranslated regions（UTR）に結合することで惹起される[2,3]。miRNA は MyoD, NF-κB などの組織特異的または主要な転写因子によって調節されており，主に RNA ポリメラーゼⅡ依存的に primary transcripts（pri-miRNA）に転写される。その後，pri-miRNA は核内において DGCR8 複合体の Drosha などの核内 RNAase Ⅲ によって切断され，〜60bp の precursor-miRNA（pre-miRNA）になる[4]。pre-miRNA は Exportin5 を介して細胞質へ輸送され，Dicer によって切断され〜22 nucleotide の2本の miRNA となる。miRNA は RNA 結合タンパク質の Argonature（AGO）と結合し，RNA-induced silenc-

---

key words

miRNA, miR-140, 変形性関節症（OA），関節リウマチ（RA），軟骨ホメオスタシス

ing complex（RISC）を形成する[2)3)]。このmiRNA-RISC complexが標的RNAに作用し，翻訳阻害や分解に働く[4)-7)]。このため，miRNA発現の変化は標的遺伝子のネットワークを停滞させ，種々の病気の原因となる。現在では1400以上のmiRNAが種々の組織で見つかっており，大部分のmRNAがmiRNAによって調節されていることがわかってきている。

近年，様々な組織特異的miRNAの過剰発現または発現抑制実験により疾患に対するmiRNAの働きや治療効果が明らかにされており，種々の疾患におけるanti-miRNAやdouble-strand-miRNA mimicsを用いた治療やmiRNAをバイオマーカーとした診断方法が臨床応用される可能性が高まっている。

OAやRAにおけるmiRNAの病態生理学的役割はまだ十分に解明されているとは言えないが，われわれが報告したmiR-140は過度の軟骨変性を抑制することでOAの予防分子として働くことがわかっている数少ないmiRNAである[8)9)]。本稿ではOAにおけるmiR-140の働きを紹介するとともに，整形外科領域のmiRNAと今後の展望について概説する。

I. miR-140と発生・軟骨ホメオスタシス

発生・分化におけるmiRNAの重要性はDicer, AGO, DGCR8のノックアウトマウス解析によって明らかとなった[10)-13)]。DicerとAGOのノックアウトマウスでは細胞周期の異常や細胞分化の異常により，それぞれ胎生期に死亡または重度な発生障害をきたす。さらに，Dicer四肢特異的または軟骨特異的コンディショナルノックアウトマウスは細胞死や軟骨細胞増殖障害の結果，四肢体幹の短小化をきたし，四肢・軟骨におけるmiRNAの重要性が明らかとなった[11)]。また，Osteoclasts-specific Dicer欠損マウスでは骨吸収の低下により，骨量が増加することが報告されている[14)]。これらのDicerの機能解析はmiRNAによる遺伝子制御が細胞機能や骨，軟骨成長に不可欠であることを示唆した。その後，ゼブラフィッシュのホールマウント*in-situ*ハイブリダイゼーションではmiR-140が軟骨特異的に発現していることが示され[15)]，TuddenhamらはmiR-140が長管骨や扁平骨の発生において軟骨で特異的に発現し，HDAC4を直接的に制御することを報告した[16)]。

われわれは軟骨細胞特異的に働くmiRNAを同定するためにヒト関節軟骨初代培養細胞とヒト骨髄間葉系幹細胞（MSCs）においてmiRNAマイクロアレイ解析を施行し，その結果，最も大きな発現の差が認められたのがmiR-140であった[8)]。また，miR-140の発現はMSCsの軟骨分化と正相関し，分化に伴って*SOX9*, *COL2A1*といった軟骨分化マーカーと同様の発現増加を示すことがわかった。さらに，miR-140は正常ヒト関節軟骨で高い発現を示すが，OA軟骨においてその発現量は有意に低下しており，IL1-βによる関節軟骨細胞刺激においてもmiR-140の発現は低下した[8)]。これらの結果は，miR-140の発現低下はOAにおける病的な遺伝子発現を引き起こす原因となり，miR-140がOAの病態と関連していることを示唆していた。そこでわれわれはmiR-140ノックアウトマウスとトランスジェニックマウスを作製し，miR-140の機能を解析した。miR-140ノックアウトマウスは発生に異常を認めなかったが，生後，四肢・体幹・顔面の短小化をきたし，Dicerノックアウトマウスでみられた表現型の一部がmiR-140で説明できることがわかった[9)]。同様の表現型はわれわれとは別に作製されたmiR-140ノックアウトマウスでも報告されており，その結果からmiR-140が内軟骨性骨成長に不可欠であり，*Dnpep*を介したBMPシグナル抑制がその原因の1つと考えられた[17)]。また，肢芽のマイクロマスカルチャーにおけるmiR-140ノックダウンの結果，BMPシグナルの下流で働くSp1によって軟骨細胞増殖が低下することが報告されており[18)]，miR-140が内軟骨性骨化において，*Dnpep*, *Sp1*, *BMP-2*といった複数の遺伝子をターゲットとして働いていることが明らかとなった（図❶）。早期のOAでは関節軟骨の変化だけでなく，軟骨下骨の肥厚，柔軟性の低下，骨梁の減少なども起きており，OA軟骨におけるmiR-140の発現の低下はBMPシグナルを介して軟骨下骨の変性にも関与している。これらの変性による

ストレスの増加が関節軟骨の変性を促進させOAの進行につながっているとする報告もある[19]。

軟骨ホメオスタシスにおけるmiR-140の役割を明らかにするために，加齢によるmiR-140の変化を調べたところ膝関節軟骨は生後1ヵ月まで正常であったが，3ヵ月以降は徐々にプロテオグリカンの減少，軟骨のフィブリレーションなどのOAの進行を認めた。また，miR-140ノックアウトマウスはサージカルOAモデルにおいても術後8週でwild typeマウスと比べて有意にOAの進行を認めた。さらにmiR-140の軟骨変性に対する効果を調べるためにwild typeマウス，miR-140ノックアウトマウス，miR-140トランスジェニックマウスそれぞれの膝関節にantigen-induced arthritis（AIA）モデルを作製したところ，miR-140トランスジェニックマウスではプロテオグリカンとType-Ⅱコラーゲンの減少に抵抗性を認め，miR-140が炎症による軟骨変性に対する予防効果を有することが示唆された[9]。miR-140がOAの主要なプロテアーゼであるADAMTS-5を直接の標的分子として抑制することがこの理由の1つであるが，軟骨細胞においてmiR-140によって抑制されると報告されているHDAC4, IGFBP5やBMPシグナルなどもこの結果の一因となっていると考えられる[17)18)20)21]。このようにmiR-140は複数のpathwayにおいて多数の遺伝子をターゲットにしていることが明らかであり，軟骨実質の生成や分解を調節し，軟骨のホメオスタシスを維持する主要なmiRNAといえる（図❶）。miR-140による軟骨治療は早期のOAに対して理想的な治療薬となる可能性を秘めており，今後の研究に期待したい。

Ⅱ．関節炎と関連するmiRNA

近年，miRNAマイクロアレイ解析により多数の関節炎と関連したmiRNAが明らかになってきている（図❶）。Akhtarらは軟骨細胞へのIL-1β刺激後の発現解析で42種類のmiRNAが低下，miR-146aとmiR-491が上昇し，OAにおいて減少するmiR-27bはMMP-13をターゲットとして軟骨ホメオスタシスに働いていると報告している[22]。

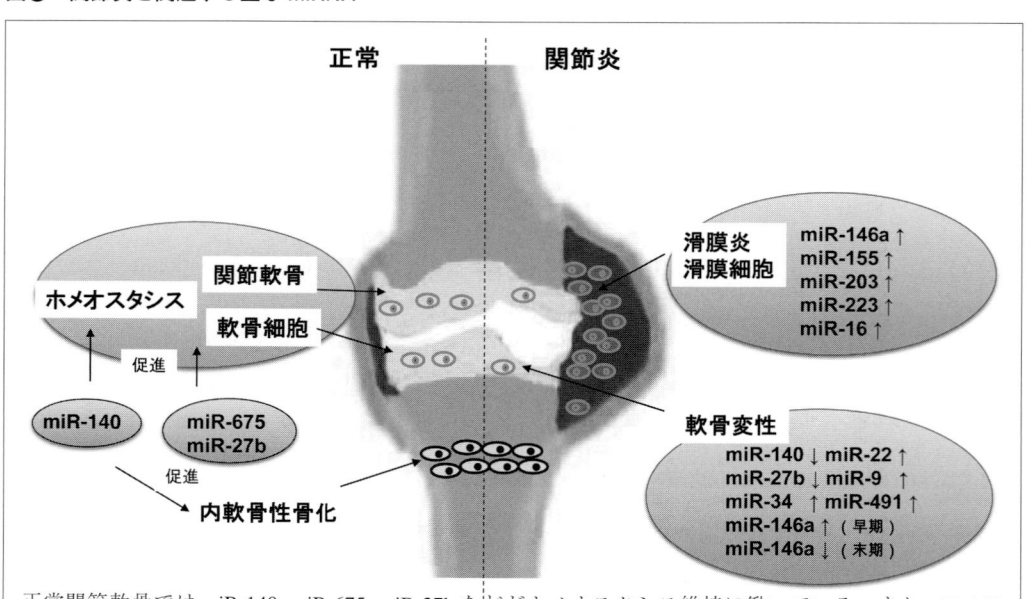

図❶　関節炎と関連する主なmiRNA

正常関節軟骨ではmiR-140, miR-675, miR-27bなどがホメオスタシス維持に働いている。またmiR-140は*Dnpep*, *Sp1*, *BMP-2*といった複数の遺伝子をターゲットとして内軟骨性骨化を促進している。RAの滑膜炎ではmiR-146a, miR-155などが増加し，miR-146aは炎症性サイトカインを抑制する働きをもっている。また，軟骨変性ではmiR-140, miR-27bなどが減少し，miR-9, miR-22, miR-491などが増加する。miR-146aは軟骨変性の早期に増加するが末期には低下する。

長寿遺伝子として知られる*SIRT1*は軟骨細胞の老化・代謝・炎症・ストレス応答などを調節しているが，OA軟骨では*SIRT1*の発現が低下する[23]。miR-9, miR-34やmiR-181などは様々な細胞で*SIRT1*の発現を抑制し，miR-9とmiR-34はOA軟骨で発現が増加することが報告されている[24]。これらの結果から*SIRT1*はmiRNAとOAにおける重要なカスケードの1つであると考えられている。

また，過度のメカニカルストレスはOAのリスクファクターの1つであるが，関節軟骨においてmiR-222は荷重部位で高い発現を示すことが報告されており，軟骨のメカニカルストレス応答を調節している可能性がある[25]。

TNF-αやIL-1βは関節炎で上昇する炎症性サイトカインとしてよく知られており，その発現量は軟骨変性の程度と相関する。BaltimoreらはTHP-1細胞におけるmiR-146aがNF-κBを介したTNF-αやIL-1β刺激によって上昇することを発見し，miR-146aがIRAK1とTRAF6をターゲットとして炎症性サイトカインシグナルに対するネガティブフィードバック機構として働くことを報告した[26]。miR-146aとmiR-155はRAの滑膜組織で高い発現を認め，その滑膜細胞における発現はIL-1βやTNF-αの刺激によって増加する。また，miR-146aは早期のOA軟骨で高い発現を示し，末期のOAでは発現が低下することが報告されており，miR-146aの軟骨細胞における過剰発現ではIL-1βを低下させることが明らかとなっている[24) 27)]。さらに，peripheral blood mononuclear cell（PBMC）におけるmiR-146aの過剰発現は破骨細胞分化を抑制し，関節破壊を抑制する[28]。一方，miR-155ノックアウトマウスはコラーゲン因性関節炎に対する抵抗性と破骨細胞産生の低下を介した局所骨破壊の低下を示し[29]，またmiR-203はNF-κBを介してMMP-1やIL-6の発現を上昇させることが報告されている[30]。そのほかmiR-9は軟骨細胞におけるMMP-13の分泌を抑制し[24]，miR-22はOA軟骨で発現が上昇しており，PPARAやBMP-7をターゲットとして，その発現上昇は炎症を惹起すると報告されている[31]。

III. 臨床応用への展望

1. バイオマーカー

すでに，がん領域でmiRNAは有用な診断マーカーとして臨床応用もされはじめている。miRNAは細胞内での働きが盛んに研究されてきたが，近年エクソソームという細胞由来分泌小胞の中にmiRNAが相当量含まれていることがわかってきた[32]。エクソソームは隣接細胞間を移動するだけでなく，血液・リンパ液を含む体液中にも分泌されていることが明らかとなっており，その中に含まれるmiRNAはRNaseから守られ安定して存在し，全身性炎症疾患などの媒体として働いている可能性がある。これまでにもいくつかのmiRNAが疾患のバイオマーカーとして血中から同定されているが，これらもエクソソーム由来の可能性がある。今後この分野の研究が進めば，miRNAのバイオマーカーとしての利用が容易になるかもしれない。

関節炎においては，PBMCのmiR-146a, miR-155やmiR-16の発現が正常患者と比べ2倍以上上昇していることが報告されているほか，RAやOA患者の関節液からもこれらのmiRNAは同定されており，RA患者の関節液ではOA患者と比較して有意に高い発現が報告されている[33]。これらの因子は疾患の活動性と相関することが示唆されており，バイオマーカーとしての利用が期待できる。

2. デリバリーシステム

これまで，様々なプロテアーゼインヒビターや転写因子がOAの治療ターゲットとして試されてきているが，現在のところOA治療に十分な効果をもつ治療薬ができるには至っていない。OAと関連する主要なプロテアーゼインヒビターとしてMMP-13やADAMTS-4,5，転写因子としてはNF-κB, HIF-2α, RUNX2, ETSなどが挙げられる[34]。miRNAを介してこれらの因子をコントロールすることができれば，変性疾患においても有効な薬剤ができるかもしれない。しかし，整形外科疾患でターゲットとなる軟骨や靭帯，椎間板などの組織は阻血性組織であり，細胞外基質（ECM）が豊富であるという特徴をもつ。このため，その中にある細胞内に薬剤を有効に作用させることが他の組織と比べて困

難であり，臨床応用に向けて重要な課題であろう。miRNAやsiRNAはこの問題をも克服できる可能性をもっており，創薬ターゲットとして期待される。siRNAや二本鎖miRNAは大きな分子量で高い電荷をもっているため細胞膜を通過することが困難であるが，Eguchiらは細胞内へのsiRNAの取り込みを促進するためにpeptide transduction domain-double-stranded RNA-binding domain（PTD-DRBD）fusion proteinを用いた方法を開発し，様々な細胞で高い取り込みと細胞毒性や免疫応答をなくすことに成功している[35]。実際の臨床応用に向けてはmiRNAデリバリーシステムや有効濃度への濃縮方法など研究を重ね，より確実なデリバリーシステムを確立する必要がある。

RAなど滑膜炎に対してのmiRNA投与はOAに比べより容易であると思われ，臨床応用がより近いかもしれない。実際，二本鎖miR-15aの関節炎マウスの膝関節注入で滑膜のBCL-2をターゲットとして抑制することで細胞のアポトーシスを誘導することに成功している。注入されたmiR-15aは滑膜細胞に取り込まれていたが，軟骨細胞には取り込まれていなかった[36]。

今後miRNAの濃縮技術やエクソソームを利用したmiRNAデリバリーシステムなどの研究が進めば，miRNAの臨床応用への道は広がっていくと思われる。

まとめ

miRNAは数百ともいわれる複数の遺伝子をターゲットとして細胞内外の生命現象を一定の方向に向ける働きをもっていると考えられている。多くの疾患，症状は単一的なシグナルで起こるものではない。その面で多数のシグナルネットワークを調節するmiRNAは理想的な治療薬となりうる可能性を秘めている。miR-140やmiR-146aなどはこれまで有効な治療薬がなかった変性疾患においても創薬ターゲットとなりうるが，副作用や有効なデリバリーシステムの開発などまだまだ課題は多い。臨床応用に向けては今後も基礎的知見を積み上げ，慎重に検討していく必要がある。本稿では関節炎を中心にmiRNAの働きを述べるにとどまったが，小児骨系統疾患や疼痛応答，脊椎疾患，骨折治癒などにもmiRNAは大きく関与していると考えられ，今後の研究の進展に期待したい。

参考文献

1) Lotz MK, Carames B：Nat Rev Rheumatol 7, 579-587, 2011.
2) Bartel DP：Cell 116, 281-297, 2004.
3) Farh KK, et al：Science 310, 1817-1821, 2005.
4) Lee Y, et al：Nature 425, 415-419, 2003.
5) Chendrimada TP, et al：Nature 436, 740-744, 2005.
6) Denli AM, et al：Nature 432, 231-235, 2004.
7) Gregory RI, et al：Nature 432, 235-240, 2004.
8) Miyaki S, et al：Arthritis Rheum 60, 2723-2730, 2009.
9) Miyaki S, et al：Genes Dev 24, 1173-1185, 2010.
10) Bernstein E, et al：Nat Genet 35, 215-217, 2003.
11) Harfe BD, et al：Proc Natl Acad Sci USA 102, 10898-10903, 2005.
12) Kanellopoulou C, et al：Genes Dev 19, 489-501, 2005.
13) Wang Y, et al：Nat Genet 39, 380-385, 2007.
14) Mizoguchi F, et al：J Cell Biochem 109, 866-875, 2010.
15) Wienholds E, et al：Science 309, 310-311, 2005.
16) Tuddenham L, et al：FEBS Lett 580, 4214-4217, 2006.
17) Nakamura Y, et al：Mol Cell Biol 31, 3019-3028, 2011.
18) Yang J, et al：FEBS Lett 585, 2992-2997, 2011.
19) Suri S, Walsh DA：Bone 51, 204-211, 2012.
20) Song B, et al：Oncogene 28, 4065-4074, 2009.
21) Tardif G, et al：BMC Musculoskelet Disord 10, 148, 2009.
22) Akhtar N, et al：Arthritis Rheum 62, 1361-1371, 2010.
23) Fujita N, et al：J Orthop Res 29, 511-515, 2011.
24) Jones SW, et al：Osteoarthritis Cartilage 17, 464-472, 2009.
25) Dunn W, DuRaine G, at al：Arthritis Rheum 60, 2333-2339, 2009.
26) Taganov KD, et al：Proc Natl Acad Sci USA 103, 12481-12486, 2006.
27) Yamasaki K, et al：Arthritis Rheum 60, 1035-1041, 2009.
28) Nakasa T, et al：Arthritis Rheum 63, 1582-1590, 2011.
29) Kurowska-Stolarska M, et al：Proc Natl Acad Sci USA 108, 11193-11198, 2011.
30) Stanczyk J, et al：Arthritis Rheum 63, 373-381, 2011.
31) Iliopoulos D, et al：PLoS One 3, e3740, 2008.
32) Valadi H, et al：Nat Cell Biol 9, 654-659, 2007.
33) Murata K, et al：Arthritis Res Ther 12, R86, 2010.
34) Goldring MB, Otero M：Curr Opin Rheumatol 23, 471-478, 2011.
35) Eguchi A, Dowdy SF：Cell Cycle 9, 424-425, 2010.
36) Nagata Y, et al：Arthritis Rheum 60, 2677-2683, 2009.

中原啓行
2004 年　高知大学医学部卒業
2006 年　岡山大学大学院医歯薬学総合研究科整形外科
2011 年　スクリプス研究所

浅原弘嗣
1992 年　岡山大学医学部卒業
　　　　岡山大学医学部整形外科
1997 年　ハーバード大学医学部
1999 年　ソーク研究所
2002 年　スクリプス研究所にラボ開設
2004 年　国立成育医療研究センター研究所部長
2012 年　東京医科歯科大学大学院医歯学総合研究科システム発生・再生医学分野教授

第1章 microRNA 診断

6. 乳がんにおける microRNA 診断

柴田龍弘

乳がんにおいては，その多様な組織発生や病態に応じて多くのmicroRNA（miRNA）の発現異常が知られている。とりわけ，がん幹細胞の維持やエストロゲンシグナル，p53など乳がんにおいて重要な分子経路にmiRNAが深く関与していることが明らかになってきた。さらに，乳がんの転移や化学療法に対する抵抗性獲得におけるmiRNAの発現異常とそれに伴う複数の標的遺伝子の発現変化の詳細が解明されてきた。乳がんにおけるmiRNAの役割を解明することで，今後新たな分子診断や治療法の開発が進むことが期待される。

はじめに

microRNA（miRNA）は様々ながんで発現異常が報告されている。本稿では，まず乳がんにおけるmiRNAの発現異常について概説し，その診断への応用の可能性について紹介したい。

I. 乳がんにおけるmiRNAの発現異常

乳がんにおけるmiRNAの変化については2005年頃から報告がある。Liuらはマイクロアレイを用いて76症例の乳がん組織ならびに10症例の正常乳腺におけるmiRNAの発現を検討し，ノーザンブロットによる検証によって29種類のmiRNAの発現異常を同定した[1]。Zhangらは，18種類の乳がん細胞株を含む73の乳がん検体について，283個のmiRNAのゲノムコピー数異常を検索し，70％以上のmiRNA遺伝子が高頻度のコピー数異常をきたしていると報告している[2]。その後，同様の解析は他の複数のグループから報告されており，様々なmiRNAの発現異常が乳がんの組織型別あるいはステージ別で起こっていることが明らかになった。乳がんで発現異常をきたしている主なmiRNAについて表❶にまとめた。これらのmiRNAの発現異常はその標的遺伝子の発現を変化させることによって，結果的に乳がん細胞の増殖や転移，治療反応性などに重要な役割を果たしていると考えられる（図❶）。

1. 乳がんにおけるOnco-miR
(1) miR-21

乳がんにおいてmiR-21の発現が上昇していることが複数のグループから報告されている[1,3,4]。miR-21の発現阻害によって乳がん細胞株MCF7の in vitro ならびに in vivo での増殖が抑制されることから，miR-21の発現は乳がん細胞の増殖に重要な役割を果たしていると考えられる。ゲノムワイドな標的探索の結果，複数のp53標的遺伝子〔*CDKN1A(p21), FAS, SESN1, APAF1* など〕がmiR-21の標的として同定され，miR-21発現とp53経路抑制が密接に連携していることが推測される[5]。

(2) miR-27a

乳がん細胞株MDAMB-231においてmiR-27aはcdc2/サイクリンBの負の制御因子であるMyt-1な

---

key words

miR-21, p53, トリプルネガティブ乳がん, miR-125, *HER2*, miR-34, がん幹細胞, let-7, 転移, miR-10b, 上皮間葉移行, エストロゲン, 抗エストロゲンレセプター治療

表❶　乳がんで発現異常をきたしている miRNA

miRNA	染色体位置	標的遺伝子
乳がんで増加している miRNA		
miR-9-1	1q22	
miR-10b	2q31.3	TIAM, HOXD10, TIAM
miR-21	17q23.1	TPM1, PDCD4
miR-27a	19p13.13	ZBTB10, MYT1
miR-29b1	7q32.3	
miR-29c	1q32.2	
miR-93	7q22.1	
miR-155	21p21.3	FOXO3A, SOCS1, RHOA
miR-191	3p21.31	
miR-196a1	17q21.32	ANXA1
miR-203	14q32.33	
miR-206	6p12.2	
miR-210	11p15.5	MNT, RAD52
乳がんで減少している miRNA		
let-7		RAS, HMGA2, MYC
miR-17	13q31.3	AIB1, CyclinD1, E2F
miR-20a	13q31.3	
miR-34	1p36.22	
miR-100	11q24.1	
miR-125a	19q13.41	ERBB2, ERBB3, BAK, CRAF, MUC1, ERA, RTKN
miR-125b	11q24.1	ERA, ERBB3
miR-141	12p13.31	
miR-143	5q32	
miR-145	5q32	RTNK, MUC1, ERA
miR-200a/b	1p36.33	
miR-205	1q32.2	HER3, VEGFA
miR-206	6p12.2	ERA
miR-429	1p36.33	
miR-497	17p13.1	

図❶　乳がん発生における miRNA の発現異常

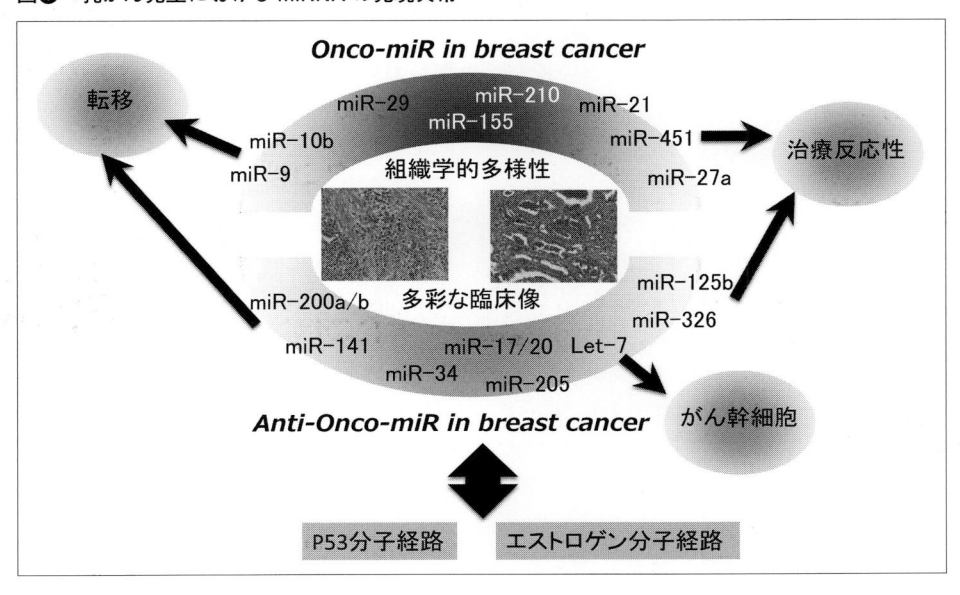

らびにがん抑制分子ZBTB10を負に制御していることが明らかになった。miR-27aの発現によって細胞周期回転に重要なサイクリンBの活性が増加し、乳がん細胞の増殖が促進された[6]。

(3) miR-205

正常乳管上皮において、miR-205は基底細胞に限局して発現がみられ、乳管幹細胞を含む基底細胞の特異的なマーカーと考えられる。多くの乳がんではmiR-205の発現は消失するが、ホルモンレセプター陰性・HER2陰性のいわゆるトリプルネガティブ乳がんに含まれる基底細胞型乳がんではmiR-205の発現がみられ、しかもその発現上昇が予後不良因子となることが報告されている[7]。

2. 乳がんにおける anti-Onco-miR

(1) miR-125

HER2遺伝子の増幅や過剰発現は乳がんの約30％にみられ、乳がん細胞の増殖において重要な役割を果たしている。miR-125はHER2遺伝子を標的としており、HER2遺伝子増幅を示す乳がん細胞においてmiR-125の発現を誘導することで足場非依存性増殖や浸潤能が抑制された[8]。乳がん臨床検体においてもmiR-125の発現減少が報告されている。

(2) miR-17/20

乳がんを含む多くのがんにおいてmiR-17/20クラスターを含む13q31領域の欠失が知られている。miR-17/20の標的遺伝子としてサイクリンD1が同定されており、実際の乳がん臨床検体においてもmiR-17/20の発現低下とサイクリンD1の発現増加が相関していることが示された[9]。

(3) miR-34

miR-34はがん抑制タンパクであるp53の標的遺伝子の1つであり、細胞増殖や細胞死に関わる多くの分子を標的としている。乳がんにおいてもmiR-34の発現減少が報告されており、特にエストロゲンレセプター陰性乳がんに高頻度に起こっている[10]。これはこのサブタイプの乳がんにはp53遺伝子の変異が多いことと関連している可能性が考えられる。

3. 乳がんがん幹細胞とmiRNA

がん組織の発生やその多様性の維持において、自己複製能をもった一部のがん細胞が中心的な役割を果たしているという、いわゆる「がん幹細胞仮説」が提唱されている。正常の乳腺組織においては、let-7というmiRNAが乳腺幹細胞の自己複製能維持を抑制している。化学療法後の乳がんから採取された乳がん幹細胞において、let-7の発現が著明に減少していることが明らかになった[11]。がん幹細胞は転移先での腫瘍形成においても重要であり、実際let-7の発現を抑制した乳がん細胞株は強い転移能を獲得していることが示された。let-7の標的遺伝子には、*Ras, c-Myc, HMGA2*, サイクリンDといった遺伝子が知られているが、*c-Myc*はiPS細胞の樹立において必須山中因子の1つとして同定されているように、これらの分子の発現は乳がん幹細胞の維持に重要であり、let-7がそれらを制御していると推測される。

II. 乳がん転移と関連するmiRNA異常

乳がんにおいて、転移は重要な予後因子である。転移は細胞の移動・浸潤・他臓器への生着といった複数の過程を経て成立するため、複雑な分子機構が背景にあると考えられる。

miR-10bは*HOX*遺伝子クラスター内に位置しており、HOXD10を標的としている。乳がん細胞の移植モデルにおいて、miR-10bの発現上昇はがん細胞の浸潤や転移を促進した[12]。進行乳がんにおいてHOXD10の発現減少が認められ、乳がんの進展においてmiR-10bの発現増加が重要な役割を果たしていると考えられる。HOXD10の重要な標的の1つに細胞運動に関わるRhoCの発現抑制が知られており、miR-10bの増加によってRhoCの発現上昇とがん細胞の運動能亢進が起こると考えられる。また、miR-10bはHOXD10以外にも直接細胞骨格の制御に関連する分子Tiam1を標的としており、複数の経路を介して乳がんの転移に寄与していると推測される[13]。

上皮間葉移行（epithelila-mesenchymal transition：EMT）は、がん細胞の形態や運動能亢進と密接に関連し、がんの浸潤や転移において重要な形質の1つと考えられている。上皮間接着分子であるEカドヘリンの発現変化はEMTにおいて重要な役

割を果たす。miR-9はEカドヘリン遺伝子を標的とすることが知られ，また転移陽性の乳がん症例で発現が上昇している[14]。Twist, Snail, ZEB1, ZEB2などといったEカドヘリン遺伝子の発現を転写レベルで負に制御するいくつかの転写因子が知られているが，miR-200ファミリー（miR-200a/b/c, miR-141, miR-429）はこれらのEMT誘導転写因子を標的としている[15]。したがって，これらのmiRNAの発現減少が乳がんの転移を促進している可能性が考えられる。

NF-κBの活性化は多くのがんで報告されており，また転移とも相関することが知られている。興味深いことに，化学療法に対する反応の過程で乳がん細胞においてNF-κBとmiR-448が正のフィードバックを形成し，浸潤を促進することが報告された。抗がん剤によって活性化されたNF-κBがmiR-448の転写を抑制し，その結果，EGFRの活性化によるTwist1の発現上昇によってEMTが誘導され，転移が亢進するといった新たな分子機構が解明された[16]。

これ以外にも，miRNAが細胞外基質産生や血管新生といった転移の場（微小環境）を形成する際に必要な分子の発現を制御しているということが報告されている[17)18)]。

Ⅲ．エストロゲンとmiRNA

乳がん細胞の増殖においてエストロゲンは重要な因子であり，実際，抗エストロゲン治療はエストロゲンレセプター（ER）陽性乳がんの化学療法において主要な柱の1つである。これまでの発現解析の結果から，ER陽性と陰性の乳がんでは発現しているmiRNAの種類に違いがあることが明らかになり，例えばlet-7やmiR-342はER陽性乳がんに多く，他方miR-135bやmiR-18はER陰性乳がんに多いことが報告されている。

乳がん細胞株を用いた実験によって，エストロゲン刺激によって様々なmiRNAの発現が変化することが明らかになった。この中には上で触れたようなmiR-21やlet-7が含まれている。ERの下流にあるmiRNAには，乳がん細胞の増殖を制御するもの以外にERそのものを標的とするもの（miR-18a, miR-19b, miR-20b）があり，これらは負のフィードバックを形成していると推定される[19]。

ER陽性乳がんが抗エストロゲン治療に伴ってER陰性乳がんに変化する際にはmiR-206, miR-221, miR-222といったmiRNAの発現が増加することが知られている。最近の報告で，miR-221-222はERによって負に制御されており，ER陰性転化に伴い発現が増加し，その下流でFOXO3, PTEN, CDKN1Cなど多くの遺伝子群が制御され，その結果として乳がんの増殖を促進することが明らかになった[20]。

Ⅳ．乳がん分子診断におけるmiRNAの可能性

これまでmRNA発現ならびにゲノム解析から，乳がんは非常に多様な分子異常を示すヘテロな集団であることが判明している。これまで述べてきたように，miRNAの発現も乳がんの多様な組織型や病態と関連して発現が変化していると考えられ，治療反応性や予後を予測するような分子マーカーとしても有用である可能性が考えられる。

1．抗エストロゲンレセプター治療（タモキシフェン治療）の反応性予測

最近，進行乳がん症例において，タモキシフェン治療の反応性を予測するマーカーとして3つのmiRNA（miR-30a-3p, miR-30c, miR-182）が同定され，これらの3つの発現によって，タモキシフェン治療に対する反応性と無再発期間の延長が予測可能であると報告されている[21]。

2．その他の化学療法に対する反応性予測

乳がんで用いられる化学療法に対する反応性と相関するようなmiRNAも解析されている。例えばリンパ節転移陰性症例に対する抗がん剤治療の奏効性予測に関して，miR-125bを含む11番染色体の欠失が有用であるという報告がある[22]。また，miR-451やmiR-27の発現がドキソルビシン（Dox）の治療効果と相関するといった報告もみられる[23]。またMCF7乳がん細胞株を用いた検討から，miR-21の発現がトポテカンやタキサン治療に対する抵抗性と関連するという報告がある[24]。

多くの薬剤耐性獲得に関与する分子としてABC

トランスポーターが知られている。miR-326はABCトランスポーターの1つであるMRP1の発現を制御しているが，乳がん細胞においてmiR-326の発現減少がDoxやVP-16といった抗がん剤に対する薬剤感受性と関連するということが報告されている[24]。

V．新たな乳がん治療開発におけるmiRNA

乳がんにおいて様々なmiRNAががんの転移や治療抵抗性といった悪性度と関連することが明らかになると，それらを標的とした新たな治療法開発も重要な課題になると考えられる。例えばmiR-21は乳がんで広く発現増加がみられ，またPTENを標的としていることが知られている[25]。PTENの機能抑制はトラスツズマブ（ハーセプチン®）の治療抵抗性と関連していることから，miR21の発現抑制は治療抵抗性の克服にも有用かもしれない。上述したようにmiR-10bは乳がんの転移を促進するが，Maらは乳がん転移動物モデルを用いて，anti-miR-10bの全身投与が乳がんの転移抑制に有効であったという結果を報告している[26]。

おわりに

乳がんは病理組織学的に非常に多様であり，その背景にある分子異常を理解することが有効な診断や治療を進めるために重要である。miRNAは複数の遺伝子を同時に制御することが可能であることから，その異常はがん細胞において個々の遺伝子変化よりもがん細胞の形質に強い影響を与えると推測される。例えば，浸潤・転移といった病態では，細胞形態・運動能・微小環境の変化といった複数のシグナル経路が同時に変化する状況が考えられ，miRNAのような分子スイッチの変化が重要な役割を果たすと考えられる。しかしながら，miRNA間には機能重複や相互作用といった複雑な関係が存在することが予想され，今後miRNAの標的として個々の遺伝子よりも細胞形質といったより統合的なシステムの変化について研究が進むことが期待される。

診断という面からは，様々な化学療法や最近注目されている分子標的治療の適応において，事前の生検標本あるいは血中のmiRNAの測定によって効果予測が可能になれば，大きな変革になると期待される。とりわけmiRNAは他のmRNAあるいはタンパク質よりも安定であるという点が重要なポイントであろう。miRNAのバイオマーカーとしての可能性については，より多数の症例，あるいは臨床試験とカップルするような形で今後さらに研究が進められることが期待される。

参考文献

1) Iorio MV, Ferracin M, et al：Cancer Res 65, 7065-7070, 2005.
2) Zhang L, Huang J, et al：Proc Natl Acad Sci USA 103, 9136-9141, 2006.
3) Huang GL, Zhang XH, et al：Oncol Rep 21, 673-679, 2009.
4) Yan LX, Huang XF, et al：RNA 14, 2348-2360, 2008.
5) Frankel LB, Christoffersen NR, et al：J Biol Chem 283, 1026-1033, 2008.
6) Mertens-Talcott SU, Chintharlapalli S, et al：Cancer Res 67, 11001-11011, 2007.
7) Sempere LF, Christensen M, et al：Cancer Res 67, 11612-11620, 2007.
8) Scott GK, Goga A, et al：J Biol Chem 282, 1479-1486, 2007.
9) Yu Z, Wang C, et al：J Cell Biol 182, 509-517, 2008.
10) Kato M, Paranjape T, et al：Oncogene 28, 2419-2424, 2009.
11) Yu F, Yao H, et al：Cell 131, 1109-1123, 2007.
12) Ma L, Teruya-Feldstein J, et al：Nature 449, 682-688, 2007.
13) Moriarty CH, Pursell B, et al：J Biol Chem 285, 20541-20546, 2010.
14) Ma L, Young J, et al：Nat Cell Biol 12, 247-271, 2010.
15) Park SM, Gaur AB, et al：Genes Dev 22, 894-907, 2008.
16) Li QQ, Chen ZQ, et al：Cell Death Differ 18, 16-25, 2011.
17) Tavazoie SF, Alarco'n C, et al：Nature 451, 147-152, 2008.
18) Fish JE, Santoro MM, et al：Dev Cell 15, 272-284, 2008.
19) Castellano L, Giamas G, et al：Proc Natl Acad Sci USA 106, 15732-15737, 2009.
20) Di Leva G, Gaspartini P, et al：J Natl Cancer Inst 102, 706-721, 2010.
21) Rodríguez-González FG, Sieuwerts AM, et al：Breast Cancer Res Treat 127, 43-51, 2010.

22) Climent J, Dimitrow P, et al：Cancer Res 67, 818-826, 2007.
23) Kovalchuk O, Filkowski J, et al：Mol Cancer Ther 7, 2152-2159, 2008.
24) Liang Z, Wu H, et al：Biochem Pharmacol 79, 817-824, 2010.
25) Huang TH, Wu F, et al：J Biol Chem 284, 18515-18524, 2009.
26) Ma L, Reinhardt F, et al：Nat Biotechnol 28, 341-347, 2010.

柴田龍弘	
1990年	東京大学医学部卒業
	東京大学医学部病理学教室入局
1994年	医学博士（専攻：病理学）取得
	カリフォルニア大学博士研究員
2003年	国立がんセンター研究所病理部実験病理室長
2005年	同ゲノム構造解析プロジェクトリーダー
2010年	国立がん研究センター研究所がんゲノミクス研究分野分野長

第1章 microRNA 診断

7．小児疾患における miRNA 診断

大喜多　肇

　様々な小児疾患で miRNA を用いた診断法の開発が試みられている。特に小児腫瘍では，腫瘍特異的な診断マーカーや層別化のためのマーカー開発が試みられ，一定の成果があげられつつある。小児の代表的な軟部腫瘍である横紋筋肉腫では，筋特異的 miRNA と腫瘍の特性の関連が解析されるとともに，筋特異的 miRNA が血清マーカーとなりうることが報告されている。一方，代表的な固形腫瘍である神経芽腫では，様々な生物学的態度を示す腫瘍が含まれるため miRNA によるリスク層別化の可能性が探索されている。本稿では，小児疾患の中でも小児特有の腫瘍に対象を絞り，診断マーカー，予後マーカーとなりうる miRNA 研究について言及する。

はじめに

　成長過程にある小児は，しばしば組織が未熟で発達途上にあり，年齢によって特徴的な疾患が発生する。様々な小児科領域の疾患において miRNA 研究が行われつつあり，診断マーカーや治療標的が探索され成果があげられつつある。小児領域では，特に非侵襲的な検査としての期待がある。小児疾患における miRNA 診断として，比較的研究の進んでいる腫瘍性疾患を取り上げる。

　小児期には成人期と異なる特有の腫瘍が発生することがよく知られている。成人期では上皮性の悪性腫瘍が好発するが，対照的に小児では血液系腫瘍，中枢神経系腫瘍，肉腫や胎児性腫瘍の発生が多い。特に血液系腫瘍ではリンパ芽球性白血病・リンパ腫，急性骨髄性白血病などが多く，脳腫瘍では pilocytic astrocytoma，上衣腫，髄芽腫が多いのが特徴である。その他の固形腫瘍では胎児性腫瘍と肉腫が多く，胎児性腫瘍は特に乳幼児に好発する。胎児性腫瘍は胎児組織を模倣した構造を示す腫瘍であり，神経芽腫，腎芽腫，肝芽腫，網膜芽腫など，発生途上の未熟な組織の形態学的特徴を維持している。なかには，成長にしたがって自然退縮する腫瘍もあるが，悪性度の高いものもある。肉腫では骨肉腫，横紋筋肉腫，Ewing 肉腫などが好発する。本稿では，軟部肉腫から横紋筋肉腫を，胎児性腫瘍から神経芽腫を取り上げる。

Ⅰ．横紋筋肉腫と miRNA

1．横紋筋肉腫

　横紋筋肉腫は，横紋筋の形質を有する悪性腫瘍で，小児悪性軟部腫瘍の中でも頻度が高いものの1つである。筋の発生を司る MyoD, myogenin, 中間径フィラメントである desmin が種々の程度に発現しており，筋特異的マーカーとして診断にも用いられている。横紋筋肉腫は胎児型・胞巣型・多形型に分類されるが，小児ではほとんどが胎児型と胞巣型である。胎児型はより若年に発生が多く，胞巣型は10歳以降に多い。これらの組織型は病理組織学的な特徴によって分類され，胞巣型

---

key words

横紋筋肉腫，miRNA，miR-1，miR-206，miR-133，myogenic regulatory factor，神経芽腫，*MYCN*，myomiRs

では未分化な小型腫瘍細胞が線維血管性間質を伴って索状に配列するのが特徴的とされる。胞巣型の70〜80％では染色体転座t(2;13)あるいはt(1;13)が存在し，それによってPAX3-FKHR(FOXO1A), PAX7-FKHR(FOXO1A)融合遺伝子が生じる。胞巣型がより予後が悪く，治療法は，組織型，発生部位，進行度，外科的切除の程度によって決定される。近年，融合遺伝子の有無が予後に影響するという報告もあり，組織型か融合遺伝子のどちらがより予後を反映するか，治療方針決定の基準としてどちらが良いかが話題となっている。

2. 筋の発生・分化とmiRNA

筋細胞は発生学的に中胚葉に由来する。中胚葉細胞は筋芽細胞に決定し，筋芽細胞は増殖し，筋肉予定領域へ遊走する。分子的にコントロールされたプロセスにより，筋芽細胞は融合し，多核の筋管細胞（myotube）を形成，最終的に分化した筋細胞となる。近年，筋発生過程におけるmiRNAの機能が徐々に解明されつつある。Dicerを横紋筋特異的に欠損したマウスでは，筋におけるmiRNAが減少し筋の低形成をきたし出生後早期に死亡する[1]。このことから，横紋筋の形成過程におけるmiRNAの重要性が示唆されている。

筋には，筋特異的miRNAと多くの組織でも発現するmiRNAの両者が発現するが，筋特異的miRNAはmyomiRsと呼ばれ，筋の発生を司り，筋の維持に必須と考えられている。myomiRsにはmiR-1/miR-206ファミリーがあり，3ヵ所の別々のmiRNA遺伝子クラスター，すなわちmiR-1-1/miR-133a-2, miR-1-2/miR133a-1, miR-206/miR-133bの3ヵ所にコードされている（図❶）。miR-1-1とmiR-1-2は同一配列で心筋と骨格筋の発生に関与するが，miR-206は骨格筋に特異的である。myomiRsは，転写因子であるserum response factor（SRF），myocyte enhancer factor 2（MEF2）やmyogenic regulatory factor（MyoD, myogeninなど）による発現制御を受け，筋決定にも関与すると考えられている。培養系では，miR-206は増殖する筋芽細胞に発現しているが，miR-1とmiR-133はより分化した段階に発現する。また出生後の筋組織では，miR-1は発現しているがmiR-206は発現しておらず，miR-206は筋発生に関与し，成熟した筋の維持にはmiR-1が関与すると考えられている。

3. 横紋筋肉腫におけるmiRNA診断

多くの悪性腫瘍においてmiRNA発現と予後の相関が検討されているが，横紋筋肉腫においてもmiRNA発現と臨床経過の関連が検討されている。miR-1/miR-206ファミリーは横紋筋肉腫では正常骨格筋と比較して低発現であるが，miR-1は融合遺伝子を有する胞巣型では融合遺伝子のない横紋筋肉腫と比較して高発現であると報告された。さらに163例の横紋筋肉腫患者の解析により，横紋筋肉腫全体あるいは融合遺伝子のない横紋筋肉腫で，miR-206の発現と生存率が逆相関することが報告されている[2]。一方で融合遺伝子を有する横紋筋肉腫では予後に相関がないと報告されている。また，miRNAの発現パターンで，横紋筋肉腫をPAX3-FKHR, PAX7-FKHR, 融合遺伝子のない

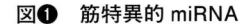

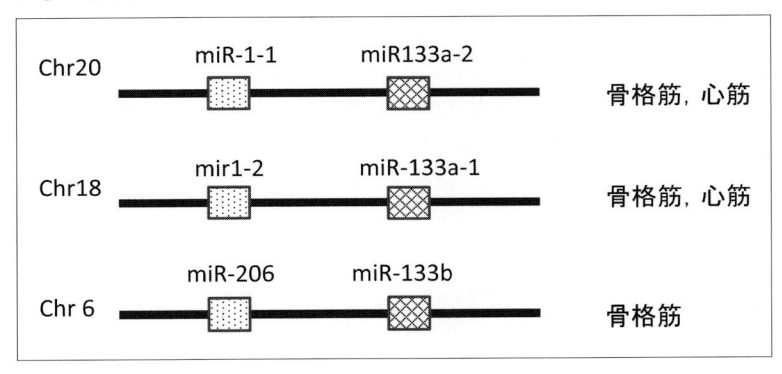

図❶ 筋特異的miRNA

Chr20	miR-1-1　　miR133a-2	骨格筋，心筋
Chr18	mir1-2　　miR-133a-1	骨格筋，心筋
Chr 6	miR-206　　miR-133b	骨格筋

胞巣型，胎児型の4つに分類できるとの報告がなされた[3]。遺伝子発現アレイでは同じ群に分類されるとされる融合遺伝子のない胞巣型と胎児型を鑑別できるとしているが，解析症例が少なく多数例での解析が必要である。miRNAと化学療法への反応性としては，etoposide抵抗性の横紋筋肉腫細胞で，miR-485-3pの発現減少が，nuclear factor-YB-依存性のDNA toposomeraseⅡの減少に関わることが報告されており[4]，横紋筋肉腫のtoposisomeraseⅡ阻害剤抵抗性との関連が示唆されている。

miRNAは血液中へ放出され，しかも比較的安定であるため，血清バイオマーカーとして期待されている。miR-206は，前述したように発生期の骨格筋に特異性が高く，生後の骨格筋ではほとんど検出されない。Miyachiらは血清miR-206が，横紋筋肉腫患児では健常人や他腫瘍の患者と比較して高いことを報告し，血清マーカーとして有用と報告している[5]。この方法は，横紋筋肉腫の非侵襲的な診断法へつながる可能性があるとともに，治療経過や再発のフォローアップにも応用可能と考えられ，他の横紋筋成分を有する腫瘍との鑑別ができるかどうかなどの問題は残るが，実現しうる検査法として期待される。

Ⅱ．神経芽腫とmiRNA

1. 神経芽腫

神経芽腫は，小児期に発生する頭蓋外の悪性固形腫瘍では最も頻度が高く，神経堤細胞が副腎髄質・交感神経節細胞へ分化する途上で腫瘍化したものと考えられている。本腫瘍は，生物学的に様々な腫瘍を包含していることが特徴で，自然に退縮する腫瘍から悪性度の高いものまで様々である。低年齢（1.5歳まで）に発生するものは予後良好なものが多く，その中には自然に分化・退縮するものが含まれている。一方で，MYCN遺伝子の増幅を示すものは予後不良である。国際病理分類では，年齢，腫瘍細胞の分化度，核分裂像・核崩壊像の数で，favorable, unfavorable histologyに分類される。一般に，臨床病期，年齢，MYCN遺伝子の増幅の有無，国際病理分類，ploidy（DNA index）を用いて，低・中間・高リスクの3つのリスク群に分類

し，それに応じた治療が行われる。最近では第11染色体短腕の欠損（11q loss）も予後不良因子であり，リスク分類に取り入れられることもある。様々な臨床経過を示す腫瘍が包含されるため，生存率向上・治療軽減のためにより精緻なリスク因子が望まれている。

2. 神経芽腫とmiRNA診断

神経芽腫には様々な生物学的態度をとる腫瘍が含まれていることから，miRNAがより精密な予後因子・リスク因子となりうるかどうか解析がなされつつある。Brayらは，145例の神経芽腫で430種類のmiRNA発現パターンをstem-loop RT-PCRで解析し，MYCN増幅腫瘍では非増幅腫瘍と比較して37種類のmiRNAが高あるいは低発現であると報告した[6]。さらに予後に最も関連する15種類のmiRNAを選択し，その発現パターンで予後を予測しうると報告した。Buckleyらは，Brayらの報告した15種類のmiRNA発現プロファイルによって，11q lossを有する神経芽腫が予後の異なる2つのサブグループに分けられ，予後不良群ではgenome imbalanceが多いことを報告している[7]。miRNAの発現パターンをゲノム異常と組み合わせることにより，さらに精度の高い予後予測分類ができるかどうか注目される。

Schulteらは，deep sequencingでsmall RNAのプロファイリングを行い，予後良好および不良な神経芽腫が異なるmiRNAのプロファイルを示し，oncogenic miRとされるmiR17-92クラスターやmiR-181は予後不良腫瘍で高発現，一方でtumor suppressor miRとされているmiR-542-5p, miR-628は予後良好腫瘍で発現，不良腫瘍ではほとんど発現しないと報告した[8]。さらに，69例の神経芽腫のサンプルで430種類のmiRNAの発現を解析し，miRNAの発現プロファイルで神経芽腫の予後予測ができることを報告している[9]。Linらはrealtime PCRを用い，66例の神経芽腫で162種類のmiRNAとDicerとDroshaの発現を測定し，進行神経芽腫でmiRNAが全般的に低発現であり，27種類のmiRNAの発現により低リスクと高リスクの神経芽腫を分類できることを報告した[10]。また，MYCN非増幅神経芽腫では，Dicerの低発現が独立した予

後不良因子であること，さらに12種類のmiRNAの発現パターン，DicerとDroshaの発現と年齢で，患者を4群に分類し，予後予測できると報告している。

De Preterらは，25種類のmiRNAの発現プロファイルによって全神経芽腫あるいは高リスク神経芽腫をリスク分類できること，500例以上の神経芽腫を用いた多変量解析により，現行のリスク因子とは独立なリスク因子であることを示している[11]。発現プロファイルやゲノム異常が神経芽腫の予後予測因子として提唱されているが，miRNAの発現プロファイルがそれらを越える独立した予後因子となるか，既存のリスク因子に加えることにより，より詳細なリスク分類が可能となるか，今後の解析が期待される。

おわりに

小児疾患におけるmiRNA診断について，小児に好発する代表的な腫瘍である横紋筋肉腫と神経芽腫を取り上げた。検査室レベルで実施されるmiRNA解析による検査・診断はまだないが，腫瘍の存在診断への応用の可能性が示唆されており，臨床応用に近づきつつあるといえよう。また，miRNAの腫瘍の予後因子としての意義が注目され，今までの病理組織像，遺伝子発現，ゲノム異常などに加えて，より精緻なリスク分類が可能か，今後の研究の進展が期待される。

参考文献

1) O'Rourke JR, Georges SA, et al：Dev Biol 311, 359-368, 2007.
2) Missiaglia E, Shepherd CJ, et al：Br J Cancer 102, 1769-1777. 2010.
3) Gougelet A, Perez J, et al：Sarcoma 460650, 2011.
4) Chen CF, He X, et al：Mol Pharmacol 79, 735-741, 2011.
5) Miyachi M, Tsuchiya K, et al：Biochem Biophys Res Commun 400, 89-93, 2010.
6) Bray I, Bryan K, et al：PLoS One 4, e7850, 2009.
7) Buckley PG, Alcock L, et al：Clin Cancer Res 16, 2971-2978, 2010.
8) Schulte JH, Marschall T, et al：Nucleic Acids Res 38, 5919-5928, 2010.
9) Schulte JH, Schowe B, et al：Int J Cancer 127, 2374-2385, 2010.
10) Lin RJ, Lin YC, et al：Cancer Res 70, 7841-7850, 2010.
11) De Preter K, Mestdagh P, et al：Clin Cancer Res 17, 7684-7692, 2011.

大喜多　肇	
1995年	慶應義塾大学医学部卒業
	同大学院医学研究科博士課程（病理系専攻）
1999年	慶應義塾大学医学部病理学助手
2003年	国立成育医療センター研究所発生・分化研究部機能分化研究室室長
2010年	独立行政法人国立成育医療研究センター研究所小児血液・腫瘍研究部分子病理研究室室長

第1章　microRNA 診断

8．血液疾患における miRNA 診断の応用

大屋敷純子・大屋敷一馬

　悪性リンパ腫，白血病など血液の腫瘍（造血器腫瘍）は造血幹細胞が様々な分化段階で腫瘍化したもので，染色体異常，遺伝子異常などにより病型が規定されている。したがって，病型特異的な miRNA はその分子病態に直結しており，診断マーカーであると同時に治療の分子標的である。血清・血漿，穿刺液，脳脊髄液などを用いた分泌型 miRNA の発現解析は腫瘍細胞の解析ができない節外性リンパ腫や血球減少の著しい状態でも病勢診断が可能であり，診断マーカー，治療効果予測マーカー，そして予後マーカーとして期待される。

はじめに

　近年，miRNA と疾病との関係が明らかになり，miRNA はがんの分子マーカーとして注目を集めている。悪性リンパ腫，白血病など血液の腫瘍（造血器腫瘍）は造血幹細胞が様々な分化段階で腫瘍化したもので，染色体異常，遺伝子異常などにより病型が規定されているため，病型別の miRNA 変化はその分子病態に直結しているといえる。そこで，本稿ではまず正常造血幹細胞の分化に関係する miRNA について，次に代表的な造血器腫瘍の診断・予後・治療反応性の予測に有用な miRNA について，腫瘍細胞由来の miRNA と血清・血漿 miRNA の両面から分子マーカーとしての可能性について概説する。

I．正常血液細胞の分化と miRNA

　造血幹細胞の分化と増殖は転写因子により制御されているが，いくつかの miRNA がその制御に関わっていることが知られている[1]（図❶）。なかでも miR-128a, 181a は造血幹細胞の骨髄系前駆細胞やリンパ系前駆細胞への分化を抑制することが知られており，「幹細胞らしさ」の鍵を握る miRNA といえる[2]。miR-146 はリンパ系前駆細胞への分化，miR-155 や miR-223 は骨髄系前駆細胞への分化に関わっており，古くから知られていた造血幹細胞の運命決定に miRNA が重要な役割を担っている[1]。

1. リンパ球系分化に関わる miRNA

　miR-181a は胸腺における CD4/CD8 double positive 細胞に高い発現を認め，BCL2 や CD69 などの標的分子を介して T 細胞の分化を制御している[1]。

　miR-150 は成熟した T 細胞，B 細胞ともに発現しており，標的分子はリンパ球の分化に深く関わる *c-MYB* である。miR-17-92 クラスターは B 細胞の分化に重要で，このクラスターのノックアウトマウスでは標的分子 *Bim* を介して，Pro-B 細胞から Pre-B 細胞への成熟が障害されていることが知られている[3]。

2. 骨髄系分化に関わる miRNA

　顆粒球・単球分化において重要な miRNA は miR-16, miR-103, miR-107, miR-223 などがある。なかでも miR-223 は転写因子 *CEPBA* の発現を上昇

---

key words

慢性リンパ性白血病，ZAP-70，非ホジキンリンパ腫，miR-17-92 クラスター，急性白血病，染色体異常，miR-223，*NPM1*，*FLT3*，血清・血漿 miRNA

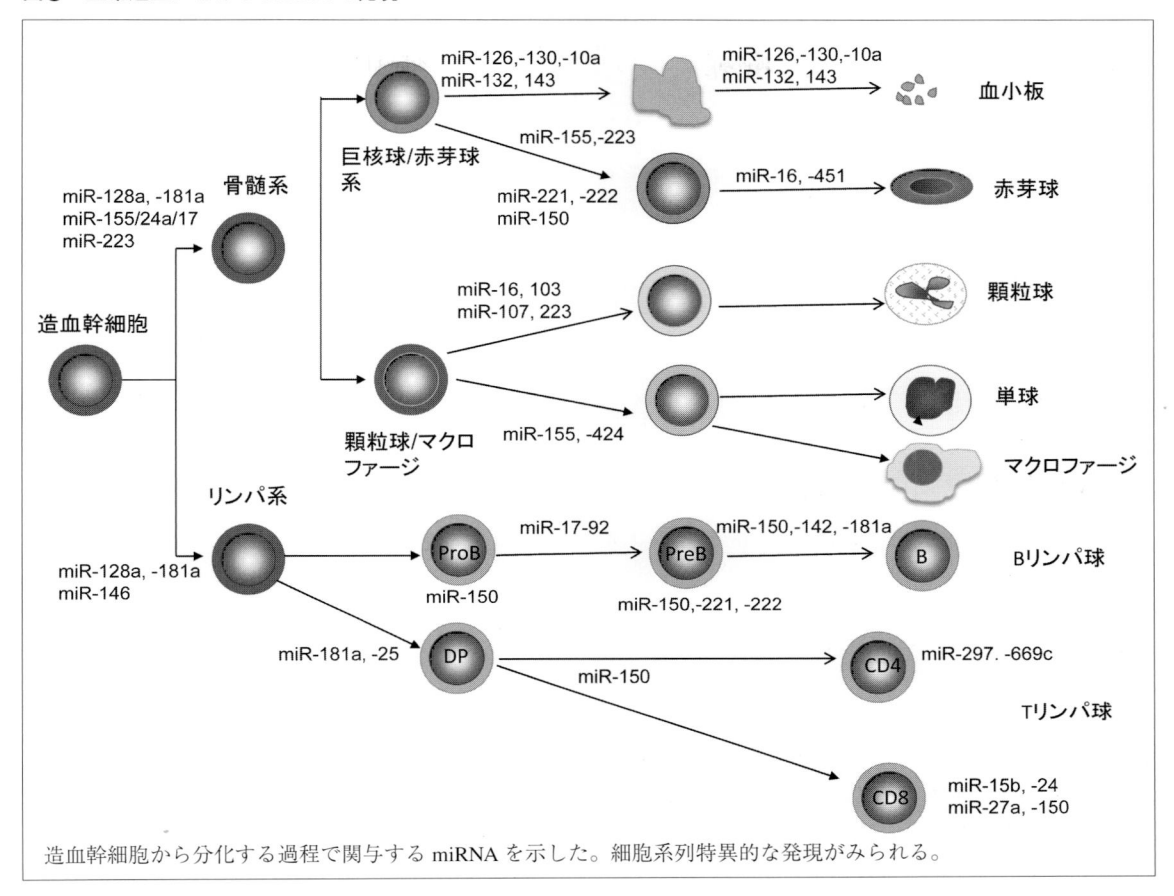

図❶ 正常造血における miRNA の発現

造血幹細胞から分化する過程で関与する miRNA を示した。細胞系列特異的な発現がみられる。

させ，顆粒球増加をもたらす。赤血球系では miR-221 や miR-222 が *c-KIT* を介して赤芽球生成を抑制し，巨核球系では *c-MYB* を標的とする miR-150 の関与が報告されている[4]。このように正常の造血制御，運命決定においても miRNA は様々な形で関わっており，このことは血液領域における miRNA の診断的意義を考えるうえで重要である。

Ⅱ．リンパ系腫瘍における miRNA の診断的意義

　miRNA とがんとの最初の関係が明らかになったのは 2002 年の Croce らのグループの報告で，慢性リンパ性白血病（CLL）における miR-15a/16-1 クラスターの関与である[5]。表❶に CLL をはじめとするリンパ系腫瘍細胞における主な miRNA の異常をまとめた。

1．慢性リンパ性白血病

　CLL は欧米には多い疾患で，末梢血中に成熟型のリンパ球（多くは B 細胞型）が増加する。従来，CLL の半数以上で 13q14 の欠失があることが知られていたが，miR-15a/16-1 クラスターは 13q14 の最も共通した欠失部位に存在することが明らかになった[5]。B-CLL では 13q 欠失，17p 欠失，11q 欠失などの染色体異常が予後因子として重要視されていたが，CLL の病態に関係するいくつかの miRNA とその標的分子が次々と報告され[5)-7)]，miRNA を介した分子病態が明らかになっている（図❷）。すなわち，13q に座位する miR-15a/16-1 クラスターの標的分子は *TP53*（17p に座位）であり，*TP53* を抑制すると同時に *TP53* も miR-15a/16-1 クラスターを活性化するという関係にある[6]。*TP53* は miR-34b/34c クラスター（11q に座位）を活性化し，

第 1 章　microRNA 診断

表❶　リンパ系腫瘍細胞における主な miRNA の変化とその臨床的意義

疾患	miRNA	発現	臨床的意義	標的	文献
慢性リンパ性白血病（CLL）					
13q 欠失型 B-CLL	miR-15a/16-1 cluster	低下	予後マーカー（indolent CLL）	TP53	5, 6
11q 欠失型 CLL	miR-34b/34c cluster	低下	予後マーカー（aggressive CLL）	ZAP-70	7
aggressive B-CLL	miR-29b, -181b	低下	予後マーカー	TCL1	8
aggressive B-CLL	let-7a, miR-181a	低下	予後マーカー		17
	miR-155	上昇			
CLL（病期：Binet C）	miR-29c, -223	低下	予後不良（生存期間の予測に有用）		9
非ホジキンリンパ腫					
活性化 B 細胞様びまん性大細胞型リンパ腫	miR-155	上昇	予後マーカー	SHIP, CEBPB	10
B リンパ腫	miR-17-92 cluster	上昇	診断マーカー（B リンパ腫の 65% で高発現），MYC との関係	PTEN, Bim, E2F1	2, 12
びまん性大細胞型リンパ腫	miR-21, miR-221	上昇	予後マーカー，miR-21 の過剰発現で pre-B リンパ腫発生		13, 17
びまん性大細胞型リンパ腫	miR-330, miR-17-5p, miR-106a, miR-210		診断マーカー：4 つの miRN の発現パターンから濾胞性リンパ腫や反応性リンパ節腫大と鑑別		14
ホジキンリンパ腫	miR-9, let-7a	上昇		PRDM1/Blimp1	15
	miR-128a, miR-128b	低下	EBV 関連ホジキンリンパ腫		16
	miR-155	上昇			17
	miR-135a	低下	予後マーカー；再発率が高い	JAK2/BCL-X1	17

図❷　慢性リンパ性白血病における染色体異常，miRNA，および標的分子の関係

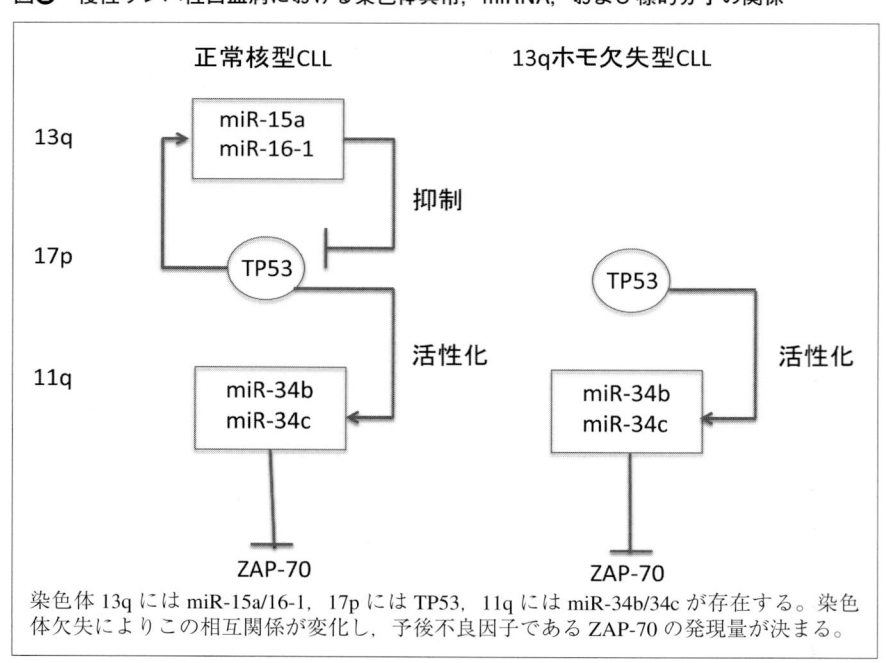

染色体 13q には miR-15a/16-1，17p には TP53，11q には miR-34b/34c が存在する。染色体欠失によりこの相互関係が変化し，予後不良因子である ZAP-70 の発現量が決まる。

これにより標的分子の ZAP-70[用解1] が抑制される。このネットワークのどこが異常であっても最終的な予後マーカーである ZAP-70 の発現異常につながるので，染色体異常，miR-15a/16-1 クラスター，miR-34b/34c クラスターともに CLL の実地診療において重要な分子マーカーといえる。実際に

13q欠失型CLLでは*TP53*が抑制されないため予後良好な病型（indolent CLL）を示す。それに対して11q欠失型CLLはmiR-34b/34cの発現低下により，ZAP-70の発現が上昇し，進行の速い予後不良な病型（aggressive CLL）を示す[7]。このほか，miR-29，miR-181aなどの変化も予後と深く関わっている[8)9]。

2．悪性リンパ腫

悪性リンパ腫は組織学的にホジキンリンパ腫（Hodgkin lymphoma：HL）と非ホジキンリンパ腫（non-Hodgkin lymphoma：NHL）に大別され，その起源からT細胞性腫瘍とB細胞性腫瘍がある。NHLのうち最も頻度の高いB細胞性びまん性大細胞型リンパ腫ではmiR-155の高発現が報告されている[10]。miR-155はB細胞の増殖に必要不可欠であるIL-6の調節因子である*SHIP*や*CEBPB*を標的とし，B細胞性腫瘍の増殖と深く関わっており[11]，miR-155高発現のびまん性大細胞型リンパ腫は急激な臨床経過を示す予後不要な型である。

またNHLに限らず，固形がんで高発現が報告されているmiR-17-92クラスターはB-NHLの60％で発現が上昇している[12]。このmiR-17-92クラスターのメンバーであるmiR-17-5pやmiR-20aは*c-MYC*によって活性化される一方，このクラスターは*c-MYC*を活性化させる転写因子*E2F1*を標的としており，*c-MYC*の制御との関わりが深い[3]。miR-17-92クラスターはリンパ腫の発生とも深く関わっており，miR-17-92クラスターのトランスジェニックマウスは標的分子である*PTEN*や*Bim*を介して高頻度にリンパ腫や自己免疫疾患を発症すると報告されている[3]。そのほか，NHLではびまん性大細胞型リンパ腫におけるmiR-21，miR-221の発現上昇[13]，4種類のmiRNAよるNHLの鑑別診断[14]などの報告がある。また，HLにおいても特徴的なmiRNA発現異常に関する報告が散見され，ことにmiR-135a高発現のHLでは再発率が高い[15)-17]。

このように，CLLやNHLではmiRNAの発現異常が腫瘍発生に深く関わっているのみならず，診断マーカー，予後マーカーとしての可能性が示唆される。

Ⅲ．急性白血病におけるmiRNAの診断的意義

1．急性骨髄性白血病

急性白血病は急性骨髄性白血病（acute myeloblastic leukemia：AML）と急性リンパ性白血病（acute lymphoblastic leukemia：ALL）に大別される。AMLは染色体異常により病型が規定され，正常核型AML（cytogenetically normal AML：CN-AML）でも遺伝子変異により臨床像や予後が異なる。しかしながら，従来の細胞遺伝学的検討や遺伝子変異では解明しきれない部分があり，miRNAの発現解析は新しいアプローチとして期待を集めている。染色体異常，遺伝子変異の視点から，それぞれのAMLの病型に特徴的なmiRNAの発現異常を表❷にまとめた。白血病細胞は造血幹細胞の分化の段階で腫瘍化したものなので，遺伝子発現プロファイリング同様，miRNAの解析においても対照を何にするかによって結果が異なる。理論的には腫瘍細胞と同じ分化レベルにある正常造血幹細胞，すなわち前骨髄球性白血病であれば正常の前骨髄球と比較すべきであるが，これは現実的には困難である。したがって，初期の報告では健常人の骨髄の単核球を，その後の報告では正常CD34陽性細胞を対照としている。報告例によって結果が異なるのはそのためであり，注意を要する。

（1）染色体異常を有するAML

染色体異常を有するAMLの中で，t(8;21)(q22;q22)，inv(16)(p13.1q22)/t(16;16)(p13.1;q22)を有するAML（core binding factor-acute myeloid leukemia：CBF-AML）やt(15;17)を有する急性前骨髄球性白血病（acute promyelocytic leukemia：APL）は予後良好群として知られているが，それぞれ特徴的なmiRNAの発現異常が存在する[18]（表❷A）。

t(15;17)を有するAPLではmiR-127，miR-299，miR-323などの発現が上昇する反面，miR-17，miR-126の発現は低下する[19)-21]。一方CBF-AMLでは，miR-126の発現は上昇し，miR-133の発現低下が特徴的である[19)-23]。また，Xq21に座位するmiR-223はt(8;21)AMLで発現低下が認められているが，*RUNX1/RUNX1T1*，*CEBPA*などによって制

表❷ 急性骨髄性白血病細胞における主な miRNA の変化と染色体・遺伝子異常

染色体異常	miRNA 上昇	miRNA 低下	文献
A. 染色体異常あり			
t(15;17)	miR-127, miR-299, miR-323, miR-368, miR-382	miR-17, miR-126	19-21
t(8;21), inv(16)	miR-126/miR-126*	miR-133, miR-223	19-23
t(11q23)/MLL	miR-326, miR-219, miR-17-92, miR-196a	miR-29a, miR-29b, miR-34a, miR-16	19-21, 25, 27
B. 正常核型			
NPM1 変異	miR-10a, miR-10b, miR-196a, miR-196b	miR-204, miR-128, miR-126, miR-130a, miR-451	19, 29-31
FLT3-ITD	miR-155		19, 22, 28
CEBPA 変異	miR-181a, miR-335	miR-34a	19, 34, 35
BAALC 過剰発現		miR-148a	32
MN1 過剰発現	miR-126, miR-126*, miR-424	miR-16, miR-17-92, miR-100, miR-196a	33

御され，その標的分子は MEF2C である[23]。正常造血において，miR-223 は顆粒球の分化に関わる miRNA であり，miR-223 のノックアウトマウスでは顆粒球増加がみられることより，t(8;21) AML の分子病態に miR-223 が深く関わっていることが想定される。

t(11q23)/MLL を有する AML も miR-17-92 クラスターの発現上昇をはじめとする特徴的な miRNA 発現プロファイルを示す[19)-21) 25) 27]。miR-17-92 クラスターの標的分子としては PTEN の他に，近年，細胞周期を制御する CDKN1A(p21) が直接の標的因子であることが明らかになった[26]。HOXA9 と HOXA10 の間に座位する miR-196b の発現上昇は MLL によって制御され，標的分子である HOXB8 の発現を抑制する。miR-196b を強制発現した骨髄細胞は細胞増殖能力が亢進するが，miR-196b のアンタゴマーで処理すると細胞増殖が抑制されることより，miR-196b は新たな治療標的となりうることが示唆されている[27]。また，miR-29b-1 の変化は NPM1 変異のない t(11q23)/MLL や 7q を有する骨髄系腫瘍で認められ，そのターゲットは DNMT3 であることより[29]，アザシチジンなどの脱メチル化薬の分子機構との関わりが興味深い。

(2) CN-AML

CN-AML は AML の 40〜49％ を占めている。その遺伝子異常によりいくつかのサブタイプが存在し，miRNA の発現もサブタイプによって様々

である[19) 29)-33]（表❷ B）。NPM1[用解2]変異を有する CN-AML では miR-10a, miR-10b, miR-196a など HOX 遺伝子群近傍に座位する miRNA の発現上昇が高頻度に認められ，HOX 遺伝子発現との関連についての報告が相次いでいる[29) 30]。また，miR-204, miR-128 は NPM1 変異を有する CN-AML で低下を認め，miR-204 が HOX 遺伝子群に属する HOXA10 や MEIS1 の発現を抑制することが知られている[29]。

CN-AML で忘れてはならないのが FLT3[用解3] の一部の配列が重複する変異（FLT3-ITD）で，AML の 30％ に認められる予後不良因子である。FLT3-ITD を有する CN-AML で発現が上昇しているのは miR-155 である[19) 22) 28]。miR-155 の標的分子としては SHIP1 や CEBPB があり[34]，顆粒球形成に重要な役割を担っている CEBPB を抑制することが予後不良の臨床病態に関わっていると考えられる。一方，miR-181a は予後良好な CEBPA 変異を有する CN-AML において上昇を認める[35]。実際，miR-181a 高発現の例では完全寛解導入率が高く，生存期間が長い。

2. 急性リンパ性白血病

前述の 2007 年の Mi らの報告にあるように，miR-128a など特定の miRNA が AML との鑑別診断に有用である[24]。すなわち正常造血において，造血幹細胞から骨髄系幹細胞とリンパ系幹細胞に分化する段階に関与する miR-128a（図❶）は白血病という造血幹細胞の腫瘍化においても重要な

表❸ 血液疾患における血清・血漿 miRNA による診断

疾患	材料	miRNA	発現	ノーマライゼーション	臨床的意義	文献
非ホジキンリンパ腫	血清	miR-155, 219, 21	上昇	miR-16	診断マーカー	37
	血漿	miR-92a	低下	miR-638	予後マーカー	39
びまん性大細胞型リンパ腫	血清	miR-15a, miR-16-1, miR-29c, miR-155	上昇	spiked cel-miR-39	診断マーカー	40
		miR-34	低下			
慢性リンパ性白血病	血漿	miR-20a	低下	spiked C.elegans miRNA	ZAP-70 陽性群で低下。重症度，治療の必要性，診断からの時間と関係	43
多発性骨髄腫	血漿	miR-92a	低下	miR-638	予後マーカー	42
急性白血病	血漿	miR-92a	低下	miR-638	診断マーカー	36
骨髄異形成症候群	血漿	let-7a, miR-16	低下	miR-192	重症度，生存期間と関係	44

役割を担っているといえる。また小児 ALL では，miR-7 をはじめとする一連の miRNA の発現異常が中枢神経系再発のリスクが高いことが知られており[36]，予後マーカーとして有用である。AML 同様，*MLL* 転座を有する ALL では miR-17-92 クラスターの発現異常が病態と深く関わっている。

Ⅳ．血清・血漿を用いた miRNA 診断

2008 年に Lawrie らは NHL 患者では健康人と異なる血清 miRNA 発現パターンを示すことを報告した[37]。また，2009 年には Tanaka らが急性白血病患者の血漿では miR-92a の発現レベルが著しく低下していることを見出し[38]，以後，血液領域における血清・血漿 miRNA の報告が相次いでいる[39)-41)]（表❸）。miR-92a については悪性リンパ腫，多発性骨髄腫ともに完全寛解時には正常化し再発時に上昇することより治療効果判定のマーカーとして有用である[39)-42)]。また，CLL においては miR-20a が ZAP-70 陽性群で有意に低下しており，疾患の重症度や治療の必要性，診断からの時間と相関している[43]。

このように血清・血漿 miRNA は血液領域においても新たなバイオマーカーとして期待されるが，腫瘍細胞における miRNA 発現プロファイルと血清・血漿を用いた miRNA 発現プロファイルが必ずしも一致するとはいえず，その結果が何を反映しているのかについては不明の点が多い。白血病では血液中の腫瘍細胞が大半を占めているが，白血病化してないリンパ腫や骨髄異形成症候群では血液中の腫瘍細胞の占める割合は様々で，血清・血漿 miRNA は腫瘍細胞由来なのか，血液中に存在するリンパ球や NK 細胞などの免疫担当細胞由来なのか，その解釈は臨床血液学的所見によって異なる。通常，対照として用いている健常人のリンパ球の加齢による影響，血球を用いた解析と比べて定量 PCR を行う際の適切なリファレンスがないこと，など解決すべきいくつかの技術的問題点があるが，利点は次の 2 点に集約される。

利点の第一としては，少量の採血で検査が可能なことである。250μL の血清から RNA 抽出が可能なので，末梢血の血算に用いられる 2～3mL の残余検体でも解析が可能で，患者への負担が少ない。第二に血球の回収が困難な状態，例えば造血幹細胞移植後で白血球減少が著しい時期，血球減少を主徴とする骨髄不全症候群，白血化してないリンパ腫，節外性リンパ腫などでも病勢を解析することができる。例えば，骨髄不全症として知られる骨髄異形成症候群患者の血漿では健康人と比べて let-7b や miR-16 が低下しており，重症度や生存期間と関係している[44]。このように血清・血漿診断から得られる情報は診断マーカー，治療効果予測マーカー，そして予後マーカーとして有用と考えられ，ノーマライゼーション方法を含めたアッセイ系の統一によりさらに臨床応用が期待される。

おわりに

以上，血液領域において miRNA は診断予後マーカーであるとともに治療の分子標的でもある。血

清・血漿成分，穿刺液，脳脊髄液などを用いた分泌型 miRNA 発現解析は腫瘍細胞の解析ができない節外性リンパ腫や血球減少の著しい状態でも病勢診断が可能であり，分子マーカーとして期待される。細胞外に分泌される miRNA のダイナミクスが明らかになるに伴い，臨床応用が期待される。

用語解説

1. **ZAP-70**：Zap-70 は，T 細胞と NK 細胞に発現する Syk ファミリーのタンパクチロシンキナーゼファミリーで，Zap-70 のチロシンリン酸化はキナーゼ活性の増大と相関する。慢性リンパ性白血病患者では，Zap-70 は予後不良因子であり，ZAP-70 の発現は染色体異常，*TP53*，miRNA の発現により制御されている。
2. **NPM1**：nucleophosmin（NPM）は核小体に存在するリン酸化タンパクであり，細胞増殖や細胞分裂の制御機構など多彩な機能を有している。*NPM1* 変異は急性骨髄性白血病の約 30％に認められる最も高頻度な遺伝子異常である。*NPM1* 変異陽性で *FLT3* 変異陰性の組み合わせの場合に，他の組み合わせと比較して予後良好であることが知られている。
3. **FLT3**：fms-like tyrosine kinase receptor-3（FLT3）はタイプⅢに属する受容体型チロシンキナーゼで，造血細胞の分化・増殖や造血幹細胞の自己複製に関与することが知られている。急性骨髄性白血病において *FLT3* の JM 領域の一部が重複して繰り返される *FLT3*-internal tandemduplication（ITD）変異が認められ，予後不良因子である。

参考文献

1) Bhagavathi S, Czader M：Arch Pathol Lab Med 134, 1276-1281, 2010.
2) Georgantas RW 3rd, Hildreth R, et al：Proc Natl Acad Sci USA 104, 2750-2755, 2007.
3) Xiao C, Srinivasan L, et al：Nat Immunol 9, 405-414, 2008.
4) Barroga CF, Pham H, et al：Exp Hematol 36, 1585-1592, 2008.
5) Calin GA, Dumitru CD, et al：Proc Natl Acad Sci USA 99, 15524-15529, 2002.
6) Fabbri M, Bottoni A, et al：JAMA 305, 59-67, 2011.
7) Calin GA, Ferracin M, et al：N Engl J Med 353, 1793-1801, 2005.
8) Pekarsky Y, Santanam U, et al：Cancer Res 66, 11590-11593, 2006.
9) Stamatopoulos B, Meuleman N, et al：Blood 113, 5237-5245, 2009.
10) Costinean S, Sandhu SK, et al：Blood 114, 1374-1382, 2009.
11) Costinean S, Zanesi N, et al：Proc Natl Acad Sci USA 103, 7024-7029, 2006.
12) Ota A, Tagawa H, et al：Cancer Res 64, 3087-3095, 2004.
13) Medina PP, Nolde M, et al：Nature 467, 86-90, 2010.
14) Roehle A, Hoefig KP, et al：Br J Haematol 142, 732-744, 2008.
15) Nie K, Gomez M, et al：Am J Pathol 173, 242-252, 2008.
16) Navarro A, Gaya A, et al：Blood 111, 2825-2832, 2008.
17) Fabbi M, Croce C：Curr Opin Hematol 18, 266-271, 2011.
18) Marcucci, Mrózek K, et al：Blood 117, 1121-1129, 2011.
19) Jongen-Lavrencic M, Sun SM：Blood 111, 5078-5085, 2008.
20) Li Z, Lu J, et al：Proc Natl Acad Sci USA 105, 15535-15540, 2008.
21) Dixon-McIver A, East P, et al：PLoS One 3, e2141, 2008.
22) Cammarata G, Augugliaro L, et al：Am J Hematol 85, 331-339, 2010.
23) Fazi F, Racanicchi S, et al：Cancer Cell 12, 457-466, 2007.
24) Mi S, Li Z, et al：Proc Natl Acad Sci USA 107, 3710-3715, 2010.
25) Garzon R, Volinia S, et al：Blood 111, 3183-3189, 2008.
26) Wong P, Iwasaki M, et al：Cancer Res 70, 3833-3842, 2010.
27) Popovic R, Riesbeck LE, et al：Blood 113, 3314-3322, 2009.
28) Garzon R, Liu S, et al：Blood 113, 6411-6418, 2009.
29) Garzon R, Garofalo M, et al：Proc Natl Acad Sci USA 105, 3945-3950, 2008.
30) Becker H, Marcucci G, et al：J Clin Oncol 28, 596-604, 2010.
31) Coskun E, von der Heide EK, et al：Leuk Res 17, 809-813, 2010.
32) Langer C, Radmacher MD, et al：Blood 111, 5371-5379, 2008.
33) Langer C, Marcucci G, et al：J Clin Oncol 27, 3198-3204, 2009.
34) Marcucci G, Maharry K, et al：J Clin Oncol 26, 5078-5087, 2008.
35) Pulikkan JA, Peramangalam PS, et al：Blood 116, 5638-5649, 2010.
36) Zhang H, Luo XQ, et al：PLoS One 4, e7826, 2009.
37) Lawrie CH, Gal S, et al：Br J Haematol 141, 672-675, 2008.
38) Tanaka M, Oikawa K, et al：PLoS One 5, e5532, 2009.
39) Ohyashiki K, Umezu T, et al：PLoS One 6, e16408, 2011.
40) Fang C, Zhu DX, et al：Ann Hematol 91, 553-559, 2012.
41) Baraniskin A, Kuhnhenn J, et al：Blood 117, 3140-

42) Yoshizawa S, Ohyashiki JH, et al：Blood Cancer Journal 2, e53, 2012.
43) Moussay E, Wang K, et al：Proc Natl Acad Sci USA 108, 6573-6578, 2011.
44) Zuo Z, Calin GA, et al：Blood 118, 413-415, 2011.

大屋敷純子
1978 年　東京医科大学卒業
　　　　同内科学第一講座（血液内科）入局
1984 年　米国ニューヨーク州立ロズウェルパーク記念研究所（RPMI）Genetics and Endocrinology（Dr. Avery A. Sandberg）留学
1986 年　東京医科大学血液内科助手
2001 年　同難病治療研究センター講師
2009 年　同医学総合研究所分子腫瘍研究部門教授

現在のテーマは「がんのエピジェネテイクス」「テロメア」。

第1章 microRNA 診断

9．胃がんにおける miRNA 診断

阿部浩幸・深山正久

　miRNA は mRNA と結合して遺伝子発現の転写後調節に関わることで，がん化を含む様々な生命現象に関与している。近年，胃がん組織での miRNA の発現異常が指摘されており，その一部は組織型や stage などの従来知られてきた要素とは独立した予後因子になることがわかってきた。また，胃がん患者の血中 miRNA の変化についても多数の研究が行われ，その一部は感度・特異度の優れた腫瘍マーカーとして期待される。胃がんの特殊な病型の1つである Epstein-Barr virus 関連胃がんでは，ウイルス由来 miRNA が血液中の腫瘍マーカーとなる可能性がある。

はじめに

　miRNA は標的遺伝子の mRNA に結合して翻訳を抑制し，遺伝子発現の転写後制御を行うことで，発生・分化やがん化を含む様々な生命現象に関与している。また各種のがんにおいて，正常組織と比較し腫瘍組織では miRNA の発現プロファイルが変化していることが報告されており，その診断的価値や機能的意義に注目が集まっている。そこで本稿では，胃がんを対象として，がん組織および胃がん患者の血清から検出できる miRNA の異常とその診断的価値について概説する。また，胃がんの中でも特殊な疾患単位を形成している Epstein-Barr virus 関連胃がんについて，ウイルスに由来する miRNA に着目して，その診断における意義を検討する。

I．胃がん組織中の miRNA 発現異常

　胃がん組織中での miRNA 発現異常についてはこれまで多くの報告がある。Ueda らの凍結検体を使ったマイクロアレイによる網羅的な検討[1]では，胃がん組織では非腫瘍性胃粘膜と比較し 22 種類の miRNA が増加し，13 種類の miRNA が減少していた。組織型による miRNA の発現の違いも認められ，Lauren 分類の diffuse type では 8 種類，intestinal type では 4 種類の miRNA が上昇していた。

　胃がんの予後と miRNA 発現との関係について解析した報告も多数認められる（表❶）。Nishida ら[2]は，従来から他臓器の腫瘍でがん抑制に働く miRNA として知られていた miR-125a-5p の発現低下が，他因子と独立した胃がん予後不良因子であることを報告した。同様に Kogo ら[3]によれば，がん抑制性の miRNA である miR-146a が，背景胃粘膜と比較して胃がん組織で低下しており，かつ発現低下は独立した予後不良因子であった。

　また，miRNA マイクロアレイを用いて網羅的に miRNA の発現レベルと予後との相関を調べた研究もある。前述の Ueda らの報告では，let-7g と miR-433 の減少および miR-214 の増加が，stage や浸潤の深さ，リンパ節転移などの他の臨床病理学的因

---

key words

胃がん，マイクロアレイ，miRNA，予後因子，腫瘍マーカー，比較 ΔCt 法，内部コントロール，small RNA，Epstein-Barr virus，EBV 関連胃がん，BART miRNA

表❶ 患者の予後と相関する胃がん組織中のmiRNA

報告者（発表年）	miRNA
Li X（2010）[4]	miR-10b, miR-21, miR-223, miR-338, let-7a, miR-30a-5p, miR-126
Ueda T（2010）[1]	let-7g, miR-433, miR-214
Nishida N（2011）[2]	miR-125a-5p
Zhang X（2011）[5]	miR-375, miR-142-5p
Kogo R（2011）[3]	miR-146a
Brenner B（2011）[6]	miR-195, miR-199a-3p, miR-451

表❷ 胃がん患者における血中バイオマーカーとしてのmiRNA

報告者（発表年）	miRNA	AUC*	感度	特異度	検体	標準物質
Tujiura M（2010）[8]	miR-17-5p, miR-21, miR-106a, miR-106b（増加），let-7a（減少）	0.879 (miR-106a/let-7a)	85.5%	80.0%	血漿	合成RNAによる絶対定量
Liu R（2010）[9]	miR-1, miR-20a, miR-27a, miR-34a, miR-423-5p（増加）	0.879 (5種すべてのmiRNA)	88%	77%	血清	miR-16
Liu H（2012）[10]	miR-187*, miR-371-5p, miR-378（増加）	0.861 (miR-378)	87.5%	70.7%	血清	U6 snRNA
Konishi H（2012）[11]	miR-451, miR-486（増加）	0.96 (miR-451) 0.92 (miR-486)	96% 86%	100% 97%	血漿	合成RNAによる絶対定量

*areas under receiver-operating characteristics curve

子と独立した予後因子であった。またLiら[4]によれば，miR-21などの7つのmiRNAの組み合わせが，生存率および再発率と有意に相関した。Zhangら[5]の研究では，miR-375の増加とmiR-142-5pの減少が有意に再発率上昇と生存率低下に相関した。Brennerら[6]の論文では，miR-451, miR-199a-3p, miR-195の3種類のmiRNAの増加が，再発率や死亡率の高さと相関した。組織型や深達度，stageなどの従来から知られてきた項目とは独立した予後予測因子としてのmiRNA発現異常が徐々に明らかになっており，近い将来，腫瘍組織中のmiRNAを測定することで患者の予後予測や治療方針の決定に寄与できるようになるかもしれない。

また予後と相関するmiRNAの中には，発がんを促進するmiR-21や，発がんを抑制するlet-7ファミリーなど，その標的遺伝子や発がんにおける機能がすでにある程度わかっているものもあるが，マイクロアレイによる包括的な発現解析で見つかってくるmiRNAの中にはその機能が不明なものも多い。したがって，予後因子として同定されたmiRNAの機能を研究することも今後は重要になるだろう。

Ⅱ．胃がん患者血液中のmiRNAとバイオマーカーとしての意義

近年，miRNAは細胞内だけでなく細胞外へも分泌され，血液中に安定した形で存在することが知られるようになった[7]。各臓器の腫瘍はそれぞれ異なったmiRNAの発現プロファイルを示すため，血液中のmiRNAを測定し，臓器特異的な腫瘍マーカーとして利用できるのではないかと期待されている。胃がんでは，これまでCEAやCA19-9などのタンパク質が血中腫瘍マーカーとして用いられていたが，感度・特異度が低いうえ，胃以外の悪性腫瘍でも上昇するため，決して優良な腫瘍マーカーとはいえなかった。そのため，胃がん患者の血液でmiRNAを検出し，その腫瘍マーカーとしての意義を検討した報告が発表されるようになった（**表❷**）。

Tsujiuraら[8]は，胃がん組織中で増加する4種類のmiRNA（miR-17-5p, miR-21, miR-106a, miR-106b）と減少するmiRNA（let-7a）に着目し，その血漿中濃度を測定した。その結果，組織中で増加するmiRNAはいずれも血漿中で有意に増加し，組織中で減少するmiRNAは血漿中でも減少した。さらに術前と手術1ヵ月後の患者血漿中のmiRNAを比

較すると，胃がん患者で上昇していたmiRNAは術後1ヵ月で低下しており，血中miRNAの変動に胃がんの存在が直接影響していることが示唆された。receiver-operating characteristic（ROC）曲線を用いた解析では，miR-106a/let-7a比が最も高いareas under ROC curve（AUC）の値を示し（0.879），感度85.5％，特異度80.0％で胃がん患者を健常者と区別することができた。Liu Rら[9]は，胃がん患者血清と健常者コントロール血清のmiRNAを網羅的に解析することで，胃がん患者で上昇する5種類のmiRNA（miR-1，miR-20a，miR-27a，miR-34a，miR-423-5p）を同定し，感度88％，特異度77％の結果を得た。Liu Hら[10]も血清miRNAの網羅的解析を行い，miR-378単独で感度87.5％，特異度70.7％となることを示した。この研究ではmiR-378が大腸がんでは上昇しないことも確認しており，胃がんに特異的なマーカーとなる可能性がある。最近になりKonishiら[11]は，胃切除術前後の血漿中のmiRNAをマイクロアレイで比較・解析し，血漿中の発現量が多くかつ術後に著明に低下するmiRNAとして，miR-451とmiR-486を見出した。これらのmiRNAの血漿中の量を健常者30人と胃がん患者56人の間で比較し，それぞれ感度96％，特異度100％，感度86％，特異度97％という，先行研究と比較し非常に優れた結果を報告している。

これらの4つの研究では，胃がん患者の血中で変化したmiRNAの種類はいずれも異なっている。解析に用いた手法や，解析対象症例の組織型の違いなどを反映していると考えられる。前述のとおり，胃がん組織においては組織型によるmiRNAの発現の違いも認められるため，今後血液中のmiRNAを胃がんのマーカーとして用いる場合，組織型の違いを考慮したmiRNAの組み合わせが必要となるかもしれない。また，これらの研究は対象症例として早期がん・進行がんの両者を含んでいる。胃がん患者での血中miRNA増加は，腫瘍が大きくstageが進行するほど強くなると考えられ，早期がんや比較的小型のがんでは血中miRNAの変化が小さい可能性がある。血清中のmiRNA測定が胃がんの早期発見に応用できるかどうかについては，早期がんの症例を集めた更なる研究が必要と考えられる。

Ⅲ．胃がん患者血液中miRNA：基礎的問題点

ところで，なぜ胃がん患者の血液中には健常者と異なるmiRNAが検出されるのだろうか。当初は，腫瘍細胞に豊富に含まれるmiRNAが，腫瘍の壊死などに伴って「受動的に」細胞外の間質や血液中に放出されるのだろうと考えられていた。しかし，腫瘍細胞がエクソソームという微小な小胞を細胞外に分泌しており，このエクソソームの中には豊富にmiRNAが含まれること，エクソソームを介してmiRNAが細胞間を移動し他の細胞に取り込まれることで，細胞間で情報伝達が行われ，免疫応答などの腫瘍微小環境を変化させていることがわかってきた[12]。前述のLiu HやKonishiの報告では，胃がん患者の血液で増加するmiRNAが，腫瘍組織内では背景粘膜と比較して逆に減少しており，腫瘍細胞が積極的に特定のmiRNAを細胞外へ分泌している可能性がある（図❶）。血液中に検出できるmiRNAは，診断マーカーとしてだけでなく，細胞間情報伝達や腫瘍微小環境という生物学的な観点からも興味深いテーマであり，その機能解明が期待される。

なお，血液中のmiRNA測定における一般的な問題点として，miRNA測定における標準的な内部コントロールが確立されていないことがある。通常，miRNAの測定には定量的reverse transcription polymerase chain reaction（qRT-PCR）が用いられる。このqRT-PCRには絶対定量法と比較ΔCt法の2種類がある。測定のたびに目的のmiRNAと同じ配列を有する既知濃度の合成RNAで定量曲線を描く絶対定量法は，確実にmiRNA濃度を測定できるが，高コストで手間もかかる。比較ΔCt法は比較的安価で簡便だが，比較対象とする内部コントロール（どの検体でもほぼ同じ量が発現していると考えられるRNA）を必要とする。腫瘍組織中のmiRNAを測定する場合は，U6などのsmall RNAが内部コントロールとして使用されることが多い。しかし血液の場合，内部コントロールとして確立されたものはなく，各研究で独自のコント

図❶ 血液中の miRNA の変化

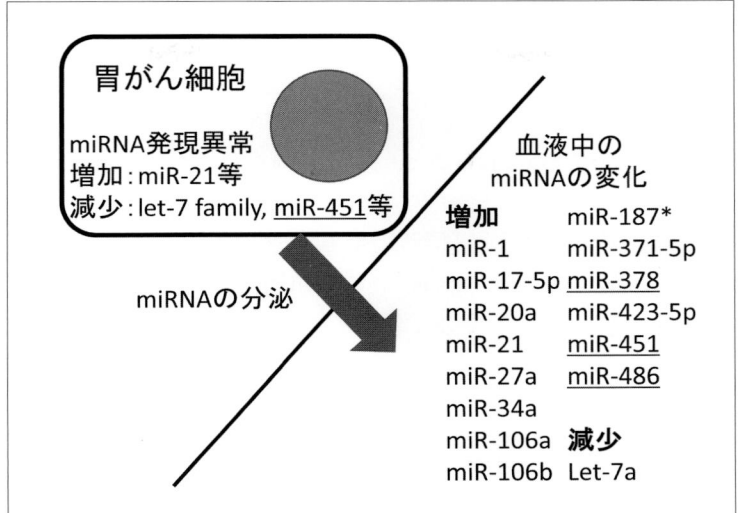

```
胃がん細胞
miRNA発現異常
増加：miR-21等
減少：let-7 family, miR-451等

miRNAの分泌

血液中の
miRNAの変化
増加      miR-187*
miR-1     miR-371-5p
miR-17-5p miR-378
miR-20a   miR-423-5p
miR-21    miR-451
miR-27a   miR-486
miR-34a
miR-106a  減少
miR-106b  Let-7a
```

現在までに報告されている胃がん患者血液中のmiRNA異常をまとめた。血液中で増加するmiRNAの中には，腫瘍組織では逆に発現が低下しているものもあり（下線），腫瘍細胞が選択的に特定のmiRNAを分泌している可能性がある。

ロールを設定しているのが現状である（表❷を参照）。近年，Songら[13]は，胃がん患者と健常者コントロールの比較において，安定して発現する内部コントロールに適切なmiRNAは何かを検討した。6種類のmiRNAと核内small RNAの一種であるRNU6Bを比較した結果，miR-16とmiR-93が最も発現が安定しており，コントロールとして優れていると考えられた。内部コントロールの種類が変わると解析結果も異なったものになる可能性もあり，今後血中miRNA測定の臨床応用をめざすうえで，信頼できるコントロールの確立が急がれる。

Ⅳ．Epstein-Barr virus関連胃がんとmiRNA

Epstein-Barr virus（EBV）関連胃がんとは，EBVが感染したがん細胞のモノクローナルな増殖によって生じる胃がんであり，胃がん全体の5〜10%程度を占める。リンパ上皮腫様と呼ばれる，低分化で周囲に高度なリンパ球浸潤を伴う独特の組織像を示し，胃体上部に多い，リンパ節転移が少ない，予後が比較的よいなど，他の胃がんとは異なる独特の臨床病理学的特徴を有する[14]。

EBVはウイルスゲノム由来の独自のmiRNAをもち，EBV関連胃がん細胞においてもBART miRNAと呼ばれる多種類のmiRNAが合成されている[15]。これらのmiRNAはヒト細胞由来のmiRNAとは異なるため，血液中から検出することができれば有用な特異性の高い腫瘍マーカーとなる可能性をもっている。EBVが感染した固形がんである鼻咽頭がんでは，患者血漿からEBV由来miRNAの1つであるBART7が検出されている[16]。

一方，EBV感染がヒト細胞由来miRNAの発現異常を引き起こし，がんの進展に関与するという報告もある。Shinozakiら[17]は，EBV関連胃がんではmiR-200aおよびmiR-200bが低下し，これらのmiRNAが標的としている転写抑制因子ZEB1とZEB2が増加し，その結果E-cadherinの発現が低下することを報告した。ウイルス感染によるヒトmiRNAの発現変化も，がんの病態を考えるうえで重要な課題と考えられる。

おわりに

胃がんにおける腫瘍組織中および血液中の

miRNA発現異常とその診断への応用可能性について述べた。特に血液中のmiRNAは非侵襲的な腫瘍マーカーとして期待が大きい。しかし，血中miRNAを測定する際の内部コントロールが確立されていないこと，同じ胃がんでも組織型によって変動するmiRNAの種類に違いが認められること，他臓器の腫瘍やがん以外の疾患でも血中miRNAの量は変化しうることなど，課題も多いのが現状である。胃がん病理診断や血液腫瘍マーカー検査の中にmiRNAの測定が取り入れられ，日常診療に応用されるためには，感度や特異度を含めた更なる研究が必要である。

参考文献

1) Ueda T, Volinia S, et al：Lancet Oncol 11, 136-146, 2010.
2) Nishida N, Mimori K, et al：Clin Cancer Res 17, 2725-2733, 2011.
3) Kogo R, Mimori K, et al：Clin Cancer Res 17, 4277-4284, 2011.
4) Li X, Zhang Y, et al：Gut 59, 579-585, 2010.
5) Zhang X, Yan Z, et al：Ann Oncol 22, 2257-2266, 2011.
6) Brenner B, Hoshen MB, et al：World J Gastroenterol 17, 3976-3985, 2011.
7) Mitchell PS, Parkin RK, et al：Proc Natl Acad Sci USA 105, 10513-10518, 2008.
8) Tsujiura M, Ichikawa D, et al：Br J Cancer 102, 1174-1179, 2010.
9) Liu R, Zhang C, et al：Eur J Cancer 47, 784-791, 2011.
10) Liu H, Zhu L, et al：Cancer Lett 316, 196-203, 2012.
11) Konishi H, Ichikawa D, et al：Br J Cancer 106, 740-747, 2012.
12) Pegtel DM, Cosmopoulos K, et al：Proc Natl Acad Sci USA 107, 6328-6333, 2010.
13) Song J, Bai Z, et al：Dig Dis Sci 57, 897-904, 2011.
14) Fukayama M, Ushiku T：Pathol Res Pract 207, 529-537, 2011.
15) Kim DN, Chae HS, et al：J Virol 81, 1033-1036, 2007.
16) Gourzones C, Gelin A, et al：Virol J 7, 271, 2010.
17) Shinozaki A, Sakatani T, et al：Cancer Res 70, 4719-4727, 2010.

阿部浩幸

2007年　東京大学医学部医学科卒業
　　　　総合病院国保旭中央病院初期研修医
2009年　同臨床病理科医員
　　　　東京大学大学院医学系研究科人体病理学教室博士課程

Epstein-Barr virus 関連胃がんの研究に従事している。

第1章　microRNA 診断

10. 腎がんにおいて異常発現する miRNA とその機能

中田知里・守山正胤

　腎細胞がんは成人腫瘍の約 3% と頻度は低いが，泌尿器系腫瘍の中では前立腺がん，膀胱がんに比較して予後が悪い。進行性腎細胞がんに対する有効な化学療法はなく，外科的切除が第一の治療法であったため，分子標的薬の開発が切望されてきた。近年，スニチニブ，ソラフェニブなどが用いられるようになってきたが，耐性をもつ場合も少なくなく，選択肢を増やしていくことが必要である。そのためには開発もさることながら，腎がんに存在するゲノム異常，発現異常を頻度も含めて網羅的に把握し，標的候補分子やシグナル経路を特定することが重要になる。miRNA の発現解析，機能解析もその一端を担うものであり，これまでの知見についてまとめたい。

はじめに

　私達は 2008 年に腎細胞がん (renal cell carcinoma：RCC) のうち ccRCC (clear cell renal cell carcinoma：淡明細胞がん) と chRCC (chromophobe renal cell carcinoma：嫌色素性腎がん) における miRNA 発現プロファイルを世界で初めて報告した[1]。当時，解析に用いた miRNA マイクロアレイ（アジレント社）は miRBase 9.1 対応であり，470 個のヒト miRNA 発現を網羅的に調べることができた。私達に続いて複数の論文で miRNA プロファイルが報告され[2)-4)]，互いに共通点の多い結果であったことから，特に ccRCC において特徴的に変動する miRNA は（新規登録分を除いて）ほぼ特定されたと言ってよい。ここではまず ccRCC で異常発現する代表的な miRNA について述べ，続いて pRCC (papillary renal cell carcinoma：乳頭状腎がん)，chRCC，オンコサイトーマにおける miRNA 発現と鑑別診断への応用についても触れたい。

I．ccRCC で異常発現する miRNA

　ccRCC は腎細胞がんのおよそ 7 割を占める最大の亜型である。これまでに複数の論文によって miR-210 と miR-155 の発現上昇，miR-200c と miR-141 を含む miR-200 ファミリーの発現低下が報告されている[1)-4)]。

1. miR-210

　miR-210 は低酸素誘導因子 HIF1α (hypoxia inducible factor 1 alpha) の転写標的であり[5)6)]，がん，正常を問わず細胞が低酸素状態に陥ると誘導される miRNA として知られている[5)-10)]。膵がん，乳がん，頭頸部がんなどで発現上昇と予後の相関が報告されており[7)11)12)]，これらの腫瘍では組織の低酸素状態を反映していると考えられる。一方 ccRCC においては，私達が調べた 16 例全例で miR-210 の発現上昇がみられ[10)]，これは主に ccRCC に特徴的な遺伝子異常である「がん抑制遺伝子 VHL (von Hippel-Lindau) の不活化」によってもたらされて

---

key words

腎細胞がん，ccRCC（淡明細胞がん），pRCC（乳頭状腎がん），chRCC（嫌色素性腎がん），オンコサイトーマ，VHL，HIF1α，miR-210，miR-155，miR-200 ファミリー

第1章　microRNA 診断

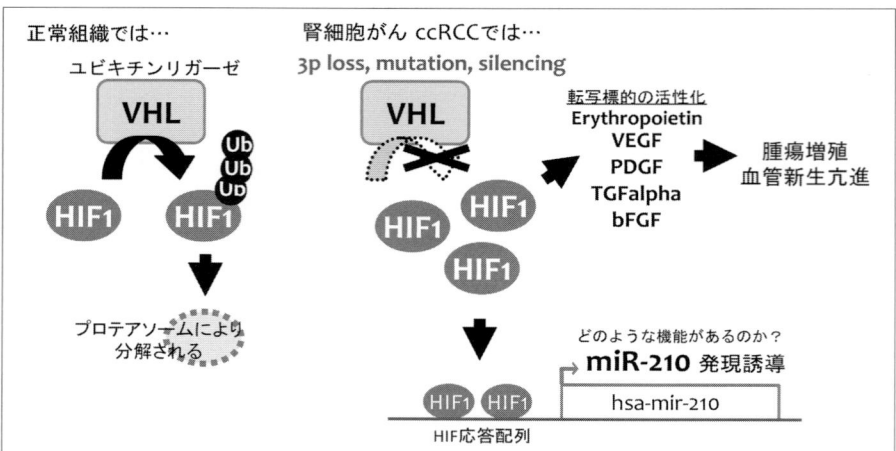

図❶　腎がんにおける VHL-HIF 経路の役割

VHL はユビキチンリガーゼであり，通常酸素環境下で HIF1α をユビキチン化して分解を促進している。ccRCC では，VHL 遺伝子のある3番染色体短腕の欠失，遺伝子の変異，さらにはプロモーター領域のメチル化による発現抑制によって，VHL 不活性化が起きており，細胞内に HIF1α が蓄積する。そして HIF1α 転写標的遺伝子群活性化による腫瘍細胞の増殖，血管新生の亢進が腎がんの発生・悪性化に重要であると考えられている。miR-210 は HIF1α の転写標的であり，プロモーター領域に HIF1α が結合することがクロマチン免疫沈降法により示されている。

いる（図❶）。VHL は通常酸素環境下で HIF1α をユビキチン化して分解を促進する機能を果たしているが，ccRCC では VHL 不活化によって細胞内に HIF1α が蓄積する。これによって VEGF など増殖因子を含む転写標的遺伝子が活性化され，腫瘍細胞の増殖や血管新生が亢進することが腎がんの発生・悪性化に重要であると考えられている。miR-210 の過剰発現は，腎がん細胞株に野生型 VHL 遺伝子を補う（図❷），あるいは HIF1α をノックダウンすることにより抑制されることから，HIF1α の蓄積に依存するものであり，ccRCC の分子病理学的特徴といえる[10]。miR-210 は HIF1α の転写標的として最も新しく同定された分子であり，その機能解明によって ccRCC の発生・悪性化の機序について新しい側面を明らかにできるのではないかと期待される。

【標的遺伝子と機能】miR-210 の配列はヒトからショウジョウバエに至るまで種を超えて保存されており，生物学的に重要な機能を果たしていると推測される（Sanger miRBase）。これまでに同定された標的分子は Ephrin-3A（VEGF に対する走化性），RAD52（DNA 修復），E2F3，MNT，FGFRL1

図❷　腎がん細胞株における miR-210 発現（文献10より）

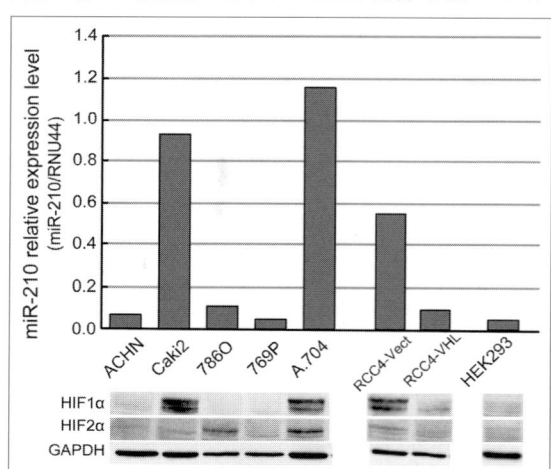

通常酸素環境下での miR-210 発現は HIF1α 蓄積と相関していた。VHL 変異を有する RCC4 細胞に野生型 VHL を補うと miR-210 発現は抑制される。ACHN と HEK293 は野生型 VHL を有するため，miR-210 は誘導されていない。786O と 769P は HIF1α 遺伝子が欠失している。

（細胞増殖），ISCU（ミトコンドリア代謝）と機能において多岐にわたり，いずれも細胞が低酸素環境に適応するために機能が調節されていると思

われる。そして、がん細胞においても同様に機能し、その生存を助長する結果になってしまうのだろう。

一方、ccRCCにおいてmiR-210は恒常的に発現しており、その機能が低酸素環境下で誘導された場合と同じであるか不明であった。そこで私達は、まずmiR-210過剰発現が腎がん細胞の増殖に寄与しているか否かを調べるために、miR-210を高発現しているCaki2においてノックダウンによりmiR-210発現を抑制した。しかし細胞増殖速度には変化がなく、miR-210は腎がん細胞の増殖亢進には関与していないことが示された。興味深いことにmiR-210を過剰発現させると、①細胞増殖の低下、②細胞周期がM期で停滞すること、③多核化細胞の出現、といった細胞分裂異常を示唆する表現型がみられた。そこで微小管を染色して紡錘体を観察したところ多極化していることを見出した（図❸A）。さらにγ-チューブリン（中心体マーカー）を染色したところ中心体数が増えていることも明らかになった（図❸B）。中心体の増加は、細胞分裂時に多極紡錘体を誘導して染色体の分配異常を引き起こし、細胞に染色体数異常をもたらすことで発がんや進行に関与していると考えられている。実際にmiR-210を過剰発現させたHEK293細胞では染色体の異数性（aneuploidy）が誘導された（図❸C）。以上の結果から、miR-210の過剰発現は、多極紡錘体による染色体分配異常を介して染色体不安定性を引き起こすことでccRCCの発がん・悪性化に寄与している可能性が示唆された[10]。

図❸ miR-210過剰発現は多極紡錘体を誘導し、aneuploidyを引き起こす（文献10より）

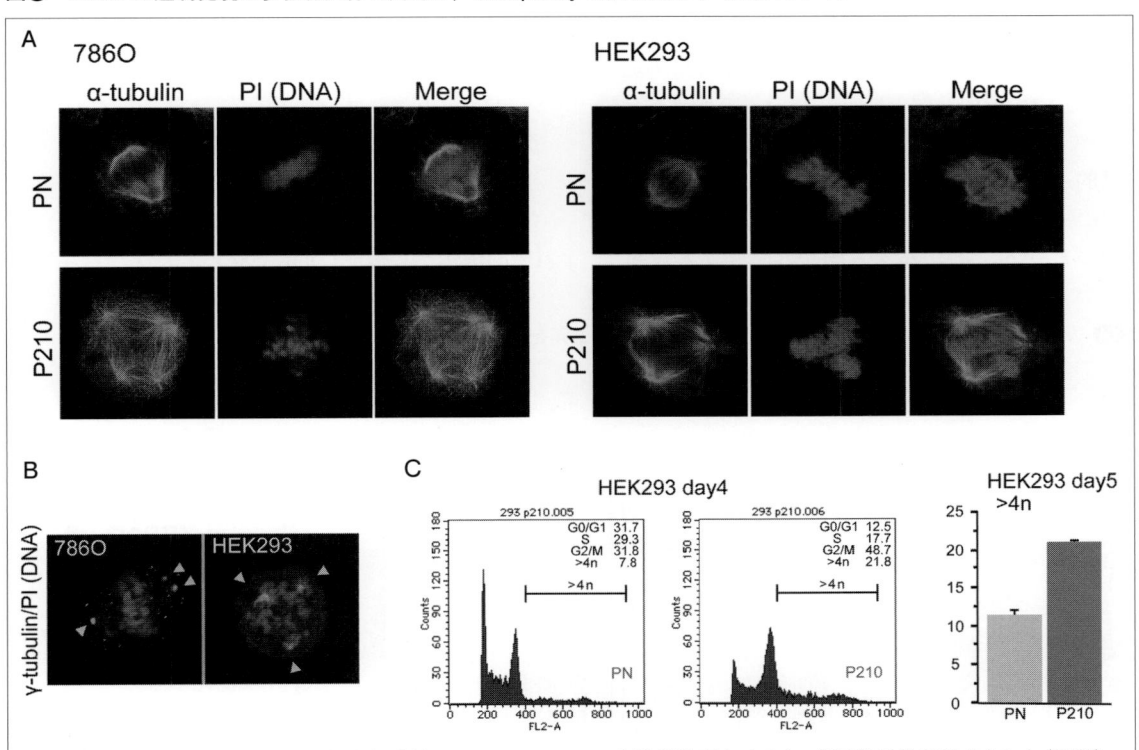

A. 腎がん細胞株786Oとヒト胎児腎細胞株HEK293にmiR-210を過剰発現させると、多極紡錘体が形成された（下段）。
B. miR-210を過剰発現させた細胞では中心体数が増えて（>2）いた（γ-tubulin：中心体マーカー）。
C. HEK293細胞にmiR-210を導入して4日間培養した後にFACSを行い、細胞あたりのDNA量を調べた。すると4n以上の分画（>4n）にある細胞が増加していたことから（左：コントロール、中央：miR-210）、aneuploid cellが増えていることが明らかとなった。右端は5日目に同様の実験を行い、>4n分画にある細胞の割合をグラフに示したものである。
（グラビア頁参照）

miR-210の標的分子E2F3は中心体複製の制御にも関わっており，HEK293細胞にmiR-210を導入するとE2F3発現が低下すること，E2F3をノックダウンすると中心体の増加がみられたことから，標的分子の1つとして関与していると考えられる。

2. miR-155

miR-155はB細胞性リンパ腫において発現上昇しているmiRNAとして単離された。トランスジェニックマウスEμ-miR-155 mouseはB細胞分化においてpro-B cellからmiR-155を過剰発現するが，骨髄と脾臓でpre-B cellの増殖が亢進しリンパ芽球性白血病や高悪性リンパ腫を発症したことから，miR-155は強力ながん促進miRNAであることが証明されている[13]。ccRCCにおけるmiR-155の発現上昇はmiR-210ほど顕著ではなかったが，私達が調べた16例全例で認められた[1]。腎がん細胞株RCC4（VHL変異株）において，HIF1αまたはHIF2αを発現抑制するとmiR-155の発現低下がみられたことから，腎がんにおけるmiR-155の発現上昇にVHL-HIF経路が関与している可能性が示唆されている[14]。

【標的遺伝子と機能】腎がんにおける標的遺伝子を検索した報告はまだなされていないが，miR-155は乳がん，肺がん，大腸がん，膵がんでも発現上昇しており[15)16)]，乳がんの研究からFOXO3aとSOCS1，膵がんの研究からTP53INP1が標的として特定され，アポトーシスや細胞増殖に影響していると報告されている。上記の分子は，腎がんにおいても標的として機能している可能性がある。

3. miR-200ファミリー（miR-200c-141クラスター，miR-200b-200a-429クラスター）

miR-200ファミリーはmiR-200a/b/c，miR-141とmiR-429の5つからなり，これらはしばしばccRCCで発現低下が認められる。特にmiR-200cとmiR-141は，私達が調べたccRCC16例すべての症例で発現低下していた[1]。両者はゲノム上にmiR-200c-141（12番染色体短腕）クラスターとしてコードされており，転写時に1つの転写産物として発現した後に成熟型miRNAに切り出されるため，同調した発現変動を示す[1)17)]。miR-200b，-200a，-429も1番染色体短腕にクラスターを形成しており，やはり同調して発現低下をしていることが多い[3)17)]。miR-200ファミリーの発現制御にはTGFβシグナル経路が関与していることが知られており，培養細胞をTGFβ1で刺激すると発現が抑制される[18)19)]。

【標的遺伝子と機能】miR-200ファミリーは塩基配

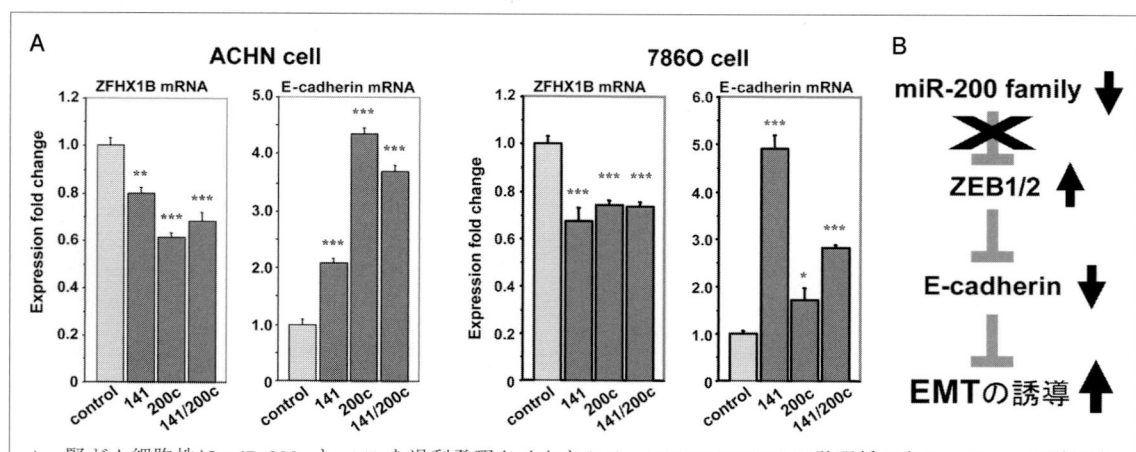

図❹ miR-200ファミリーの過剰発現はE-cadherin発現上昇をもたらす（文献1より）

A. 腎がん細胞株にmiR-200cと-141を過剰発現させたところ，ZFHX1B/ZEB2の発現低下とE-cadherinの発現上昇がみられた[1]。
B. 腎がんにおけるmiR-200ファミリーの発現低下はE-cadherinの発現低下をもたらし，EMTの誘導に関与している可能性がある。

列によって2つのグループ（miR-200bc/429とmiR-200a/141）に分けられ，標的候補遺伝子もすべて同じというわけではない（TargetScan）。しかしながらクラスターの構成をみると，miR-200cと141，miR-200bと200a，429が組み合わされており，ファミリーで大きな遺伝子群を制御していると考えたほうがよいと思われる。標的遺伝子として最も注目されているのは*ZEB1/ZFHX1A*と*ZEB2/ZFHX1B/SIP1*である。ZEB1とZEB2は転写抑制因子で，E-cadherinプロモーターに結合しその発現を抑制することから，これらの過剰発現は上皮-間葉移行（EMT：epithelial-mesenchymal transition）を誘導し，がんの浸潤・転移に関与すると考えられている[20,21]。実際に，腎がん細胞株を含めた種々のがん細胞においてmiR-200ファミリーを過剰発現させるとZEB1とZEB2の発現が低下しE-cadherin発現が上昇することが確認されており（図❹A）[1,18,22-24]，乳がん組織ではmiR-200ファミリーの発現低下とE-cadherinの発現低下に相関があることが示された[18]。さらにmiR-200ファミリーを細胞に導入すると，浸潤能・遊走能が低下することが示された[23,24]。これらの知見より，腎がんにおいてもmiR-200ファミリーの発現低下はEMTを誘導し，がんの浸潤・転移に関与していると考えられる（図❹B）。

4. 腎がんの悪性度とmiRNA発現

ccRCCの悪性度を予測できる臨床病理学的因子の1つに核異型度を基にしたFuhrman分類がある[25]。予後と相関しており，low grade（G1，G2）群では10年生存率が80％以上になるのに対し，high grade（G3，G4）群は5年生存率50％以下ととても低い[26]。私達はccRCC 16例をhigh gradeとlow gradeの2群に分け，統計学的に差のあるmiRNAを抽出しようとしたが有意なものはなかった[1]。翌年にJungらは72例のccRCCを用いて解析し，Fuhrman分類だけでなく，stageと予後についても統計学的に差のあるmiRNAはなかったと報告している[3]。したがって，腎がんの組織学的悪性度と相関するmiRNA発現異常はこれまでのところ知られていない。一方，転移の有無も予後を大きく左右する因子である。Whiteらは原発巣と転移巣で発現差の

あるmiRNAに注目し，miR-215を見出した。これを腎がん細胞に過剰発現させると遊走能・浸潤能が低下したことから，miR-215の発現低下は腎がんの転移に関与する可能性が指摘されている[27]。

II．鑑別診断とmiRNA

ccRCCが腎がんの70％以上を占めることから，他の亜型の頻度は当然低く，2番目に多いpRCCは15％程度，chRCCとオンコサイトーマがそれぞれ5％程度である。治療の第一選択肢は外科的切除であり，各亜型に特異的な治療法は確立されていないためccRCCに順じたものとなる。となると現時点で鑑別に重要なことは，良性腫瘍であるオンコサイトーマや予後良好な腫瘍を悪性度が高い腫瘍からきちんと区別することである。

これまでにmiRNAを鑑別に利用できないか検討するために，ccRCCの他にpRCC，chRCCと良性腫瘍であるオンコサイトーマにおける発現プロファイルを比較した報告がなされている[17,28,29]。PetilloらによるUnsupervised hierarchicalクラスター解析は，これら4つの亜型のmiRNA発現プロファイルが互いに異なっていることを示した。面白いことに，クラスター解析でまず大きく2群に分かれるとき，ccRCCとpRCC，chRCCとオンコサイトーマの2群になる[17,28,29]。ccRCCとpRCCはともに近位尿細管由来，もう一方のchRCCとオンコサイトーマは遠位尿細管由来と考えられており，上記の結果はそれぞれの亜型のmiRNAプロファイルが組織の発生母地と関係していることを示唆しており非常に興味深い。

Fridmanらは2010年に6つのmiRNAを用いた2段階の分類によって4つの亜型が鑑別できると報告した[17]。まずmiR-210とmiR-221によってccRCC/pRCC群とchRCC/オンコサイトーマ群に分け，ここからさらにccRCCとpRCCを鑑別するmiRNAとしてmiR-31とmiR-126，chRCCからオンコサイトーマを区別するmiRNAとしてmiR-200cとmiR-139-5pを挙げている。

おわりに

これまで病理学は病因解明の中核ではあるもの

の，治療薬の開発に直接的につながることは必ずしも多くはなかった。例えば従来の抗がん剤は，自然界に存在する物質の中からがん細胞の増殖を妨げ細胞死を誘導する物質を探し出すことによって開発されてきた。しかし，分子標的薬の出現は病理学の立場を大きく変貌させるかもしれない。

　分子標的薬は，増殖能の高さなどのがん細胞の生物学的特性ではなく，遺伝子異常によってもたらされた細胞内の異常シグナルを標的としている。言い換えると，標的薬を用いたがん化学療法には遺伝子異常の把握が必須であり，その情報なしには薬の選択ができないということになる。このことは治療法の選択に分子病理学的解析が深く関与することのみならず，薬の開発そのものに患者のがん組織の遺伝子異常の解析が必要不可欠になることを意味している。また将来，がんの病理学的分類にも影響を与える可能性がある。現在の臓器ごとの分類（胃がん，肺がん，膵がん，など），組織学的分類（腺がん，扁平上皮がん，など）だけでなく，遺伝子異常に基づく分類，つまり治療薬に対する感受性に基づく新たな分類が必要となるだろう。いま私達はこのようなコンセプトをもち，臓器がんの各論的研究の重要性を認識しながら，がん患者のがん組織を対象とした研究に取り組んでいる。

参考文献

1) Nakada C, et al：J Pathol 216, 418-427, 2008.
2) Chow TF, et al：Clin Biochem 43, 150-158, 2010.
3) Jung M, et al：J Cell Mol Med 13, 3918-3928, 2009.
4) White NM, et al：J Urol 186, 1077-1083, 2011.
5) Huang X, et al：Mol Cell 35, 856-867, 2009.
6) Kulshreshtha R, et al：Mol Cell Biol 27, 1859-1867, 2007.
7) Camps C, et al：Clin Cancer Res 14, 1340-1348, 2008.
8) Crosby ME, et al：Cancer Res 69, 1221-1229, 2009.
9) Fasanaro P, et al：J Biol Chem 283, 15878-15883, 2008.
10) Nakada C, et al：J Pathol 224, 280-288, 2011.
11) Gee HE, et al：Cancer 116, 2148-2158, 2010.
12) Foekens JA, et al：Proc Natl Acad Sci USA 105, 13021-13026, 2008.
13) Costinean S, et al：Proc Natl Acad Sci USA 103, 7024-7029, 2006.
14) Neal CS, et al：BMC Med 8, 64, 2010.
15) Eis PS, et al：Proc Natl Acad Sci USA 102, 3627-3632, 2005.
16) Volinia S, et al：Proc Natl Acad Sci USA 103, 2257-2261, 2006.
17) Fridman E, et al：J Mol Diagn 12, 687-696, 2010.
18) Gregory PA, et al：Nat Cell Biol 10, 593-601, 2008.
19) Xiong M, et al：Am J Physiol Renal Physiol 302, F369-379, 2012.
20) Comijn J, et al：Mol Cell 7, 1267-1278, 2001.
21) Eger A, et al：Oncogene 24, 2375-2385, 2005.
22) Park SM, et al：Genes Dev 22, 894-907, 2008.
23) Korpal M, et al：J Biol Chem 283, 14910-14914, 2008.
24) Burk U, et al：EMBO Rep 9, 582-589, 2008.
25) Fuhrman S A, et al：Am J Surg Pathol 6, 655-663, 1982.
26) Eble JN, et al eds：World Health Organization Classification of Tumours. Pathology and Genetics of Tumours of the Urinary System and Male Genital Organs. Tumours of the kidney, 9-87, IRAC, 2004.
27) White NM, et al：Br J Cancer 105, 1741-1749, 2011.
28) Petillo D, et al：Int J Oncol 35, 109-114, 2009.
29) Youssef YM, et al：Eur Urol 59, 721-730, 2011.

中田知里
2004年　鳥取大学大学院医学系研究科生命科学系専攻博士後期課程修了
2006年　大分大学分子病理学教室

ゲノム異常，mRNA，miRNA の発現異常を解析し，腎がんの発生・悪性化のメカニズムを解明したいと考えている。

第1章　microRNA 診断

11. 眼疾患における miRNA

橋田徳康

　眼科領域おける microRNA（miRNA）は，眼の発生・分化に関わり，各パーツ（角膜・結膜・ぶどう膜・網膜）において発現様式および発現量が異なり，視機能の維持に重要な役割を果たしている。現在までにマウスレベルでの知見が多く報告され，一部の疾患で miRNA の発現変化と疾患が密接に関わっている報告がなされてきている。今後，白内障・緑内障・加齢黄斑変性といった罹患人口の多い疾患に関して研究が進み，これらの疾患の予防・治療がなされる日も近いと考える。

はじめに

　眼という臓器（図❶）は小さい臓器ながらも人間の五感に関わり，その機能の低下は患者の quality of vision（QOV）を著しく低下させることにつながる。感覚受容器である視細胞をとりまく環境のいずれの部分の軽微な障害も視力低下に結びつくために，眼疾患を考えるうえで様々なパーツ（角膜・水晶体・ぶどう膜・網膜）ごとに疾患を考えることは非常に重要である。現在までに，眼の発生，組織の分化，疾患の病態形成について様々な遺伝子の異常が報告されており，同時に microRNA（miRNA）の異常についても報告が増えつつある。2012年2月現在，eye と microRNA を用いて代表的な学術論文データベースである Medline で検索すると，全部で124個の論文が検索される。本稿では，このすべての文献をサーベイし，現時点で報告されている知見について，眼のそれぞれのパーツごとに解説する。

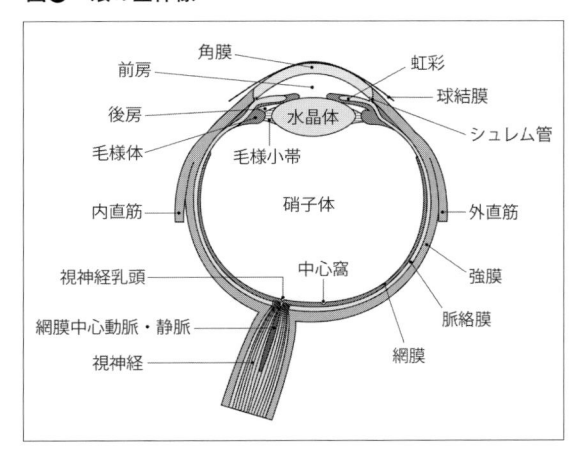

I. 角膜・結膜疾患と miRNA

　オキュラーサーフェスを構成する組織として角膜および結膜がある。角膜・結膜は外界とのインターフェイスにおいて，一方でバリア機能による外来異物の防御・除去といった働きを有し，もう一方では涙液を介した水分・栄養・酸素の運搬に関わっている。その中でも角膜は角膜上皮・実質・角膜内皮から構成されており，その透明性を維持することは視機能の維持に重要である（図❷）。

図❶　眼の全体像

key words
quality of vision（QOV），角膜，水晶体，ぶどう膜炎，緑内障，網膜，糖尿病網膜症，加齢黄斑変性，新生血管，網膜色素変性，細胞外マトリクス

図❷　角膜組織

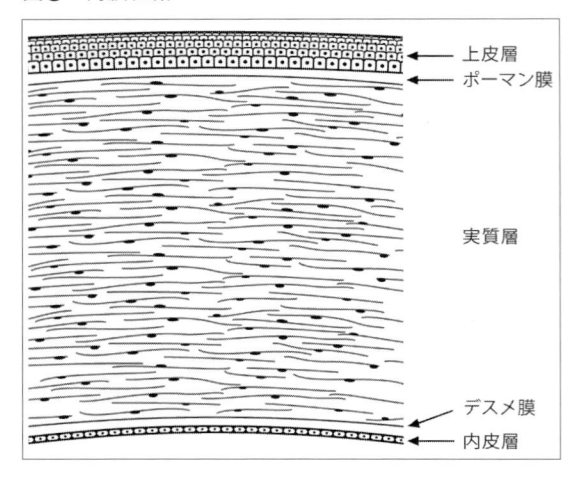

（図：上皮層／ボーマン膜／実質層／デスメ膜／内皮層）

図❸　白内障疾患（A）と眼内レンズ挿入眼（B）

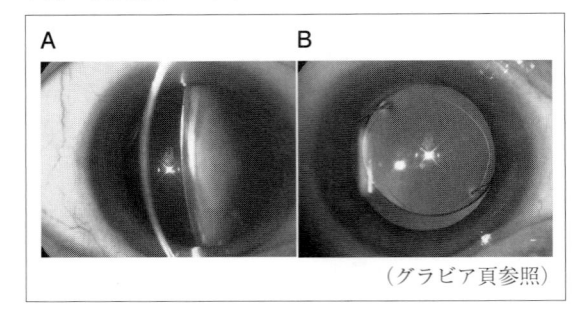

（グラビア頁参照）

　2006年に全眼球組織におけるmiRNAの発現に関して報告が行われ[1)2)]，そこではmir-184が角膜に高発現していることが初めて報告された。Ryanらは，角膜に少なくとも31個のmiRNAが発現していることを示し[1)]，そのうちの70％が網膜でも同様に発現していると報告した[3)]。その発現パターンは，角膜上皮の基底細胞[1)]，角膜内皮[2)]にはみられるものの，角膜上皮の表層側および輪部（limbs），結膜上皮にはみられない。miR-205とmiR-207は角膜全層・輪部・結膜上皮および皮膚に発現がみられる。角膜上皮の創傷治癒過程において，角膜が再生する初期の段階ではmir-184の発現がみられず，再生が完了してその発現がみられるので，mir-184は角膜上皮の最終分化に関わるmiRNAと推測されている[3)]。また角膜の発生に関して，Dicerのコンディショナルノックアウトマウスでは，角膜の層構造の形成が行われず，当然ながらmir-184の発現も低下していた[4)]。

　近年，再び全眼球組織における包括的な発現解析の報告がなされ[5)]，ヒト角膜由来線維芽細胞のデキサメタゾンに対する遺伝子応答に関してmiRNAを包括的に解析した報告もある[6)]。加えて，角膜の上皮細胞の分化にmiR-145が関与することが示され，その標的遺伝子がintegrin β8（ITGB8）であることが示された[7)]。実際の角膜疾患の患者においても早期発症の白内障を伴う円錐角膜の患者においてmir-184の発現異常が報告され，

miRNAの発現異常と病態形成がリンクしていることが明らかになっている[8)]。角膜領域については，発生や分化に関わるmiRNAの関与の報告は多く存在するが，疾患との関連についての報告はまだ少ない。今後は，角膜疾患に関しては，新たなmiRNAの報告がなされたり，診断や治療の標的としてmiR-145，mir-184，miR-205およびmiR-207が候補になっていくものと思われる。

Ⅱ．水晶体疾患とmiRNA

　水晶体は中間透光体を構成する無色透明な組織で，何らかの異常（外傷・糖尿病などの代謝異常）により混濁を生じると臨床的には白内障と診断され，視力低下をもたらす（図❸ A）。加齢に伴うものがほとんどであり，一般的に何らかの代謝異常に伴って発生するとされているが，その発症メカニズムは現在に至っても明らかではない。水晶体疾患の病態の理解のためには，その発生・分化に関する知識が重要である。ここでは，主に水晶体の発生・分化に関して関与が報告されているmiRNAに関して概説する。

　水晶体におけるmiRNAの遺伝子発現に関しては，Frederikseらがマウスやラットの水晶体において，miR-124，miR-7，miR-125b，let-7a，Dicerが発現していることを最初に報告し[9)]，Ryanらのグループは，少なくとも17個のmiRNAが水晶体/毛様体に発現しており，なかでもmiR-184は水晶体上皮に高発現していることを報告した[1)]。さらに，Dicerのコンディショナルノックアウトマウスでは，角膜同様，水晶体の形態形成に異常を認めた[4)]。let-7ファミリーとmiR-148，miR-124aの発現

変化は，イモリのレンズ形成における研究でその関与が明らかにされている[10)-12)]。その他，miR-204 が MEIS1 mouse homolog of 2（Meis2）を標的として発現制御を行い，Pax6 やその下流の Sox2 や Prox1 さらに α-cristarine の発現に影響を及ぼすことを報告している[13)]。

現在では，白内障疾患に対して超音波乳化吸引術後の人工眼内レンズ挿入により安全な手術が行われ，白内障疾患は外科的治療により治療できる疾患となっているが（図❸ B），この白内障の成因に関して miRNA の関与する報告がいくつかある。上述のとおり，miR-184 の発現に関わる領域の遺伝子変異が早期発症の白内障を伴う円錐角膜の患者にみられたという報告や[8)]，同様にこの変異をもつ患者が endothelial dystrophy, iris hypoplasia, congenital cataract, and stromal thinning（EDICT）を発症することが報告されている[14)]。他にも let-7 ファミリーの発現量が加齢に伴う白内障において上昇し，特に let-7b が有意差をもって水晶体混濁のクレーディングと相関することが示された。また，その標的遺伝子は high mobility group AT-hook 2（Hgma）で，その発現をタンパクレベルで抑制していることが示されている[15)]。水晶体疾患は外科的治療により寛解に持ち込める疾患の1つであるが，侵襲的な手術療法によるのではなく，上述の miRNA を標的として，発症や進行の予防ができるような点眼薬が出てくる可能性はあると考えられる。

Ⅲ．緑内障疾患と miRNA

緑内障疾患は大きく原発緑内障（原発開放隅角緑内障・原発閉塞隅角緑内障），続発緑内障，発達緑内障に分けられ，疾患頻度としては原発緑内障が多い（図❹）。緑内障は中途失明原因の最上位疾患の1つであり，極めて重要な疾患の1つであるが，その成因は現在に至っても明らかではない。隅角が機械的に閉塞して眼圧上昇をきたす原発閉塞隅角緑内障は，機械的なブロックの解除により病態の改善に持ち込めるが，その他，特に開放隅角緑内障においては，毛様体から産生される前房水の流出路である線維柱帯における流出抵抗の上昇がその病態発現に役割を果たしているとされるものの，病態発現のメカニズムは明らかではなく，miRNA に関しての報告も少ない。

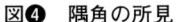

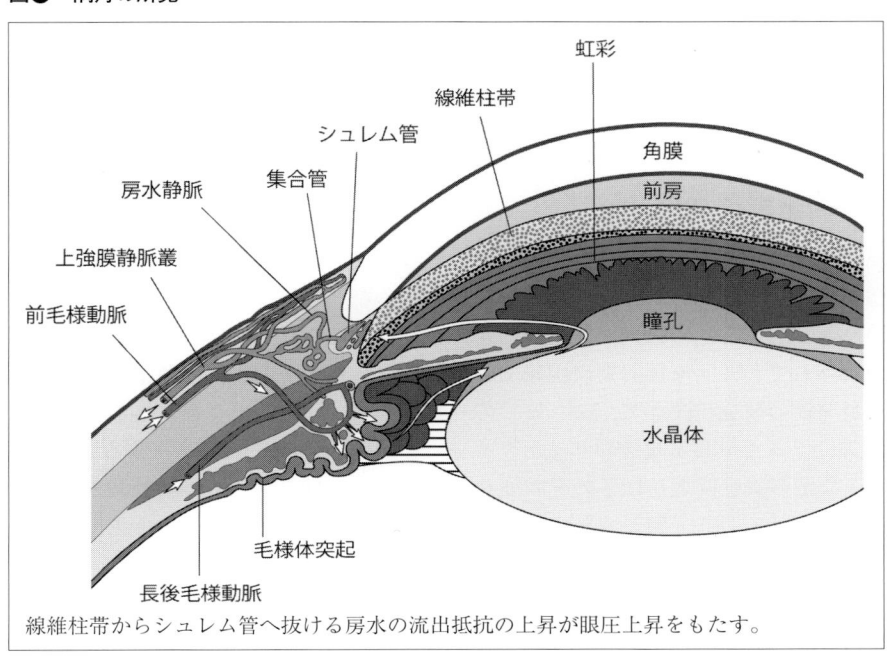

図❹　隅角の所見

線維柱帯からシュレム管へ抜ける房水の流出抵抗の上昇が眼圧上昇をもたす。

現在までのところ、原発開放隅角緑内障の病態に酸化ストレスが関与することが明らかにされており、線維柱帯における細胞外マトリクスの障害によりシュレム管の抵抗が上がり、眼圧上昇をきたすとされている。ヒトの線維柱帯由来の細胞にmiR-29bを強制発現させると細胞外マトリクスの構成成分であるコラーゲン（COL1A1, COL1A2, COL4A1, COL5A1, COL5A2, COL3A1），Lamin C（LAMC1），fibrillin 1（FBN）の発現が低下することが観察されたが，慢性的な酸化ストレスを細胞にかけると，このmiR-29bの発現が低下することで，逆に細胞外マトリクスの線維柱帯への合成と蓄積が起こり，房水流出抵抗の上昇が起こり，眼圧上昇をきたす可能性が示された[16]。細胞外マトリクスの生成にmatrix metalloproteinase 9（MMP-9）が関わることはよく知られているが，その3' UTRにmiR-340の結合領域が存在し，MMP9の発現を調整し線維柱帯における流出抵抗の維持に関わる可能性を指摘した報告がある[17]。その他に，miR-24がTGF-βのプロセシングに関わるFURINを直接の標的としてTGF-βの誘導を調節することで緑内障の病態に関わっていることがヒト線維柱帯の培養細胞株を用いた研究によって示された[18]。

緑内障治療は最終的には外科的治療も行われるが，治療の第一選択は点眼による眼圧のコントロール治療であり，緑内障領域ではこれらのmiRNAを標的とした点眼治療が治療戦略として考えられる。

Ⅳ．ぶどう膜炎疾患とmiRNA

ぶどう膜炎は，眼球のぶどう膜（虹彩，毛様体，脈絡膜）に強い炎症を引き起こす眼科疾患の総称であり，その原因として多くの症例では全身の自己免疫異常が関与しており，原因同定が困難である。ぶどう膜炎発症の研究に関して，これまでの研究で免疫異常に伴って生じる複数のサイトカインやケモカインなどの炎症関連遺伝子の発現変化の関与が明らかにされており，加えて発症にCD4陽性T細胞（ヘルパーT細胞）の中でもTh1細胞とTh2細胞のバランスが発症に関与すること，近年ではTh17細胞が重要な役割を果たすことが報告されている。ヒトにおけるmiRNAの発現解析を行った報告はなく，唯一ヒトぶどう膜炎のモデル動物である実験的自己免疫性ぶどう膜炎マウスモデルにおいて，発症の過程でmiRNAの発現をみた報告がある。そこでは，Th17細胞が誘導されてくる時期に一致して，miR-142-5p, miR-21の発現上昇とmiR-182の発現抑制がみられ，これらのmiRNAのマウスぶどう膜炎モデル動物における病態への関与を示した報告がある[19]。

Ⅴ．網膜疾患とmiRNA

網膜におけるmiRNAの発現解析は2003年にさかのぼる。そこでは，初めて21個のmiRNAが発現していることが報告され，そのうち19個が成体マウス網膜で発現していることが確認された[20]。別のグループよりマイクロアレイを用いた解析で78個のmiRNAが成体マウス網膜で発現していることが報告され，そのうち21個が網膜特異的であることが明らかにされた[21]。定量的PCRの結果より，これら21個のうちmiR-96, miR-182, miR-183, miR-210, miR-140-ASが網膜のみにしか発現がなく，miR-181c, miR-320, miR-31, miR-211は網膜に発現が多く，miR-7, miR-9, miR-9-AS, miR-219, miR-335が網膜と脳に発現が多かった。これらのmiRNAはハウスキーピング的な役割をもっているものと考えられる。その他のグループも網膜特異的に発現しているmiRNAの報告を行っている[22)23)]。

また，10層構造からなる網膜（図❺）の部位別で発現パターンに違いがあることが示された。miR-124aは新たに分化したニューロンや成熟したニューロンに発現を認めるものの，Muller細胞には発現を認めなかった[2]。miR-183のファミリーであるmiR-182, miR-183, miR-96は視細胞層や内顆粒層に発現がみられるものの網膜色素細胞層には発現を認めず[2)21)-23)]，miR-29cは視細胞層と内顆粒層の外側おそらくbipolar細胞が存在するところに発現がみられる[23]。同様に，miR-181aは神経節細胞層と内顆粒層の内側の大部分すなわちアマクリン細胞が存在するところに発現がみられる[2)22)23)]。let-7dは内顆粒層すなわちbiploar細胞とアマクリン細胞両方に発現がみられ[23]，miR-204はRPEやGCL, INLの

図❺　網膜の層構造

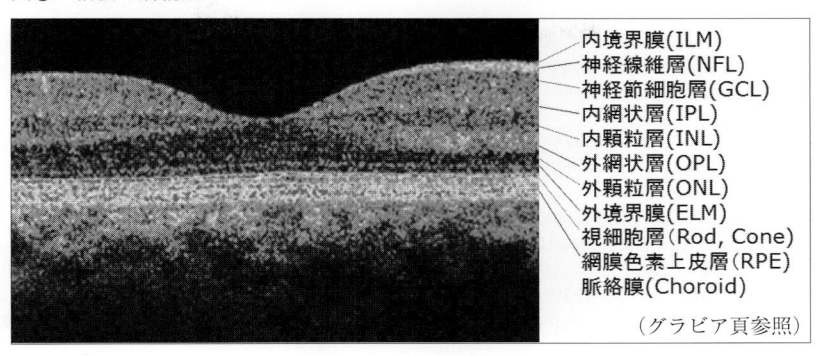

内境界膜(ILM)
神経線維層(NFL)
神経節細胞層(GCL)
内網状層(IPL)
内顆粒層(INL)
外網状層(OPL)
外顆粒層(ONL)
外境界膜(ELM)
視細胞層(Rod, Cone)
網膜色素上皮層(RPE)
脈絡膜(Choroid)

（グラビア頁参照）

内側の大部分に発現が認められる[2]。このように，網膜の部位により発現パターンが異なるのは，網膜におけるそれぞれの細胞の機能と，部位特異的な病態発現が様々なmiRNAで制御されている可能性を示唆している。

実際に網膜疾患とmiRNAの関連を示した報告がなされている。Loscherらは，網膜色素変性のマウスモデルにおいて，miR-96, miR-183の発現低下とmiR-1, miR-133が発現上昇していることを示し，その標的遺伝子がmiR-1, miR-133はアポトーシス抑制遺伝子であるFas apoptotic inhibitor molecule（FAIM）で，一方，miR-96, miR-183はアポトーシスの制御因子であるpdcd6（programmed cell death 6）とpsen2（presenillin 2）であることを報告した[23]。糖尿病網膜症や加齢黄斑変性の病態形成に重要な役割をもつ網膜における血管新生に関して，いくつかの報告がある。網膜虚血のモデルにおいて，miR-451, miR-424, miR-146, miR-214, miR-199a, miR-181の発現が上昇し，miR-31, miR-150, miR-184が発現低下していた[24]。標的遺伝子の解析を行い，miR-31の標的はhipoxia-inducible factor-1 α（HIF-1α），platelet derived growth factor-B（PDGF-B）であり，miR-150の標的遺伝子はPDGF-Bや，vascular endothelial growth factor（VEGF）で，これらの遺伝子を負に制御していることが明らかにされた[24]。また，レーザー光凝固による新生血管マウスモデルにおいてmiR-31, miR-150, miR-184が発現低下していたのは，これらの結果を支持するものである[24]。網膜疾患においては，これらのmiRNAを標的として薬物が開発され，硝子体内投与により治療が行われていく可能性がある。

おわりに

大阪バイオサイエンス研究所のグループによると，脳の中枢神経系に多く存在するmiR-124aをノックアウトしたマウスでは脳全体が小さく，脳の発達障害も起こしていた[25]。記憶に重要な海馬の神経回路に形成異常が見つかり，網膜で「視力と色覚」を司るはずの神経細胞（錐体細胞）が細胞死によって脱落していた。脳の成長とともに働かなくなるはずの遺伝子（Lhx2：lim homeobox gene 2）が，miR-124aがないために過剰に働き続け，引き起こされたと考えられており，てんかんや自閉症などの精神疾患の原因究明につながると期待されている。このように，miRNAの遺伝子発現や制御する遺伝子の種類が臓器ごとに異なることにより，1つのmiRNAの異常が同時に異なる臓器にわたる疾患の発症を引き起こすことが示されてきており，今までは原因のわからなかった眼疾患の原因の究明や治療法の開発に結びついていくのではないかと考えられる。現在のところ，眼科領域におけるmiRNAの発現解析はマウスレベルで主に行われており，今後はヒトにおける発現解析が進み，病態の解明や治療法の開発につながる可能性がある。

参考文献

1) Ryan DG, Oliveira-Fernandes M, et al：Mol Vis 12, 175-184, 2006.
2) Karali M, Peluso I, et al：Invest Ophthalmol Vis Sci 48, 509-515, 2007.
3) Xu S：Prog Retin Eye Res 28, 87-116, 2009.
4) Karali M, Peluso I, et al：BMC Genomics 11, 715, 2010.
5) Li Y, Piatigorsky J：Dev Dyn 238, 2388-2400, 2009.
6) Liu L, Walker EA, et al：Invest Ophthalmol Vis Sci 52, 7282-7288, 2011.
7) Lee SK, Teng Y, et al：PLoS One 6, e21249, 2011.
8) Hughes AE, Bradley DT, et al：Am J Hum Genet 89, 628-633, 2011.
9) Frederikse PH, Donnelly R, et al：Histochem Cell Biol 126, 1-8, 2006.
10) Tsonis PA, Call MK, et al：Biochem Biophys Res Commun 362, 940-945, 2007.
11) Makarev E, Spence JR, et al：Mol Vis 12, 1386-1391, 2006.
12) Nakamura K, Maki N, et al：PLoS One 5, e12058, 2010.
13) Conte I, Carrella S, et al：Proc Natl Acad Sci USA 107, 15491-15496, 2010.
14) Iliff BW, Riazuddin SA, et al：Invest Ophthalmol Vis Sci 53, 348-353, 2012.
15) Peng CH, Liu JH, et al：Br J Ophthalmol 96, 747-751, 2012.
16) Luna C, Li G, et al：Mol Vis 15, 2488-2497, 2009.
17) Surgucheva I, Chidambaram K, et al：J Ocul Biol Dis Infor 3, 41-52, 2010.
18) Luna C, Li G, et al：J Cell Physiol 226, 1407-1414, 2011.
19) Ishida W, Fukuda K, et al：Invest Ophthalmol Vis Sci 52, 611-617, 2011.
20) Lagos-Quintana M, Rauhut R, et al：RNA 9, 175-179, 2003.
21) Xu S, Witmer PD, et al：J Biol Chem 282, 25053-25066, 2007.
22) Ryan DG, Oliveira-Fernandes M, et al：Mol Vis 12, 1175-1184, 2006.
23) Loscher CJ, Hokamp K, et al：Genome Biol 8, R248, 2007.
24) Shen J, Yang X, et al：Mol Ther 6, 1208-1216, 2008.
25) Sanuki R, Onishi A, et al：Nat Neurosci 14, 1125-1134, 2011.

橋田徳康

1999 年	大阪大学医学部医学科卒業 同附属病院眼科研修医
2001 年	市立豊中病院眼科専修医
2006 年	大阪大学医学系研究科臓器制御医学専攻博士課程卒業（医学博士） 星が丘厚生年金病院眼科医員
2007 年	大阪大学医学部附属病院眼科医員
2009 年	Wilmer Eye Institute, Johns Hopkins Hospital リサーチフェロー
2010 年	大阪大学医学部附属病院眼科医員
2012 年	同医学系研究科視覚情報制御学講座助教

第1章　microRNA 診断

12. 大腸がんにおける miRNA 診断

大野慎一郎・高梨正勝・土田明彦・黒田雅彦

　早期大腸がんを検出する有効な血中マーカーは現時点では存在しない。microRNA（miRNA）は 20 塩基前後の短い RNA であり，各種のがんで特徴的な発現変動を示すことが明らかになっている。その発現変動はがん組織内に留まらず，血液を含めた体液や便でも確認できることから，非侵襲検査を可能とする新規のバイオマーカーとしての解析研究が盛んに行われている。本稿では，大腸がんにおける miRNA 診断に関して，これまでの研究を振り返りつつ，将来の可能性について論じたい。

はじめに

　大腸がんは世界で毎年 120 万人以上が罹患し，約 60 万人が死に至る。がんの中で罹患率は第 3 位であり，がん死の原因としても第 3 位と高い[1]。日本国内では食生活の欧米化に伴い，欧米諸国に多い結腸がん，直腸がん，盲腸がんを含む大腸がんが増加傾向にある。一方，医療の進歩に伴い，早期発見により大腸がんは内視鏡手術や外科手術による完治を望むことができるようになりつつある。このことから，改めて早期診断を可能とする鋭敏な腫瘍マーカーの発見が求められている。

　microRNA（miRNA）は，20 塩基前後の短い non-coding RNA であり，タンパク質をコードする mRNA に結合し，分解もしくは翻訳阻害に働く。年々新たな miRNA が発見されており，現在 miRNA のデータベースには，ヒトで 1921 個の miRNA が登録されている。miRNA は，各種の正常組織で特徴的な発現パターンを示すが，がんをはじめとする各種の疾患の発症時においても組織や体液で発現パターンが変化することから，機能的意義の解析と同時にバイオマーカーとして応用する研究が行われている。また，miRNA は RNase に富む血液中などでは不安定であることが予測されていたが，RNA 結合タンパク質複合体や膜小胞などに保護される形で血液，尿，便，母乳，唾液などの体液中にも存在することが明らかとなった[2]。これにより，各種体液による非侵襲診断のマーカーとして miRNA の有用性が高まり，多くの研究グループによるマーカーの探索が盛んに行われている。われわれのグループも血液から miRNA が検出可能であることを確認し，骨髄性白血病，リンパ性白血病および肝がんの患者からの血漿中 miRNA の発現解析により疾患特異的な診断マーカーの候補となる miRNA を同定することに成功している[3)-5)]。このような背景から，本稿では大腸がんにおける診断マーカーとして miRNA を利用した研究報告を総括し，大腸がんでの miRNA 診断の有効性を検討する。

I. 大腸がんの診断マーカーになる血清中 miRNA の探索

　これまでにいくつかのグループが様々な方法で大腸がん組織中の miRNA の発現を網羅的に解析

---

key words

大腸がん，microRNA（miRNA），血清，便，miR-21，miR-92a，バイオマーカー

し，正常組織と比較して大きく発現パターンが変化していることを示している[6)-9)]。これらの報告は，miRNAが大腸がんの発生および進行に重要な役割を担っていることを示唆しているが，同時に大腸がんにおけるmiRNAの発現パターンの変化をバイオマーカーとして応用できる可能性を示した。

香港中文大学李嘉誠健康科学研究所のNgらは大腸がん患者の血清および生検材料を用いて95種類のmiRNAの発現解析を行い，miR-17-92クラスターにコードするmiR-17-3pおよびmiR-92aの発現が大腸がん患者の血清およびがん組織で有意に増加していることを明らかにした[10)]。RNU6Bを内在性コントロールとしてreal-time PCRを行った際，miR-17-3pはAUC（area under the curve）0.717で，感度は64％，特異性が70％であった。miR-92aはAUC 0.885で，感度は89％，特異性が70％としている（表❶）。また，他の消化管疾患である胃がんおよび炎症性大腸炎の患者血清では，大腸がんで認められるようなmiR-92aの有意な発現亢進はなく，その特異性が認められた。さらに，外科的手術でがん組織を排除すると血清中のmiR-17-3pおよびmiR-92aは減少することから，大腸がん組織で発現亢進したmiRNAがcirculating miRNAとして血液中に放出されていることが示唆された[10)]。翌年，大腸がんにおけるmiR-92aのバイオマーカーとしての有用性は，上海復旦大学のHuangらによっても再確認されている。Huangらは，miR-17-3p，miR-92aを含む12種類のmiRNAの発現を大腸がん患者の血清で調べた。結果から，miR-92aおよびmiR-29aが進行腺腫および大腸がんで有意に発現亢進していることを示した。さらに，miR-92aおよびmiR-29aを組み合わせると，AUC 0.883，感度83.0％，特異性84.7％で大腸がんを，AUC 0.773，感度73.0％，特異性79.7％で腺腫を診断できるとしている[11)]。特にmiR-29aに関しては，腺腫から大腸がんの進行と有意な関連性が認められることから，極めて精度の高い診断マーカーになることを示している。われわれも大腸がん患者血漿サンプルを用いて，miRNAマイクロアレイ解析による網羅的なmiRNAの発現解析を行っている[12)]。miR-92aを含む4つのmiRNAに大きな変動が認められたが，驚くべきことに過去の報告に反し，健常者と比較して大腸がん患者血漿サンプルでmiR-92aは低下していた。特異性の高いTaqMan® microRNA assayを用いて確認実験を行った結果，ステージⅡ，Ⅲで有意なmiR-92aの発現低下が確認された（図❶）。これと同時期にMDアンダーソンがんセンターのChengらもわれわれと同様の結果を報告してい

表❶　大腸がん診断マーカーの候補となるmiRNA（文献25より改変）

miRNA	感度(％)	特異性(％)	AUC	検体数(n)	内在性コントロール	文献
血清（血漿）miRNA						
miR-17-3p	64	70	大腸がん：0.717 (95% CI：0.63-0.80)	140（大腸がん90，健常50）	RNU6B	10
miR-92a	89	70	大腸がん：0.885 (95% CI：0.83-0.94)	140（大腸がん90，健常50）	RNU6B	10
miR-92a	84	71.2	大腸がん：0.838 (95% CI：0.775-0.900)	196（大腸がん100，進行腺腫37，健常59）	miR-16	11
	64.9	81.4	進行腺腫：0.749 (95% CI：0.642-0.856)			
miR-29a	69	89.1	大腸がん：0.844 (95% CI：0.786-0.903)	196（大腸がん100，進行腺腫37，健常59）	miR-16	11
	62.2	84.7	進行腺腫：0.769 (95% CI：0.669-0.869)			
便 miRNA						
miR-17-92 cluster	69.5	81.5		316（大腸がん197，健常119）	U6 snRNA	15
miR-135	46.2	95		316（大腸がん197，健常119）	U6 snRNA	15
miR-92a	50	80		133（大腸がん59，健常74）	Total RNA 量の平均	27
miR-21	50	83		133（大腸がん59，健常74）	Total RNA 量の平均	27

図❶ 大腸がん各段階の患者血漿における miR-92a 発現解析

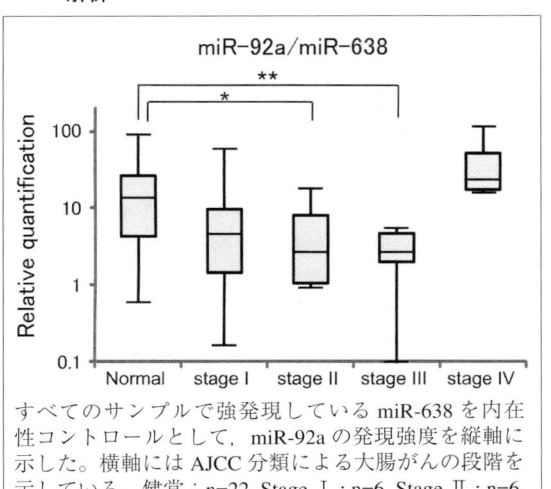

すべてのサンプルで強発現している miR-638 を内在性コントロールとして，miR-92a の発現強度を縦軸に示した。横軸には AJCC 分類による大腸がんの段階を示している。健常：n=22, Stage Ⅰ：n=6, Stage Ⅱ：n=6, Stage Ⅲ：n=3, Stage Ⅳ：n=5
＊：p＜0.05，＊＊：p＜0.01

る[13]。彼らは miR-144 がステージⅣの患者血清で有意に発現亢進することを発見しているが，miR-92a に関しては有意に減少すること，特にステージⅡ，Ⅲにおける減少が顕著であることを報告しており，われわれの結果と強く一致する。以上の報告は各々が矛盾する内容を含んでおり，血清 miRNA 診断の実現には標準化した手法による比較可能なデータの蓄積が必要である。

Ⅱ. 診断マーカーとしての便 miRNA

大腸がんをはじめ様々な腸疾患に対する非侵襲診断には便検査があるが，大腸がんの診断のために頻繁に用いられる検査の1つが便潜血検査（FBOT：fecal occult blood testing）である。しかし，便潜血の原因は様々で，痔でも陽性を示し，また大腸がんでも進行するまで検出が不可能という問題がある。最も精密な検査は内視鏡であるが，検査としては患者の経済的・身体的負担も大きくなり，医師の技術も問題となる。そのような背景のもと Leo W. Jenkins がんセンターの Ahmed らは，大腸がんの診断マーカーとして便標本中の miRNA を評価した[14]。彼らは便を RNA*Later*®（Ambion 社）中で保存し，RNA を RNeasy isolation Kit®（Qiagen 社）で抽出する手法で，正常者の便 1g あたり〜25μg の Total RNA を，大腸がん患者からは 1g あたり 75 〜250 μg の Total RNA を得て，いくつかの miRNA の発現変化を捉えている。国立がんセンター東病院の Koga らは，便中の核酸検査が腸内細菌由来の核酸により阻害されている可能性を問題視し，便中に存在する大腸組織から剥離した生細胞を単離して，診断マーカーの候補となる miRNA を探索している[15]。その結果，miR-17-92 クラスター（感度 69.5％，特異性 81.5％）および miR-135（感度 46.2％，特異性 95％）が有用な診断マーカーの候補になることを示した。これとは逆に，ベイラー大学医療センターの Link らは検査過程を単純化して便 miRNA 検査の現実を追求した。彼らは便溶液を遠心（4000×g）して得られる上清から，RNA 精製過程を省き直接 PCR に持ち込む手法を提案しており，キットを使用した場合と比較して感度が落ちるものの，変わらない結果が得られることを示している。また，同一患者から 2 週間弱の期間をおいて便検体を採取した結果，便中の miRNA 発現パターンは一定で安定していること，さらに miR-21 および miR-106a が大腸がん患者で有意に増加していることを示した[16]。

以上のように，血清 miRNA 検査もしくは便 miRNA 検査のどちらにおいても，複数のグループから一致しない結果が報告されており，診断精度の比較以前に大きな障害となっている。原因はいくつか考えられるが，1つは内在性コントロールの違いである。一般的に細胞内 miRNA の標準化には U6 snRNA（small nuclear RNA）の一種である RNU6B が用いられることが多い。しかし，RNU6B は血清および便中に少ないとの報告もあることから，代わりとなる標準コントロールとして miR-16，18S rRNA，すべてのサンプルで安定して高発現している miRNA，もしくは RNA 全体の量などが用いられている。また，血清と血漿では miRNA 発現パターンが異なるとの報告もあり，サンプルの精製過程，保存状態も結果に影響することが予測される。血清 miRNA もしくは便 miRNA を用いた検査の実現には，診断精度，コスト，迅速性，簡便性を考慮したうえで標準化した手法を確立しなくてはならないと考えられる。

III. 大腸がんにおける予後予測因子としてのmiRNA

　予後の予測は無駄な治療を避けることを可能にし，患者の経済的・身体的負担を軽減するだけでなく，限られた時間の中で最適な治療を行うために必須である。大規模な予後マーカーの探索には標本サンプル中の安定性が重要な点となる。miRNAは凍結溶解およびホルマリン固定からのパラフィン包埋でも安定であることから，予後予測マーカーとして応用することは極めて有用である[17]。miR-21は種々のがんで高発現しており，がんの進行を助けるmiRNA（oncomir）の1つに考えられている。チェコ共和国マサリック大学のSlabyらはmiR-21が大腸がんで有意に高く，その発現強度とリンパ節転移に関連性があることを報告している[18]。その後，米国国立衛生研究所（NIH）のSchetterらもmiR-21を含む5つのmiRNAの高発現が低生存率と関連性があることを証明している[19]。さらに，miR-21の高発現している患者ではアジュバント療法の効果が悪く，早期に再発することが示された[19]。miR-21の発現と無再発期間の関連性はチャールズ大学のKuldaらによっても確認されたが，全生存率との関連性が低いことを示している[20]。

miR-21は他にも肺がん，胃がん，膵臓がん，舌がん，星状細胞腫において予後診断マーカーになる可能性が報告されており，多くのがんに共通に用いることができる予後診断マーカーと考えられる。転移に関わるmiRNAは他にmiR-31があり，miR-31はステージIVの大腸がんで発現亢進が認められ，浸潤にも有意な関連性が認められた[9)21)]。その他の予後診断マーカーの候補になりうるmiRNAの報告は表❷に示した。大腸がんはマイクロサテライト不安定性の高い順から，MSI-H（microsatellite instability-high），MSI-L（instability-low），MSS（stable）の3つのグループに分類され，治療法も分類に伴って異なる[22]。デンマークのオールフス大学のSchepelerらはmiR-142-3p, miR-212, miR-151, miR-144の発現でMSIとMSSを高感度に識別できることを示した[23]。さらにMSSのサブタイプを17のmiRNAで分類できること，なかでもmiR-320およびmiR-498の高発現と無再発生存期間の短縮に関連性があることを示している。EarleらはMSI-LとMSI-H間でmiR-92, -223, -155, -196a, -31, -26bの発現が有意に異なること，特にmiR-31およびmiR-223は家族性非ポリポーシス大腸がん（HNPCC, Lynch syndrome）で高発現していることを示した[24]。

表❷　大腸がん予後マーカーの候補となるmiRNA（文献25より改変）

	発現制御異常	病態との関連性	文献
let-7g	大腸がんにおいて増加	S-1の効果の低下	28
miR-10b	大腸がんにおいて増加	浸潤の度合い	29
miR-18a	大腸がんにおいて増加	全生存率の低下	30
miR-21	大腸がん，進行腺腫および肝転移組織において増加	転移，生存率の低下，治療効果の低下，無再発期間の短縮	18, 19, 20
miR-29a	血清中において増加	肝転移	31
miR-31	大腸がんにおいて増加	TNM分類，局所浸潤	9, 18, 31
miR-106a	結腸がんにおいて増加	無病生存期間の延長，全生存率の上昇	32, 19
miR-133b	大腸がんにおいて減少	転移，全生存率の低下	33
miR-143	大腸がんおよび肝転移組織において減少	腫瘍の大きさ，無病期間の延長	18, 20, 30, 31
miR-145	大腸がんにおいて減少	腫瘍の大きさ，がん部位	18, 30, 31
miR-150	大腸がん，進行腺腫において減少	全生存率の低下，治療効果の低下	34
miR-181b	大腸がんにおいて増加	S-1の効果の低下	28
miR-185	大腸がんにおいて増加	転移，全生存率の低下	33
miR-200c	大腸がんにおいて増加	全生存率の低下	35
miR-320	MSS腫瘍において減少	無再発生存期間の短縮	23
miR-498	MSS腫瘍において減少	無再発生存期間の短縮	23

MSS : microsatellite stable

おわりに

 大腸がんの診断もしくは予後予測に応用できるmiRNAの候補が多数報告されている[25]。しかし，個々の報告は適切な手法で正確な結果を導き出している一方で，様々な手法により矛盾を含む可能性があるため，結果の解釈には注意が必要である。今後の課題は標準化した手法のもとによるデータの蓄積であり，それは個々の研究グループの枠を超えて解析されなければならない。EXIQON社は，すでに血清miRNAによる早期大腸がん患者の診断システムを開発したことを報告しており，miRNAによる診断が一般的に臨床で用いられる日は遠くないと思われる。

 本稿では，大腸がんの病態を反映して発現変動するmiRNAの報告をまとめており，miRNAの機能には触れていない。しかし，大腸がんの進行におけるmiRNAの重要性を示す報告は多数あり，われわれもmiR-92aがアポトーシス誘導因子であるBimを標的とすることで大腸がんの進行に関与していることを明らかにしている[26]。これらの結果は，将来miRNAを標的としたがん新規治療の可能性を示すものであり，今後の展開が期待される。

参考文献

1) Ferlay J, Shin H-R, et al：Int J Cancer 127, 2893-2917, 2010.
2) Kosaka N, Iguchi H, et al：Cancer Science 101, 2087-2092, 2010.
3) Ohyashiki K, Umezu T, et al：PLoS One 6, e16408, 2011.
4) Tanaka M, Oikawa K, et al：PLoS One 4, e5532, 2009.
5) Shigoka M, Tsuchida A, et al：Pathol Int 60, 351-357, 2010.
6) Lu J, Getz G, et al：Nature 435, 834-838, 2005.
7) Volinia S, Calin GA, et al：Proc Natl Acad Sci USA 103, 2257-2261, 2006.
8) Cummins JM, He Y, et al：Proc Natl Acad Sci USA 103, 3687-3692, 2006.
9) Bandres E, Cubedo E, et al：Mol Cancer 5, 29, 2006.
10) Ng EKO, Chong WWS, et al：Gut 58, 1375-1381, 2009.
11) Huang Z, Huang D, et al：Int J Cancer 127, 118-126, 2010.
12) Matsudo TM, Sudo K, et al：The Journal of Tokyo Medical University 69, 361-367, 2011.
13) Navarro A, Cheng H, et al：PLoS ONE 6, e17745, 2011.
14) Ahmed FE, Jeffries CD, et al：Cancer Genomics Proteomics 6, 281-295, 2009.
15) Koga Y, Yasunaga M, et al：Cancer Prevention Research 3, 1435-1442, 2010.
16) Link A, Balaguer F, et al：Cancer Epidemiol Biomarkers Prev 19, 1766-1774, 2010.
17) Xi Y, Nakajima G, et al：RNA 13, 1668-1674, 2007.
18) Slaby O, Svoboda M, et al：Oncology 72, 397-402, 2007.
19) Schetter AJ, Leung SY, et al：JAMA 299, 425-436, 2008.
20) Kulda V, Pesta M, et al：Cancer Genet Cytogenet 200, 154-160, 2010.
21) Wang CJ, Zhou ZG, et al：Dis Markers 26, 27-34, 2009.
22) Ribic CM, Sargent DJ, et al：N Engl J Med 349, 247-257, 2003.
23) Schepeler T, Reinert JT, et al：Cancer Res 68, 6416-6424, 2008.
24) Earle JSL, Luthra R, et al：J Mol Diagn 12, 433-440, 2010.
25) Dong Y, Wu WKK, et al：Br J Cancer 104, 893-898, 2011.
26) Tsuchida A, Ohno S, et al：Cancer Science 102, 2264-2271, 2011.
27) Wu WKK, Law PTY, et al：Carcinogenesis 32, 247-253, 2010.
28) Nakajima G, Hayashi K, et al：Cancer Genomics Proteomics 3, 317-324, 2006.
29) Chang KH, Miller N, et al：Int J Colorectal Dis 26, 1415-1422, 2011.
30) Motoyama K, Inoue H, et al：Int J Oncol 34, 1069-1075, 2009.
31) Wang F, Wang XS, et al：Mol Biol Rep 39, 2713-2722, 2012.
32) Díaz R, Silva J, et al：Genes Chromosomes Cancer 47, 794-802, 2008.
33) Akçakaya P, Ekelund S, et al：Int J Oncol 39, 311-318, 2011.
34) Ma Y, Zhang P, et al：Gut, Published Online First, 2011.
35) Xi Y, Formentini A, et al：Biomark Insights 2, 113-121, 2006.

参考ホームページ

- miRNA データベース
  http://www.mirbase.org/
- EXIQON 社
  http://www.exiqon.com/ls/Documents/Scientific/qPCR-colorectal-cancer-march-2011-small.pdf

大野慎一郎
2001 年　北里大学理学部生物科学科卒業
　　　　東海大学大学院医学研究科（免疫学教室）
2008 年　東海大学大学院医学研究科，博士号（医学）
　　　　独立行政法人理化学研究所 RCAI シグナル・ネットワーク研究チーム（久保允人教授）特別研究員
2010 年　東京医科大学分子病理学講座助教

第1章 microRNA 診断

13. 血清中 microRNA を用いた炎症性腸疾患の診断

中道郁夫

炎症性腸疾患（inflammatory bowel disease：IBD）は原因不明の消化管疾患で，いまだ完治できる根本的な治療法がない。近年の分子標的療法などで寛解する症例も多くなったが，寛解の維持が困難なことが問題となっている。現在のところ IBD における microRNA の測定は主に大腸粘膜を用いたものであるが，われわれは初発 IBD 症例において治療前後の血清で microRNA 測定を行っている。これまでの IBD における報告をまとめるとともに，われわれの検討でも明らかとなっている定量手技の問題を紹介する。

はじめに

炎症性腸疾患（inflammatory bowel disease：IBD）は消化管に原因不明の炎症を起こす慢性疾患であり，狭義にはクローン病（Crohn's disease：CD）と潰瘍性大腸炎（ulcerative colitis：UC）のことを示す。両疾患とも特定疾患治療研究の対象疾患であり，治療費の公費負担が行われる難病である。本邦における患者数は増加の一途にあり，医療受給者はすでに10万人を超えている。主症状は腹痛と下痢の再発を繰り返すことであるが，炎症極期には潰瘍を形成して下血を呈する。内視鏡検査と病理診断で診断を行うが，所見の乏しい病初期においては確定診断が困難な症例もある。いまだ根本的治療法がないことは問題であるが，病初期の診断困難例において積極的治療が遅れることも難治性となる一因と考えられる。

I. IBD における microRNA 診断の現状

1. 血清中 microRNA

microRNA はタンパクをコードしない短鎖 RNA（ncRNA）の一種であり，メッセンジャー RNA（mRNA）とは異なる機能が明らかにされてきた。近年では，microRNA が特定の酵素群で切断されたものであり，タンパクとの複合体（RISC）を形成して mRNA の翻訳を調節していることが知られている[1,2]。さらに，エクソソームに内包された microRNA や複合体を形成した microRNA が血清中でも安定に存在していることが明らかにされてきた[3,4]。現在では，血清中 microRNA は細胞から分泌された機能性微小核酸（分泌型 microRNA）であると捉えることができる。血清中の機能性分子であるという観点では，診断や治療の標的となっているサイトカインなどに匹敵する分子とも考えられる。実際に血清中の microRNA を診断に応用しようという試みがすでに始まっている[5,6]。

2. IBD と microRNA

消化管粘膜において microRNA の検討が始まっており[7-10]，患者より採血した全血の microRNA を検討した報告もあった[11]。しかしながら，血清中 microRNA を検討したのは小児クローン病においてのみである[12]。IBD における microRNA の報告をまとめた（表❶）。測定に用いたアレイや検証に用いた PCR 法は異なっており，ほとんどの

---

key words

血清中 microRNA，炎症性腸疾患，クローン病，潰瘍性大腸炎，内部標準

表❶ IBD における microRNA の報告

Reference	Comparison	Source	Array	PCR	Increased	Decreased
Wu et al (2008)	Active UC / Controls	Colon	Ncode	Ncode	let-7f, miR-16, miR-21, miR-23a, miR-24, miR-29a, miR-126, miR-195	miR-192, miR-375, miR-422b
Takagi et al (2010)	Active UC / Controls	Colon	Ncode	TaqMan	miR-21, miR-155	-
Wu et al (2010)	Active CD / Controls	Colon	Ncode	Ncode	miR-23b, miR-106a, miR-191	miR-19b, miR-629
		Ileum	Ncode	Ncode	miR-16, miR-21, miR-223, miR-594	-
Fasseu et al (2010)	Active UC / Controls	Colon	-	TaqMan	miR-7, miR-31, miR-135b, miR-223	miR-200c
	Active CD / Controls	Colon	-	TaqMan	miR-9, miR126, miR-130a, miR-181c, miR-375	-
	Inactive UC / Controls	Colon	-	TaqMan	miR-196a	miR-214, miR-376a, miR-424
	Inactive CD / Controls	Colon	-	TaqMan	miR-9*, miR-30a*, miR-30c, miR-223	miR-451
	Inactive CD / Inactive UC	Colon	-	TaqMan	miR-150, miR-196b, miR-199a-3p, miR-199b-5p, miR-223, miR-320a	
Wu et al (2011)	Active CD / Controls	Bloods	miRCURY	Ncode	miR-199a-5p, miR-362-3p, miR-340*, miR-532-3p, miRplus-E1271	miR-149*, miR-plus-F1065
	Active UC / Controls	Bloods	miRCURY	Ncode	miR-28-5p, miR-151-5p, miR-103-2*, miR-199a-5p, miR-340, miR-362-3p, miR532-3p	miR-505*
	Active CD / Active UC	Bloods	miRCURY	Ncode	miR-505	miR-28-5p, miR-103-2*, miR-149*, miR-151-5p, miR-340, miR-532-3p, miR-plus-E1153
Olaru et al (2011)	Dysplasia / Active IBD	Colon	Agilent	TaqMan	miR-31, miR-31*, miR-96, miR-135b, miR-141, miR-183, miR-192, miR-192*, miR-194, miR-194*, miR-200a, miR-200a*, miR-200b, miR-200c, miR-215, miR-224, miR-375, miR-429, miR-552	miR-122, miR-139-5p, miR-142-3p, miR-146b-5p, miR-155, miR-223, miR-490-3p, miR-501-5p, miR-892b, miR-1288
Zahm et al (2011)	Pediatric CD / Controls	Serum	TaqMan	TaqMan	let-7b, miR-16, miR-20a, miR-21, miR-30e, miR-93, miR-106a, miR-140, miR-192, miR-195, miR-484	-

microRNA は重複していない。現在はハイブリダイズによるアレイ（Ncode, miRCURY, Agilent）と PCR ベースのアレイ（TaqMan）があるが，各社は独自の感度改善策を施しているため互いに比較することは困難と予想される。しかしながら，いくつかの活動性 IBD 粘膜において miR-21 が増加していることは特筆に値する。miR-21 は以前よりアポトーシスやがん化と関わることが知られており，遺伝子改変マウスの作製によりがん化への関与が証明された[13)14)]。また，マウスの肝部分切除モデルにおいては miR-21 が肝再生を促進し，CyclinD1[用解1]の転写量も増加していることが示された[15)]。一方，炎

症に関しても報告されており[16)17)]，IBD炎症局所においても miR-21 が Th1 細胞[用解2]優位の炎症を制御する可能性が考えられる。しかしながら血清においては，慢性 C 型肝炎患者の miR-21 はがんの有無に関わらず増加しており，壊死性の炎症に起因する変化であることが示唆された[18)]。

Ⅱ．IBDにおける血清中 microRNA 検討

1．研究デザイン

臨床においては，クローン病に対して分子標的療法の抗 TNF-α 抗体が一定の成果を示している。しかしながら，約 30％ の症例は再燃を繰り返しており，腸管の狭窄などで手術となる症例も多い。また潰瘍性大腸炎においてはステロイドが有効であるが，減量が困難な症例では周知のごとく副作用が問題となる。このような症例においては，早期の確定診断や活動性評価が寛解率の向上につながる可能性がある。現在われわれの行っている血清中 microRNA の検討は，抗 TNF-α 抗体（インフリキシマブ）使用予定の初発クローン病症例とステロイド使用予定の初発潰瘍性大腸炎症例による検討である（図❶）。図中の「比較 D」は炎症性腸疾患の鑑別診断として，「比較 C」はクローン病における活動性マーカーとして，「比較 U」は潰瘍性大腸炎における活動性マーカーとして microRNA を検討することができる。

2．血清中 microRNA 測定

今回は典型的クローン病と潰瘍性大腸炎患者の血清による網羅的解析の予備実験を紹介する。血液中には多量のタンパク質が存在すること，エクソソームは微小な脂質膜構造であることより，分泌型 microRNA を抽出するには慎重な抽出手技が必要である。われわれは抽出にはフェノール濃度が高い Isogen-LS（ニッポンジーン社）を用いており，精製が必要な場合には miRNeasy（QIAGEN 社）を組み合わせている。実際の測定に際しては複数検体の比較になるため，プールして平均化した microRNA 溶液をレファレンスとした。測定対象は Hy3 で，レファレンスは Hy5 で蛍光ラベルして，miRCURY LNA array（EQICON 社）を用いて定量した。active クローン病と active 潰瘍性大腸炎の microRNA 溶液に混入した Spike-in（外部標準）の蛍光強度（図❷A）はよく相関しており，ラベル効率には差がないと考えられた。Spike-in の変動係数（CV）は 6.1～23.3％ で，中央値 14.3％，蛍光強度が低いものほど CV が増加する傾向があった。各 microRNA（計 1284 配列）の Hy3 蛍光強度をプロット（図❷B）したところ，全体としてはよく

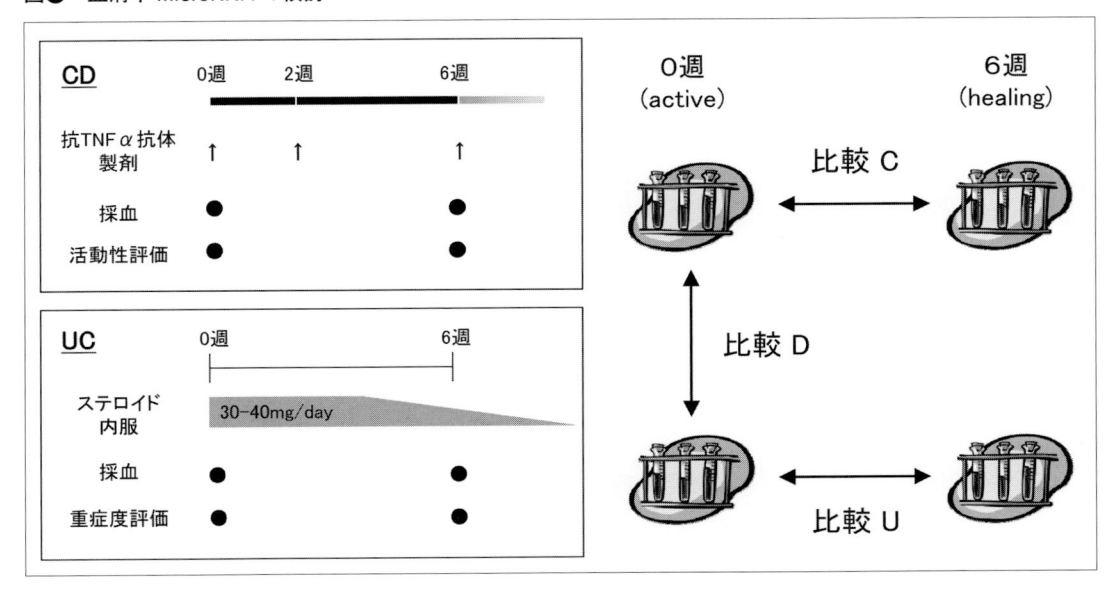

図❶　血清中 microRNA の検討

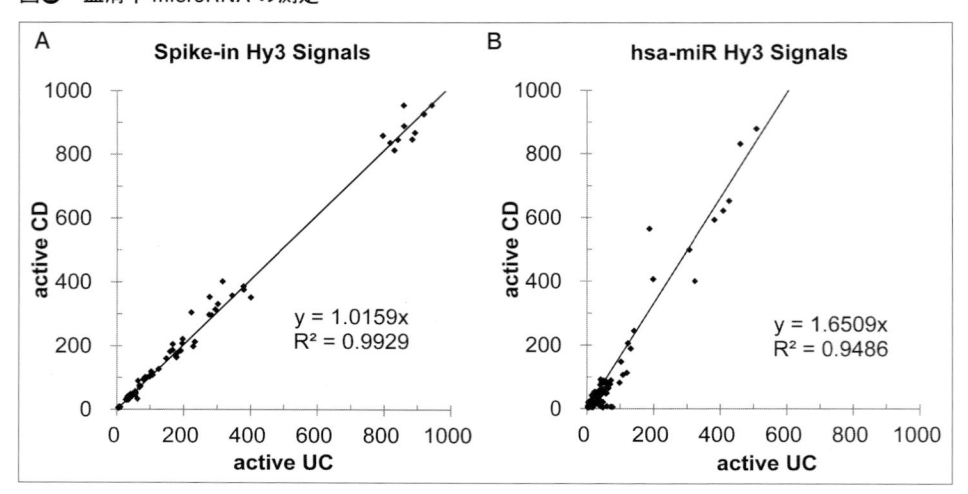

図❷ 血清中 microRNA の測定

A Spike-in Hy3 Signals
y = 1.0159x
R² = 0.9929

B hsa-miR Hy3 Signals
y = 1.6509x
R² = 0.9486

相関しているが近似直線の傾きは 1.65 であり，疾患や個人差などによるばらつきを標準化する必要があった．

3．IBD 患者血清における標準化

現在のところ内部標準となる microRNA には一定の見解が得られていない．血清中の microRNA 濃度という観点からは，血清に対して線虫由来の合成 microRNA を一定量加えて外部標準とする方法が一般的である．しかしながら IBD 患者においては下痢が主症状であり，血液の濃縮や消化管出血が血清中 microRNA の測定を不安定にしている可能性がある．そこで今回の検討では前述の平均化したレファレンス microRNA との比を用いた方法で検討した．この標準化により Spike-in の CV 中央値は 12.3％ に改善されたが，過去の文献で血清の標準として用いられた U6B と miR-16 の CV はそれぞれ 40.1％ と 37.3％ であった．内部標準となる microRNA については測定方法や配列の選択を慎重に行う必要性が再認識された．われわれはこの CV より，比較対象にはそれぞれ少なくとも 1.4 倍の誤差が含まれると考え，発現量が 2 倍以上の差を認めるものを検証対象としている．また，今後の PCR ベースでのベッドサイド検査を実現するためには，適正な内部標準を選定することも重要と考えている．現在までに推奨されている内部標準候補の測定結果を列

表❷ 推奨されている内部標準候補の測定結果

microRNA	Hy3（平均）	CV（％）	使用例
5S	52.02	18.90	代表的 ncRNA
U6B	8.82	40.13	文献多数
SNORD38B	14.43	36.75	EXIQON 社血清
SNORD49A	7.46	36.79	EXIQON 社血清
hsa-miR-93	13.81	53.15	EXIQON 社血清
hsa-miR-103	10.49	31.35	EXIQON 社血清
hsa-miR-191	4.46	34.08	EXIQON 社血清
hsa-miR-423-5p	33.88	18.09	EXIQON 社血清
hsa-miR-425	9.40	31.17	EXIQON 社血清
hsa-miR-92a	13.49	37.21	TaqMan 社組織
hsa-miR-26b	11.55	31.23	TaqMan 社組織
hsa-miR-16	4.25	37.31	EXIQON 社溶血指標
hsa-miR-451	4.51	35.41	EXIQON 社溶血指標

挙する（表❷）．また，参考ながら TaqMan PCR による定量では U6 の CV は 87％ であったことを付記する．

4．比較結果と考察

比較結果のプロットを図❸に示す．各軸を対数としており，図中の 2 斜線上が発現比 2 倍となる．

今回の検討で 2 倍以上の変化を示した microRNA は「比較 D」で 9 種（図❸ A），「比較 C」で 8 種（図❸ B）であった．これらの microRNA は前述の報告とは重複していないため，九州大学消化管内科との共同研究によって TaqMan の PCR アレイとリアルタイム PCR で再検証を行っている．一方，「比較 U」については多数の microRNA で 2 倍以上の

図❸ 血清中 microRNA の比較

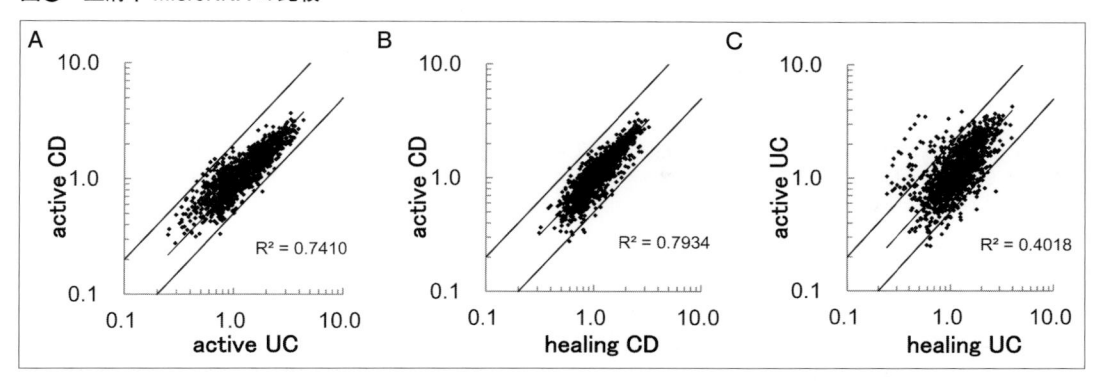

変化があった（**図❸C**）．クローン病に比べて大幅な変化を認めたが，これは潰瘍性大腸炎の治療にステロイドを用いているためと思われる．ステロイドはグルココチルチコイドレセプター（GR）と結合して，核内で転写調節因子として働いている．このため microRNA を含めた多くの RNA の転写量が変化したものと考えられる．病態や治療が転写に深く関わる場合には，microRNA のプロファイルも解析が困難となると思われる．

おわりに

今回は IBD における血清中 microRNA の網羅的測定の途中経過を紹介した．この測定の信頼性には議論の余地があるため更なる検証を要するが，変化を確認できた microRNA は将来の核酸創薬の候補にもなるものと思われる．本稿では血清での microRNA 測定に関する現在の問題点をいくつか指摘した．血清からの効率的な抽出方法，測定ツールによる感度の違い，内部標準の選定や標準化法などである．しかしながら microRNA の生理的重要性が明らかとなってきており，特に細胞から分泌されている血清中 microRNA に注目する必要があると思われる．microRNA に関する知見と研究ツールは目覚ましい発展を続けているが，より簡便で正確な血清中 microRNA 診断法の確立が望まれる．

用語解説

1. **CyclinD1**：細胞外の増殖シグナルにより発現誘導される細胞周期タンパク質の1つである．CDK というリン酸化酵素と複合体を形成し，がん抑制遺伝子としても知られる Rb をリン酸化する．通常の低リン酸化 Rb は転写因子 E2F と結合して細胞周期を止めているが（G1 期），このリン酸化により細胞は DNA 複製を開始する（S 期）．核（DNA）の増大はがん細胞の一般的な特徴であり，多くのがんで CyclinD1 の関与が知られている．

2. **Th1 細胞**：CD4 陽性細胞の亜集団（サブセット）の1つである．幼若な（ナイーブ）CD4 陽性細胞はサイトカインの刺激と，それに伴う転写因子の活性化により分化する．分化後のサブセットとしては Th1 と Th2 が以前より知られており，多くの炎症性疾患が Th1 と Th2 のバランスで説明されてきた．炎症を制御する Treg と IL-17 を産生する Th17 が新たなサブセットとして分類された現在では，4種のサブセットが相互排他的に炎症を調節していると考えられている．

参考文献

1) Chendrimada TP, Gregory RI, et al：Nature 436, 740-744, 2005.
2) MacRae IJ, Ma E, et al：Proc Natl Acad Sci USA 105, 512-517, 2008.
3) Valadi H, Ekstrom K, et al：Nat Cell Biol 9, 654-659, 2007.
4) Lawrie CH, Gal S, et al：Br J Haematol 141, 672-675, 2008.
5) Tanaka M, Oikawa K, et al：PLoS One 4, e5532, 2009.
6) Mitchell PS, Parkin RK, et al：Proc Natl Acad Sci USA 105, 10513-10518, 2008.
7) Wu F, Zikusoka M, et al：Gastroenterology 135, 1624-1635 e24, 2008.
8) Wu F, Zhang S, et al：Inflamm Bowel Dis 16, 1729-

1738, 2010.
9) Takagi T, Naito Y, et al：J Gastroenterol Hepatol 25 Suppl 1, S129-133, 2010.
10) Fasseu M, Treton X, et al：PLoS One 5, e13160, 2010.
11) Wu F, Guo NJ, et al：Inflamm Bowel Dis 17, 241-250, 2011.
12) Zahm AM, Thayu M, et al：J Pediatr Gastroenterol Nutr 53, 26-33, 2011.
13) Bartek J, Lukas J：Nature 474, 171-172, 2011.
14) Medina PP, Nolde M, et al：Nature 467, 86-90, 2010.
15) Ng R, Song G, et al：J Clin Invest 122, 1097-1108, 2012.
16) Beyer M, Thabet Y, et al：Nat Immunol 12, 898-907, 2011.
17) Lu TX, Hartner J, et al：J Immunol 187, 3362-3373, 2011.
18) Bihrer V, Waidmann O, et al：PLoS One 6, e26971, 2011.

中道郁夫
1993 年　九州大学医学部医学科卒業
2003 年　同大学院医学系研究科博士課程卒業
　　　　米国スタンフォード大学消化器科リサーチフェロー
2005 年　九州大学病院消化管内科研修登録医
2006 年　九州歯科大学総合内科学助教

14. 膵がん領域における miRNA 研究

金井雅史・松本繁巳・村上善基

　膵がんは現在国内の悪性新生物による死因の第5位を占めており，非常に予後が不良で難治性がんの1つである．近年，膵がんの早期診断や化学療法に対する治療効果予測への臨床応用をめざした miRNA 研究が増えてきている．切除標本中の miR-21 の発現が高い群ではゲムシタビンによる術後補助化学療法の効果が乏しいという報告もなされている．miRNA は末梢血でも測定可能であることから臨床応用もしやすく，また血管内への投与も可能であることから膵がんの増殖抑制に重要な役割を果たす miRNA が同定されれば，それがそのまま治療薬につながる可能性も秘めている．

I. 国内における膵がん診療の現状

　膵がんの死亡者数は過去20年の間におよそ2倍近く増加しており，今後も増加することが予想されている．膵がんは国内の悪性新生物による死因の第5位を占めており，年間罹患者数は25490人（2006年），死亡者数は26791人（2009年）となっている．このように膵がんは年間あたりの罹患者数と死亡者数がほぼ等しい状況にあり，非常に予後が不良で難治性がんの1つである．膵がんに対し根治が期待できる唯一の治療法は手術であるが，診断時に治癒切除が可能な症例は全体の20％程度であり，残りの80％は診断時点で治癒切除不能な進行膵がんに分類される．残念ながら膵がんの早期発見を可能とする有効なスクリーニング検査法は確立されていない．現在，膵がんの診断には，①腫瘍マーカー（CA 19-9）測定，②腹部超音波検査，③造影 CT（MRI）検査，④超音波内視鏡検査などが用いられている．①の腫瘍マーカーに関しては末梢血で測定可能という利点はあるものの進行がんを除くと陽性率は低いため，膵がんの早期発見には有用でない．腹部超音波検査は低侵襲であることから検診に用いられることも多いが，膵臓は後腹膜に位置するため腸管ガスや脂肪に妨げられ詳細な観察が困難なケースも少なくない．造影 CT 検査や超音波内視鏡検査などは検査に伴うリスクや費用，時間を考えると検診のようなマススクリーニング検査としては適しておらず，簡便で効率的なスクリーニング法の確立が望まれている．

II. 膵がん診断への臨床応用をめざした miRNA 研究

　20-25塩基程度の短い一本鎖 RNA からなる miRNA は，それ自身はタンパク質に翻訳されないが，標的 mRNA の3'非翻訳領域に部分相補的に結合し，その発現を制御することが知られている．さらに一部の miRNA はがん組織に特異的な発現を示し，がん遺伝子もしくはがん抑制遺伝子としての機能をもつことが明らかになってきている．表❶にこれまでに報告されている膵がん特異的な miRNA 発現パターンを検討した臨床研究をまとめ

---

key words

膵がん，スクリーニング，早期診断，miRNA，miR-21，ゲムシタビン，TS-1

た。

　用いた検体（切除標本もしくは末梢血），測定したmiRNAの数，miRNAの測定方法など研究ごとにばらつきはあるものの，miR-21に関しては表に示した4つの研究に共通してその上昇が報告されている。miR-21は膵がんのみならず，胃がん，大腸がん，前立腺がん，乳がん，肺がんなどでもその上昇が報告されている[1]。Bloomstonらは外科的切除術を受けた膵がん65症例を対象に，その切除標本中におけるmiRNAの発現に関してマイクロアレイ法を用いた網羅的解析を行った[2]。その結果，がん組織では同一症例内における正常膵組織と比較してmiR-21を含む30種類のmiRNAが上昇，3種類のmiRNAが低下していたと報告している。また，がん組織中のmiR-21は正常膵組織と比較して約3倍発現が亢進していた。Giovannettiらは切除標本中からmicrodissectionで腫瘍細胞のみを取り出して解析を行っているが，正常の膵管細胞と比してmiR-21の発現は1000倍以上亢進していたと報告している[3]。miRNAはmRNAと比して安定で分解を受けにくく，末梢血でも測定可能という長所を利用した研究も複数報告されている。Aliらは膵がん50症例と10名の健常人の末梢血を用いたマイクロアレイ解析を行っている。その結果，膵がん患者では健常人と比較してmiR-21を含む54種類のmiRNAが上昇し，37種類のmiRNAが低下していた。膵がん患者の末梢血におけるmiR-21の上昇は約2倍であった[4]。同様にWangらは膵がん49症例と36名の健常人の末梢血を用い，miR-21を含む4つのmiRNAの発現をRT-PCR法で検討している。その結果，膵がん患者ではmiR-21の発現が2.42倍上昇していたと報告している[5]。

　これらの結果はmiR-21の上昇が膵がんの進行に関与していることを示した基礎研究の結果とも合致する。膵がん細胞株ではmiR-21の発現が上昇しており，miR-21の発現を抑制してやると細胞増殖能が低下し，膵がんに対する標準治療薬である抗がん薬のゲムシタビンに対する抗がん薬の感受性が亢進すること，逆にmiR-21を膵がん細胞株にトランスフェクションすると細胞増殖能が亢進し，ゲムシタビンに対する抵抗性も増加することが報告されている[6,7]。

　一方，現時点でmiR-21を膵がん診断に臨床応用するには以下のような問題を抱えている。

①先にも述べたようにmiR-21は胃がん，大腸がん，前立腺がん，乳がん，肺がんなど他がん種でもその上昇が報告されているため[1]，膵がんに特異的なマーカーとはなりえない。

②末梢血中の発現上昇は平均で2倍程度とそれほど大きくない。図❶はWangらの論文からの引用で，膵がん患者，健常人におけるmiR-21の測定値をプロットしたデータである。例えば図❶Aのようにカットオフ値を高く設定すれば特異度は高くなるものの偽陰性が多くなるため感度は低下し，逆に図❶Bのように低く設定すれば感度は高くなるものの偽陽性が多く含まれてしまうため特異度は低下する。少なくともmiR-21単独で膵がんのスクリーニングに用いることは

表❶　膵がん特異的なmiRNA発現パターンを検討した臨床研究

対象症例	用いた検体	比較対象	測定方法	有意差を認めたmiRNA	参考文献
膵がん 65症例	切除標本	同一被験者の正常膵組織	Microarray	miR-21を含む30種類のmiRNAが上昇 3種類のmiRNAが低下	2
膵がん 80症例	切除標本（microdissectionあり）	同一被験者の正常膵組織	RT-PCR法	miR-21（miR-21のみの測定）	3
膵がん 50症例	末梢血	健常人の末梢血（N=10）	Microarray	miR-21を含む54種類のmiRNAが上昇 37種類のmiRNAが低下	4
膵がん 49症例	末梢血	健常人の末梢血（N=36）	RT-PCR法	miR-21を含む測定した4種類すべてのmiRNAが上昇	5

③さらに上記のmiRNA研究は早期膵がんのみを対象としたものではないため，早期診断への有用性に関してはまだ不明な点が多い。

このように臨床応用に際しては他のmiRNAと組み合わせて，さらに感度・特異度を改善させるなどの工夫が必要である。また，ここでは詳しく触れなかったが，他にもmiR-155やmiR-196aなどが膵がんにおいてその上昇が報告されている[2)8)]。また，miRNAにはlet-7ファミリーのようにがん抑制遺伝子としての機能を有し，がん組織でその発現が低下しているものもある[9)]。われわれも末梢血を用いたマイクロアレイ解析で，膵がん患者では健常人と比してlet-7ファミリーの発現が低下していることを確認している（投稿準備中）。

Ⅲ．miRNAを用いた膵がんの治療効果予測

現在，膵がんの化学療法には抗がん薬のゲムシタビンもしくはTS-1が広く用いられている。これはがんの化学療法一般に言えることであるが，抗がん薬に対する治療効果や副作用は個体差が大きい。また膵がんに用いられるゲムシタビンとTS-1は，臨床試験の結果ではその効果に差がないことが示されており，どちらの薬剤を選択してもよいとされている。しかし，実際の臨床の現場ではゲムシタビンは無効でTS-1が奏効する症例，また全く逆のパターンの症例を経験することも稀ではない。もし化学療法前にmiRNAを測定することにより抗がん薬に対する治療効果予測が可能となれば，治療計画を立てるうえで非常に貴重な情報となり，膵がん化学療法の個別化医療の推進に大きく寄与すると考えられる。miRNAによる治療効果予測を検討した代表的な臨床研究として以下の2つを紹介する。

HwangらはmiR-21により膵がん術後補助化学療法の治療効果予測が可能かどうか検討している。膵がん手術後にゲムシタビンによる術後補助化学療法を受けた52症例を切除標本中のmiR-21の発現パターンで高発現群，低発現群の2群に分け生存分析を行った。その結果，miR-21の高発現群のほうが全生存期間（14.3ヵ月 vs 27.7ヵ月，ハザード比2.3, $p<0.01$）が短く予後が不良であったと報告している[10)]（図❷A）。Giovanottiらもゲムシタビンによる治療を受けた膵がん59症例を組織中のmiR-21の発現パターンで高発現群，低発現群の2群に分け生存分析を行っている。その結果，Hwangらの報告と同様にmiR-21高発現群では低発現群と比して全生存期間（6.7ヵ月 vs 11.2ヵ月，ハザード比3.1, $p=0.01$）が短く予後が不良であったと報告している[3)]（図❷B）。しかし，いずれも症例数の限られた後ろ向き試験の結果であるため，miR-21を膵がん患者におけるゲムシタビンの治療効果予測因子として用いるには大規模前向き試験

図❶　末梢血におけるmiR-21の発現レベル（健常人vs膵がん患者）（文献5より改変）

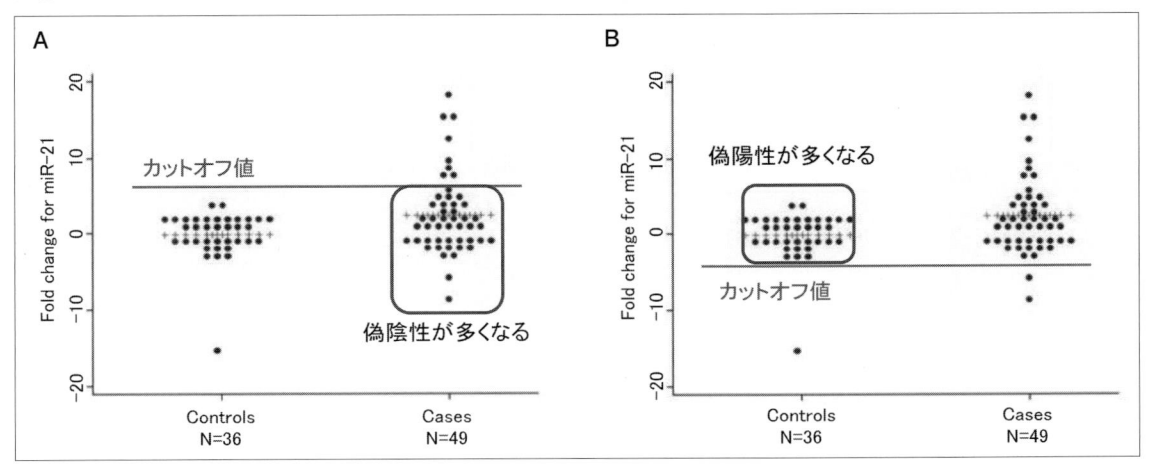

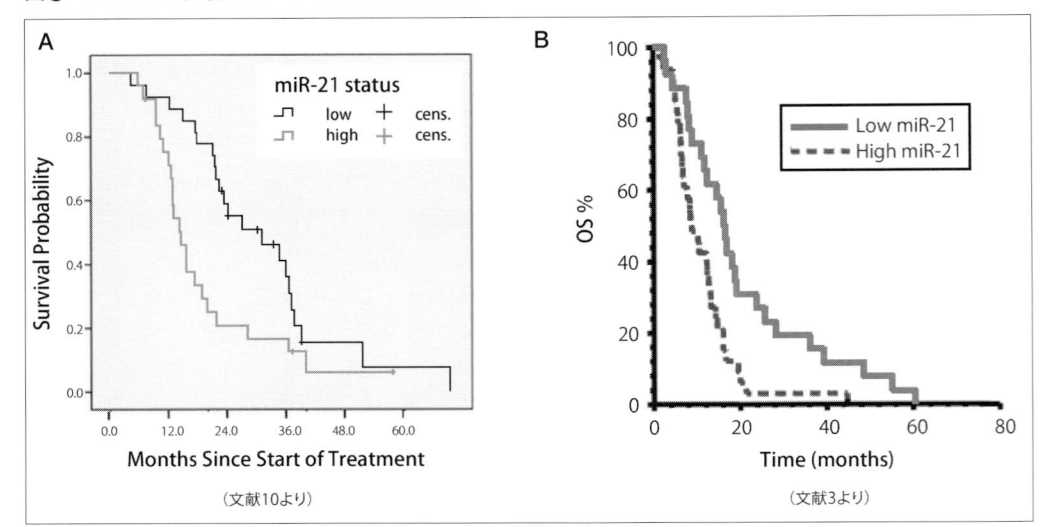

図❷ miR-21の発現パターンで分けた生存曲線

（文献10より）　　（文献3より）

での確認が必要である。

おわりに

膵がんの早期診断や治療効果予測への臨床応用をめざしたmiRNA研究は年々増加している。miRNAは血管内への投与も可能であることから，膵がんの増殖抑制に重要な役割を果たすmiRNAが同定されれば，それがそのまま治療薬につながる可能性も秘めている。すでに他がん種ではmiRNAの治療への応用をめざした治験も始まっている。今後miRNA研究の発展により難治性がんの1つである膵がんの治療成績が向上することを期待したい。

参考文献

1) Volinia S, Calin GA, et al：Proc Natl Acad Sci USA 103, 2257-2261, 2006.
2) Bloomston M, Frankel WL, et al：JAMA 297, 1901-1908, 2007.
3) Giovannetti E, Funel N, et al：Cancer Res 70, 4528-4538, 2010.
4) Ali S, Almhanna K, et al：Am J Transl Res 3, 28-47, 2011.
5) Wang J, Chen J, et al：Cancer Prev Res (Phila) 2, 807-813, 2009.
6) Moriyama T, Ohuchida K, et al：Mol Cancer Ther 8, 1067-1074, 2009.
7) Park JK, Lee EJ, et al：Pancreas 38, e190-199, 2009.
8) Habbe N, Koorstra JB, et al：Cancer Biol Ther 8, 340-346, 2009.
9) Johnson SM, Grosshans H, et al：Cell 120, 635-647, 2005.
10) Hwang JH, Voortman J, et al：PLoS One 5, e10630, 2010.

金井雅史
1994年　京都大学医学部卒業
2001年　同大学院医学研究科博士課程修了
2011年　同医学部附属病院臨床腫瘍薬理学講座特定講師

第1章　microRNA 診断

15. 脳腫瘍における miRNA

秋元治朗・原岡　襄

　本稿では，microRNA の脳腫瘍バイオロジー解析およびバイオマーカーとしての意義を論じた報告をレビューした。神経膠腫における miR-21，miR-221/222，miR-10 の発現増加と，腫瘍増殖・浸潤との関連性が示された。髄芽腫においては，miR-124，miR-125b の発現増加と，細胞周期あるいは腫瘍形成シグナルの制御との関連性などが示された。また，髄液中 microRNA 解析のバイオマーカーとしての意義が，神経膠腫や中枢神経原発リンパ腫において報告されている。

はじめに

　脳腫瘍の発生や増大に関して多くの分子遺伝学的検討がなされている。なかでも代表的な悪性脳腫瘍である神経膠腫（glioma；以下，グリオーマ）は，米国の TCGA（The Cancer Genome Atlas）の最初の研究対象に選ばれ，詳細な DNA 解析が行われ，そのバイオロジー解析が進んでいる[1]。

　microRNA（miRNA）は 20-22 塩基の短い非翻訳 RNA（ncRNA）の一種で，標的となる遺伝子を転写以降の段階で制御する。miRNA は標的となる mRNA の 3' 末端非翻訳領域に部分相補的に結合し，翻訳を阻害する[2]。

　TCGA による DNA 解析が，グリオーマの氏・素性を知る研究だとすれば，miRNA 解析は，グリオーマという腫瘍の発生から増大までの動態を知る研究といえよう。ゲノムとトランスクリプトームの 2 方向からの解析を進めることが，オミクス解析の主流となることは自明であり，脳腫瘍に関しても徐々に miRNA 解析の報告が増えてきている。しかし，原発性脳腫瘍の本邦における年間発病率は 10 万人に 15 人程度のオーファン疾患であり，他臓器がんに比して miRNA の研究成果はいまだ乏しい。本稿では，脳腫瘍に関連する現在までの miRNA の報告をレビューしてみたい。

I. 脳腫瘍のバイオロジー解析としての miRNA 研究

1. 神経膠芽腫

　神経膠芽腫（glioblastoma：GBM）はグリオーマの中で最も頻度が高く，現状では完治が望めない「脳がん」である。可及的な手術摘出と放射線化学療法を駆使しても，平均生存期間が 14 ヵ月程度であり，すべてのがん種の中でも，その臨床的悪性度は 5 指に入る。TCGA による DNA 解析により，GBM の中にもそのフェノタイプとしての悪性度に差があることが示された。がん幹細胞に多彩な遺伝子異常が多段階的に重畳されて GBM が発生すること，その遺伝子異常のパターンによって同じ GBM でも治療予後に大きな差が生ずることが示されたのである[1]。

　当然，これらの差はトランスクリプトームの差

---

key words

原発性脳腫瘍，神経膠腫（グリオーマ），髄芽腫，髄膜腫，中枢神経原発悪性リンパ腫，細胞周期制御，腫瘍細胞浸潤，髄液中 miRNA，バイオマーカー

としても抽出されることが予想されよう。Silberら[3]はグリオーマ組織のmiRNA解析を行い，コントロールとした正常脳組織に比して，35種類のmiRNAがdysregulateされていることを報告した。miR-7, -10b, -15b, -21, -26a, -124, -137, -181a, -181b, -221, -451などがその代表であるが，特にmiR-10b, -21と-221の3種類のmiRNAがグリオーマのトランスクリプトームのキーであると述べている[3]。

(1) miR-21

miR-21の発現増加は種々のがんで認められ，予後との関連性やがん関連の多くの標的遺伝子の報告がある。グリオーマにおいては悪性度に相関して発現が増強し，GBMの進展に関与していると考えられている[4,5]。その主たる作用は，がん抑制遺伝子に対する負の制御である。

miR-21の過剰発現は他臓器がんにおいてアンチアポトーシス因子とされており，GBMにおいても同様な報告が散見される。GBMにおいてmiR-21はp53のシグナル経路上の遺伝子であるp63, junction mediating and regulatory protein（JMY），TOPORS, TP53BP2, death associated protein 6（DAXX），heterogeneous nuclear ribonucleic protein K（hnRNP K）を標的としてアポトーシスを抑制する[6]。同様にTGF-βのシグナル伝達に関与する遺伝子DAXXやTGF-β receptor（TGF-βR2/3）も制御する[6]。その他，GBMの周囲脳への浸潤に関与するMMPsの活性を制御する遺伝子reversion-inducing cysteine-rich protein with Kazal-motifs（RECK）や，eIF4Aのヘリカーゼ活性を阻害してがん遺伝子の翻訳を抑制するprogrammed cell death 4（PDCD4）を直接の標的とするとされる[7]。

これら多彩な遺伝子系の抑制によって，GBMの増殖（アンチアポトーシス）や浸潤を促進しているとされる。Corstenら[8]はグリオーマ細胞にanti-miR-21 oligonucleotidesをトランスフェクトすることにより，実際にmiR-21のダウンレギュレーションが得られ，s-TRAILを投与することによりcaspase activityの増強を確認し，アポトーシスが促進することを見出している。miR-21はGBMのトランスクリプトームのキー要素であり，今後，治療を視野に入れた研究報告が増加するものと思われる。

(2) miR-221/222

miR-222はXp11.3にmiR-221とともにクラスター化して存在し，同時に発現する[9]。Contiら[9]はグリオーマ組織においては，miR-21とmiR-221はいずれもアップレギュレートされているが，miR-21はグリオーマの悪性度と関連しない発現増加を示すのに対し，miR-221は悪性度と正の相関をもって増加すると報告した。Zhangら[10]はmiR221/222がグリオーマ組織において70の標的遺伝子を制御し，そのうちの16遺伝子がPTEN-Akt経路をコントロールし，グリオーマの発生・増殖・浸潤に重要な役割を示すと述べた。また，miR-221/222は細胞周期の制御因子であるp27^{kip1}の発現を抑制する[11]。p27^{kip1}はcyclin-dependent kinase（CDK）の阻害因子であり，cyclinとともにCDKの複合体に結合し，G1期の細胞周期停止を引き起こす。逆にCDK 4はmiR-221の活性化因子となっている可能性がある。p16^{INK4a}はCDK 4活性を抑制し，CDK 4の抑制はp27^{kip1}の転写を促進させる。GBMにおいてはp16^{INK4a}が欠失しており，p16^{INK4a}の欠失がCDK 4の活性化を通じてp27^{kip1}の発現を抑制する過程に，miR-221が関与している可能性が高い[11]。miR-221/222がグリオーマの細胞周期をコントロールするキー要因である可能性が高く，グリオーマの形態的悪性度，細胞周期制御などに関する研究における中心となってゆくものと思われる。

(3) miR-10b

Maら[12]は乳がん細胞の組織浸潤や周囲間質のリモデリングを制御するhomeobox D10（HOXD10）をmiR-10bが抑制することにより，乳がんの浸潤や転移が進行すると述べた。Sasayamaら[13]はグリオーマ組織におけるmiR-10bの発現度を検討し，正常脳組織のコントロールに比しグリオーマ組織において有意なmiR-10b発現増加を確認，さらにグリオーマ悪性度との関連性も確認している。そして乳がん同様，HOXD10が介在するuPARやRho Cといった細胞浸潤因子の発現が，miR-10bの過剰発現と関連していることを報告した。

(4) その他

　miR-181a/181b の発現度は GBM の悪性度と負の相関を示し，グリオーマ細胞株への遺伝子導入によって増殖抑制と浸潤能の阻害がもたらされた[14]。miR-7 は EGFR を標的とし，その下流の AKT を制御する insulin receptor substrate -1（IRS-1）や IRS-2 をも標的とするとされる[15]。miR-128 は細胞分裂に関与する E2F ファミリーである E2F3a[16] や Bmi-1[17] を直接の標的とし，グリオーマ幹細胞の自己増殖能に関与している。miR-124/137 は CDK 6 を標的とすることにより，細胞周期の停止を促し，グリオーマ幹細胞の神経系への分化を誘導する。

2. 髄芽腫

　髄芽腫（medulloblastoma：MB）は小児悪性脳腫瘍の代表的組織型であり，10万人に2人程度の年間発病率である。小脳の外顆粒細胞や脳室壁の多分化能を有する幹細胞から発生する。3割の症例が髄液播種をきたし，5％が中枢神経外転移をきたすという特徴を有するが，手術と放射線化学療法を駆使することにより，近年その生存率が向上し，5年生存率は 35～75％である。

　MB においても miRNA に関連した報告を近年散見する。Pierson ら[18] は miR-124 が CDK 6 を標的とし，MB の細胞周期の制御に重要な役割を果たすと報告した。また一部の MB の腫瘍形成に関わる hedgehog signaling を抑制する miRNA が報告されている。miR-125b，miR-326，miR-324-5p は hedgehog signaling の活性化因子である Smo を標的とする[19]。また，miR-17/92 クラスターである miR-92，miR-19a，miR-20 の過剰発現は hedgehog singnaling を通じた腫瘍の成長に関与する[20]。miR17/92 クラスターは 13q31.3 の増幅と関連し，がん遺伝子 c-Myc や n-Myc との関連性も強い[20]。これらの報告は miRNA の発現の逸脱が MB の腫瘍形成を促進し，miRNA を通じた hedgehog singaling の制御が一部の MB の病理に深く関与している可能性を示唆している。

　Ferretti ら[19] は MB においては 78 の miRNA の発現変化を確認している。そのほとんどがダウンレギュレートされており，tumor suppressor としての役割を推測させるものであった。しかし，miR-9 と miR-125a のみはアップレギュレートされており，t-Trk C レセプターを介した proapoptotic effect に介在するものであると推察されている。Turner ら[21] は MB の組織学的プロファイルによって miRNA 発現に差があることを見出したが，miR-let7g，miR-19a，miR-106b，miR-191 などの発現差の意味づけはできていない。

3. 髄膜腫

　髄膜腫（meningioma：Men）は原発性脳腫瘍の中で最も頻度が高い良性脳腫瘍である。中年以降の女性に好発し，脳を覆う髄膜（クモ膜顆粒細胞）から発生する髄外腫瘍であり，ほとんどの腫瘍が手術摘出のみで完治する。しかし，稀に悪性の組織像・臨床経過を辿るものがあり，これらに対しては放射線治療が施される場合が多いが，その制御は困難となる。Men のバイオロジーに関するゲノム解析もなされているが，その知見は前述した GBM や MB には遠く及ばない。

　Men における miRNA の発現検索は，Saydam ら[22] によって初めて報告された。彼らは miR-200a の抑制が，E-cadherin の抑制と Wnt/β-catenin signal pathway の活性化を促すことで，Men が増殖する機構を発見した。Wnt/β-catenin signaling と E-cadherin cell adhesion system の dysregulation は多くのがんにおける initiation/progression に関与することが知られている。miR-200a の減少は E-cadherin のプロモーターである E box に結合する ZEB1 と SIP1 を増加させることにより，結果的に E-cadherin の発現抑制を導き，さらに miR-200a は β-catenin の 3'UTR を直接のターゲットとし，その減少が β-catenin signal の増加を導くのである。

II. 脳腫瘍診断のバイオマーカーとしての miRNA 研究

　多くのがん細胞が自らの miRNA をエクソソームという小胞顆粒に封入して分泌していることが明らかとなった。エクソソームに包まれた miRNA は，高温，酸，凍結融解などの条件下でも安定して保たれており，長期保存も可能とされる。的確な抽出条件下において，miRNA はがん細胞の動態を知るうえで重要なバイオマーカーとなりうるこ

とが予想され，胃がんや大腸がんといった固形腫瘍のみならず，血液がんにおいてもこれら分泌型miRNAのバイオマーカーとしての意義が報告されている。悪性脳腫瘍においては，他臓器がんのような腫瘍マーカーをはじめとしたバイオマーカーは存在しないため，分泌型miRNAの探索研究が近年盛んに行われている。理想的なバイオマーカーとは腫瘍の診断や病勢の評価，さらには治療効果判定などに役立つものであり，検査対象としても比較的簡便に採取しうる血清が用いられることがほとんどである。しかし，脳腫瘍においては血液脳関門（blood brain barrier：BBB）の存在により，血清でのバイオマーカー探索には限界があるため，脳脊髄液（cerebrospinal fluid：CSF）中の分泌型miRNAを探索した研究報告が散見されるに過ぎない。

1. グリオーマ

グリオーマの中で最も悪性型であるGBMにも明らかな腫瘍マーカーはない。Baraniskinら[23]は10例のグリオーマ，23例の中枢神経原発悪性リンパ腫（primary central nervous system lymphoma：PCNSL），7例の転移性脳腫瘍（metastatic tumor：Meta），10例のコントロール脳疾患症例の髄液中miRNA検索を行った結果，グリオーマではmiR-15bの発現が他疾患に比して有意に増加し，miR-21発現がPCNSLとMetaに比較して有意に減少していることが明らかとなった。コントロール症例ではmiR-15bもmiR-21もほとんど発現しておらず，脳腫瘍であることの評価にはこれらの発現検索は有意と思われた。CSF中のmiR-15b発現はROC解析により，AUC 96％と，グリオーマ診断における極めて高精度のバイオマーカーと思われた。具体的にはmiR-15bが0.4 REL（relative expression level）で，miR-21が8.0 REL以下であれば，グリオーマである可能性が極めて高いことが示された。

2. 脳原発悪性リンパ腫

節外性リンパ腫である脳原発悪性リンパ腫（PCNSL）が近年急速に増加している。中年以降の男性に多く，ほとんどがびまん性大細胞型B細胞性リンパ腫である。診断には特徴的な発生部位と画像所見が有用であるが，確定診断のためには組織採取による病理診断が必要となる。Baraniskinら[24]は23例のPCNSL症例のCSF中のmiRNA発現を，30例の脱髄疾患や脳炎といったコントロール例と比較した結果，miR-21，miR-19b，miR-92aの3種類の分泌型miRNAが有意に増加していた。ROC解析を行った結果，AUCはそれぞれ0.94，0.98，0.97と極めて高精度の評価が可能であった。CSF中のmiR-21が8.0 REL以上で，miR-19bが1.4 REL以上またはmiR-92aが2.5 REL以上であれば，よりPCNSLの診断精度と結論している。

まとめ

代表的脳腫瘍におけるmiRNAを用いた病態解析およびバイオマーカーとしての意義を述べた知見をレビューした。最も注目されているグリオーマにおいては，miR-21の悪性度と関連した高発現が特徴的であるが，一方CSF内では他の脳腫瘍に比して発現度が低い。各種miRNAの発現多寡と，各腫瘍における増殖・浸潤・細胞死などとの関連性が示唆されており，脳腫瘍病態解析に今後miRNA解析が重要な役割を示すことになろう。その解析方法も従来の定量的RT-PCRから，超高感度DNAチップを用いた方法[25]などの開発に至っており，miRNA解析法は今後飛躍的に発展してゆくものと思われる。特に，後者においてはホルマリン固定組織においても解析可能とされており，長期保存した組織ブロックにおけるレトロスペクティブなmiRNA解析も夢ではなくなってきている。脳腫瘍のオミクス解析において，miRNA解析が中心的研究テーマとなってゆくであろう。

参考文献

1) 武笠晃丈：日本臨床 68, 57-60, 2010.
2) 大野真佐輔，夏目敦至，他：日本臨床 68, 61-64, 2010.
3) Silber J, Lim DA, et al：BMC Med 6, 1-17, 2008.
4) Chan JA, Krichevsky AM, et al：Cancer Res 65, 6029-6033, 2005.

5) Gabriely G, Wurdinger T, et al：Mol Cell Biol 28, 5369-5380, 2008.
6) Papagiannakopoulos T, Shapiro A, et al：Cancer Res 68, 8164-8172, 2008.
7) Chen Y, Liu W, et al：Cancer Lett 272, 197-205, 2008.
8) Corsten MF, Miranda R, et al：Cancer Res 67, 8994-9000, 2007.
9) Conti A, Aguennouz M, et al：J Neurooncol 93, 325-332, 2009.
10) Zhang C, Kang C, et al：Int J Oncol 34, 1653-1660, 2009.
11) Gillies JK, Lorimer IA：Cell Cycle 6, 2005-2009, 2007.
12) Ma L, Teruya-Feldstein J, et al：Nature 449, 682-688, 2007.
13) Sasayama T, Nishihara M, et al：Int J Cancer 125, 1407-1413, 2009.
14) Ciafre SA, Galardi S, et al：Biochem Biophys Res Commun 334, 1351-1358, 2005.
15) Kefas B, Godlewski J, et al：Cancer Res 68, 3566-3572, 2008.
16) Zhang Y, Chao T, et al：J Mol Med 87, 43-51, 2009.
17) Godlewski J, Nowicki MO, et al：Cancer Res 68, 9125-9130, 2008.
18) Pierson JC, Kwok WK, et al：J Neurooncol 90, 1-7, 2008.
19) Ferretti E, De Smaele E, et al：EMBO J 27, 2616-2627, 2008.
20) Uziel T, Karginov FV, et al：Proc Natl Acad Sci USA 106, 2812-2817, 2009.
21) Turner JD, Williamson R, et al：Neurosurg Focus 28, E3, 1-5, 2010.
22) Saydam O, Shen Y, et al：Mol Cell Biol 29, 5923-5940, 2009.
23) Baraniskin A, Kuhnhenn J, et al：Neuro Oncol 14, 29-33, 2011.
24) Baraniskin A, Kuhnhenn J, et al：Blood 117, 3140-3146, 2011.
25) Hisaoka M, Matsuyama A, et al：Genes Chromosomes Cancer 50, 137-145, 2011.

秋元治朗	
1986 年	東京医科大学医学部医学科卒業
	同大学病院脳神経外科学教室臨床研修医
1987 年	武蔵野会新座志木中央総合病院医員
	東京医科大学八王子医療センター脳神経外科臨床研修医
1898 年	東京大学医学部脳研究施設病理学部門へ国内留学
1990 年	東京医科大学霞ヶ浦病院脳神経外科助手
1991 年	同大学脳神経外科助手
1995 年	水戸赤十字病院脳神経外科副部長
1996 年	東京医科大学脳神経外科助手
	東光会田無第一病院脳神経外科部長
2000 年	東京医科大学脳神経外科外来医長
2001 年	同講師
2009 年	同准教授

第1章　microRNA 診断

16. 妊娠における miRNA 診断：
胎盤特異的 miRNA と妊娠高血圧症候群の発症予知

瀧澤俊広・大口昭英・右田　真・松原茂樹・竹下俊行

　第 19 番染色体上で microRNA（miRNA）がクラスターを形成している領域に由来し，胎盤において特異的に発現している miRNA が同定された．妊娠高血圧症候群の胎盤において発現異常を認める miRNA により引き起こされる胎盤機能異常がはじめて明らかにされた．妊娠期間中，この胎盤特異的 miRNA がエクソソームを介して胎盤より放出され，母体血液中に移行して循環している．採血というルーチン検査によって胎盤由来の miRNA 情報を得ることができ，周産期医療のための新しい予知・診断ツールとして臨床応用が期待される．

はじめに

　microRNA（miRNA）は，様々な臓器において特異的な機能を果たしていることが明らかにされつつある．胎盤特異的に発現する miRNA も見出され，産科領域において注目されている．本稿では，ヒト胎盤における miRNA について，その特異的な発現プロファイルと機能，エクソソーム（exosome）を介した母体血液中への放出，miRNA と異常妊娠（妊娠高血圧症候群）について概説する．

I. ヒト胎盤の機能と構造

　胎盤は，妊娠期間（最終月経の開始から 40 週）限定の臓器で，母児間のインターフェイスを構成し，胎児発育を支援している．胎盤の主な機能は，①胎児発育のための母児間の代謝物質交換とガス交換，②ホルモン産生・分泌による妊娠の維持，③免疫学的保護（母児免疫寛容）である．
　胎盤は，受精卵の分割期の終了した胚盤胞の外周を形成している一層の細胞層（栄養膜）に由来している．胚盤胞が子宮内膜に着床後，栄養膜は 2 層の細胞層（栄養膜合胞体層と栄養膜細胞層）に分化し，増殖しながら枝分かれした絨毛様の構造を形成しながら子宮内膜に浸潤し，胎盤を形成する．胎盤は，栄養膜により形成された絨毛（胎児由来細胞）と，それに接する子宮内膜が変化してできた脱落膜（母体由来細胞）とによって形成される円盤状の構造物である（図❶ A）[1]．正常満期産の胎盤の大きさは，直径約 20 cm，中央部の厚さは 2～3 cm，重さ約 500 g 程度である．

II. 胎盤特異的 miRNA

　われわれは，ヒト胎盤に特徴的な miRNA の発現様式を明らかにするために，胎盤より small RNA（16～30 塩基長の RNA）ライブラリーを作製し，クローニング解析を行った[2]．クローニングされた miRNA の相対的頻度は，miRNA の発現量を反映している．ヒト胎盤組織において上位（1%以上の頻度）にクローニングされた miRNA に，第 19 番染色体由来の miRNA（miR-517a など）が

---

key words

胎盤，第 19 番染色体，microRNA，C19MC，エクソソーム，母体血漿，妊娠高血圧症候群，妊娠高血圧腎症，予知，コホート研究，HSD17B1，estradiol（E2），周産期医療

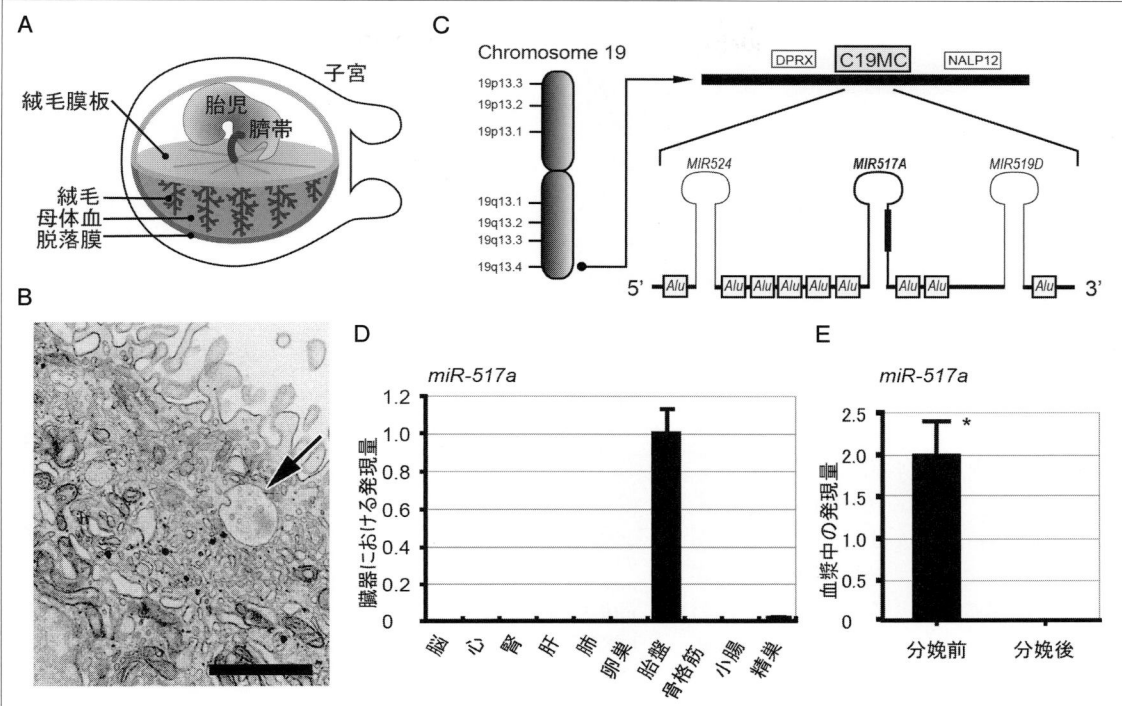

図❶ 胎盤特異的 miRNA（文献 2, 21 より改変）

A. ヒト胎盤の模式図
B. 胎盤絨毛の表面を覆っている栄養膜合胞体の電子顕微鏡像。細胞内は，様々な細胞内小器官とともに，多胞体（矢印）が観察される。スケールバー =1 μm
C. 第 19 番染色体上の miRNA クラスター（C19MC）に由来している胎盤特異的 miRNA
D. ヒト臓器における胎盤特異的 miRNA（miR-517a）の発現解析（real-time PCR 解析）
E. 妊婦血液中に検出される胎盤特異的 miRNA とその分娩後のクリアランス（real-time PCR 解析）。血漿中の miR-517a の検出レベルは分娩後，有意に低下する（* P < 0.05）。

1/4 を占めていた（**表❶**）。この第 19 番染色体上（19q13.41）の miRNA は，レトロトランスポゾンの 1 つである Alu（制限酵素 Alu で切断される部位をもつ約 300 塩基対の配列）の反復配列内に埋め込まれ，miRNA のクラスター（the chromosome 19 microRNA cluster：C19MC）を形成している（**図❶ C**）。C19MC はヒトゲノムにおいて最大の miRNA クラスターであり，46 種類の miRNA を含むことが知られている[3]。C19MC は，種間保存性がなく，ヒトを含む霊長類のみに存在することが明らかにされており[4]，正常臓器では胎盤（絨毛栄養膜）に特異的に発現している（**図❶ D**）[2]。C19MC 由来 miRNA の発現制御に関して，miRNA 遺伝子間に存在する Alu 配列は転写後にイントロンとして切り出され，miRNA 配列がエキソンとして前駆体を形成すること[5]，また約 18kbp 上流にある領域のメチル化によって発現が抑制され，父親由来のアリルのみから発現するインプリンティング遺伝子であることが報告されている[3]。詳細は割愛するが，ある種の腫瘍（乳がん[6]，前立腺がん[7]，甲状腺腺腫[8] など）でも，C19MC 由来の miRNA の発現が報告されている。

Ⅲ．胎盤特異的 miRNA はエクソソームを介して細胞外に放出され母体血液中を循環している

C19MC 由来の胎盤特異的 miRNA は妊婦の血液中で検出可能である[2]。胎盤特異的 miRNA は，妊婦の血漿中では高いレベルで検出されるが，分娩 3 日後には母体血液中から速やかにクリアランス

される（図❶ E）[2]。ヒト正期産胎盤絨毛の表面を覆っている栄養膜合胞体は，様々な細胞内小器官とともにたくさんの多胞体（multivesicular body）が存在しており，多胞体内の小胞（エクソソーム）が，細胞外に放出される（図❶ B）。妊娠期間中，胎盤絨毛栄養膜において発現している miRNA は，このエクソソームを介して細胞外に放出され，さらに母体血液中に移行して母体中を循環していることが強く示唆されている[2]。妊娠期間中，胎盤特異的 miRNA が母体血液から検出可能であることは，組織生検（絨毛採取や胎盤生検）のような高浸襲な検査ではなく，採血という低浸襲のルーチン検査によって胎盤由来の miRNA 情報を得ることができることを意味している。C19MC に由来する胎盤特異的 miRNA は，ほぼ胎盤のみから放出されており，胎盤関連疾患（妊娠高血圧症候群，胎児発育不全など）の予知やその病態を探るうえでは有力な候補となることが期待できる。

Ⅳ．miRNA と妊娠高血圧症候群

妊娠高血圧症候群は約 7～10％の妊婦に発症し，母児の健康を脅かす疾患である。高血圧を主体としタンパク尿および全身の浮腫をきたす疾患であるが，成因と病態はまだ十分に解明されていない。われわれは，妊娠高血圧症候群の分子病態に miRNA がどのように関与しているのか明らかにするため，妊娠高血圧症候群における主要な病型である妊娠高血圧腎症（preeclampsia；妊娠 20 週以降に初めて高血圧が発症し，かつタンパク尿を伴うもので，分娩後 12 週までに正常に回復するもの）の胎盤における miRNA の発現変動を明らかにするために大規模発現プロファイル解析を行った[9]。正常胎盤と比較して妊娠高血圧腎症の胎盤で発現が上昇している 22 個の miRNA を見出し，そのうち C19MC 由来の miRNA も 7 個含まれていた（表❶）。

われわれは，コンピュータ（in silico）による標的遺伝子候補解析から，これら miRNA に共通する標的遺伝子候補を検索し，さらにその遺伝子の中で胎盤に特異的に発現し機能している標的遺伝子候補として，*hydroxysteroid (17-β) dehydrogenase 1*（*HSD17B1*）遺伝子を見出した。17β-水酸化ステロイド脱水素酵素（HSD17B）は，ケトステロイドと水酸化ステロイドとの変換を触媒する酸化還元酵素であり，哺乳類では 14 種類同定されている。そのうちⅠ型 HSD17B（HSD17B1）は胎盤特異的

表❶　ヒト胎盤 miRNA のクローニング解析（文献 2，9 より改変）

初期胎盤での高頻度 miRNA[注1]		満期胎盤での高頻度 miRNA[注1]		妊娠高血圧腎症胎盤で発現が上昇していた miRNA[注2]	
miRNA	%	miRNA	%	miRNA	倍率変化
miR-21	8.82	miR-21	9.31	miR-210	4.31
miR-125b	7.49	**miR-517a**	7.52	miR-193b	3.13
miR-517a	5.71	miR-125b	6.94	miR-144*	2.77
miR-122a	3.98	miR-200c	4.82	miR-193b*	2.56
miR-199a	3.07	miR-30b	3.90	miR-18a	2.05
miR-30b	2.98	miR-424	3.74	miR-185	2.01
miR-99b	2.82	miR-122a	2.59	miR-19a	2.00
miR-23a	2.80	miR-27a	2.49	miR-590-5p	1.99
miR-200c	2.69	**miR-518b**	2.23	miR-142-3p	1.98
miR-143	2.45	miR-221	2.17	miR-451	1.92
miR-191a	2.10	miR-30d	2.16	miR-22*	1.91
miR-34a	1.99	miR-23a	2.09	**miR-526b***	**1.91**
miR-424	1.93	miR-143	2.07	**miR-520a-3p**	**1.88**
miR-15b	1.91	miR-24	1.91	miR-10b	1.82
miR-30d	1.86	**miR-517c**	1.72	miR-20a	1.74
miR-221	1.66	**miR-519a**	1.44	**miR-518f***	**1.65**
miR-27a	1.56	**miR-518a**	1.34	miR-146b-5p	1.63
miR-503	1.49	**miR-517b**	1.32	**miR-517c**	**1.58**
miR-512-3p	1.47	**miR-512-3p**	1.29	**miR-518c**	**1.57**
miR-29b	1.27	miR-26a	1.27	**miR-525-5p**	**1.55**
miR-24	1.25	miR-100	1.25	**miR-519e***	**1.55**
miR-99a	1.25	miR-199a	1.18	miR-126*	1.54
miR-518b	1.25	miR-let7a	1.08		
miR-30c	1.18	miR-181a	1.06		
miR-449	1.18	miR-let7b	1.03		
miR-517b	1.16				
miR-25	1.10				
miR-512-5p	1.10				

注1：初期胎盤および満期胎盤からクローニングされたうち，相対頻度（各胎盤からの総クローン数のうちに占める割合）が上位（1％以上の頻度）の miRNA
注2：正常胎盤と比較して妊娠高血圧腎症胎盤で発現頻度が 1.5 倍以上上昇した miRNA
太字は C19MC 由来の miRNA を示す。

に発現しており，estrone (E1) を estradiol (E2) に変換する E2 合成酵素である[10]。HSD17B1 は，22個の miRNA のうち，5つの miRNA (miR-20a, miR-210, miR-451, miR-518c, miR-526b*) に共通した標的遺伝子候補であった。

妊娠高血圧腎症の胎盤において HSD17B1 を標的候補としている miRNA が上昇しており，HSD17B1 がその標的遺伝子ならば，妊娠高血圧腎症の胎盤でその発現は抑制され，逆に低下していることが予測される。妊娠高血圧腎症の胎盤で HSD17B1 発現を解析してみると，正常胎盤と比較して mRNA およびタンパク質の両方のレベルで HSD17B1 の発現が有意に低下していた（図❷A）。妊娠高血圧腎症の胎盤では発現異常を示す miRNA と HSD17B1 が逆相関を示し，HSD17B1 は有望な標的遺伝子候補であると考えられ，われわれはさらに標的遺伝子の実験的検証を行った。HSD17B1 mRNA の 3'-UTR をクローニングしたルシフェラーゼレポーターベクターを栄養膜細胞株 BeWo 細胞に導入し，miRNA との相互作用を解析した。5つの miRNA のうち，miR-210 と miR-518c は有意にルシフェラーゼ活性を低下させ，直接結合し抑制的に作用することが示された（図❷B）。さらに，2つの miRNA の過剰発現および抑制実験から，HSD17B1 はそれぞれ抑制および発現低下の阻害が確認された。この結果より，miR-210 と miR-518c は，胎盤特異的 E2 合成酵素遺伝子 HSD17B1 を標的遺伝子としていることが証明された。妊娠高血圧腎症の胎盤で miRNA の発現異常が起きており，それによって胎盤で特異的に機能している酵素の調節不全が引き起こされていることを初めて明らかにした。

図❷ 妊娠高血圧腎症の胎盤における miRNA 発現異常がエストラジオール合成酵素遺伝子 HSD17B1 の調節不全を引き起こしている（文献9より改変）

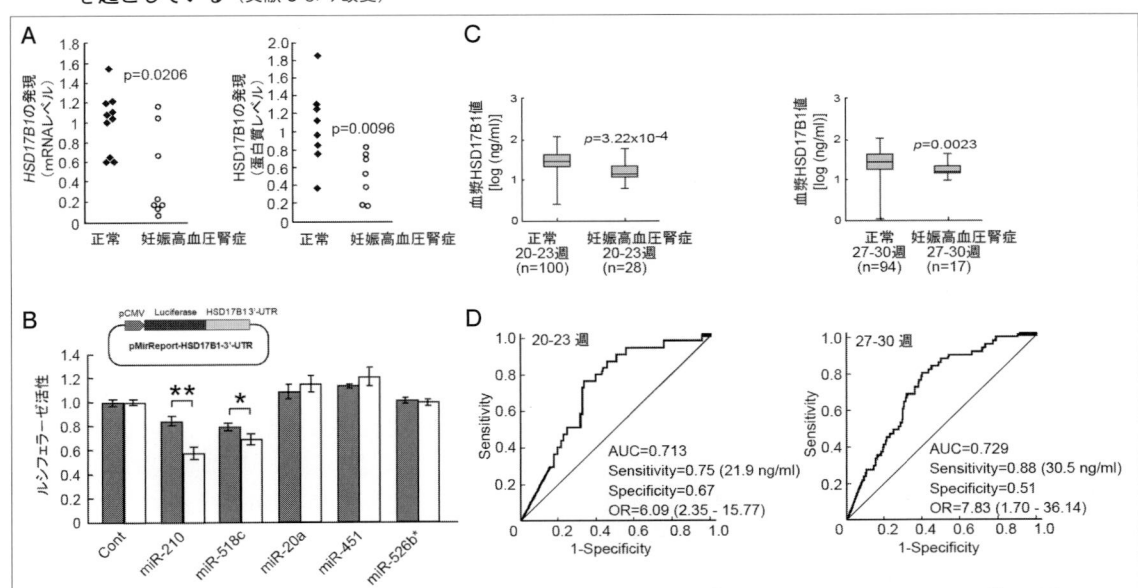

A. 妊娠高血圧腎症の胎盤における HSD17B1 発現低下。正常胎盤と比較して mRNA およびタンパク質の両方のレベルで HSD17B1 の発現が有意に低下していた。
B. 標的遺伝子の実験的検証。栄養膜細胞株 BeWo 細胞に HSD17B1 mRNA の 3'-UTR を導入したルシフェラーゼアッセイ。miR-210 と miR-518c は有意にルシフェラーゼ活性を低下させ，直接結合し抑制的に作用することが示された。■：コントロールのレポーターベクター，□：HSD17B1 の 3'-UTR を導入したレポーターベクター（**$p<0.01$, *$p<0.05$）
C. 血漿 HSD17B1 による妊娠高血圧腎症の予知。発症前の血漿検体による前向きコホート研究。妊娠高血圧腎症の発症前に，すでに血漿 HSD17B1 値が有意に低下していた。
D. C の受信者動作特性曲線（ROC 曲線）解析。AUC：ROC 曲線下面積，OR：オッズ比。オッズ比，感度の括弧内は，それぞれ95％信頼区間，カットオフ値を示す。

妊娠高血圧腎症の胎盤において変動を認めるmiRNAに関していくつか報告がなされている[11)-14)]。C19MC由来のmiRNA以外では，妊娠高血圧腎症の胎盤での miR-210 発現上昇は，いくつかの報告で共通している．最近の研究から miR-210 は低酸素刺激に応答して発現が亢進する miRNA であることが報告されており[15)]，妊娠高血圧腎症の胎盤形成不全は，低酸素がその要因の1つであることを考え合わせると興味深い知見である．

V．miRNA解析から見出された妊娠高血圧腎症の新しい予知マーカー

HSD17B1は母体血液に直接接している胎盤絨毛栄養膜に特異的に発現しており[16)]，妊婦血液中でHSD17B1が検出可能である．妊娠高血圧腎症発症の妊婦の血液では，血漿 HSD17B1 値が有意に低下していることを見出した[9)]．このことは，miRNAの異常によって引き起こされた妊娠高血圧腎症の胎盤での HSD17B1 の発現低下が，患者の血液中でも反映され，検出可能であることを示している．

さらにわれわれは，血漿 HSD17B1 値を妊娠高血圧腎症の新たな予知マーカーとして開発可能か，前向きコホート研究を計画し，妊娠高血圧腎症を発症した妊婦の発症前の血漿検体で動態解析を行った．前向きコホート研究から，妊娠高血圧腎症の発症前に血漿 HSD17B1 値が有意に低下していることを突き止めた（図❷C）．さらに，受信者動作特性曲線（ROC曲線）を用いて妊娠高血圧腎症の発症予知の可能性について解析したところ，HSD17B1が優れた妊娠高血圧腎症の予知マーカーとなりうることが示された（図❷D）．妊娠高血圧腎症の発症によって胎盤機能不全が引き起こされたことによる結果として HSD17B1 が低下しているのではなく，妊娠高血圧腎症の発症前にmiRNAの発現異常から HSD17B1 の発現低下が引き起こされていることが明らかとなった．発現異常を示す miRNA および HSD17B1 が，妊娠高血圧

腎症の胎盤形成不全へどのように関与しているのかは，今後の詳細な分子病態の解明が待たれる．

近年，血管新生に関連する因子である soluble fms-like tyrosine kinase 1，placental growth factor，soluble endoglin が有望な予知因子だと報告されている[17)]．Levine らにより報告された横断的研究において，血管新生に関連する因子は，妊娠高血圧腎症のうちの早発型妊娠高血圧腎症（妊娠32週未満に発症）に関しては早期発見のための有用な予知因子であることが報告されているが，いまだに遅発型妊娠高血圧腎症（妊娠32週以降に発症）の早期発見のための予知因子は報告されていない．今回，血管新生に関連する因子とは異なる新たに見出した血漿 HSD17B1 は，20～23週という発症前の早期の段階で有意に低下しており，これまでになかった遅発型妊娠高血圧腎症の予知マーカーになる可能性が示された[9)]．

おわりに

先に述べたようにC19MCに由来する胎盤特異的miRNAは，エクソソームを介して胎盤のみから母体血液中に放出されており，妊娠，胎盤関連疾患の予知・診断やその病態を探るうえでは理想的な候補となる．正常妊娠における血漿中での検出可能なC19MC由来のmiRNAの報告[18)19)]，さらに最近，妊娠初期の血漿中の胎盤特異的miRNA上昇が遅発型妊娠高血圧腎症の予知につながる可能性が報告されたが[20)]，今後さらに症例数を増やしたコホート研究による検証が必要である．臨床応用をめざしたmiRNA研究は飛躍的な発展を見せている．遠くない将来，胎盤特異的miRNAの機能解明，周産期医療への応用（バイオマーカー，創薬開発）が現実となっているかもしれない．

謝辞
本稿に関連した研究の一部は，文部科学省科研費，私学助成（私立大学戦略的研究基盤形成支援事業）の補助を受けた．

参考文献

1) 瀧澤俊広, 石川 源, 他：臨床検査 51, 1643-1649, 2007.
2) Luo SS, Ishibashi O, et al：Biol Reprod 81, 717-729, 2009.
3) Noguer-Dance M, Abu-Amero S, et al：Hum Mol Genet 19, 3566-3582, 2010.
4) Bentwich I, Avniel A, et al：Nat Genet 37, 766-770, 2005.
5) Bortolin-Cavaillé ML, Dance M, et al：Nucleic Acids Res 37, 3463-3473, 2009.
6) Huang Q, Gumireddy K, et al：Nat Cell Biol 10, 202-210, 2008.
7) Yang K, Handorean AM, et al：Int J Clin Exp Pathol 2, 361-369, 2009.
8) Rippe V, Dittberner L, et al：PLoS One 5, e9485, 2010.
9) Ishibashi O, Ohkuchi A, et al：Hypertension 59, 265-273, 2012.
10) Miettinen MM, Mustonen MVJ, et al：Biochem J 314, 839-845, 1996.
11) Pineles BL, Romero R, et al：Am J Obstet Gynecol 196, 261.e1-6, 2007.
12) Hu Y, Li P, et al：Clin Chem Lab Med 47, 923-929, 2009.
13) Zhu XM, Han T, et al：Am J Obstet Gynecol 200, 661.e1-7, 2009.
14) Enquobahrie DA, Abetew DF, et al：Am J Obstet Gynecol 204, 178.e12-21, 2011.
15) Huang X, Le QT, et al：Trends Mol Med 16, 230-237, 2010.
16) Bonenfant M, Provost PR, et al：J Endocrinol 165, 217-222, 2000.
17) Levine RJ, Lam C, et al：N Engl J Med 355, 992-1005, 2006.
18) Miura K, Miura S, et al：Clin Chem 56, 1767-1771, 2010.
19) Kotlabova K, Doucha J, et al：J Reprod Immunol 89, 185-191, 2011.
20) Hromadnikova I, Kotlabova K, et al：J Mol Diagn 14, 160-167, 2012.
21) 瀧澤俊広, 石橋 宰, 他：実験医学 29, 392-398, 2011.

瀧澤俊広
1986 年　自治医科大学医学部卒業
1994 年　同大学院医学研究科修了, 医学博士
2003 年　日本医科大学大学院分子解剖学教授

研究テーマ：低分子 RNA の分子病態における役割解明と新治療戦略への展開をめざしている。

第1章　microRNA 診断

17. 疼痛と神経疾患による脳内 miRNA 発現変動：中枢性疾患の診断基準としての miRNA

西須大徳・山下　哲・葛巻直子・成田道子・落谷孝広・成田　年

　慢性疼痛が上位中枢に及ぼす影響は大きく，情動を含めた様々な変化は病態を複雑化させ，症状を悪化させる。われわれは，神経障害性疼痛様モデルマウスにおける側坐核での神経活性低下変化および miRNA200b/429 の減少を確認した。これらの miRNA は DNMT3a をターゲットとしており，その有意な上昇も確認している。持続性疼痛は側坐核領域での様々な遺伝子発現変化を修飾し，難治化を引き起こす一因となっている可能性が示唆される。miRNA はこのような疼痛の難治化の一端を担う可能性が考えられ，病態解明に必要不可欠な因子であると考えられる。

はじめに

　慢性疼痛による抑うつや不安障害は，痛みに対する外因性のうつ病や，疼痛により誘発された内因性うつ病であることも少なくない。また一方で，疼痛の原因が明らかに身体疾患であり，精神症状が二次的反応として引き起こされた場合でも，精神症状が疼痛閾値を低下させ，病態を複雑化させるとともに症状を増悪させる[1)2)]。これらの事実は，疼痛刺激と上位中枢に密接な関係があることを示唆しているが，疼痛による上位での分子応答に関してはいまだ未知の部分が多く，複雑化した病態は臨床における診断を困難なものとしている。この原因の多くは確立した検査法がないことに起因するが，病態そのものの解明が完全にはなされていないことが主たる原因としてあげられる。臨床での痛みの診断は主観的なもので，確立された客観的かつ定量的な検査は現在のところまだない。それは，痛みだけにとどまらず精神疾患に関しても同様のことが言える。

　そこで本稿では，慢性疼痛下における脳，特に情動に関与した部位での microRNA（miRNA）変化について概説する。

I. 慢性疼痛における miRNA

　疼痛などの外的刺激は次のような経路で脳の様々な領域に投射される。末梢の侵害受容性疼痛は一次求心性伝導路を通じて脊髄後角に伝達された後，脊髄-視床路を主とする複数の脊髄内上行路を経て種々の視床核に入力される。脊髄-視床路は，痛みの認知・識別に関与する外側路と痛みの情動に関与する内側路に大別される。視床へ伝達された痛覚情報は，さらに上位の中枢に伝達される。一方，近年注目されている miRNA は，1993年に発見されて以降，特にがんでの研究を中心に行われてきた。しかしながら，その性質上，心血管障害[3)]，糖尿病[4)]，リウマチ・SLE・シェーグレン症候群といった自己免疫疾患[5)6)] など様々な疾

key words

慢性疼痛，側坐核，報酬回路，fMRI，エピジェネティクス，*DNMT3a*，分泌型 miRNA，エクソソーム，バイオマーカー

患に関与していることが最近の研究で示唆されている。疼痛分野に関しては，complete Freund's adjuvant（CFA）を使った急性痛モデルにおいて，いくつかのmiRNAが脊髄後根神経節で減少すること[7]，また神経障害後の脊髄後根神経節においてmiRNA183が増加することが報告されている[8]。一方，疼痛発現に関与することが明らかとなっているNa$^+$チャネルのサブタイプであるNav1.8含有神経のDicerの選択的ノックアウトでは，60以上のmiRNAの低下または消失が確認されている[9]。これらの事実は，疼痛伝導路上で疼痛閾値の変化により様々なmiRNAが変動し，痛みの難治化に関与している可能性を示唆している。しかしながら，ほとんどが末梢-脊髄レベルでのものであり，上位中枢での変化についての報告はほとんどない。

Ⅱ．神経障害性疼痛下における側坐核内miRNA変化

側坐核（nucleus accumbens：N Acc）は報酬・快感・恐怖などの情動反応に関与している。側坐核の情動に関与する回路は，腹側被蓋野（ventral tegmental area：VTA）からのドパミン神経投射と扁桃体・海馬・前頭前野からのグルタミン神経投射がある。このうち，腹側被蓋野から側坐核への投射は中脳辺縁ドパミン経路に属し，報酬・快感に関与していることから「報酬回路」と呼ばれている。これまでわれわれは，急性疼痛モデル動物を作製し，functional magnetic resonance imaging（fMRI）法（Varian Medical Systems社）に従って，疼痛応答による中脳辺縁ドパミン神経系のphasic activityの評価を行ったところ，痛み刺激により側坐核領域

図❶ 神経障害性疼痛下におけるmiRNA発現変化

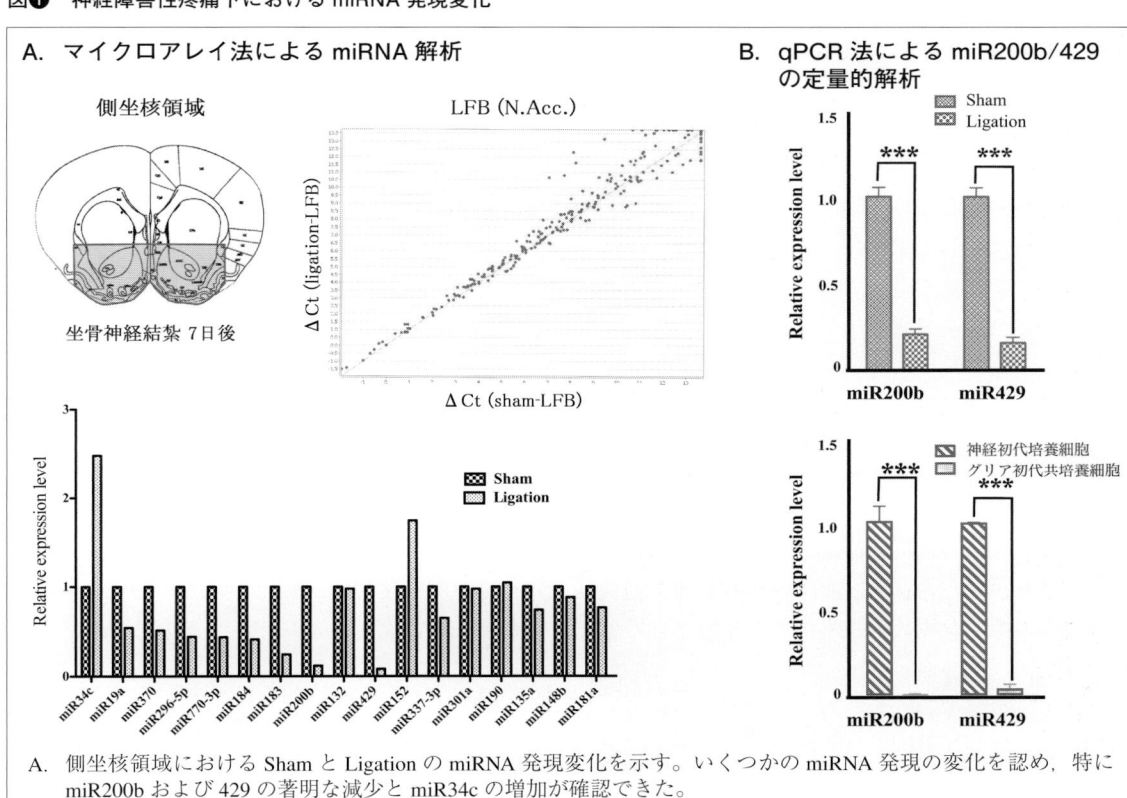

A. マイクロアレイ法によるmiRNA解析

B. qPCR法によるmiR200b/429の定量的解析

A. 側坐核領域におけるShamとLigationのmiRNA発現変化を示す。いくつかのmiRNA発現の変化を認め，特にmiR200bおよび429の著明な減少とmiR34cの増加が確認できた。
B. miR200b/429の発現をrealtime-PCRにて確認した。下のグラフは神経とグリア細胞でのmiR200b/429の発現比較であり，神経に特異的に発現している。

および腹側被蓋野領域において一過性の反応の亢進が認められることを明らかとしている。このように，腹側被蓋野から側坐核へのドパミン神経投射は，上行性の痛み伝導ネットワークに含まれているが，この反応が痛みに呼応した活性化なのか，あるいは痛みに対して防御的に働く抑制性のネットワークとしての活性化なのかは明らかではない。一方，また右側の坐骨神経を結紮した神経障害性疼痛様モデルマウスを用い，手術後7日目の側坐核内での神経活性変化について免疫組織学的手法により検討したところ，坐骨神経結紮下での側坐核領域においての ΔFosB 活性の低下，すなわち神経活性の低下が認められた。また，in vivo microdialysis 法（EiCOM社 ESP-64）を用い，神経障害性疼痛下の腹側被蓋野に電気刺激を与えた際の側坐核領域におけるドパミン遊離量を測定したところ，坐骨神経結紮群において著明なドパミン遊離量の低下が認められた。このことから，神経障害性疼痛下においては中脳辺縁 ドパミン神経の phasic activity が低下している可能性が示唆される。そこで，この変化と連動して miRNA が変化する可能性を考え，結紮群と非結紮群の側坐核を含む脳領域において，miRNA 変動の網羅的解析（Applied Biosystems社）を行った。

まず坐骨神経を結紮したマウスにおいて，マイクロアレイ法に従い miRNA 発現プロファイリングを行ったところ，神経特異的に miRNA200b/429 の著明な発現低下が認められた（図❶）。この2つの miRNA200b/429 はクラスターを形成し，標的タンパク質の翻訳抑制を行うことが知られている。そこで，標的遺伝子予測アルゴリズムを用いて，網羅的に標的タンパク質の検索を行ったところ，363種類が想定された。その多くは，細胞形態に関わるものや，エピジェネティック遺伝子修飾機構の1つである DNA メチル化を誘導する酵素，メチル化 CpG 結合タンパクなどの転写抑制タンパク

図❷　神経障害性疼痛下における DNMT3a 発現変化と局在（文献10より）

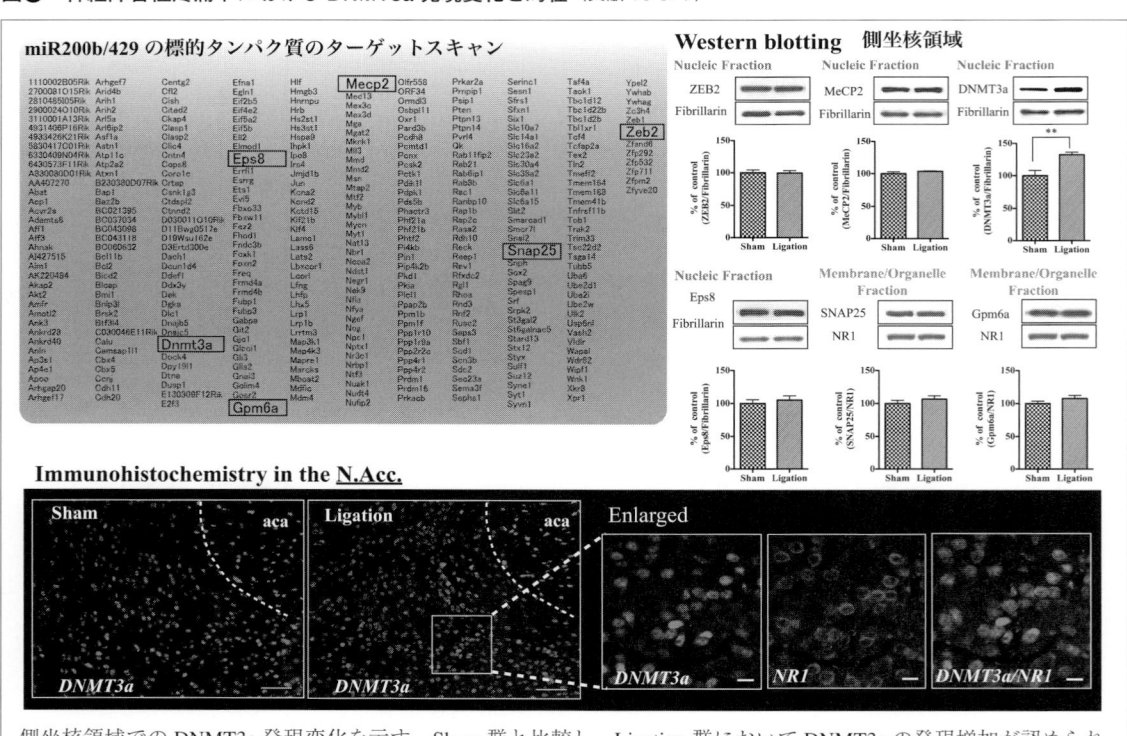

側坐核領域での DNMT3a 発現変化を示す。Sham 群と比較し，Ligation 群において DNMT3a の発現増加が認められる。また，NRI との共局在を示すことから，神経に特異的に発現していることが示された。

（グラビア頁参照）

など，長期的な遺伝子の発現抑制に関わるタンパク質であった．これらのタンパク質の中で特にエピジェネティクス機構や神経可塑性に関連の深い DNMT3a, MeCP2, Zeb2, SNAP25, N-cadherin, Eps8, Gpm6a のタンパク質発現変化について，Western blot法を用いて検討したところ，坐骨神経結紮群において DNMT3a の有意なタンパク質発現量の増加が認められた（図❷）[10]．これらの結果より，慢性疼痛下の側坐核領域において，miRNA200b/429 が著明に発現低下し，それに伴い DNMT3a の翻訳抑制が減少することで，DNMT3a タンパク質発現が増加する可能性が示唆された．これに伴い，側坐核領域で様々なエピジェネティクス変化が引き起こされ，神経活性の低下を引き起こしている可能性が考えられる．昨年，腰痛症の患者の側坐核神経の phasic activity の著しい低下が痛覚伝達に大きく寄与しているという臨床研究が Neuron 誌に報告され，大きな反響を呼んだ．このようなことからも，これまで述べたような側坐核での神経活性の低下が，神経障害性疼痛における疼痛の難治化や，情動障害を引き起こしている主因の1つである可能性が考えられる．

Ⅲ．今後の展望

micro RNA と呼ばれる小さなRNAは，翻訳を阻害することで様々なタンパク質の産生を調節するという生理的に非常に重要な機能をもっている．このようなことから，慢性疼痛による脳内 miRNA 変化は様々なタンパク質の翻訳を制御し，結果として疼痛の感受性変化や中枢感作を導き出す可能性が考えられる．

一方，miRNA は発生・分化のタイミングをはじめとした重要な生命現象をはじめ，老化とがんなどにも関わっていることが報告されている[11]．しかしながら，精神疾患や疼痛に関連した報告はまだ少ない．これはこれらの疾患が，がんなどの疾患と異なり，生検や切除による検体検査が困難であるため，それらの情報を実際に臨床応用することが困難であるという点にある．近年，miRNA が分泌顆粒内に含まれて細胞間移動していることが明らかとなり，これは分泌型 miRNA とされ，注目されている．この分泌型 miRNA は，エクソソームと呼ばれるナノサイズの小胞顆粒に miRNA が包埋されることで，多くの消化酵素が存在する血漿・血清中においても安定する[12][13]．そのため，診断用バイオマーカーとしての役割を担うことが期待されている[14][15]．採血は簡便で低侵襲の検査法であるため，その期待は大きい．そのため，miRNAの測定に基づく病気の診断法や miRNA の働きを応用した治療法の研究が世界各所で進められるようになってきている．われわれも疼痛のバイオマーカーを検索する目的で，マウスおよびヒトの血液からエクソソームを抽出し，miRNA 発現の網羅的解析を進めている．今後，血中エクソソームでの miRNA 変動のプロファイリングおよびその経日変化と疼痛の病態との相関が確認できれば，疼痛の診断マーカーとしての有用性も期待できるものと考えられる．

参考文献

1) von Korff M, Simon G：Br J Psychiatry Suppl 30, 101-108, 1996.
2) Gallagher RM, Moore P, et al：Gen Hosp Psychiatry 17, 399-413, 1995.
3) Li T, Cao H, et al：Clin Chim Acta 412, 66-70, 2011.
4) Chen WJ, et al：Atheroscler 222(2), 314-323, 2012.
5) Alevizos I, Illei GG：Nat Rev Rheumatol 6, 391-398, 2010.
6) Furer V, Greenberg JD, et al：Clin Immunol 136, 1-15, 2010.
7) Bai G, Ambalavanar R, et al：Mol Pain 3, 15-18, 2007.
8) Aldrich BT, et al：Neuroscience 164, 711-723, 2009.
9) Zhao J, et al：J Neurosci 30, 10860-10871, 2010.
10) Imai S, et al：J Neurosci 31, 15294-15299, 2011.
11) Smith-Vikos T, Slack FJ：J Cell Sci 125, 7-17, 2012.
12) Mitchell PS, et al：Proc Natl Acad Sci USA 105, 10513-10518, 2008.
13) Pegtel DM, et al：Proc Natl Acad Sci USA 107, 6328-6333, 2010.
14) Kosaka N, Iguchi H, et al：Cancer Sci 101, 2087-2092, 2010.
15) Taylor DD, Gercel-Taylor C：Gynecol Oncol 110, 13-21, 2008.

参考ホームページ

・星薬科大薬理学教室
　http://polaris.hoshi.ac.jp/kyoshitsu/yakuri/top.html

成田　年

1988 年	星薬科大学薬学部衛星薬学科卒業
1993 年	同大学院薬学研究科博士課程修了，薬学博士取得
	University of Mississippi Medical Center, Dept. of Pharmacology & Toxicology, Postdoctoral fellow
1994 年	Medical College of Wisconsin, Dept. of Anesthesiology, Research Associate
1996 年	同 Assistant Prfessor
1999 年	星薬科大学薬品毒性学教室講師
	Medical College of Wisconsin, Dept. of Ansethesiology, Visiting Assistant Prfessor
2002 年	同 Adjunct Prfessor
2003 年	星薬科大学薬品毒性学教室助教授
2007 年	同准教授
	順天堂大学医学部付属病院，麻酔科学・ペインクリニック講座客員准教授（兼任）
2011 年	星薬科大学薬理学教室教授

研究内容：ヒト脳神経疾患のエピジェネティクス解析，難治性疼痛・全身性炎症ならびにアレルギー発現の分子機構の解明と治療薬の開発，細胞のリプログラミング機構の解明，ヒト疾患 iPS 細胞の分化誘導解析

第2章

microRNA 治療

第2章 microRNA 治療

1. miR-146 による関節炎モデルにおける骨破壊抑制

中佐智幸・越智光夫

　microRNA(miR)-146 は，自然免疫，炎症反応をネガティブに制御しており，関節リウマチ（RA）の滑膜，末梢血中に高発現している。われわれは，コラーゲン関節炎マウスに対して，合成二本鎖 miR-146 を尾静脈から投与し，治療効果を検討したところ，関節破壊が抑制されていた。また in vitro では，破骨細胞分化において miR-146 の強制導入により破骨細胞分化は抑制されていた。miRNA は，次世代の核酸医薬としても注目されており，RA における新たな治療戦略に展開できる可能性がある。

はじめに

　関節リウマチ（RA）は，関節の滑膜組織の炎症を特徴とし，骨・軟骨破壊により関節破壊をきたす原因不明の自己免疫性疾患である。滑膜組織では，滑膜細胞の異常増殖をきたし，炎症性サイトカイン，マトリクス分解酵素が分泌される。これら様々なサイトカインなどの因子により，破骨細胞分化が促進され，骨・軟骨破壊が進行する。関節破壊まで進行すると著しい機能障害をきたすため，早期に診断し，治療を開始することが重要である。生物学的製剤の登場といった近年の薬物療法の進歩により，RA の病勢をコントロールし，関節破壊を予防することができるようになってきた。特に TNFα，IL-6 などの炎症性サイトカインを標的にした生物学的製剤は，RA 治療のパラダイムシフトをもたらし，RA の治療成績は飛躍的に向上した[1]。一方で，これら薬剤に抵抗する症例の存在，副作用，高い薬価といった問題もある。

　近年，タンパク質をコードしない non-coding RNA である microRNA（miRNA）がヒトの様々な疾患に関与していることが報告されている。miRNA は約 22 塩基程度の small RNA で，標的遺伝子の 3' 非翻訳領域に存在する相補的配列に結合し，翻訳阻害あるいは mRNA の直接的破壊により遺伝子発現を制御している[2]。2006 年，Taganov らは，THP-1 細胞において miR-146 が，IRAK1（interleukin-1 receptor associated kinase 1），TRAF6（TNF receptor associated factor 6）を標的遺伝子とし，これらの発現を制御することで自然免疫のネガティブフィードバックを担っていることを見出した[3]。また，miR-146 の発現は NFκB により制御されており，リポポリサッカライド（LPS），炎症性サイトカインの刺激により発現が誘導されることがわかった。以後，miR-146 は，がんなどの様々な疾患に関与していることが明らかとなってきている[4,5]。炎症性疾患である RA においても，miR-146 がその病態に何らかの関与をしていることが示唆されている。RA の滑膜組織では，変形性関節症の滑膜組織と比較し miR-146 が高発現しており，特にマクロファージ，T細胞に発現している。また，活動性の高い滑膜組織においてその発現は高く，RA 滑膜

---

key words

microRNA, miR-146, non-coding RNA, 関節リウマチ, 滑膜炎, 破骨細胞, コラーゲン関節炎, 炎症性サイトカイン

線維芽細胞においては，炎症性サイトカインの刺激により，その発現が誘導された[6)7)]。また，RAの末梢血単核球においてもmiR-146の発現は上昇している[8)]。また，THP-1細胞においてmiR-146を過剰発現させると，炎症性サイトカインの産生を抑制し，miR-146のノックアウトマウスでは加齢とともに血中のIL-6濃度が上昇し，全身性に炎症を引き起こすことが報告されている[9)]。このように，自然免疫，炎症反応のネガティブフィードバックを担っているmiR-146は，RAの炎症反応に対して抑制しようとするため発現が上昇していることも考えられる。また，炎症性サイトカインを添加した軟骨細胞においてmiR-146を過剰発現させると，炎症性サイトカインの発現を抑制したという報告もある[10)]。

以上のことから，関節炎に対しmiR-146を導入することで関節炎が抑制されるものと考え，コラーゲン関節炎マウスに対して合成miR-146aの全身投与による治療効果を検討した。

Ⅰ．miR-146投与による関節炎マウスの治療効果

8週齢雄DBA1/Jマウスを用いてコラーゲン関節炎マウス[用解1]を作製した。LPSを腹腔内投与して4週間後，手足の関節が腫脹・発赤をきたしたのを確認し，尾静脈からアテロコラーゲン（atelogene systemic use，高研）と混合した合成二本鎖miR-146aを投与した（20μg）。その1週間後，さらに同量の合成miR-146aを投与した。対照群として，非機能性合成二本鎖RNA（siRNA negative control，B-Bridge International社）を同量投与した。初回投与から4週間後屠殺し，足部のレントゲン評価と組織学的評価を行い，関節破壊の程度を評価した[11)]。

レントゲンでは，対照群では著しい関節破壊を認めたのに，miR-146a投与群ではわずかに関節破壊を認めたのみであった（図❶）。組織切片において，対照群では滑膜組織の増殖，軟骨・骨破壊を認めたのに対し，miR-146a投与群では滑膜炎は軽度認めるものの，関節面は保たれていた（図❷）。組織像の定量的スコアリングを行うと，対照群と比較しmiR-146a投与群では有意に低値であった（図❸）。しかしながら，miR-146a投与群においても滑膜炎が残存しているものも存在した。miR-

図❶　後足のレントゲン写真（文献11より改変）

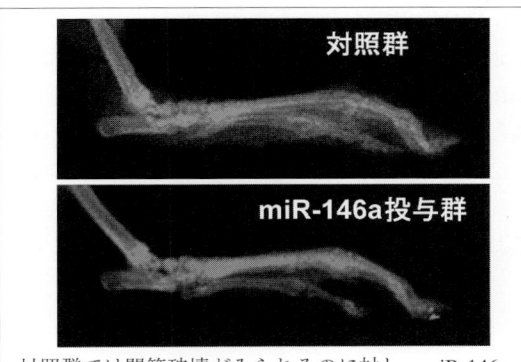

対照群では関節破壊がみられるのに対し，miR-146a投与群では関節破壊は軽度である。

図❷　後足のHematoxylin Eosin染色（文献11より改変）

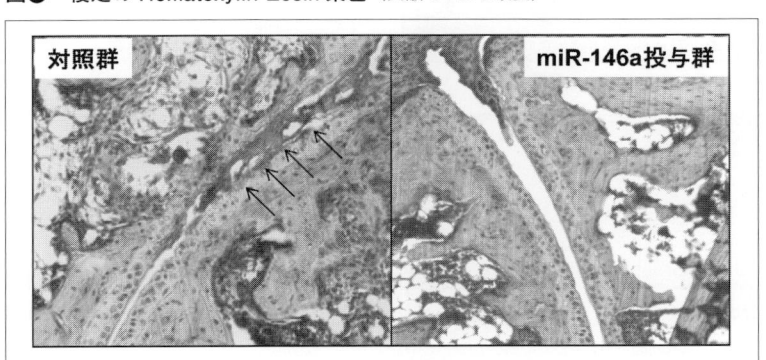

対照群では増生した滑膜の軟骨・骨へ浸潤（矢印）がみられるのに対し，miR-146a投与群では関節面は保たれている。しかし，滑膜炎も認めている。

146a投与群では対照群と比較し骨・軟骨破壊が軽度であったことから，TRAP染色を行い破骨細胞の評価を行ったところ，対照群では滑膜・骨境界部を中心としてTRAP陽性細胞が多くみられたが，miR-146a投与群ではTRAP陽性細胞は少なかった。また炎症性サイトカインの発現を評価するため，TNFα，IL-1β，IL-6の免疫染色を行った。対照群では増勢した滑膜組織にこれら炎症性サイトカインの発現がみられたのに対し，miR-146a投与群ではその発現は軽度であった。

続いて in vitro において，破骨細胞分化におけるmiR-146の機能を評価した。ヒト末梢血から単核球を分離し，デッシュに播種した。リポフェクション法により合成二本鎖miR-146aを強制導入し，M-CSFとRANKLあるいはTNFαを添加し，3週間培養した。3週間後，TRAP陽性多核巨細胞の数を計測した。その結果，miR-146aの強制導入により，破骨細胞分化は抑制されていた（図❹）。また同様に，象牙切片上で破骨細胞分化を誘導し吸収窩の形成を評価したところ，miR-146aの強制導入では吸収窩はわずかに認めたのみであった。破骨細胞分化には，NFκBの活性化，前述したTRAF6，そしてTNFαといった炎症性サイトカインが重要である。miR-146の過剰発現によりNFκBが不活化するという報告もあり，またTRAF6はmiR-146の直接的な標的遺伝子であることから，miR-146aの強制導入により破骨細胞分化が抑制されたものと思われる。本研究結果から，miR-146aの全身投与によりコラーゲン関節炎マウスにおいて関節破壊は抑制されていたが，滑膜炎が残存しており，さらに投与量・方法などのさらなる検討

図❸ 組織学的評価のスコアリング（文献11より改変）

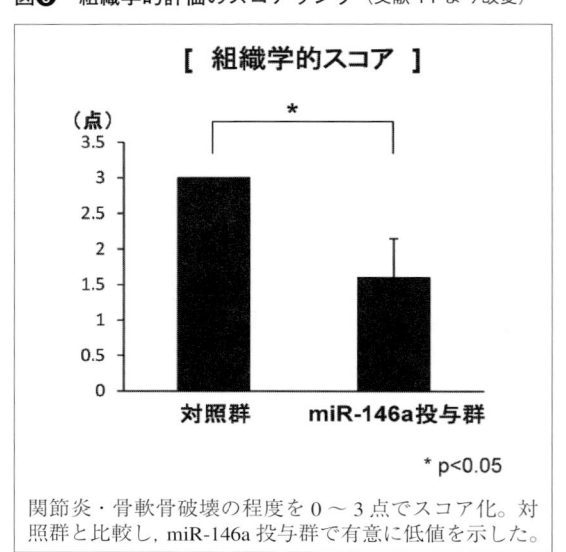

関節炎・骨軟骨破壊の程度を0～3点でスコア化。対照群と比較し，miR-146a投与群で有意に低値を示した。

図❹ miR-146の破骨細胞分化の抑制効果（文献11より改変）

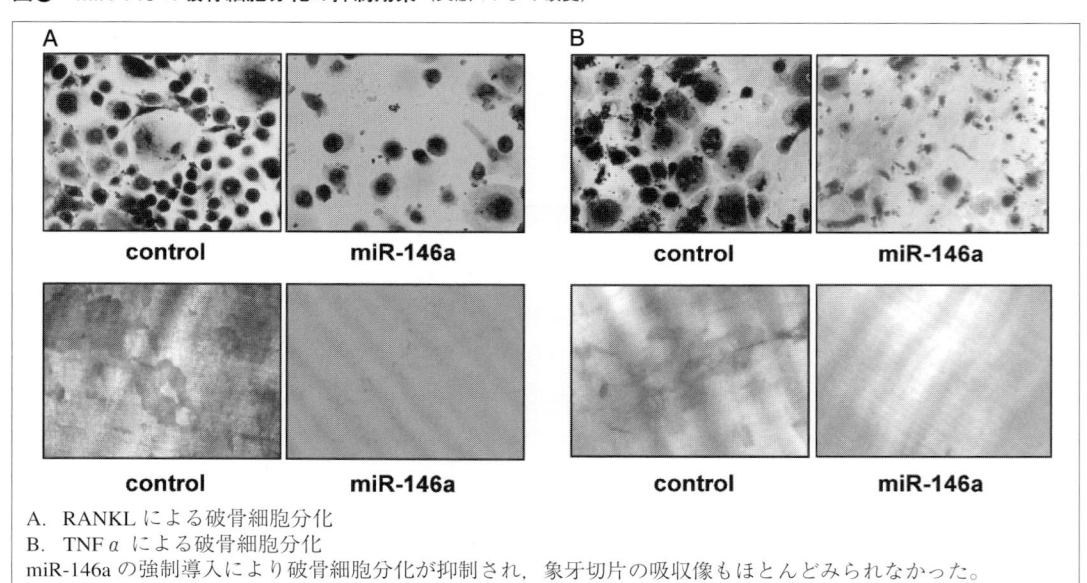

A．RANKLによる破骨細胞分化
B．TNFαによる破骨細胞分化
miR-146aの強制導入により破骨細胞分化が抑制され，象牙切片の吸収像もほとんどみられなかった。

を要する。また，どの細胞に取り込まれ機能したのかなど，そのメカニズムの解明も必要である。

関節炎マウスに対して，TNFα，IL-1β，IL-6といった炎症性サイトカインのsiRNAを全身投与し，関節炎を制御したとの報告もある[12]。siRNAは1つの遺伝子を標的にしている一方，1つのmiRNAは複数の標的遺伝子を制御している。つまり，1つのmiRNAで複数の遺伝子を制御することが可能であり，このような性質を利用することで従来にない核酸医薬となる可能性を秘めている。実際，様々な疾患動物モデルに対しmiRNA投与による治療の試みがなされている[13)-15)]。関節炎においても，関節注射により滑膜組織で投与したmiRNAを機能させることも可能であり[16)]，miR-146においても関節内投与により，局所の濃度を高くすることで，より効果的に関節破壊を抑制できるかもしれない。

おわりに

本研究により，miRNAによるRAの新たな治療法の可能性を示した。miRNAは核酸医薬としても注目されており，今後の研究成果によってはRAの新たな治療の選択肢となりえるかもしれない。しかし本研究では，完全に関節炎を抑制できたわけではなく，作用メカニズムも解明されていない。より効果的に治療効果を得るため，投与方法，投与するmiRNAの種類などといったさらなる検討が必要である。

用語解説

1. **コラーゲン関節炎マウス**：コラーゲン関節炎は自己免疫性の関節炎であり，関節リウマチのモデル動物として用いられている。結核死滅菌を加えた完全フロイントアジュバントとII型コラーゲンを混合し，マウスに皮下注射して免疫する。3～4週程度で関節炎が発症し，8週頃まで持続する。滑膜増殖，炎症細胞の浸潤，骨びらんといった関節リウマチによく似た組織像を呈する。

参考文献

1) Lipsky PE, van der Heijde DM, et al：N Engl J Med 343, 1594-1602, 2000.
2) Ambros V：Nature 431, 350-355, 2004.
3) Taganov KD, Boldin MP, et al：Proc Natl Acad Sci USA 103, 12481-12486, 2006.
4) Kogo R, Mimori K, et al：Clin Cancer Res 17, 4277-4284, 2011.
5) Zilahi E, Tarr T, et al：Immunol Lett 141, 165-168, 2012.
6) Stanczyk J, Pedrioli DM, et al：Arthritis Rheum 58, 1001-1009, 2008.
7) Nakasa T, Miyaki S, et al：Arthritis Rheum 58, 1284-1292, 2008.
8) Pauley KM, Satoh M, et al：Arthritis Res Ther 10, R101, 2008.
9) Boldin MP, Taganov KD, et al：J Exp Med 208, 1189-1201, 2011.
10) Jones SW, Watkins G, et al：Osteoarthritis Cartilage 17, 464-472, 2009.
11) Nakasa T, Shibuya H, et al：Arthritis Rheum 63, 1582-1590, 2011.
12) Khoury M, Escriou V, et al：Arthritis Rheum 58, 2356-2367, 2008.
13) Takeshita F, Patrawala L, et al：Mol Ther 18, 181-187, 2010.
14) Hu S, Huang M, et al：Circulation 122 (Suppl), S124-131, 2010.
15) Xu D, Takeshita F, et al：J Cell Biol 193, 409-424, 2011.
16) Nagata Y, Nakasa T, et al：Arthritis Rheum 60, 2677-2683, 2009.

中佐智幸

2001年	島根医科大学医学部医学科卒業
	同附属病院整形外科
	中国労災病院整形外科
2003年	広島市立広島市民病院整形外科
2004年	広島大学大学院医歯薬学総合研究科展開医科学専攻整形外科学
2006年	国立成育医療センター研究所移植・外科研究部共同研究員
2007年	広島大学病院整形外科医科診療医
2008年	同大学院医歯薬学総合研究科展開医科学専攻整形外科学助教

第2章　microRNA 治療

2．がん抑制的 miRNAs
－効率な単離法から機能解析まで－

土屋直人・中釜　斉

　microRNA（miRNA）の機能異常が多くのヒトがん組織で認められ，がん病態の誘発と深く関連していることが明らかとなってきた。特に，がん細胞の増殖抑制的に機能する，いわゆる「がん抑制的 miRNA」に関しては，発がんの分子機構を解明するための重要なファクターであるのみならず，新たな核酸医薬品の開発シーズとしても注目されている。本稿では，がん抑制的 miRNA の効率よい単離法として，当グループで確立した機能スクリーニング法と，本法を用いて大腸がん抑制遺伝子候補 miRNA を同定したので，その機能と合わせて概説したい。

はじめに

　がん発生過程では，ジェネティックおよびエピジェネティックな変異[用解1]が多段階的に蓄積し，がん細胞の特徴の1つであるグローバルな発現プロファイルの変化を誘導する。遺伝子発現は，転写レベルのみならず転写後レベルでも厳密に制御されている。特に，タンパク質への翻訳過程は遺伝子発現の最終ステップである。がん細胞においては，翻訳活性化の重要な因子である mTOR（生存シグナルと呼ばれる）が恒常的に on の状態にあることはよく知られている。一方，翻訳抑制システムとして microRNA（miRNA）などの細胞内 small non-coding RNA の関与が注目されている[1]。

　miRNA による遺伝子発現の転写後制御は，細胞分化・増殖，細胞死，ストレス応答などの様々な局面で重要な役割を果たしている。miRNA の特徴の1つとしては，1つの miRNA が複数の mRNA を標的として発現制御を行うことである。これにより，発生・分化の時期特異的に細胞内シグナル伝達系の効果的な活性化または抑制を可能にしている。したがって，miRNA の機能異常は厳密に制御されている様々な細胞内プロセスの破綻を誘発すると考えられる。

　がん組織における miRNA の発現プロファイルは，同一正常組織と比べて著しく異なることはよく知られている[2]。miRNA の機能異常は，結果として oncogenic pathway の活性化や tumor-suppressor network の不活化を誘発し，がんの進展や悪性化に大きく貢献すると考えられる。oncogenic pathway 活性化の例としては，多くのがん種で発現亢進が認められる miR-17-92 クラスターの miR-19 が，複数の内在性阻害分子の発現を抑制することで効率よく Notch 経路の活性化を誘導することが報告されている[3]。一方，代表的ながん抑制的 miRNA である miR-34a は，がん抑制因子 p53[用解2]によって直接転写活性化される miRNA である。2007年にわれわれを含む複数のグループが，miR-34a が p53 の標的遺伝子であることや，p53 依存的な細胞周期停止やアポトーシスへ関与することを報告している[4)-7)]。miR-34a を細胞へ導入すると，p53 の内在性インヒビターである SIRT1 を抑制し，p53 の

---

key words

機能的スクリーニング，がん抑制的 miRNA，p53，アポトーシス，大腸がん，ストレス応答

K382のアセチル化亢進を伴って活性化される，いわゆるポジティブフィードバック制御機構が明らかになっている（文献8および，われわれの未発表データ）。すなわち，がん組織におけるmiR-34aの発現低下はp53 tumor-suppressor networkの活性低下を誘導すると考えられる。これらの例からもわかるように，がんで発現異常を示すmiRNA，特にがん抑制的miRNAの中には，がん細胞の生存に必須のoncogenic pathwayの抑制，もしくはがん細胞の増殖を強く抑制するtumor-suppressor networkの活性化を効率よく誘導するものが存在する。したがって，がん抑制的miRNAを効率よく同定し，それらが制御する細胞内ネットワークを解明することは，がん病態誘発の分子機構を理解することを可能とし，がん治療薬開発におけるシーズの提案や標的の同定にも寄与する成果を得ることが期待できる。

本稿では，機能的スクリーニング法によるがん抑制的miRNAの単離法と本法により同定した大腸がん抑制遺伝子候補miR-22の機能について概説する。

I．機能的miRNAスクリーニング法（ドロップアウト法）

miRNAの機能は，正常細胞・組織の恒常性維持に必須であり，その機能異常はがんをはじめとする様々なヒト疾患との関連が報告されているが，実際にがんの病態と深く関連するmiRNAを効率よく単離することは容易ではない。マイクロアレイや定量的reverse transcription-polymerase chain reaction（qRT-PCR）法を用いて，がん細胞・組織におけるmiRNAの発現プロファイルを作製し，がん細胞でのみ発現上昇・低下を示すmiRNAを抽出するアプローチは一般的に用いられている。しかしながら，いくつかの問題点もある。miRNAの発現異常は，非腫瘍組織と比べて変動が小さいことや，発現異常を呈するmiRNAが必ずしも病態と直結するわけではないことなどが考えられる。われわれは，発現プロファイリングの問題点を相補するアプローチとしてmiRNA発現ライブラリーとマイクロアレイを用いた機能的スクリーニング法（ドロップアウト法）を確立した[9]。図❶にドロップアウト法の概要を示す。原理は非常にシンプルである。重要なことは，解析の対象となる表現型を再現性よく誘導する実験系を構築することである。今回は，解析対象としては最もシンプルな細胞増殖の抑制について説明する。

本法で用いた発現ライブラリーは，レンチウイルスベクターに組み込まれた約500種類のmiRNAクローンを含むプールライブラリーである。ウイルスベクターには，前駆体miRNA（pre-miRNA）の配列を含むゲノム領域（約500bp）が挿入されており，細胞内で転写→プロセシングを経て成熟体が合成される。ライブラリーを培養細胞へと感染させ，継時的に継代を行う。継代ごとに細胞を回収しゲノムDNAの調整を行う。ゲノムDNAからベクターアーム部分の配列を利用してPCR法により，ライブラリー由来のmiRNAクローンを増幅する。今回は，継代1回目（P1）と9回目（P9）を解析対象とした。例えば，miR-Aが増殖抑制的機能を有していると，P1細胞ではmiR-Aをもつ細胞集団が継代培養を続ける間に消失し，P9ではドロップアウトすることとなる。このようなドロップアウトクローンを検出する手段として，カスタムアレイを作製した。レンチウイルスmiRNA発現ベクターには，上述のとおりpre-miRNA配列を中心として上下流領域約500〜700bpを含んでいるため，この領域を特異的に検出するプローブを搭載したアレイを用いることにより個々のmiRNAクローンの識別が可能となる。アーム配列を用いて増幅したP1細胞のゲノムDNAをCy3で，またP9細胞のゲノムDNAをCy5で標識し，カスタムマイクロアレイ上で競合的ハイブリダイゼーションする。アレイを洗浄後にレーザースキャナで取り込んだ蛍光強度比を算出することで，各miRNAクローンのコピー数変化を検出する。

1. ドロップアウト法による大腸がん抑制遺伝子候補の単離

ドロップアウト法は，がん細胞の増殖を抑制するmiRNAを短期間で効率よく同定することを可能とする方法である。一方，同定したmiRNAが実際に解析した腫瘍細胞・組織では発現しておら

第2章 microRNA 治療

図❶ ドロップアウト法の概要

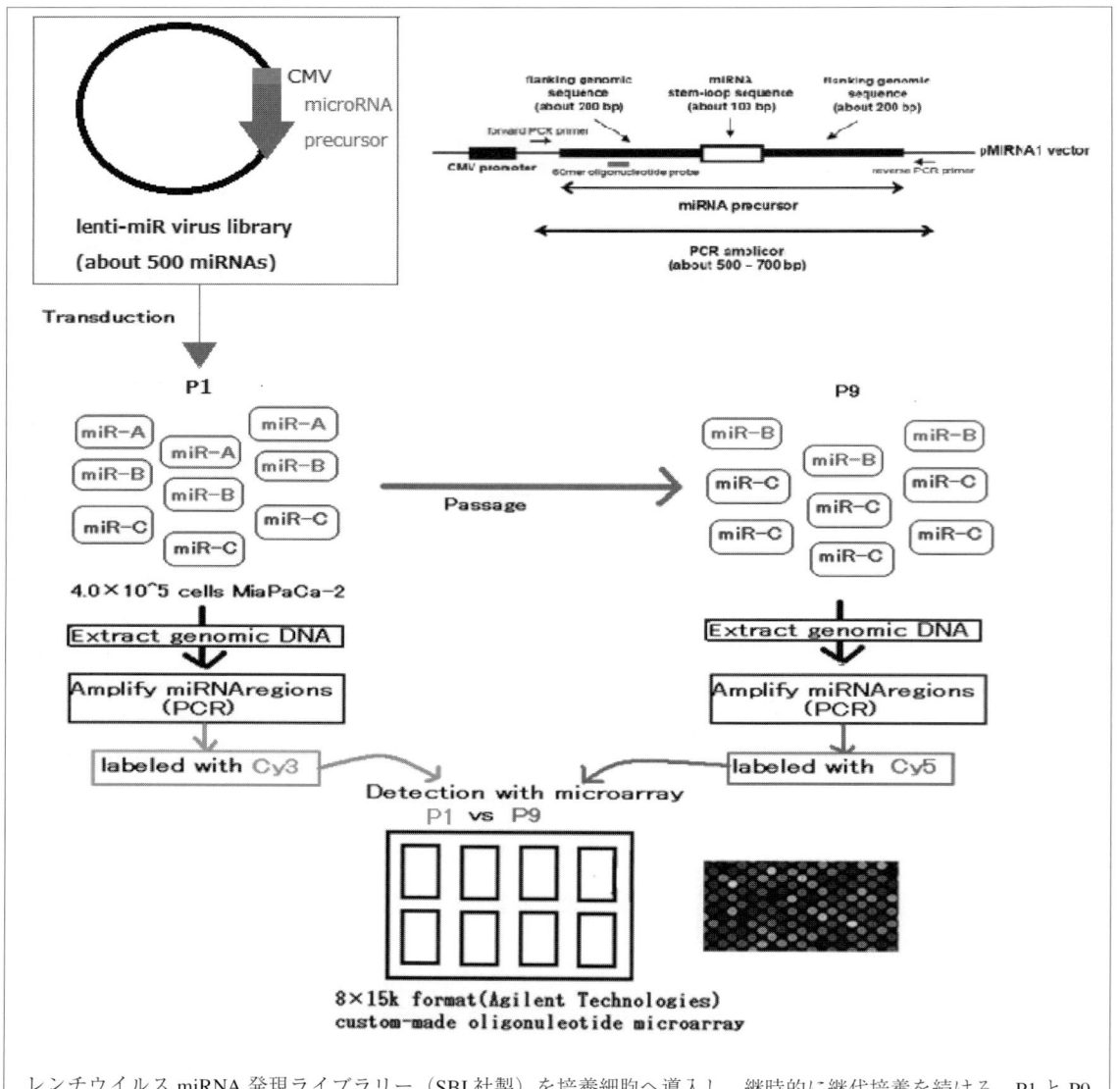

レンチウイルス miRNA 発現ライブラリー（SBI 社製）を培養細胞へ導入し，継時的に継代培養を続ける．P1 と P9 細胞からゲノム DNA を調製し，図右上に記すベクターアームプライマーで PCR を行い，継代時に細胞が保持しているウイルスベクター由来 miRNA を増幅する．それらを等量混合した後，アレイ上で競合的ハイブリダイゼーションし，相対コピー数の算出と比較を行う．

（グラビア頁参照）

ず，単に in vitro での細胞株の表現型に影響を与えているだけで，実際に病態誘発には何ら関連しない分子を釣り上げてしまう可能性もある．いわゆる experimental artifact である．このリスクを回避するために，機能スクリーニング法と網羅的ゲノム解析などを組み合わせると効果的である．

当研究グループでは，大腸がん抑制遺伝子候補の同定を試みた．初めに，単離すべき miRNA のクライテリアを定めた．

①細胞増殖抑制機能を有する（ドロップアウト法）
②正常大腸組織で発現が認められる（miRNA 発現アレイ）
③大腸がん症例で当該 miRNA 遺伝子領域の LOH[用解3] もしくは欠失がある

④大腸がん検体で発現が低下している

これらの条件を満たすmiRNAが単離できるか否か検討を行った。

2. 大腸がん抑制遺伝子候補 miR-22

初めに，大腸がん細胞株であるHCT 116へmiRNAの発現ライブラリーを導入し，細胞を継時的に継代培養した。継代1回目（P1），5回目（P5）および9回目（P9）細胞からゲノムDNAを回収し，ウイルス由来miRNAクローンをPCRで増幅し，アレイでコピー数変化を解析した。その結果，トータルで55クローンがドロップアウトクローンとして同定された。非がん大腸組織におけるmiRNA発現プロファイルのデータを用いて，それら55種類のmiRNAの発現を検討し，24のmiRNAを絞り込んだ。これらmiRNAは上記①と②を満たすmiRNAである。さらに，大腸がん症例を用いたゲノム構造解析（Array CGH）のデータを用いて，それら24のmiRNA遺伝子座のがん組織における構造異常を解析した。その結果，miR-22の遺伝子座（染色体17p13.3）は，大腸がん検体の70％以上で片アリルの欠損が生じていることがわかった。さらに，大腸がん検体を用いてmiR-22の発現を定量的RT-PCR法で検討した結果，やはり70％以上の症例で発現低下を示していた。miR-22は，上記①から④を満たすmiRNAとして同定することができた。

II. miR-22の機能

実際に，miR-22は大腸がん抑制的機能を有しているのか，その分子機構はどのようなものなのであろうか。これらを解明するために，miR-22を複数の大腸がん細胞株へ導入した。結果は，すべての細胞株の増殖を抑制したが，興味深いことに，それらの表現型は異なるようであった。すなわち，代表的ながん抑制因子であるp53が野生型である細胞株は細胞死が強く誘導されたのに対して，p53変異型および欠損細胞株では細胞増殖は強く抑制されるものの細胞死が誘導されないことがわかった。われわれは，miR-22がp53経路の中で機能すると考え，野生型p53を有するHCT 116細胞へmiR-22を導入しmRNAの発現プロファイルを作製した。発現変動を示したmRNAを抽出し，ネットワーク解析を行うと，miR-22によってp53経路の下流に位置する遺伝子の発現が大きく影響を受けることがわかった。しかしながら，miR-22を細胞へ導入しても，p53それ自身の発現上昇やタンパク質の安定化は認められないことから，miR-22はp53の下流に位置すると推測された。

p53の下流にmiR-22が位置し，miR-22が細胞死を規定する分子を抑制するとの仮説を立てた。この仮説が成り立つためには，miR-22の発現がp53およびその関連因子で制御されている必要がある。図❷に示すように，miR-22遺伝子座は染色体17p13.3であり，4つのエクソン構造を有する。われわれは，エクソン1の5'上流約1kbとイントロン2にp53結合のコンセンサス配列が存在することを見出した。実際に，miR-22の発現は，DNA障害剤であるアドリアマイシンによって活性化された。Chromatin Immunoprecipitation（ChIP）法を用いて，p53の結合も確認された。これらの結果から，

図❷　miR-22遺伝子の構造

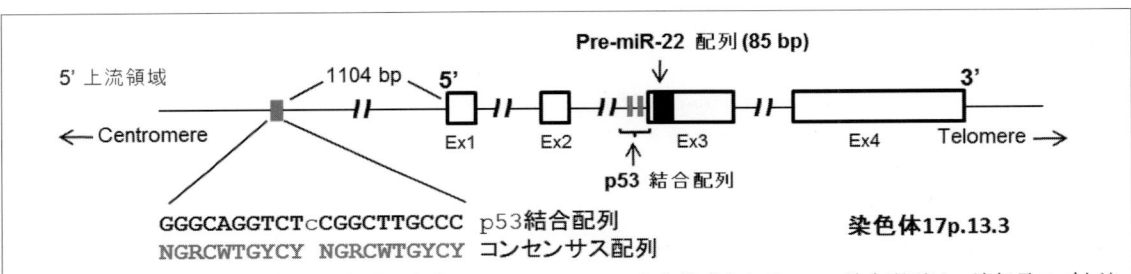

miR-22遺伝子は染色体17番p13.3領域に存在し，4つのエクソンから構成される。p53結合配列は，遺伝子の5'上流とイントロン2に存在する。エクソン1〜4を含むcDNAを合成し，細胞へ導入してもmiR-22の生合成は亢進する。

miR-22はp53の新しい標的遺伝子の1つであると結論した。

III. miR-22標的mRNAの同定

次に，miR-22の標的mRNAを同定し，機能の全容を明らかにする必要がある．われわれは，生化学・分子生物学的手法を用いて，miR-22標的mRNAを同定するためにAGO2-IP on Chip解析を行った．HAタグを導入したAGO2[用解4]タンパク質を安定的に発現するHCT 116細胞を樹立し，miR-22もしくは陰性コントロール（miR-NC）を導入した．一定時間培養した後，AGO2複合体に取り込まれたmRNAを免疫沈降法により回収，RNAを精製し，発現アレイを用いてAGO2複合体に含まれるmRNAを網羅的に解析した．すなわち，miR-22依存的にAGO2複合体へ取り込まれるmRNAを濃縮し，解析する手法である．得られたプロファイルを用いて，NC細胞と比べて有意に濃縮されているものを選別した．今回は，それらの中から細胞周期やアポトーシスの制御に関連する遺伝子をGene Ontology解析により抽出し，最終的に複数のデータベースを用いてmiR-22の標的mRNA候補を絞り込んだ．結果，p21が最も上位にランクするmRNAであった．p21はp53標的遺伝子であり，p53依存的な細胞周期停止のキー因子であることや，アポトーシスの抑制に関与することはあまりにも有名である．事実，miR-22を導入した細胞へDNA障害を与えてもp53依存的なp21の蓄積は強く抑制されることがわかった．したがって，miR-22がp53経路で機能する場合は，「ストレス→p53活性化→miR-22発現活性化→p21の抑制→アポトーシスの誘導」との流れが考察できる．では，miR-22によりp53依存的アポトーシス誘導に影響があるのだろうか？ 大腸がん細胞株を低濃度のアドリアマイシンで処理すると，細胞周期停止が誘導され，アポトーシスは誘導されない．この条件下で，miR-22を導入した細胞株は，p21の発現が抑制されアポトーシスが高頻度に誘導される．すなわち，細胞周期停止のシグナルが抑制されアポトーシスへと細胞が向かったと考えられる．われわれは，p53によってmiR-22の発現

が誘導される条件を検討した．興味深いことに，miR-22は細胞周期停止が有意に誘導されるストレス条件下ではほとんど発現上昇せず，アポトーシスを誘導する条件でのみ発現が強く活性化されることが判明した．

これらの結果は，miR-22は細胞内ストレスセンサーの1つであり，p53依存的に発現上昇し，p21などの細胞周期停止のキー因子を抑制することで細胞死を誘導する，いわゆる分子スイッチの役割を演じていることが示唆された（図❸）[10]．

IV. がん抑制的miRNA -がん本態解明と応用-

われわれが単離したmiR-34a[7]とmiR-22[10]は，ともにp53によって直接転写活性化されるが，それらが誘導する表現型が異なる．図❸に示すように，miR-34aは様々なストレスにおいてp53依存的に転写活性化され，E2FやCDK4を抑制することで細胞周期の停止を誘導すると同時に，SIRT1を抑制することでp53のポジティブフィードバック制御を行い，恒常的に細胞周期停止（この場合は，p21の発現上昇が顕著に認められる）シグナルを活性

図❸ がん抑制的miRNAによる細胞運命決定機構（仮説）

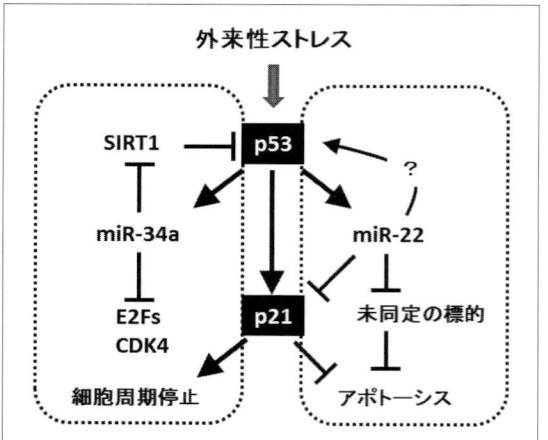

miR-34aは様々なストレスによって発現誘導され，細胞周期停止のシグナルを送り続ける．一方，miR-22はアポトーシスを誘導するような強いストレスにのみ応答し，p53依存的に転写活性化される．miR-22はp21やその他未同定の標的の発現を抑制し，アポトーシスを効率よく誘導する．このような，分子スイッチとしてmiRNAが機能しているのか？

化（もしくは活性化の維持）することが可能である。一方，miR-22 は強いストレスによって，p53 依存的に発現上昇し，p21 の抑制を介して細胞死の効率的な誘導に重要な役割を果たしている。すなわち，細胞が外来性の様々なストレスに応答し，miRNA の発現調節を通じて細胞運命決定を行っていることを示唆している。がん発生の初期段階でこのような調節機構に破綻をきたすと，細胞はダメージを保持したまま生存し，遺伝子変異を蓄積しながら形質転換へと進んでいくとも考えられる。したがって，がん抑制的 miRNA を同定し，機能を詳細に解明することで，本来，細胞が有している内在性のがん抑制ネットワークや，がん形質の獲得に必須な新たなシグナル伝達系の発見や，それらの意義を違った角度で解釈することが可能となる。

がん抑制的な miRNA を直接腫瘍細胞へ導入することは，miRNA の臨床応用を考えるうえで最もシンプルなアイデアである。そのためには，miRNA の各々が細胞内のどのようなシグナル伝達系を有意に抑制もしくは活性化を行うのかを科学的に証明する必要がある。それに加えて，miRNA の細胞内ネットワークがどのようにして構成されているか知る必要もある。また，正常組織の発生や分化における役割の理解も必須である。例えば，miR-34a の研究に関しては様々な報告があるが，いまだ正常細胞における機能や細胞内ネットワークとの関連が明らかになったとは言えない。今後，miRNA を臨床応用するためにはより詳細な機能と組織特異的な役割など，科学的知見を積み上げることが重要である。

おわりに

miRNA は，新規核酸医薬品の開発シーズとして注目されている。臨床への応用研究も急ピッチで行われており，その将来性が期待されていることは疑いない。しかしながら，様々な問題点もある。例えば，どのように組織へとデリバリーするのか，全身性投与が有効であるのかなどもその1つである。上述のように，miRNA の機能や生合成過程などもさらに詳細に知る必要があり，今後，基礎研究分野と臨床応用研究の分野が連携して発展させていくことが重要である。

用語解説

1. **エピジェネティック変異**：DNA のメチル化，ヒストンのアセチル化のような，クロマチン修飾レベルでの変異のこと。この場合，遺伝子配列に変化はないが，DNA やヒストンの構造が変化し，結果として遺伝子の発現が変化する。
2. **p53**：主要ながん抑制遺伝子の1つで，様々ながん種において高頻度に変異がみられる遺伝子である。p53 タンパク質の機能として，細胞周期の停止および損傷の修復やアポトーシスの誘引など重要な役割を有する。
3. **LOH**：loss of heterozygosity の略。異なる配列を含む対立遺伝子のうち，一方が欠失してしまうこと。例えば対立遺伝子として正常・異常な遺伝子がそれぞれ存在しており，正常側が決失した場合，その遺伝子の機能は失われてしまう。
4. **AGO2**：argonaute2 の略。miRNA は RNA-induced silencing complex（RISC）に取り込まれ，標的 mRNA と相互作用する。AGO2 タンパク質は RISC の主要構成因子の1つで，miRNA と直接結合するタンパク質である。

参考文献

1) Stefani G, Slack FJ：Nat Rev Mol Cell Biol 9, 219-230, 2008.
2) Lu J, Getz G, et al：Nature 435, 834-838, 2005.
3) Mavrakis KJ, Wolfe AL, et al：Nat Cell Biol 12, 372-379, 2010.
4) Hermeking H：Cancer Cell 12, 414-418, 2007.
5) Raver-Shapira N, Marciano E, et al：Mol Cell 26, 731-743, 2007.
6) He L, He X, et al：Nature 447, 1130-1134, 2007.
7) Tazawa H, Tsuchiya N, et al：Proc Natl Acad Sci USA 104, 15472-15477, 2007.
8) Yamakuchi M, Ferlito M, et al：Proc Natl Acad Sci USA 105, 13421-13426, 2008.
9) Izumiya M, Okamoto K, et al：Carcinogenesis 31, 1354-1359, 2010.
10) Tsuchiya N, Izumiya M, et al：Cancer Res 71, 4628-4639, 2011.

土屋直人
1998 年　横浜市立大学大学院総合理学研究科博士後
　　　　　期課程修了
　　　　　国立がんセンター研究所生化学部リサーチ
　　　　　レジデント
1999 年　同研究員
2008 年　同室長
2011 年　独立行政法人国立がん研究センター研究所
　　　　　多段階発がん研究分野ユニット長

第2章 microRNA 治療

3. マイクロ RNA によるがん幹細胞標的治療

百瀬健次・下野洋平

　幹細胞としての性質をもつとされるがん幹細胞は,腫瘍組織中に存在するがん細胞の中でも特に高い腫瘍原性を示す。マイクロ RNA-200c（miR-200c）はヒト乳がん幹細胞で特徴的に発現が低下しており,その強制発現によりヒト乳がん幹細胞の腫瘍原性は著しく抑えられる。したがって,miR-200c をはじめとする miR-200 ファミリーは,がん幹細胞の抑制を通じて,腫瘍の治療感受性を高めるとともに再発や転移を抑制することをめざすがん幹細胞標的治療に用いるマイクロ RNA の候補として,その応用が期待される。

はじめに

　血液,皮膚,大腸,神経などの組織の形成や維持に,自己再生能と分化能を併せもつ組織幹細胞が関与しているという知見が得られている。同様に,がん組織においても幹細胞様の細胞が存在し,がん組織の形成や維持に関わっていると提唱されている。特に,白血病幹細胞の同定や乳がん幹細胞の同定などにより,治療抵抗性のがん細胞や転移を起こすがん細胞と,がん幹細胞との関連性に注目が集まるようになった。われわれは,ヒト乳がん幹細胞において特徴的に発現が変化しているマイクロRNAを網羅的に解析し,37種のマイクロRNAを同定した。特にその中でもマイクロRNA-200c（miR-200c）はがん幹細胞の幹細胞としての性質（幹細胞性）を抑制する重要なマイクロRNAであると考えられた。本稿では,miR-200c の属する miR-200 ファミリーを中心に,マイクロRNAによるがん幹細胞標的治療の可能性について考察したい。

I. 幹細胞とは

　受精卵から作られる胚性幹細胞（ES細胞）や組織を作る元となる組織幹細胞は,その個体や組織を形作る細胞に分化する能力をもちながら,その細胞自身を複製する能力（自己再生能）を併せもつ。このような細胞は,血液,皮膚,大腸など組織の新陳代謝が活発な部位や中枢神経組織を中心にその存在が明らかになっている。臨床的にも骨髄移植は,血液幹細胞を移植することにより,血液組織全体を再構築することをめざす再生医療である。

II. がん幹細胞とは

　がんはモノクローナルな疾患であり,がん組織にもその元となるがん幹細胞が存在するという仮説は古くから存在する[1]。実際に白血病では,細胞表面マーカーの解析から,特定の細胞表面マーカーをもつ細胞集団が白血病幹細胞として働くことが示されている[2]。固形がんにおいても,免疫不全マウスにおける腫瘍形成能を比較することに

---

key words

がん幹細胞, miR-200c, miR-200 ファミリー, がん幹細胞仮説, BMI1, 上皮間葉転換, ノッチシグナル, 活性酸素種（ROS）, CD44, SMAD3, p53, p63, p73, ZEB1/2, メトホルミン

より，特定の細胞表面マーカーを発現するがん細胞が，がん組織を再生する能力が特に高いことが示された（図❶）[3]。そして，これらの細胞集団をがん幹細胞と定義するようになった[4]。このようにして，乳がん，大腸がん，脳腫瘍などでは特定の細胞表面マーカーを発現するがん幹細胞が存在することが示されてきた。これらのがん幹細胞は，同じ腫瘍中に含まれる他のがん細胞より特に高い腫瘍形成能を示し，腫瘍を構成する他のがん細胞を生み出す能力をもつとされる。さらに，抗がん剤や放射線療法などの治療法に対し，より高い抵抗性を示すというようながん幹細胞の特性から，がん治療後の再発や転移の過程にもがん幹細胞が重要な働きをしていると考えられている。

がん幹細胞仮説は，臨床におけるがんの治療抵抗性や，再発・転移をめぐるメカニズム，さらには腫瘍を構成する細胞の多様性の背景を考察するうえで示唆に富む。しかし，がん幹細胞の細胞表面マーカーを発現する分画中のがん細胞の不均一性，その分画以外にもがん幹細胞が含まれる可能性，がん幹細胞が腫瘍形成能を発揮する周囲環境（ニッチ）の解明，がん幹細胞とがん幹細胞以外のがん細胞との可塑性など，依然未解明の問題も多い。これらの問題は，がんの種類や進行度によっても異なると考えられることから，臨床検体を用いた多方面からの検討が今後さらに必要であると考えられる。

Ⅲ．がん幹細胞とマイクロRNA

マイクロRNAの多彩な機能が解明され，ES細胞にも miR-302-367 群をはじめとした特徴的なマイクロRNAが発現していることが知られるようにな

図❶　ヒト手術検体からのがん幹細胞の分離同定

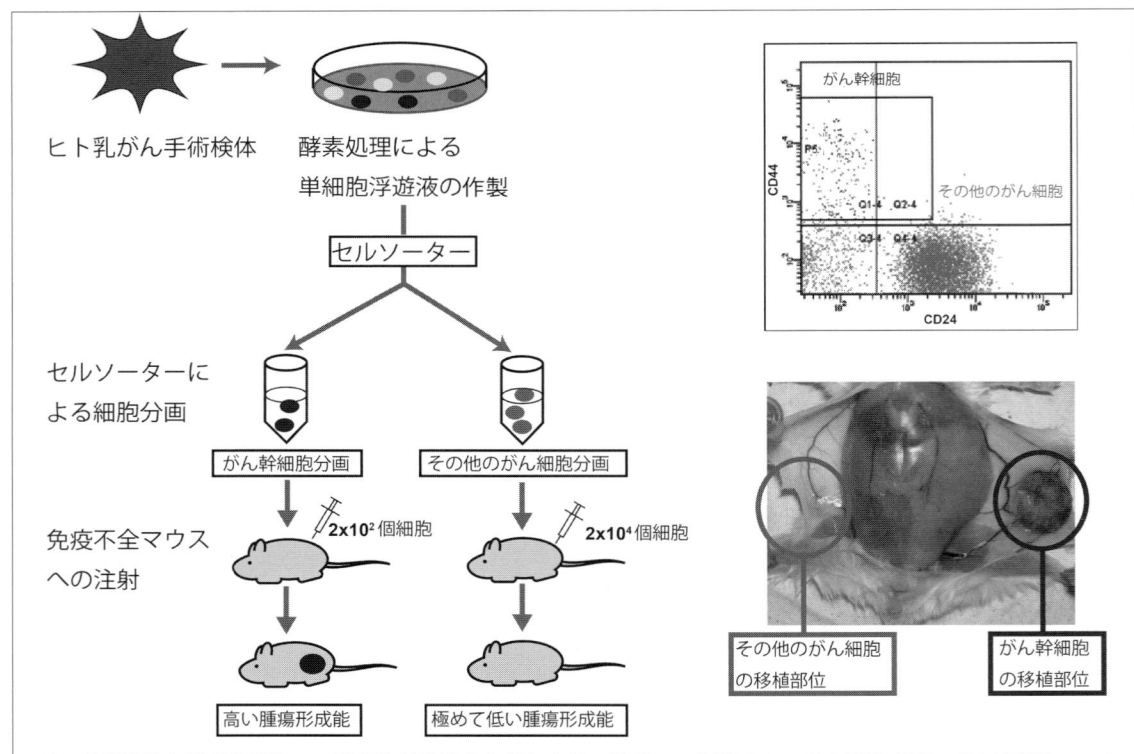

がん手術検体を酵素処理して，単細胞浮遊液を作製した後，抗体にて標識する。がん細胞表面のがん幹細胞マーカーの発現を指標にセルソーターにてがん幹細胞分画に属するがん細胞を分画する。がん幹細胞分画に属するがん細胞は，2×10^2 個でも免疫不全マウスの乳腺領域に腫瘍を形成することが可能であるが，その他のがん細胞分画に属するがん細胞はその100倍の細胞数でも腫瘍形成を認めない。
（グラビア頁参照）

った．このようなことから，マイクロRNAは幹細胞の自己再生能や分化能に関わるのではと推測されるようになった．2007年には乳がん細胞株におけるがん幹細胞分画の解析から，マイクロRNAの1つ let-7 の発現低下が乳がん幹細胞で特徴的にみられること，およびヒトの乳がん幹細胞分画でも同様の知見がみられることが報告された[5]．われわれは，ヒトの乳がん手術検体から直接がん幹細胞分画を分離し，そこに発現するマイクロRNAを網羅的に解析することで，37種類のマイクロRNAがヒト乳がん幹細胞で特徴的に発現が変化していることを示した[6]．また，同様のマイクロRNAプロファイルは，ヒトの正常乳腺組織の幹細胞分画でも共通して認められた．特に miR-200 ファミリーのすべてのマイクロRNAは乳がんおよび正常乳腺の幹細胞分画で発現低下が認められ，その中でも miR-200c は，幹細胞性を抑制することにより乳がんおよび正常乳腺組織の形成能を消失させる働きをもつことが判明した．以下の項では，miR-200 ファミリー（miR-200a/b/c，miR-141 および miR-429）を中心に，マイクロRNAを用いたがん幹細胞標的治療の可能性について検討したい．

IV. miR-200 ファミリーによるがん幹細胞制御の分子機構

miR-200 ファミリーは，標的遺伝子の発現抑制を介して多彩な機能に関わることが解明されてきた．その中でも，特に幹細胞性の制御との関連を中心に述べる（図❷）．

図❷ miR-200 ファミリーによるがん幹細胞の機能制御に関わる分子機構

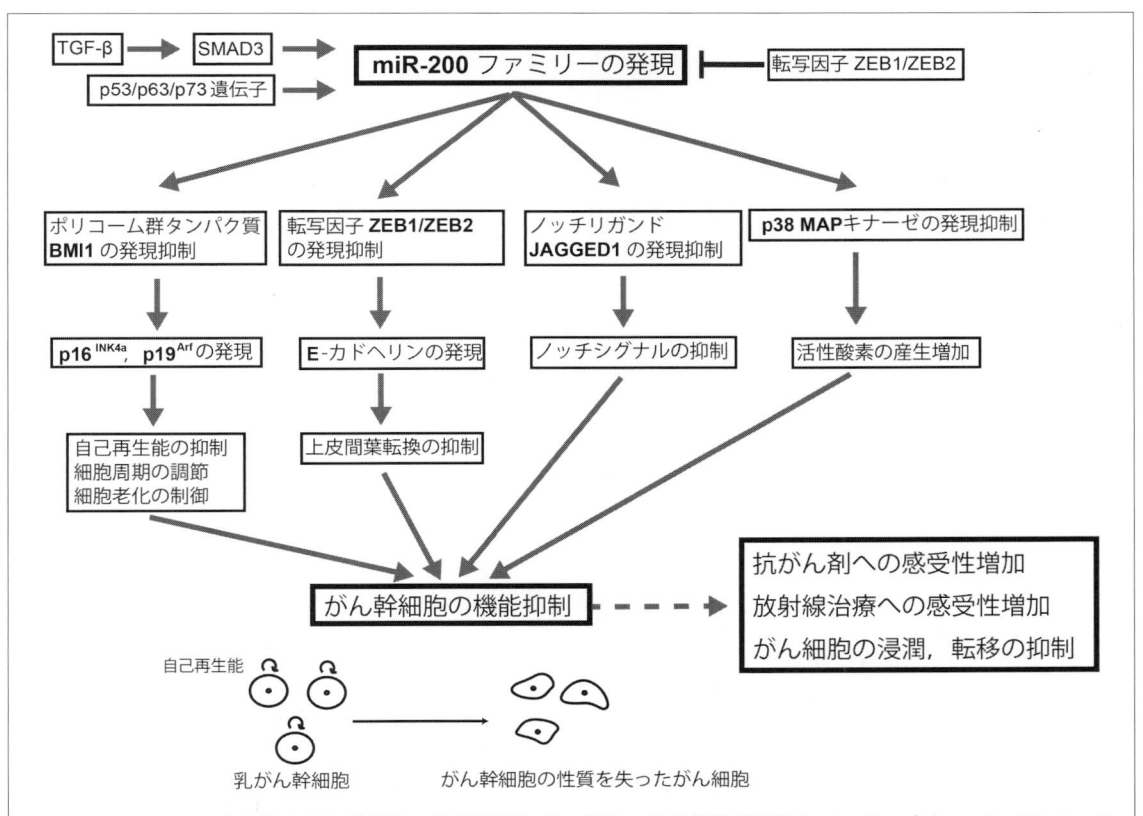

miR-200 ファミリーを介したがん幹細胞の機能抑制には，幅広い分子機構が関与している．また，miR-200 ファミリーの発現を制御する転写因子が知られている．がん幹細胞の機能抑制はがん治療への感受性を高め，腫瘍の再発や転移の抑制につながると考えられる．TGF-β：transforming growth factor-β

1. ポリコーム群タンパク質 BMI1

BMI1は，転写抑制作用をもつポリコーム群タンパク質であり，Eμ-myc トランスジェニックマウスにおけるプレB細胞リンパ腫の発生を劇的に促進させる遺伝子として同定された[7)8)]。その後の解析で，BMI1 は血液幹細胞や末梢および中枢神経幹細胞の維持に重要な機能をもつことが示されている。BMI1 が発現を抑制する重要な標的遺伝子として，ホメオボックス遺伝子や，$p16^{INK4a}$，$p19^{Arf}$ がある。特に，$p16^{INK4a}$ や $p19^{Arf}$ の発現抑制は，細胞周期の制御，幹細胞の維持および細胞老化の制御に関与している。また，BMI1 はがんにおいても重要な役割をもつと考えられ，その発現上昇は臨床ステージの進行と関連し予後不良因子となる。したがって，がん幹細胞および正常組織幹細胞において，miR-200c は BMI1 の発現を抑制することで幹細胞の自己再生能を抑制していると考えられる[6)]。

2. 上皮間葉転換

上皮間葉転換（EMT：epithelial-to-mesenchymal transition）により，上皮細胞は細胞間接着性が低く移動能が高い間葉細胞に変化する。この過程は，複雑な過程を示すがんの浸潤・転移を説明するプログラムの1つとしても注目されている。EMT を特徴づける変化の1つである E-カドヘリンの発現低下に関わる転写抑制因子の1つ ZEB1/2 は，miR-200 ファミリーに属するマイクロRNAの代表的な標的遺伝子である。さらに EMT により乳がん細胞に乳がん幹細胞と共通した形質が誘導されるという報告もある[9)]。したがって，miR-200 ファミリーは EMT を抑制することにより，がんの浸潤・転移のみならず，がん幹細胞の機能も抑制する可能性がある。

3. ノッチシグナル系

細胞分化，増殖，細胞周期の進行，血管新生，幹細胞性の制御など種々の機能を担っているノッチシグナルは，器官や組織の発生や形成の過程でも重要な働きをしている。特に神経組織では，神経幹細胞の維持に関わっていることが知られている。腫瘍でも，種々の脳神経腫瘍，T細胞性急性白血病，乳がんなどで活性化しており，特に脳神経腫瘍のがん幹細胞の増殖を制御する。miR-200c と miR-141 は，ノッチ受容体のリガンドである JAGGED1 の発現の抑制を通じてノッチシグナルを抑制し，幹細胞性を抑制するとされる[10)]。ノッチシグナルは血管新生にも関わるため，こちらの面からの評価も必要であるが，ノッチシグナルの抑制は，がん幹細胞の増殖を抑えるためには有用な戦略の1つと考えられる。

4. 酸化ストレス

細胞内の活性酸素種（ROS：reactive oxygen species）の代謝は厳密に制御されており，ROS は細胞の増殖・生存・抗酸化作用の制御などの様々なシグナル伝達系に関与している[11)]。また，がん幹細胞マーカーの1つである CD44 は，シスチントランスポーターと協調して細胞内の ROS の除去に機能している[12)]。一方，過剰な ROS 産生による酸化ストレスは，アポトーシスやオートファジーを誘導して，がんや老化など多くの病態に関わる。miR-200 ファミリーの中で miR-141 と miR-200a はストレス応答に関わる p38 MAP キナーゼの発現を抑制する。p38 は ROS の発生を抑制するため，miR-141 や miR-200a により ROS が増加する[13)]。血液などの正常組織の幹細胞では ROS の発生が抑えられていることから[14)]，miR-200 ファミリーによる ROS の増加は幹細胞性の低下にも関与していることが推測される。

V．miR-200 ファミリーのがん治療への応用の可能性（図❷）

1. がん幹細胞を標的とした治療

幹細胞は，組織の再生維持を担う細胞であることから，種々の外的要因に対してもより高い抵抗性を示すとされる。同様にがん幹細胞も，抗がん剤や放射線治療などに対しより高い抵抗性を示す[15)～17)]。がん幹細胞の抵抗性には，細胞周期の停止，抗がん剤などの高い排出能，高い抗酸化能力などが関連している。上述したように，miR-200 ファミリーは複数のメカニズムに同時に作用してがん幹細胞の機能を抑制し，がん幹細胞の腫瘍形成能を強力に抑制する[6)]。さらに，miR-200 ファミリーの発現上昇によりがん幹細胞の幹細胞性が抑制される

ことで，抗がん剤や放射線治療など他の治療法に対する治療感受性が高まるとともに，EMTを抑制し，がん細胞やがん幹細胞の転移を抑制することも期待される。また抗がん剤の中でも，タキサン系抗がん剤，プロテアソーム阻害剤やヒストン脱アセチル化酵素阻害剤などの特定の抗がん剤ではROSが高まることから[18]，miR-200ファミリーは抗がん剤の作用に関して何らかの付加効果をもつことも考えられる。このように，miR-200ファミリーを用いたがん幹細胞を標的とした治療は，腫瘍の治療抵抗性を減弱させ，さらには浸潤・転移能を抑制することが期待される。一方でmiR-200cは，乳腺では正常乳腺幹細胞の機能も抑制する[6]。したがって，がん幹細胞を標的として考えた場合，同時に正常組織幹細胞に対する影響も考慮して治療法を検討する必要がある。

2. miR-200ファミリーの発現制御を介した治療

miR-200ファミリーの遺伝子の転写は，①転写因子を介した制御と②プロモーター領域のメチル化による制御を介して制御されている。miR-200ファミリーの発現を上昇させる転写因子としてSMAD3[19]やp53/p63/p73[20)21)]，逆に抑制する転写因子としてZEB1/2[22]が報告されている。また，miR-200ファミリーに属するmiR-200cとmiR-141のプロモーター領域のメチル化が起きることで発現が抑制されることが報告されている。さらに，糖尿病治療薬であるメトホルミンがmiR-200ファミリーの発現を誘導するという報告もみられる[23]。したがって，直接マイクロRNAを治療に用いる以外にも，マイクロRNAの発現を制御する因子を介して間接的にmiR-200ファミリーを誘導することで，治療に応用できる可能性がある。

おわりに

本稿では，miR-200ファミリーに焦点を絞り，そのがん幹細胞治療への応用の可能性について述べたが，がん幹細胞に特徴的に発現の変化がみられる他のマイクロRNAについても同様な検討が可能である。がん幹細胞およびがん細胞で発現が変化するマイクロRNAは，その幅広い作用機構から，増殖・浸潤・転移・幹細胞性の維持などがんの進展の各段階に幅広く関与していることが示されている。特に，がんの浸潤・転移の過程で長期間生存し最終的に転移巣を形成するがん細胞は，がん幹細胞の性質をもつと考えられていることから，がん幹細胞特異的マイクロRNAを用いたがん幹細胞治療は，がんの転移を制御する治療法としても期待される。また，がん幹細胞が産生し分泌する微小粒子に含まれるマイクロRNAが腫瘍間質や血管新生の過程に影響を及ぼすことで，腫瘍の進展に関わる可能性が示唆されている。このようなことから，がん幹細胞に特徴的またはがん幹細胞とニッチとの相互作用に関わるマイクロRNAを標的とした治療は，がん幹細胞を変化させることにより腫瘍を治療する新たなアプローチの1つとして期待される。

参考文献

1) Huntly BJ, Gilliland DG：Nat Rev Cancer 5, 311-321, 2005.
2) Bonnet D, Dick J：Nat Med 3, 730-737, 1997.
3) Al-Hajj M, Wicha MS, et al：Proc Natl Acad Sci USA 100, 3983-3988, 2003.
4) Clarke MF, Dick JE, et al：Cancer Res 66, 9339-9344, 2006.
5) Yu F, Yao H, et al：Cell 131, 1109-1123, 2007.
6) Shimono Y, Zabala M, et al：Cell 138, 592-603, 2009.
7) Haupt Y, Alexander WS, et al：Cell 65, 753-763, 1991.
8) van Lohuizen M, Verbeek S, et al：Cell 65, 737-752, 1991.
9) Mani SA, Guo W, et al：Cell 133, 704-715, 2008.
10) Vallejo DM, Caparros E, et al：EMBO J 30, 756-769, 2011.
11) Ray PD, Huang BW, et al：Cell Signal 24, 981-990, 2012.
12) Ishimoto T, Nagano O, et al：Cancer Cell 19, 387-400, 2011.
13) Mateescu B, Batista L, et al：Nat Med 17, 1627-1635, 2011.
14) Ito K, Hirao A, et al：Nat Med 12, 446-451, 2006.
15) Diehn M, Cho RW, et al：Nature 458, 780-783, 2009.
16) Dylla SJ, Beviglia L, et al：PloS one 3, e2428, 2008.
17) Li X, Lewis MT, et al：J Natl Cancer Inst 100, 672-679, 2008.
18) Schumacker PT：Cancer Cell 10, 175-176, 2006.
19) Ahn SM, Cha JY, et al：Oncogene 31, 3051-3059, 2011.
20) Knouf EC, Garg K, et al：Nucleic Acids Res 40, 499-510, 2012.

21) Chang CJ, Chao CH, et al：Nat Cell Biol 13, 317-323, 2011.
22) Burk U, Schubert J, et al：EMBO Rep 9, 582-589, 2008.
23) Cufi S, Vazquez-Martin A, et al：Cell Cycle 11, 1235-1246, 2012.

百瀬健次
2006 年　神戸大学医学部卒業
　　　　　同附属病院消化器内科
　　　　　公立豊岡病院消化器内科
2007 年　神戸大学医学部附属病院消化器内科
2009 年　大阪府済生会中津病院消化器内科
2011 年　神戸大学大学院医学研究科分子細胞生物学，消化器内科学

主にがんの増殖，浸潤，およびがん幹細胞とマイクロ RNA の関連をテーマとして研究している．

> 第2章　microRNA 治療

4．miR-22による乳がんモデルマウスを用いた増殖・転移抑制

石原えりか・福永早央里・田原栄俊

　がん化に伴うエピゲノム変化に起因するマイクロRNAの発現亢進および発現低下は，がんの進展に重要な寄与をしていることが明らかになっている。われわれは，がんで発現低下しているマイクロRNAの中に，細胞老化で亢進しているマイクロRNAがあることに注目し，細胞老化関連マイクロRNAとしてmiR-22の寄与を乳がんや子宮がんで明らかにした。さらに，乳がんの高転移がん細胞を皮下移植したモデルマウスで，miR-22の皮下投与が顕著な乳がんの増殖抑制，転移抑制を示したことから，マイクロRNAの補充療法ががん治療に有効である可能性が示唆された。

はじめに

　マイクロRNAは，ゲノム上の非コード領域から転写される小さな非コードRNAで，mRNAからタンパク質への翻訳阻害やmRNAの安定性，転写の抑制を行う機能をもっている[1]。siRNAが，1つの標的遺伝子をノックダウンするのに対して，マイクロRNAは約100もの標的があると考えられており，細胞内のネットワークを制御する分子と考えられている。最近の知見から，がんや様々な疾患において，細胞レベルでのマイクロRNAの発現変化が起こっていることがわかっており，それらの発現変化とその疾患に関わるシグナル伝達との関連も明らかになり，マイクロRNAを標的とした核酸医薬品への応用が期待されている。がんを誘導するようなonco-miRsと呼ばれるようなマイクロRNAが高発現しているがんでは，それらのonco-miRsを特異的に阻害できる修飾核酸などでノックダウンすることでがんの抑制を試みる研究がなされている[2]。一方で，様々なエピゲノム変化によりがん抑制的に働くマイクロRNA（tumor suppressing miRNAs）のサイレンシングが起こっており，そのためにがんの増殖や転移の性質が亢進しているケースも報告されている[2]。

　がんの進展は，マルチステップで進行することが知られているが，その中でもがん遺伝子の不活性化が重要な1つのイベントとして知られている。がん抑制遺伝子は，その代表格であるp53やpRBなどが知られているが，これらのがん抑制遺伝子は細胞老化の誘導にも重要な遺伝子であることが知られている。細胞老化は，がん抑制機構の重要な細胞内の機構であることが知られており，細胞ががん化するためには少なくともこれら2つのがん抑制遺伝子の不活性化が必要である。本稿においては，細胞老化に関わるマイクロRNAのスクリーニングを基に，細胞老化プログラムの異常をきたしているがん細胞を細胞老化関連マイクロRNAの1つとして発見したmiR-22によってマイクロマ

---

key words

miR-22，マイクロRNA，細胞老化，がん抑制遺伝子，乳がん，補充療法，がん治療，核酸医薬品，非コードRNA，ベータガラクトシダーゼ活性

第2章 microRNA治療

ネージメントすることで，がん細胞における細胞老化プログラムを起動させる治療法の可能性を紹介したい[3]。

I. 細胞老化マイクロRNA「miR-22」発見

マイクロRNAは，生物学的に多様な機能を有していることが知られていることから，われわれは細胞老化に関わるマイクロRNAの存在を仮定して，細胞の老化を制御しているマイクロRNAを同定することを試みた。細胞老化の研究は，古くから線維芽細胞を用いた研究が主流であり，その機能解析のバックグラウンドが広いため，マイクロRNAの発現解析を線維芽細胞を用いて行い，若い正常線維芽細胞と老化した正常線維芽細胞のマイクロRNAの発現量をマイクロアレイを用いて比較した。その結果，miR-22，miR-34a，miR-125a-5p，miR-24-2*，miR-152などをはじめ若い細胞よりも

図❶ 細胞老化マイクロRNA「miR-22」の同定（文献3より）

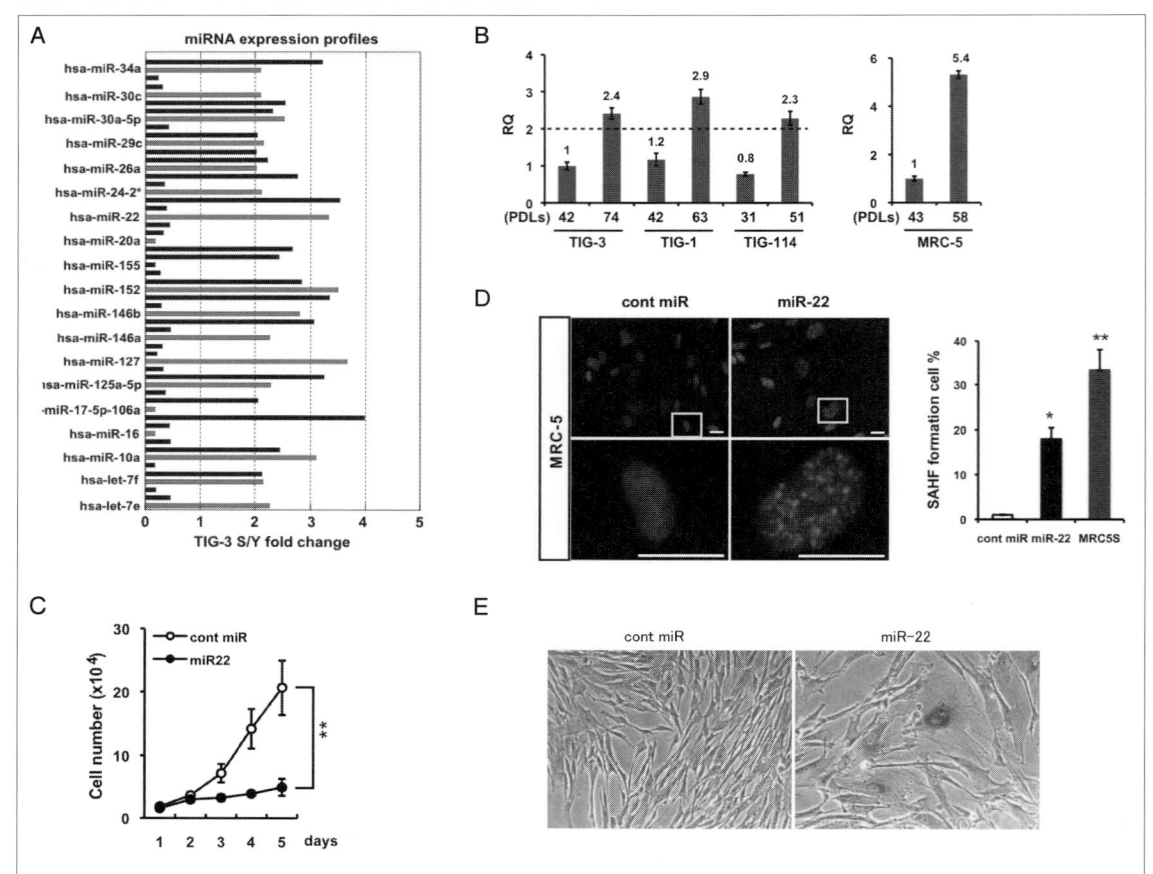

A. 正常線維芽細胞におけるマイクロRNA発現プロファイル。ヒト正常線維芽細胞TIG-3細胞の若い細胞と老化した細胞のマイクロRNAの発現量をマイクロアレイを用いて比較した結果。
B. 正常線維芽細胞の老化に伴うmiR-22の発現増加。様々なヒト正常線維芽細胞の若い細胞と老化した細胞におけるmiR-22の発現量をqRT-PCRで測定し，比較を行った。
C. miR-22による正常線維芽細胞の増殖抑制。合成した成熟型二本鎖miR-22を正常線維芽細胞MRC-5細胞に導入し，細胞計数により細胞増殖に与える影響を評価した。
D. miR-22による正常線維芽細胞の核におけるSAHF形成。合成した成熟型二本鎖miR-22を正常線維芽細胞MRC-5細胞に導入した6日後に細胞を固定し，DAPIによる核染色を行った。
E. miR-22による正常線維芽細胞の老化誘導。合成した成熟型二本鎖miR-22を正常線維芽細胞MRC-5細胞に導入した6日後に細胞を固定し，老化特異的ベータガラクトシダーゼ活性を調べた。　　（グラビア頁参照）

老化細胞で発現量が多いマイクロRNAが多数存在していることを明らかにした（図❶A）。その中からわれわれは，老化を誘導する機能をもつマイクロRNAの絞り込みを細胞へのマイクロRNAの導入により細胞老化が誘導されるかどうかの二次スクリーニングによって解析し，細胞老化を誘導できるマイクロRNAの同定に成功した。その中の1つであるmiR-22について，正常細胞の若い細胞と継代培養により老化させた細胞において，その発現量を調べたところ，様々な老化細胞で2倍以上の発現量がみられ，ヒトの細胞老化によりmiR-22の発現が上昇することが明らかになった（図❶B）。細胞老化の指標としては，細胞の巨大化，緑色染色される老化特異的ベータガラクトシダーゼ活性，核の中にヘテロクロマチン化した凝集したDNAがフォーカス状に観察される老化特異的ヘテロクロマチンフォーカス（SAHF：senescence-associated heterochromatin foci）形成などが知られている[4]。合成した成熟型二本鎖miR-22を正常線維芽細胞のTIG-3細胞やMRC-5に導入すると，細胞の増殖抑制がみられ，細胞老化の指標である細胞の肥大化とともにSAHF形成がみられた（図❶C，D）。また，老化特異的ベータガラクトシダーゼ活性での緑色の陽性染色がみられた（図❶E）。これらの結果から，miR-22が正常細胞において細胞老化を誘導する重要な機能を有していることが明らかになった。

Ⅱ．がん細胞でのmiR-22の発現低下

細胞老化関連マイクロRNAとして同定したmiR-22は，がん化においてその発現が低下している可能性が考えられる。そこで，種々のがん細胞でのmiR-22の発現量をqRT-PCRを用いて比較を行った。乳腺上皮細胞をテロメラーゼで不死化した184hTERT細胞でのmiR-22の発現量を1として比較すると，様々ながん細胞でmiR-22の発現量が顕著に低下していることがわかった（図❷）。なお，ここで用いた乳腺上皮細胞の親株184細胞では，その細胞老化でもmiR-22が増加する。発現解析に用いた184hTERT細胞は，184細胞での老化に伴う発現増加が顕著に抑制されていることから，がん細胞での発現がいかに低レベルであるかがわかる。以上の結果から，miR-22の発現は多くのがん細胞で顕著に低下しており，がん抑制マイクロRNAとして機能している可能性が示唆された。

Ⅲ．miR-22補充による細胞老化の誘導，増殖抑制

発現低下がみられたがん細胞にmiR-22を補充するとどのような効果が現れるのか検討するため

図❷　様々ながん細胞でのmiR-22発現低下（文献3より）

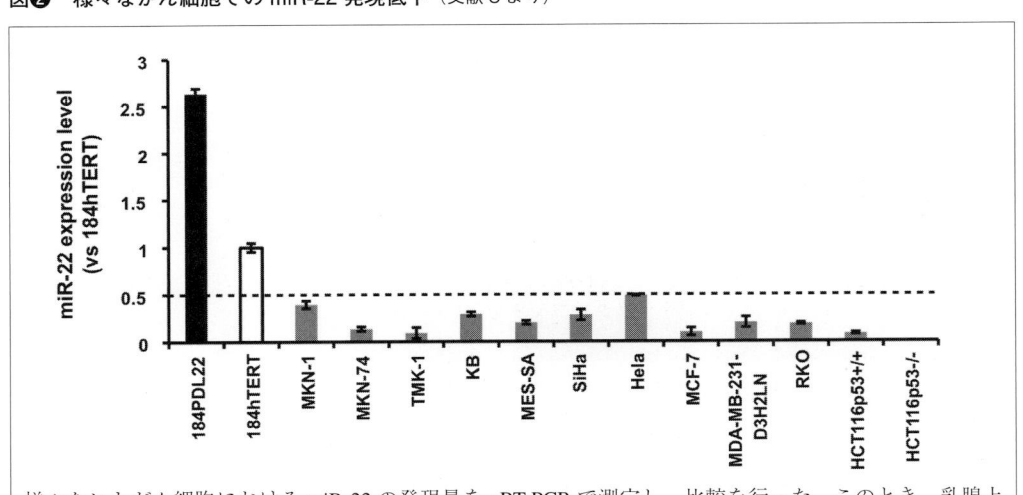

様々なヒトがん細胞におけるmiR-22の発現量をqRT-PCRで測定し，比較を行った。このとき，乳腺上皮細胞をテロメラーゼで不死化した184hTERT細胞でのmiR-22の発現量を1として比較を行っている。

に合成した成熟型二本鎖 miR-22 を乳がん細胞株 MCF-7 細胞，MDA-MB-231-luc-D3H2LN 細胞や子宮頸がん細胞株 SiHa 細胞に導入しところ，がん細胞の巨大扁平化がみられ，顕著な増殖抑制がみられた（図❸ A）。また老化特異的ベータガラクトシダーゼ活性においても陽性率が上昇し，老化が誘導されたことがわかった（図❸ B）。この結果はレンチウイルスを用いた miR-22 の前駆体の安定的な導入においても確認できたことから，細胞内において正常なプロセシングを受けて合成された miR-22 が，老化誘導の表現型を誘導していることが考えられる。これらの結果は，がん細胞における miR-22 の発現低下は，がん細胞における老化プログラムのスイッチがオフになっており，それらを成熟型合成 miR-22 や miR-22 の前駆体導入により miR-22 を補充することで，がん細胞における老化プログラムを起動できることを示したものである。

Ⅳ．miR-22 は細胞老化シグナルに関わる SIRT1，CDK6，SP1 などを標的にする

miR-22 の老化誘導のメカニズムを解析するためにその標的遺伝子の解析を行った。マイクロ

図❸ miR-22 の発現ががん細胞に与える影響（文献 3 より）

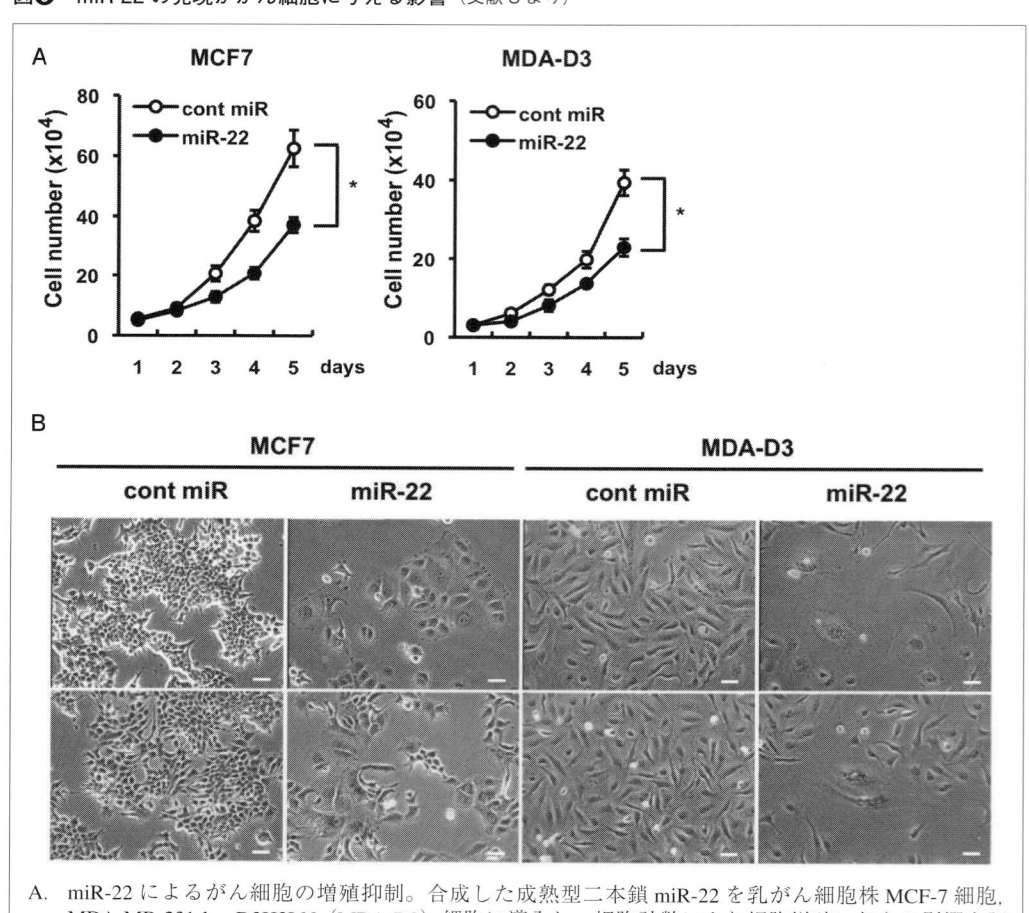

A. miR-22 によるがん細胞の増殖抑制。合成した成熟型二本鎖 miR-22 を乳がん細胞株 MCF-7 細胞，MDA-MB-231-luc-D3H2LN（MDA-D3）細胞に導入し，細胞計数により細胞増殖に与える影響を評価した。
B. miR-22 によるがん細胞の老化誘導。合成した成熟型二本鎖 miR-22 を乳がん細胞株 MCF-7 細胞，MDA-MB-231-luc-D3H2LN（MDA-D3）細胞に導入した 6 日後に細胞を固定し，老化特異的ベータガラクトシダーゼ活性（下段）を調べた。上段は細胞の形態写真を示す。　（グラビア頁参照）

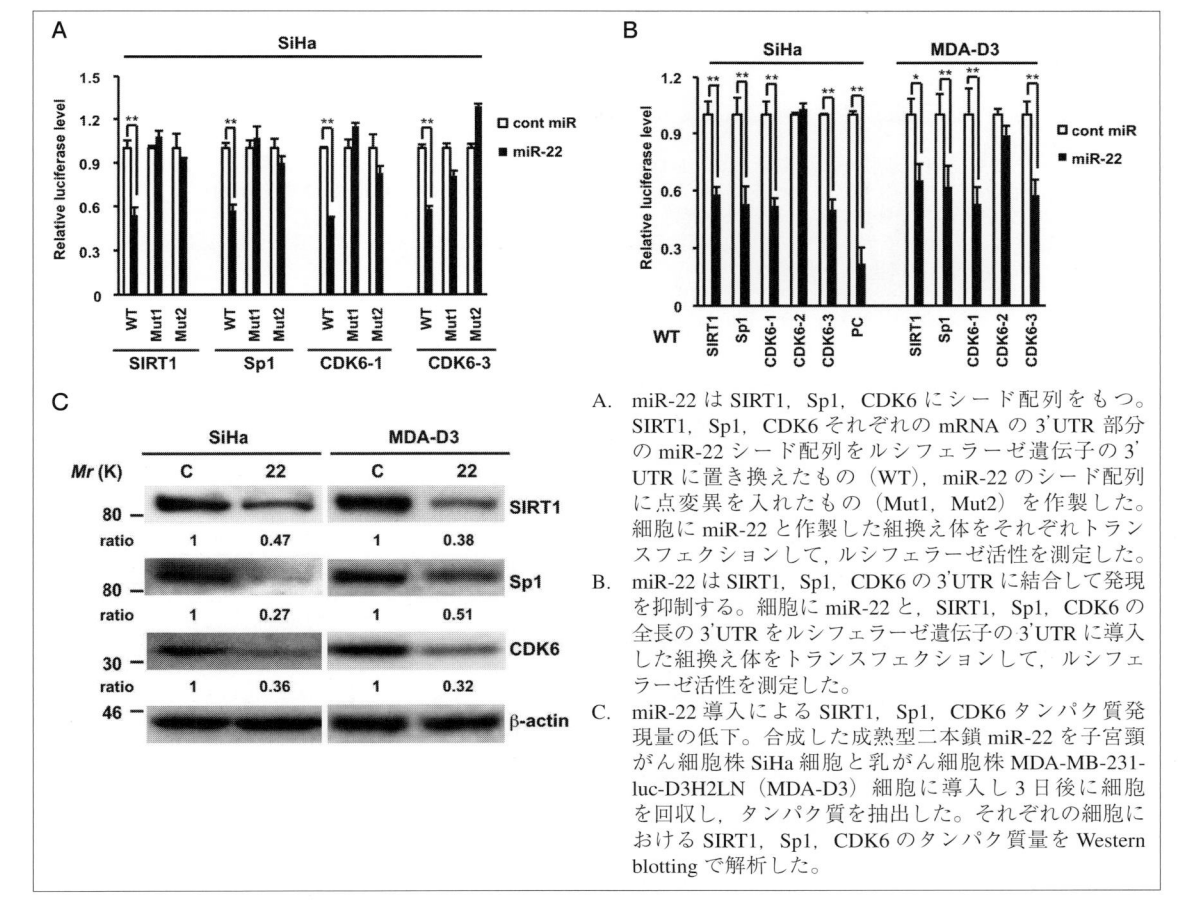

4. miR-22 による乳がんモデルマウスを用いた増殖・転移抑制

RNAは，数百もの遺伝子を標的にすることができ，遺伝子の抑制をすることが知られている．そこで，miRanda，TargetScan，Pic Tar などの幅広いソフトウエアを用いた in silico での解析を試みた．miR-22 が標的とする遺伝子は，それぞれの解析ソフトで共通に標的としているもの，標的として予測されていないものがみられた．そこで，老化の表現型と密接に関わっている遺伝子を中心に Western blotting や RT-PCR などによりその標的を絞り込んだ．その結果，多くの細胞に共通してみられる miR-22 の標的として SIRT1，Sp1，CDK6 などをピックアップした．これらの遺伝子が miR-22 の標的であることを証明するために，3'UTR luciferase reporter assay を行った．それぞれの mRNA の 3'UTR 部分の miR-22 が結合する部分（シード配列）をルシフェラーゼ遺伝子の 3'UTR に置き換えたものを作製した．同時に，miR-22 のシード配列に点変異を入れたものも作製し，ルシフェラーゼの活性を比較した．細胞に miR-22 と miR-22 のシード配列を含む組換え体をトランスフェクションして，ルシフェラーゼ活性を測定した．その結果，野生型では miR-22 による顕著なルシフェラーゼ活性の低下がみられたが，変異を入れたシード配列をもつものではルシフェラーゼ活性の低下がみられなかった（図❹ A）．さらに，SIRT1，Sp1，CDK6 の全長の 3'UTR をルシフェラーゼ遺伝子の 3'UTR に導入したものでは，CDK6 のシード2 を除き，miR-22 による顕著な活性抑制がみられた（図❹ B）．つまり，miR-22 は SIRT1，Sp1，CDK6 の mRNA の 3'UTR に結合して，それらの遺伝子の翻

図❹ miR-22 標的遺伝子の解明（文献3より）

A. miR-22 は SIRT1，Sp1，CDK6 にシード配列をもつ．SIRT1，Sp1，CDK6 それぞれの mRNA の 3'UTR 部分の miR-22 シード配列をルシフェラーゼ遺伝子の 3'UTR に置き換えたもの（WT），miR-22 のシード配列に点変異を入れたもの（Mut1，Mut2）を作製した．細胞に miR-22 と作製した組換え体をそれぞれトランスフェクションして，ルシフェラーゼ活性を測定した．

B. miR-22 は SIRT1，Sp1，CDK6 の 3'UTR に結合して発現を抑制する．細胞に miR-22 と，SIRT1，Sp1，CDK6 の全長の 3'UTR をルシフェラーゼ遺伝子の 3'UTR に導入した組換え体をトランスフェクションして，ルシフェラーゼ活性を測定した．

C. miR-22 導入による SIRT1，Sp1，CDK6 タンパク質発現量の低下．合成した成熟型二本鎖 miR-22 を子宮頸がん細胞株 SiHa 細胞と乳がん細胞株 MDA-MB-231-luc-D3H2LN（MDA-D3）細胞に導入し3日後に細胞を回収し，タンパク質を抽出した．それぞれの細胞における SIRT1，Sp1，CDK6 のタンパク質量を Western blotting で解析した．

第 2 章 microRNA 治療

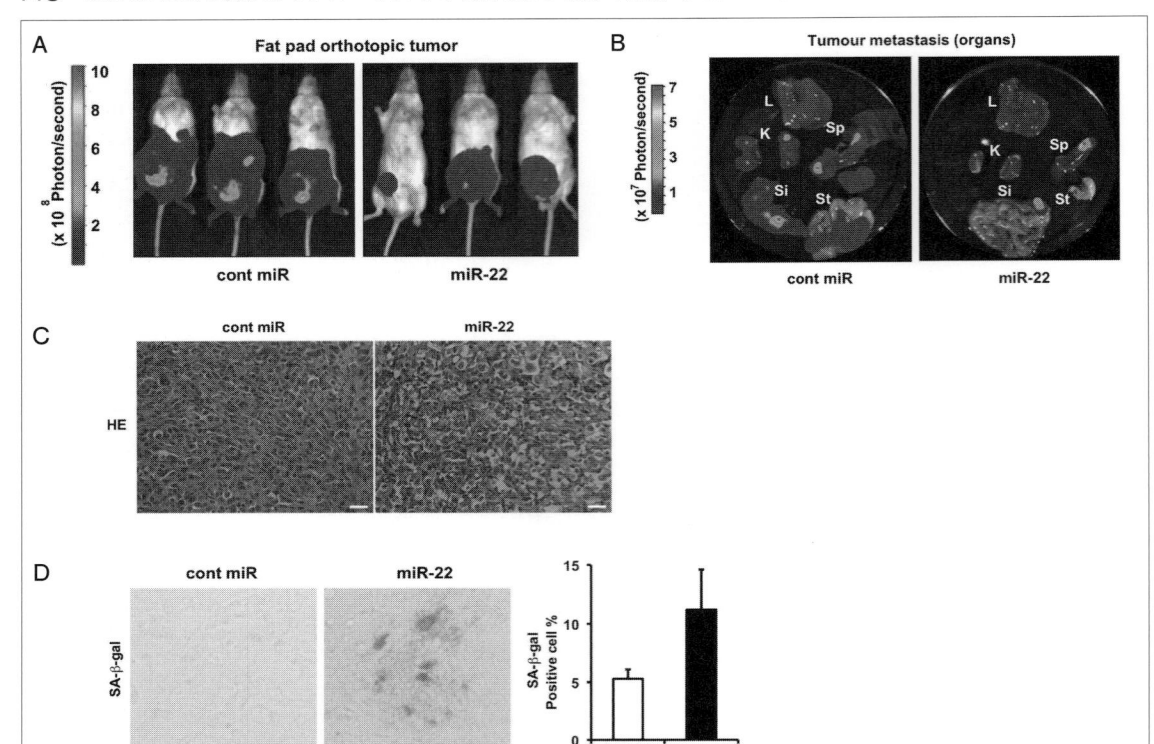

図❺ miR-22 による乳がんモデルマウスでの増殖および転移の抑制（文献 3 より）

ルシフェラーゼを発現する乳がんの高転移株（MDA-D3）を乳がんモデルマウスの皮下に移植し，約 10 日目より miR-22 の投与を JET PEI のデリバリーを用いて皮下に直接投与した．その後も miR-22 を定期的に投与し続け 46 日目に miR-22 が生体内で腫瘍に与える効果を評価した．
A. miR-22 による乳がんモデルマウスでの腫瘍増殖抑制．移植した腫瘍の投与後 46 日目における細胞数をルシフェラーゼ発現細胞数により評価した．
B. miR-22 による乳がんモデルマウスでの他臓器への転移抑制．移植した腫瘍の投与後 46 日目における肝臓（L），腎臓（K），脾臓（Sp），小腸（Si），胃（St）への転移を，それぞれの臓器におけるルシフェラーゼ発現細胞数により評価した．
C. miR-22 による乳がんモデルマウスでの組織空胞化．移植した腫瘍の投与後 46 日目における移植組織を HE 染色で染色した．
D. miR-22 による乳がんモデルマウスでの腫瘍老化誘導．移植した腫瘍の投与後 46 日目における移植組織における老化特異的ベータガラクトシダーゼ活性を調べた．

（グラビア頁参照）

訳を抑制していることがわかった．また，これらの遺伝子がタンパク質レベルでも抑制されていることを Western blotting によっても確認することができた（図❹C）．以上のことから，miR-22 が細胞老化シグナルに関わる遺伝子を標的としていることが証明された．

V．miR-22 による乳がんモデルマウスでの増殖および転移の抑制

miR-22 によるがん細胞への老化の誘導を *in vivo* で実証するために，乳がんモデルマウスを用いた実験を行った．移植するがん細胞は，ルシフェラーゼを発現する乳がんの高転移株をマウスの皮下に移植して，腫瘍の大きさが観察される約 10 日目より miR-22 の投与を JET PEI のデリバリーを用いて皮下に直接投与した．その結果，投与後 46 日目に，コントロールと比較して皮下移植した乳がん腫瘍の縮小がみられ，増殖が抑制されていた（図❺A）．また，それぞれ腹腔内の臓器を摘出し，それぞれの腫瘍の転移を比較した（図❺B）．

その結果，miR-22を投与したマウスではコントロールと比較して転移が抑制されていた。また，miR-22を投与した原発巣の形態を病理学的に調べたところ，組織の空胞化と核濃縮がみられた（図❺C）。さらに，それらの原発巣における老化特異的ベータガラクトシダーゼ活性は，コントロールと比較して緑色染色がみられ，老化誘導の陽性率が上昇していた（図❺D）。以上の結果から，in vivoでもmiR-22はがん細胞を老化させることで顕著に腫瘍抑制，転移抑制できることが明らかになった。

おわりに

生体内に存在する天然型のマイクロRNAをがん細胞に補充するマイクロRNA補充療法が，がんの増殖や転移に有効であることを示すことができた。これまでの抗がん剤治療の主流である化学合成された低分子化合物など生体内に存在しないものによる治療は，細胞毒性や抗がん剤耐性などの様々な問題が大きな障壁となってきた。核酸医薬品の実用化には，今回のようなmiR-22の補充療法が次世代のがん治療の有望なシーズとなることが期待されるが，それらを患部まで輸送するドラッグデリバリーシステム（DDS）が必須となってくる。最近では，エクソソームを用いたDDSの開発など，様々な方法で少しずつこれらの問題も前進しており，今後の展開に期待したいところである。重要なことは，これらの問題を一日でも早く解決する基礎研究成果を患者に届ける橋渡しを行い，がん患者の実用的ながん治療になることを切に期待する。

参考文献

1) Bartel DP：Cell 116, 281-297, 2004.
2) Kasinski AL, Slack FJ：Nat Rev Cancer 11, 849-864, 2011.
3) Xu D, Takeshita F, et al：J Cell Biol 193, 409-424, 2011.
4) Sikora E, Arendt T, et al：Ageing Res Rev 10, 146-152, 2010.

石原えりか
2012年　広島大学薬学部薬科学科卒業
　　　　同大学院医歯薬学総合研究科（大学院生）

第2章　microRNA 治療

5. 膀胱がんに対する miRNA 治療の可能性

竹下文隆・落谷孝広

　膀胱がんは，非浸潤性であれば切除治療により予後良好であるが，再発率が高く，浸潤がんへの移行も多い。浸潤がんに対する有効な治療法は現在では非常に限られており，新たな治療法の開発が切望されている。miRNA は，発現異常とがんの発生や悪性化との関連や創薬標的として，可能性は膀胱がんの研究においても非常に注目されている。膀胱はいわば閉じた空間であるため，デリバリーの観点からも siRNA や miRNA などの核酸医薬の応用に期待も高い。本稿では，膀胱がんに対する miRNA 創薬の可能性について概説する。

I. 膀胱がん

1. 膀胱がんの特徴

　本邦におけるがんの統計によると[1]，膀胱がんの罹患率は 2005 年で人口 10 万人あたり男性 20.2, 女性 5.9 であり，死亡率は 2009 年で人口 10 万人あたり男性 7.3, 女性 3.3 と，罹患率，死亡率ともに男性が高いがんである。膀胱がんは，①がん細胞浸潤が粘膜まで（TMN 分類で Ta）と，粘膜下層にとどまっている（T1）表在性または非筋層浸潤性がん，②悪性度の高い筋層浸潤がん（T2a～），③がん細胞が粘膜面にとどまる上皮内がん（Tis）の 3 つに大別され，膀胱がんのうち約 70％が表在性がんと上皮内がんに占められている[2,5]。がんの深達度は予後と相関し，5 年生存率で，T1 で 95％, T2 で 80％, T3 で 40％, T4 で 25％程度である[6]。よって，いかに表在性がんのうちに根治しておくかが鍵となるが，非浸潤がんについては経尿道的膀胱腫瘍切除術（TUR-BT）が第一選択であり，術後予後が良好なことから最も有効であるとされている。しかし，膀胱がんの特徴として再発が 5 年で 30～78％と高く，腫瘍の数やサイズ，再発頻度，異型度によって浸潤がんへと移行する可能性が高くなる。

2. 膀胱がんに対する化学療法

　再発予防のために，前述の TUR-BT の術後，マイトマイシン C, エピルビシン，ドキソルビシンなどの抗がん剤の膀胱内への注入が行われ再発率の減少に貢献しているが[3,7]，再発後の浸潤がんへの移行を抑制する効果は低い。膀胱内へは弱毒結核菌である Bacillus-Calmette-Guerin（BCG）の注入療法が再発予防や悪性化への進行抑制効果において現時点では最も高いとされているが，排尿時痛，頻尿などの膀胱炎症状の出現頻度も高く，さらには BCG 敗血症による死亡例もある[3,8,9]。TUR-BT や BCG 後に再発し，浸潤性の高いがんへと移行する場合には膀胱全摘術が適応され，膀胱だけではなく骨盤内のリンパ節，男性では前立腺と精嚢，女性では子宮を摘出する。膀胱を摘出後は自身の小腸を用いて尿路の再建が行われるが，QOL の低下と手術の侵襲性が高いため，膀胱を温存可能な治療法の開発が切望されている。膀胱がんが局所

---

key words

膀胱がん，microRNA，デリバリー，small interfering RNA（siRNA），経尿道的投与，膀胱内投与，浸潤がん

にとどまらず転移を認める患者については、手術は行われず化学療法が第一選択となり、メトトレキサート、ビンブラスチン、アドリアマイシン、シスプラチンの4剤からなるMVAC療法か、ゲムシタビンとシスプラチンのGC療法が選択される。MVACとGCで効果は同程度であるが、副作用が軽微であることから、GCのほうが広く普及している。しかし、MVACやGCなどのファーストラインと呼ばれる治療に抵抗性を示す膀胱がんの場合、セカンドライン治療として良好な成績を示す治療法は非常に少なく[4]、他の臓器の転移性腫瘍で有効な薬剤や、新たに開発された分子標的薬が臨床試験で検討され続けている。

II. 膀胱がんとmicroRNA

1. 膀胱がんにおけるmiRNAの発現異常

近年、多くの報告により、microRNA（miRNA）の発現異常が、がんの発生や悪性化に強く関与していることが示唆されているが、膀胱がんについても遺伝子の発現解析だけではがんの機序解明や創薬になかなか結びつかないことから、多くの研究者がmiRNAに注目している。

miRNAとがん研究の初期の頃、Calinらはがんにおいて発現に異常のみられるmiRNAの多くは、ゲノム不安定性によってコピー数が変動している領域に多くコードされていると提唱したが[10]、Lamyらは前立腺がんと大腸がんにおいてはmiRNAの発現がコピー数の増減に依存性がみられるものの、膀胱がんではコピー数と逆相関を示すmiRNAもあり、その発現がゲノム不安定性以外の機序で制御されている可能性を示唆した[11]。その後も、膀胱がん患者のがん組織やヒト膀胱がん細胞株において発現異常のみられるmiRNAの解析は盛んに行われている（表❶）[12]。

Dyrskjotらは106の膀胱がん、11の正常組織について290種類のmiRNAの発現を解析し、多くの発現異常のみられるmiRNAを同定した。なかでもmiR-145が膀胱がんで最も発現が低下しており、逆にmiR-21はがんで発現が上昇していた[13]。miR-145については、細胞株へ導入した場合、標

表❶ 膀胱がんで発現異常が報告されているmiRNA

miRNA	膀胱がんでの発現	標的分子	参考文献
-129-5p	Up	GALNT1, SOX4	13
-21	Up	p53	12, 13
-221	Up	TRIL	19
-1/133a	Down	TAGLN2, PTMA, PNP, V	20, 21, 22
-1/133a/218	Down	LASP1	23
-19a	Down	PTEN	24
-30a-3p/133a/199a	Down	KRT7	25
-34a	Down	CDK6	26
-99a/100	Down	FGFR3	27
-101	Down	EXH2	28
-125b	Down	E2F3	29
-133a	Down	GSTP1	30
-143	Down	ERK5, Akt	31
-145	Down	CBFB, PPP3CA, CLINT1, PAI-1	13, 14, 32
-145/133a	Down	FSCN1	33
-195-5p	Down	GLUT3, CDK4	34, 35
-200a/b/c/205	Down	TWIST1	36
-200c	Down	ERRFI-1	16
-203	Down	Bcl-w	37
-218	Down	TMX1	38
-493	Down	FZD4, RHoC	39
-517a	Down	AREG, BCLAF1	40
-574-3p	Down	MESDC1	41
-1826	Down	VEGFC, CTNNB1, MEK1	42

的遺伝子である CBFB, PPP3CA, CLINT1 を抑制し，カスパーゼ依存・非依存両経路における細胞死を誘導することを示し，miR-145 が多くのがんで同様の効果が確認されていることから，医薬への応用の可能性を示した[14]。また，miR-129-5p, -133b, -518c* はがんの悪性化と相関して発現が上昇しており，この研究は膀胱がんの悪性化と相関して変動する miRNA が診断にも応用できる可能性を示した初めての報告であった[13]。

また，Veerla は 34 症例について，miRNA, mRNA の発現とゲノムコピー数の変化について 3 種類のマイクロアレイによって深達度との相関性を検討し，浸潤するがんでは miR-222 と 125b が高発現し，Ta 群では miR10a の発現が高いことを見出した。また，miR-7 が低発現のがんでは，FGFR3 の変異が高率に検出されること，染色体 9p21 に位置する miR-31 にホモ欠失が確認されたこと，miR-452 および -452* の過剰発現とリンパ節転移陽性に相関がみられること，さらにこれら miRNA の発現が予後予測の良いマーカーになり，膀胱がんを病理学的に分類した場合，miRNA の特徴的な発現がみられることを示した[15]。

Adam らは上皮間葉転換（EMT）が EGFR を標的とした治療に対する抵抗性獲得に関与することから，EMT の制御に影響する miRNA の同定を試みた。彼らは EGFR 感受性で E-cadherin 陽性のヒト膀胱がん細胞株 UMUC5，および EGFR 抵抗性で E-cadherin 陰性の KU7 を比較し，EGFR 感受性の細胞では miR-200b および -200c が高発現しており，EGFR 抵抗性の細胞にこれら miRNA を強制発現させると，ZEB1, ZEB2, ERRFI-1 の発現と細胞の遊走を抑制し，EGFR 治療感受性が向上することが示唆された[16]。

膀胱がんによる生存率の向上に必要とされるのは，非浸潤がんの中で浸潤がんへの移行性や再発が高リスクなものを予測し，根治的治療を行うことである。よって，miRNA の発現が悪性化への診断マーカーとなりうるなら，非常に有用性は高い。さらに膀胱がんの場合，尿中からがん細胞由来の miRNA が検出される可能性が高く低侵襲の検査で行えるため，実用化に期待が高まっている。

III. 膀胱がんに対する miRNA 創薬の可能性

創薬開発として miRNA に注目した場合，前述の Adam らの miR-200c や Dyrskjot らの miR-145 などのように，がんで発現が低下していてがん抑制遺伝子様の機能を示す miRNA については，合成 miRNA や miRNA 発現ベクターの導入によってがん細胞の増殖や転移を抑制する方法が考えられる。逆にがんで発現が上昇しているがん遺伝子様の miRNA については，抗 miRNA 分子によって miRNA の機能を抑制する戦略が考えられ，この抗 miRNA 分子は様々な化学修飾によって安定性が向上し，デリバリー担体を必要とせずに生体への投与が可能で，臨床応用も進められている。一方，合成 miRNA の投与には small interfering RNA（siRNA）と同様に，がん細胞への適切なデリバリー技術の選択が重要となる。この点において，合成 siRNA は老人性黄斑変性症など眼疾患への応用が早い段階から検討されてきたが，これは標的臓器が眼という局所投与に適した部位であることが大きな理由である。膀胱も経尿道的に投与すれば，局所投与によるがん細胞へのデリバリーが可能であると期待され，動物モデルによる検討が行われている。ヒト膀胱がん細胞を経尿道的に注入すれば，合成 miRNA あるいは抗 miRNA 分子の膀胱内投与による評価に適した同所移植モデル動物になりうる（図❶）。

膀胱がんモデルマウスを用いた miRNA に関する治療実験の報告はいまだないが，siRNA では実績がある。最初に膀胱がんモデルマウスで siRNA による治療効果を検討した野河らは，低毒性リポソーム LIC101 をデリバリー担体として選択し，臨床検体で発現上昇が確認された PLK-1 に対する siRNA を経尿道的に 5 日間連続投与を行い，腫瘍増殖抑制効果を示した[17]。また，蛍光標識 siRNA を用いて移植した腫瘍組織に siRNA が取り込まれていることも確認した[17]。また，Seth らも PLK-1 とさらに survivin に注目し膀胱がんモデルマウスで siRNA による治療効果の検討を行っているが，彼らは unlocked nucleobase analogs を含む siRNA を，

図❶ 経尿道的膀胱内注入による膀胱がんモデルマウスの作製

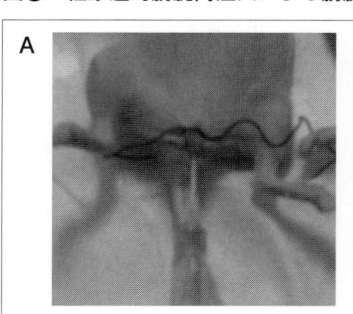

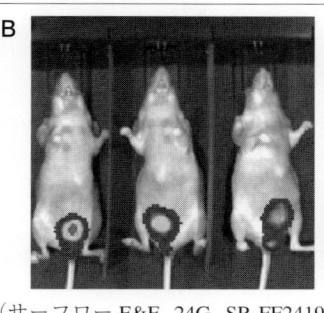

A. メスマウスの尿道にカテーテル（サーフロー F&F, 24G, SR-FF2419, テルモ）を挿入（必要なら結紮する）し，膀胱がん細胞を注入する．合成 miRNA あるいは抗 miRNA 分子も同様の方法により投与する．
B. ルシフェラーゼを安定に発現する膀胱がん細胞株の移植により，*in vivo* イメージング（IVIS, Caliper Lite Science 社）でがんの増殖や転移が視覚化可能な膀胱がんモデルマウスとなる．
（グラビア頁参照）

コレステロールなどを含んだ dialkylated amino acid-based liposome によってデリバリーしている[18]）．

おわりに

膀胱がんに対する miRNA による創薬開発において，膀胱という閉鎖空間によりデリバリーの点で利点があるものの，miRNA が複数の遺伝子，経路に影響を与えることから，他の臓器の場合と同様，よりがん細胞特異的デリバリー技術の開発が望まれる．しかし，特異性の低いデリバリー方法でも，がん細胞と正常細胞で発現が極端に異なる miRNA を標的とした場合，正常細胞に対する影響は少ないことが予想される．そして，さらに慎重に安全性を検討することで，再発を繰り返す膀胱がんに有効な治療法が非常に限られている現状では，合成 miRNA や抗 miRNA 分子が新たな膀胱がん治療の選択肢になることを期待したい．

謝辞
本稿で紹介した膀胱がん移植モデル作製についてご指導いただきました日本新薬株式会社　園家暁博士および東部創薬研究所の先生方に感謝いたします．

参考文献

1) 独立行政法人国立がん研究センターホームページ（がん情報サービス，最新がん統計）
http://ganjoho.jp/public/statistics/pub/statistics01.html
2) Okajima E, Fujimoto H, et al：Int J Urol 17, 905-912, 2010.
3) 近藤恒徳，田邉一成：医学と薬学 62, 835-842, 2009.
4) 宮田三好，酒井英樹：がんと化学療法 38, 43-47, 2011.
5) 宮崎　淳，西山博之：がんと化学療法 39, 48-53, 2012.
6) 独立行政法人国立がん研究センターホームページ（がん情報サービス，膀胱がん）
http://ganjoho.jp/public/cancer/data/bladder.html
7) Brausi M, Collette L, et al：Eur Urol 41, 523-531, 2002.
8) Böhle A, Jocham D, et al：J Urol 169, 90-95, 2003.
9) Böhle A, Bock PR：Urology 63, 682-687, 2004.
10) Calin GA, Sevignani C, et al：Proc Natl Acad Sci USA 101, 2999-3004, 2004.
11) Lamy P, Andersen CL, et al：Br J Cancer 95, 1415-1418, 2006.
12) Catto JWF, Alcaraz A, et al：Eur Urol 59, 671-681, 2011.
13) Dyrskjot L, Ostenfeld MS, et al：Cancer Res 69, 4851-4860, 2009.
14) Ostenfeld MS, Bramsen JB, et al：Oncogene 29, 1073-1084, 2010.
15) Veerla S, Lindgren D, et al：Int J Cancer 124, 2236-2242, 2009.
16) Adam L, Zhong M, et al：Clin Cancer Res 15, 5060-5072, 2009.
17) Nogawa M, Yuasa T, et al：J Clin Invest 115, 978-985, 2005.
18) Seth S, Matsui Y, et al：Mol Ther 19, 928-935, 2011.
19) Lu Q, Lu C, et al：Int J Oncol 28, 635-641, 2010.

20) Yoshino H, Chiyomaru T, et al：Br J Cancer 104, 808-818, 2011.
21) Yamasaki T, Yoshino H, et al：Int J Oncol 40, 1821-1830, 2012.
22) Yoshino H, Enokida H, et al：Biochem Biophys Res Commun 417, 588-593, 2012.
23) Chiyomaru T, Enokida H, et al：Urol Oncol 30, 434-443, 2012.
24) Cao Y, Yu SL, et al：Tumor Biol 32, 179-188, 2011.
25) Ichimi T, Enokida H, et al：Int J Cancer 125, 345-352, 2009.
26) Lodygin D, Tarasov V, et al：Cell Cycle 7, 2591-2600, 2008.
27) Catto JWF, Miah S, et al：Cancer Res 69, 8472-8481, 2009.
28) Friedman JM, Liang G, et al：Cancer Res 69, 2623-2629, 2009.
29) Huang L, Luo J, et al：Int J Cancer 128, 1758-1769, 2011.
30) Uchida Y, Chiyomaru T, et al：Urol Oncol, in press.
31) Noguchi S, Mori T, et al：Cancer Lett 307, 211-220, 2011.
32) Villadsen SB, Bramsen JB, et al：Br J Cancer 106, 366-374, 2012.
33) Chiyomaru T, Enokida H, et al：Br J Cancer 102, 883-891, 2010.
34) Fei X, Qi M, et al：FEBS Lett 586, 392-397, 2012.
35) Lin Y, Wu J, et al：FEBS Lett 586, 442-447, 2012.
36) Wiklund ED, Bramsen JB, et al：Int J Cancer 128, 1327-1334, 2010.
37) Bo J, Yang G, et al：FEBS J 278, 786-792, 2011.
38) Tatarano S, Chiyomaru T, et al：Int J Oncol 39, 13-21, 2011.
39) Ueno K, Hirata H, et al：Mol Cancer Ther 11, 244-253, 2012.
40) Yoshitomi T, Kawakami K, et al：Oncol Rep 25, 1661-1668, 2011.
41) Tatarano S, Chiyomaru T, et al：Int J Oncol 40, 951-959, 2012.
42) Hirata H, Hinoda Y, et al：Carcinogenesis 33, 41-48, 2012.

参考ホームページ

・独立行政法人国立がん研究センターホームページ（がん情報サービス，最新がん統計）
http://ganjoho.jp/public/statistics/pub/statistics01.html
・独立行政法人国立がん研究センターホームページ（がん情報サービス，膀胱がん）
http://ganjoho.jp/public/cancer/data/bladder.html

竹下文隆

1997 年	北陸大学薬学部衛生薬学科卒業
1999 年	同大学院博士前期課程修了
2003 年	名古屋市立大学大学院博士課程修了（医学博士）
	国立がんセンター研究所がん転移研究室リサーチレジデント
2006 年	同研究員
2010 年	独立行政法人国立がん研究センター研究所がん転移研究室主任研究員
2011 年	同研究所分子細胞治療研究分野主任研究員

第 2 章　microRNA 治療

6. マイクロ RNA によるがん転移予防への展開
-miR-143 による骨肉腫肺転移抑制効果とその標的遺伝子の同定-

尾﨑充彦・杉本結衣

　悪性腫瘍の発生および進展にマイクロ RNA の発現異常との関連が報告されている。さらに，腫瘍組織におけるマイクロ RNA 量を調節することにより病態を改善できることが報告されつつあり，治療に向けた取り組みが進められている。
　本稿では，ヒト骨肉腫細胞の浸潤能を制御するマイクロ RNA を核酸医薬としてモデルマウスへ全身投与することにより，転移抑制効果を示すことに成功したデータを紹介するとともに，マイクロ RNA という観点からの転移メカニズム解明に向けたわれわれの解析データについて概説する。

はじめに

　日本における死因第一位の「がん」。早期診断，新規治療法や新薬の開発により，原発巣に限局したがんは治癒可能となりつつある一方で，がん治療を困難にしている「がん転移」については，いまだ確立された治療法はない。「転移を制するものはがんを制する」と言われるように，がん治療の最大の目標は転移を制御することと言っても過言ではない。がんの転移は，原発巣において増殖したがん細胞が，既存組織の破壊を伴いながら遊走・浸潤した後に脈管内へ進入し，原発巣とは異なる臓器や組織において新たな腫瘍組織（転移巣）を形成するといった様々な現象が多段階で連続的に生じる過程を経て成立している。そして転移巣を形成したがん細胞は，原発巣のそれと比較し悪性度を増しており，種々の治療法に抵抗性をもつこと，さらに転移巣が形成される場所やその多発性により外科的切除が困難となるケースが多い。したがって，転移巣に対する有効な治療法および転移そのものに対する予防法の開発が臨床上重要な課題となっている。

I. 骨肉腫について

　骨肉腫は骨原発の悪性腫瘍であり，日本での発症数は年間 200 例ほどであり必ずしも多くはないが，小児に発生する原発性悪性骨腫瘍の中で最も多く，骨肉腫の 6〜7 割が 20 歳未満で発症する特徴をもっている。好発部位は膝関節や肩関節近傍の長管骨骨幹端であり，大腿骨，頸骨，上腕骨が三大好発部位である[1]。1980 年以前は骨肉腫が発生した足や腕を外科的に切断する治療法が行われていたが，切断後に多くの症例において肺転移を生じ，5 年生存率は 10〜15% 程度と極めて予後不良であった。その後，メトトレキサート，アドリアマイシン，シスプラチンおよびイホスファミド

---

key words

骨肉腫，浸潤，転移，転移巣，肺転移，MMP13，PAI-1，miR-143，アテロコラーゲン

などの抗がん剤による化学療法の発展により，患肢を温存できるようになるとともに5年生存率も約70％と飛躍的に向上した[2]。しかしながら，治療経過中に新たに肺転移が生じた症例や，すでに初診時に肺転移を有している患者の予後はいまだに極めて不良であり，Uribe-Boteroらの骨肉腫症例の病理解剖例における転移頻度の調査によれば，肺転移は実に98.1％に達している[3]。したがって，骨肉腫における肺転移の有無は重要な予後因子の1つであり，原発巣に対する治療に加えて肺転移をあらかじめ予防する方法の確立は骨肉腫患者，とりわけ若年で発症した患者の治療成績向上のために重要なポイントとなる。

II．マイクロRNA-143（miR-143）による骨肉腫肺転移抑制効果

ヒト骨肉腫細胞の肺転移に関与するマイクロRNAの検索には，2種のヒト細胞株（HOSと143B）を用いた。143B細胞は，HOS細胞をウイルスによってトランスフォームした細胞であり，マウス膝関節への移植により高頻度に肺転移を生じる。一方，その親株であるHOS細胞は肺転移を示さない。すなわち，この2つの細胞株は遺伝的背景が極めて類似しているにもかかわらず，転移という現象について明らかに異なる性質を示すことから，両細胞株におけるマイクロRNA発現の差異をマイクロアレイにて検索した。HOS細胞と比較し転移能を有する143B細胞において発現量が2倍以上増加しているマイクロRNAを19種，一方，1/2以下に減少しているマイクロRNAを9種検出した[4]。前者については，その機能を阻害するアンチマイクロRNAを，後者には合成したマイクロRNAを用い143B細胞へ導入し，細胞増殖能と浸潤能をそれぞれin vitroの系で解析した。その結果，マイクロRNA-143（miR-143）を143B細胞へ導入した際，細胞の浸潤能を最も強く阻害するとともに，細胞増殖に影響を及ぼさないことが明らかとなった。かかる所見は，miR-143が骨肉腫細胞の増殖には関与せず，浸潤能を負に制御している可能性を強く示唆した。

そこで，in vitroで得られたデータをin vivoで確認するため，ヒト骨肉腫細胞自然肺転移モデルを作製しmiR-143の転移抑制効果を検討した。この解析には，非観血的に腫瘍の生着，増殖および転移巣の形成を同一個体にて経時的に観察可能な in vivo imaging system（IVIS，Xenogen社）を用いた。ルシフェラーゼ遺伝子を導入した143B細胞をマウス膝関節へ移植し，IVISにて原発巣の形成を確認した（図❶A）。このマウスに対し，miR-143を低濃度のアテロコラーゲン（最終濃度0.05％）を担体として，3日おきに尾静脈より9回投与した。コントロール群（10匹）では，143B細胞移植3週間後に8匹（80％）で肺転移を生じ，そのうち2匹は肺転移による呼吸不全により3週間以内に死亡していた。一方，miR-143投与群で肺転移を生じたマウスは3週間後に10匹中2匹（20％）にとどまっており，miR-143の全身投与により骨肉腫細胞の原発巣からの肺転移が明らかに抑制されたことが示された（図❶B）。さらに，マウスを解剖し原発巣を摘出した結果，miR-143投与群とコントロール群で腫瘍重量に差はなく，さらに組織学的にPCNA（proliferation cell nuclear antigen）発現を指標とした腫瘍増殖活性を免疫組織化学的に検索した結果，両群間に差は見出せなかった（図❶C）。以上の結果は，miR-143の全身投与により骨肉腫細胞の増殖能とは無関係に腫瘍細胞の肺転移抑制効果を示しており，in vitroにおいてmiR-143が骨肉腫細胞の増殖には関与せず浸潤能を負に制御しているデータが，in vivoにおいても裏づけられたことを示した。したがって，miR-143の標的遺伝子群を明らかにすることにより，骨肉腫細胞の浸潤・転移に特異的に関わる分子を同定し，その転移メカニズムを明らかにできると考えられた。

III．miR-143標的分子群の同定と転移抑制メカニズムの探索

マイクロRNAは，22塩基程度のゲノムにコードされたタンパクをコードしない小さなRNA分子であり，標的とするmRNAの主として3'側非翻訳領域に存在するシード配列を認識して結合し，mRNAの分解あるいはペプチド鎖伸長抑制などにより，mRNAからタンパクへの翻訳を阻害する。

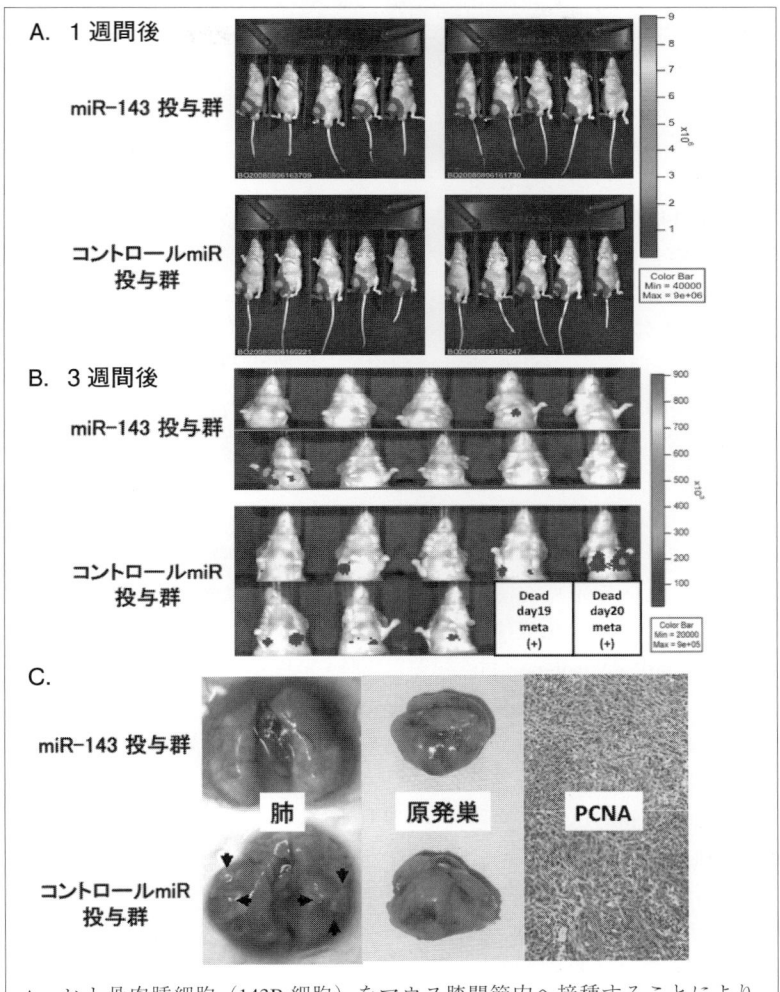

図❶ miR-143による骨肉腫肺転移抑制効果(in vivoイメージングによる評価)
と原発巣における腫瘍細胞増殖活性(文献4より改変)

A. 1週間後
 miR-143投与群
 コントロールmiR投与群

B. 3週間後
 miR-143投与群
 コントロールmiR投与群

C. miR-143投与群
 コントロールmiR投与群
 肺　原発巣　PCNA

A. ヒト骨肉腫細胞(143B細胞)をマウス膝関節内へ接種することにより,接種部位に原発巣を形成する。
B. 腫瘍細胞接種3週間後,コントロールmiRを経静脈的に全身投与した群では10匹中8匹に肺転移巣が確認されたが,miR-143投与群では,肺転移が抑制されている。
C. 肺転移巣は,コントロールmiR投与群でのみ肉眼的に観察された(矢印)。miR-143原発巣の重量および腫瘍細胞増殖活性は,miR-143投与の有無にかかわらず同程度であった。
(グラビア頁参照)

ヒトにおいて現在1500を超えるマイクロRNAが同定されており(miRBase 18)[5],タンパク質をコードする遺伝子の約1/3の発現が,これらマイクロRNAによって制御されていると推定されている[6]。1種のマイクロRNAが標的とするmRNAは複数存在し,多数のタンパクにおいて緩やかな発現量の低下を示すことが報告されており,まさに遺伝子発現の「ファインチューナー」として細胞内環境を精巧に制御していると考えられる[7]。

本稿で紹介したmiR-143は,転移性の骨肉腫細胞において発現低下を示しており,この細胞へmiR-143を導入することでその標的遺伝子群の発

現を減弱させ，結果として浸潤・転移を抑制しているのと考えられる．そこで，ヒト骨肉腫細胞における miR-143 標的遺伝子の探索を行った．文献的にはヒト大腸がん細胞株およびBリンパ腫細胞株を用いた検討により，miR-143の標的遺伝子として K-RAS および ERK5 がすでに報告されていた[8)9)]．しかしながら143B 細胞において，miR-143 が K-RAS および ERK5 を標的としている結果を得ることはできなかった．そこで 143B 細胞における miR-143 標的遺伝子群を包括的に回収するため，①抗 Ago2 抗体を用いた免疫沈降（Ago2 IP）法および② Labeled miRNA pull-down（LAMP）法をそれぞれ行った[4)]．前者は，マイクロRNA が標的とする mRNA と結合して RNA-induced silencing complex（RISC）へ取り込まれることを利用し，RISC の構成タンパク質の1つである Ago2 タンパクに対する抗体で免疫沈降し標的遺伝子群を回収する系である．免疫沈降と RNA 精製にはそれぞれ miRNA isolation kit, human Ago2（和光純薬）と mirVana（Ambion社）を用いた．他方，後者は 143B 細胞を超音波破砕にて溶解した後，ジゴキシゲニン標識した miR-143 と混和し標的 mRNA と結合させ，抗ジゴキシゲニン抗体にて回収する系である．LAMP 法は，Hsu らによってゼブラフィッシュの胚を用いて行われた報告[10)]を元に，われわれが哺乳類細胞用へ独自に改良した方法である．

この2種の包括的回収法によって得られた RNA プールをそれぞれマイクロアレイによって解析し，共通する遺伝子として78遺伝子を検出した．さらに，浸潤・転移に関わる遺伝子群を絞り込み，in vitro の系において確認したところ，PAI-1（plasminogen activator inhibitor-1）および MMP13（matrix metalloproteinase 13）が標的遺伝子であることを突き止めた．143B 細胞への miR-143 導入により PAI-1 および MMP13 タンパク発現量が減少することをウエスタンブロッティング法により明らかにするとともに，レポーターアッセイにより miR-143 が両遺伝子のシード配列を直接認識して

図❷ miR-143 標的遺伝子の確認（文献4より）

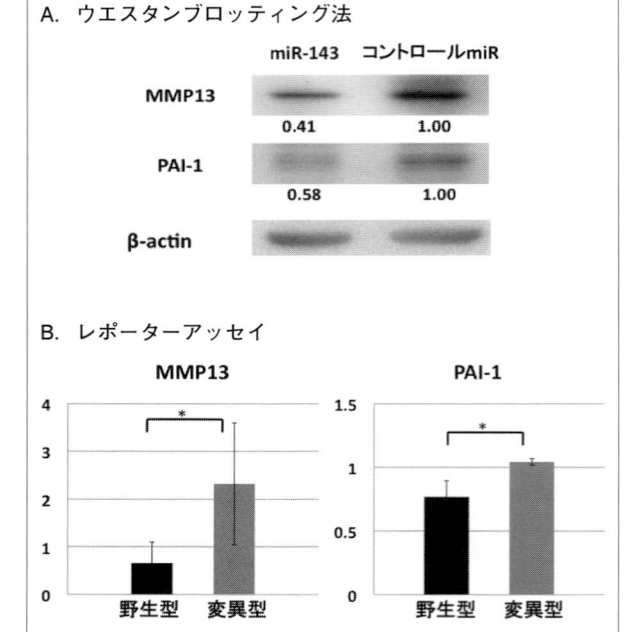

A. ウエスタンブロッティング法

B. レポーターアッセイ

A. 143B 細胞に miR-143 を導入することにより，MMP13 および PAI-1 タンパク発現量が減少した．
B. ルシフェラーゼ遺伝子の下流にシード配列を含む ORF 領域（MMP13）あるいは 3'UTR（PAI-1）をつなげたプラスミドを用い，miR-143 導入によるレポーター活性を解析した．野生型のシード配列をもつプラスミドを導入した場合，miR-143 によるレポーター活性の抑制効果が確認され，シード配列に変異を入れた場合はその活性抑制効果がキャンセルされた（$*P<0.05$）．

レポーター活性を抑制することを示した（図❷）．PAI-1 のシード配列は mRNA の 3'UTR に存在しているが，興味深いことに MMP13 のシード配列は 3'UTR にはなく，ORF（open reading frame）内に存在することが明らかとなった（杉本ら，未発表データ）．シークエンスデータを元に作成されている各種データベースにおいて，miR-143 の標的遺伝子候補に MMP13 は含まれておらず，われわれの解析結果は「マイクロRNA の標的分子群の検索および同定において，in silico データを十分に活用したうえで，ウェット系の解析により最終的に証明することが重要であること」を強く示唆している．加えて，過去に miR-143 の標的として報告された K-RAS や ERK5 が少なくとも骨肉腫細胞株 143B において標的遺伝子であることが確認できなかっ

図❸　ヒト骨肉腫原発巣における miR-143 および MMP13 発現解析 （文献 4 より）

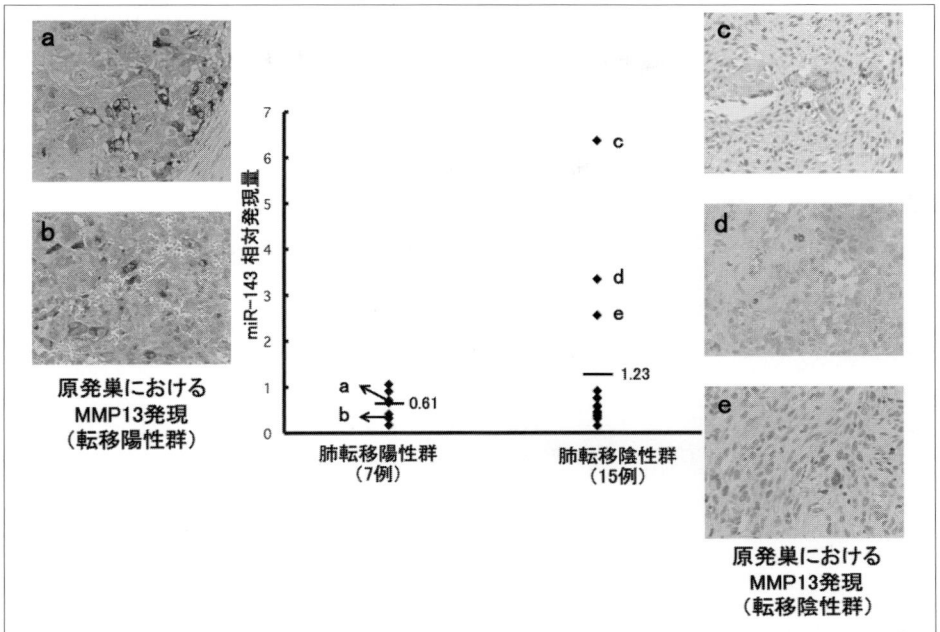

ヒト骨肉腫原発巣 22 例より RNA を抽出し，リアルタイム PCR 法により miR-143 発現量を定量した結果，転移陰性群（15 例）と比較し転移陽性群（7 例）で低値を示した．さらに原発巣における MMP13 発現を免疫組織化学的に検索した結果，転移陰性群では MMP13 陽性腫瘍細胞が散見されるが，転移陰性群の中で miR-143 高発現を示す症例では MMP13 陽性腫瘍細胞は極めて乏しかった．

（グラビア頁参照）

たことから，特定のマイクロRNAの標的遺伝子は組織や細胞種ごとに異なっている可能性を示しており，今後マイクロRNAの機能解析を進めていくうえで常に考慮すべきポイントであると考えられた．

Ⅳ．ヒト骨肉腫臨床材料を用いた検討

次にわれわれは，ヒト骨肉腫臨床材料（22 例の原発巣）における miR-143 発現の検証を試みた（図❸）．全例とも初診時において転移は陰性であったが，うち 7 例については原発巣切除後の治療経過中に肺転移を生じ（転移陽性群），他方 15 例は術後 1〜9 年間において転移陰性の症例（転移陰性群）であった．両群において，その原発巣における miR-143 発現量をリアルタイムPCR法にて定量した結果，前者と比較して後者において miR-143 発現量が高値を示す傾向にあり，とりわけ転移陰性例のうち 3 例では miR-143 発現量が高値を示した．MMP13 タンパク発現を免疫組織化学的に解析した結果，miR-143 発現量が乏しい転移陽性群ではいずれの症例においても MMP13 陽性腫瘍細胞が散見されたが，転移陰性群の miR-143 高発現例 3 例はいずれも MMP13 陽性腫瘍細胞が検出されないか極めて乏しいことが示された．腫瘍細胞の骨溶解作用に MMP9 活性化の関与が知られているが，この MMP9 の活性化には MMP13 が直接関わっていることが報告されている[11]．したがって，ヒト骨肉腫原発巣において miR-143 発現の低下が，その標的遺伝子である MMP13 発現量増加に関与し，おそらく MMP9 の活性化を経て浸潤・転移を生じている可能性が示唆された．換言すれば，この浸潤・転移能を有する miR-143 低発現骨肉腫細胞に miR-143 を補充することで，転移関連分子の発現や活性化を阻害し，肺転移を抑制する結果に

なったというメカニズムが推察された。

おわりに

本稿では，miR-143によるヒト骨肉腫細胞の転移抑制効果およびその標的分子群の一部を同定したデータを中心に述べた。転移抑制効果はモデル動物を用いたデータであるが，マイクロRNAを核酸医薬として用いることで，ヒト骨肉腫の肺転移予防に向けた新たなブレイクスルーがもたらされる可能性がある。また，腫瘍細胞の浸潤・転移を制御するマイクロRNAの標的遺伝子群を明らかにすることで，新たな「がん転移特異的な分子標的」を見出すことが期待できる。

本研究成果は，落谷孝広博士，竹下文隆博士，小坂展慶博士（国立がん研究センター研究所）との共同研究である。また，臨床材料をご提供いただいた川井章博士，小林英介博士（国立がん研究センター中央病院整形外科）に深謝いたします。

参考文献

1) 牛込新一郎：外科病理学 第3版（石川栄世，他編），1119-1181, 文光堂, 1999.
2) Provisor AJ, Ettinger LJ, et al：J Clin Oncol 15, 76-84, 1997.
3) Uribe-Botero G, Russell WO, et al：Am J Clin Pathol 67, 427-435, 1977.
4) Osaki M, Takeshita F, et al：Mol Ther 19, 1123-1130, 2011.
5) http://www.mirbase.org/
6) Tomari Y, Zamore PD：Genes Dev 19, 517-529, 2005.
7) Li J, Getz G, et al：Nature 435, 834-838, 2005.
8) Akao Y, Nakagawa Y, et al：Cancer Sci 98, 1914-1920, 2007.
9) Chen X, Guo X, et al：Oncogene 28, 1385-1392, 2009.
10) Hsu RJ, Yang HJ, et al：Nucleic Acids Res 37, e77, 2009.
11) Nannuru KC, Futakuchi M, et al：Cancer Res 70, 3494-3504, 2010.

尾﨑充彦

1995 年	鳥取大学医学部生命科学科卒業
2000 年	同大学院医学系研究科博士後期課程修了 同医学部病理学第一講座助手
2003 年	同大学院医学系研究科遺伝子機能工学部門助教
2007 年	国立がんセンター研究所がん転移研究室外来研究員
2008 年	鳥取大学大学院医学系研究科遺伝子機能工学部門助教
2011 年	同医学部生命科学科病態生化学分野准教授

第2章 microRNA治療

7. 分泌型 microRNA による新たな細胞間コミュニケーション：エクソソームを用いた microRNA 治療への挑戦

小坂展慶・萩原啓太郎・吉岡祐亮・落谷孝広

　マイクロRNA（microRNA：miRNA）は，発生，器官形成および成体の恒常性など様々な生命活動の微調整を行う分子である。miRNAの発現異常は，遺伝子ネットワークを乱し，代謝疾患，免疫疾患やがんなど様々な疾患を加速する。近年，このmiRNAが細胞外に分泌されることが報告された。本稿では，分泌型miRNA，特にエクソソーム中に存在するmiRNAに焦点を当て，最近の知見をまとめたものを紹介する。さらにエクソソームを用いた新たな核酸医薬の開発も模索されており，その可能性も提示する。

はじめに：エクソソーム中の miRNA は，細胞間コミュニケーションの新たな液性因子である

　これまでmiRNAは細胞内における遺伝子発現制御因子と考えられてきた。しかし，2007年のValadiらによる研究から，miRNAがエクソソーム内に含まれ，細胞外に分泌されることが明らかとなった[1]（図❶）。血液中にmiRNAが循環することが報告されていたが[2,3]，血液中のmiRNAもエクソソーム中に存在することが明らかにされた。エクソソームは細胞外へ放出される小さな膜結合小胞（30～200nm）である[4]。膜内小胞は細胞質内のエンドソーム膜に出芽することによって形成される。この膜内小胞で満たされたエンドソームは多胞体と呼ばれている。多胞体がリソソームと融合した場合は，膜内小胞はリソソームに分解される。一方，多胞体が細胞の形質膜と融合した場合は，エクソソームとして細胞外へ放出される[5-7]。Valadiらや血液中のエクソソームの報告から，miRNAが細胞内の遺伝子の制御分子のみならず，細胞間コミュニケーションとして働く液性因子であることが示唆された。

I. エクソソーム中に存在する miRNA は受け手の細胞内で機能する（表❶）

　Valadiらの報告に続いて，3つのグループによりエクソソーム中のmiRNAの機能が示された。Pegtelらは，EBV（Epstein-Bar virus）感染B細胞からエクソソームによって，EBV由来のmiRNAが分泌されることを明らかにし，さらにEBV非感染細胞へこのmiRNAが移動することを証明した[8]。Zhangらはヒトの単球/マクロファージ細胞株から単離したエクソソームが，ヒト微小血管内皮細胞へmiR-150を輸送することを報告した。これにより血管内皮細胞内におけるc-MYBの発現が抑制され，その結果，血管内皮細胞の細胞遊走が促進する[9]。われわれのグループも，前立腺がんで発現

---

key words

microRNA, エクソソーム, 分泌型 microRNA, 細胞間コミュニケーション, 核酸医薬

図❶ エクソソームの産生メカニズム

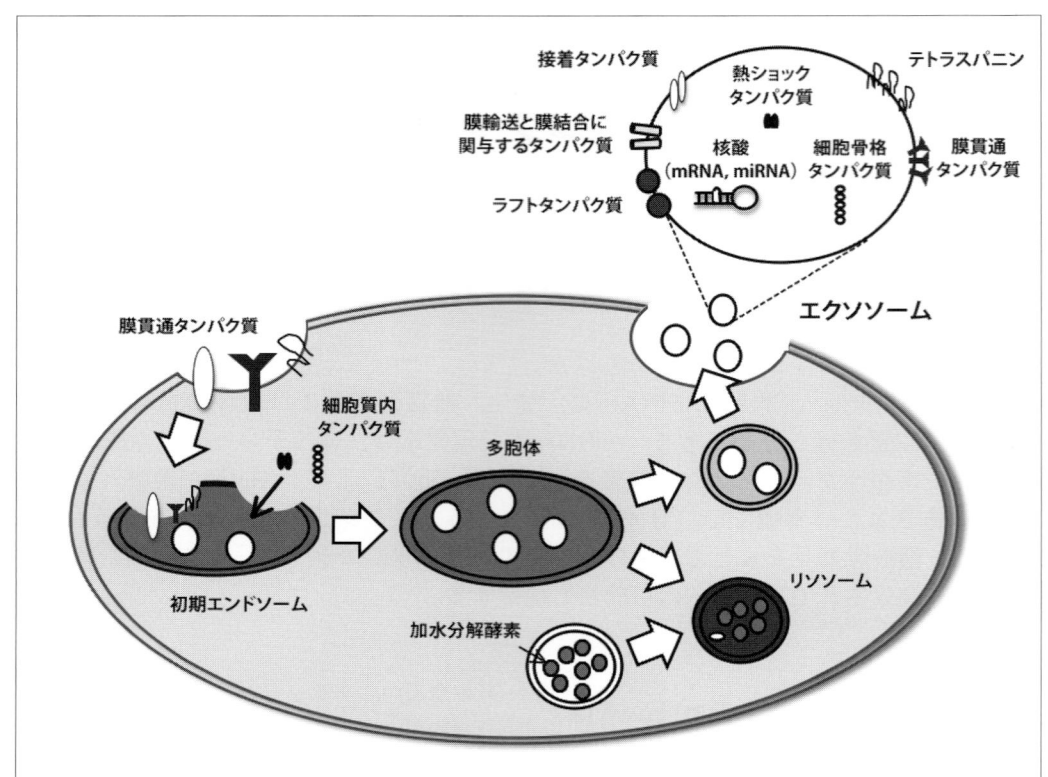

膜貫通タンパク質を含む形で細胞膜の一部がエンドサイトーシスによって細胞内に取り込まれ，初期エンドソームが形成され，その後，多胞体となる．多胞体は2つの経路に分かれる．1つはリソソームと膜融合し，リソソーム内の加水分解酵素によって多胞体内部のタンパク質が分解される経路である．もう一方は，細胞膜と融合することによって，細胞外へと分泌される経路がある．この時分泌されたものがエクソソームである．

が減少している miR-146a を過剰発現した HEK293 細胞を作製し，その分泌型の miR-146a を前立腺がん細胞株に添加することで，前立腺がん細胞内における miR-146a の標的遺伝子の発現が抑制され，前立腺がん細胞の増殖能が減少することを明らかにした[10]．

これらの報告以外にも，様々なエクソソーム中の miRNA の機能が報告されている．免疫細胞の相互作用はサイトカインやケモカインにより複雑に制御されているが，この機構にエクソソームとその中に存在する miRNA も関わっていることが明らかになった．特に樹状細胞はエクソソームの産生細胞としてよく研究されており，樹状細胞を中心とする複雑な免疫細胞間の相互作用にエクソソーム中の miRNA が関わっている[11)12]．また，がんにおいてもエクソソーム中の miRNA の機能が報告されている．腫瘍随伴マクロファージは miR-223 入りのエクソソームを乳がん細胞株に伝搬し，乳がん細胞株の浸潤を制御する[13]．また，肝がん細胞由来のエクソソーム中の miRNA が別の肝がん細胞に取り込まれ，その細胞の増殖を促進させることも明らかとなった[14]．

さらにわれわれは，正常細胞由来のエクソソームが，がん細胞の増殖を抑制することを報告した[15]．正常細胞のエクソソームにおける腫瘍抑制性の miRNA（miR-16，miR-205，miR-143など）は，正常細胞に比べて前立腺がん細胞内で発現が減少している．そこで，がん抑制性の miRNA として報告が多い miR-143 を強発現している HEK293 細胞を用意し，miR-143 過剰発現 HEK293 細胞に由来

7. 分泌型microRNAによる新たな細胞間コミュニケーション：エクソソームを用いたmicroRNA治療への挑戦

表❶ エクソソーム中のmiRNAによる細胞間コミュニケーションの報告

小分子RNAの種類	送り手の細胞	受け手の細胞	表現型	標的遺伝子	参考文献
EBV-miRNAs	LCL（EBV感染B細胞株）	単球由来樹状細胞		CXCL11 LMP1	8
miR-150	THP-1（マクロファージ細胞株）	HMEC-1（ヒト血管内皮細胞株）	細胞移動の亢進	c-Myb	9
miR-146a	HEK293	PC-3M	増殖阻害	ROCK1	10
miR-335	J77（T細胞株）	Raji（B細胞株）		SOX-4	11
miR-451 miR-148a	骨髄由来樹状細胞	DC2.4（マウス樹状細胞株）		*1	12
miR-223	SKBR3（ヒト乳がん細胞株）	マクロファージ	浸潤能の増加	Mef2c	13
Hep3Bに高発現しているmiRNAs*2	Hep3B（ヒト肝がん細胞株）	Hep3B	細胞死の誘導	TAK1*2	14
miR-143	PNT-2 HEK293	PC-3M	増殖阻害	KRAS ERK5	15
siRNA	骨髄由来樹状細胞	マウス脳		GAPDH	16
siRNA	Huh-7（ヒト肝がん細胞株）	マウス肝細胞		CD81	17

*1：この論文ではmiRNAに対する相補的な配列をもつセンサーベクターを用いた。
*2：TAK1遺伝子はHep3B細胞から単離したエクソソームに高発現しているmiRNAから予測した。

するエクソソームの影響を観察した。その結果，miR-143の標的遺伝子であるKRASの発現は抑制され，細胞の増殖が抑制されることを明らかにした。以上の結果は，がん細胞の初期発生において，周辺に存在する正常細胞が，がん細胞の増殖を抑制する可能性を示唆している[15]。

II．小分子RNAのデリバリーツールとしてのエクソソーム（図❷）

上述したようにmiRNAはエクソソームを介して細胞間を移動しているため，この方法を利用した小分子RNAの患部へのデリバリー方法が提案され，これまで3報の論文が報告されている。

まず最初に，マウスの脳へエクソソームを用いてsiRNAを伝達する報告がなされた[16]。この報告では，ニューロン特異的RVGペプチド3とエクソソーム膜タンパク質Lamp2bの融合タンパク質を，自己由来の樹状細胞に導入した。自己由来の樹状細胞は免疫原性が低い。この樹状細胞からエクソソームを回収し，エレクトロポレーションによりGAPDHに対するsiRNAをエクソソームに内包した。このエクソソームをマウスの静脈内に注射したところ，脳内の神経細胞，ミクログリア，オリゴデンドロサイトにおけるGAPDHの発現が減少した。以上の結果から，エクソソームは目的の臓器に小分子RNAを届けることが可能であることがわかった。

一方，siRNAをエレクトロポレーション以外の方法でエクソソームに導入した報告もされた。ウイルスの侵入に関わる受容体であるCD81を標的遺伝子として，CD81 siRNAを産生するshRNAベクターをヒト肝がん細胞株に導入し，この細胞株から回収した培養上清をマウスに注射したところ，マウス肝細胞におけるCD81発現の抑制を確認することができた[17]。この方法は，以前われわれが示したとおり，細胞内で強制発現したsiRNAやmiRNAはエクソソームに取り込まれることを利用した報告である[10]。

最近のわれわれのグループの報告でも，エクソソーム中の腫瘍抑制性miRNAがマウスに移植したがん細胞の増殖を抑制することを示している。われわれは前立腺がん細胞を移植したヌードマウスに，miR-143の過剰発現細胞から回収した培養上清を腫瘍内投与した。その結果，腫瘍の増大の抑制が観察された。さらに，その腫瘍内においてはKRASとERK5などのmiR-143の標的遺伝子の

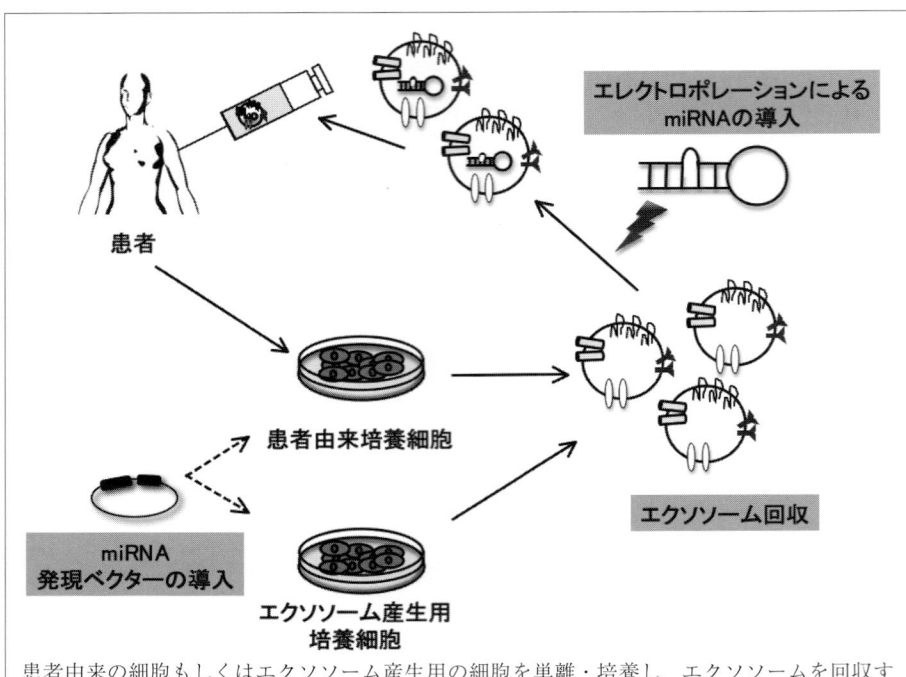

図❷ 目的の miRNA を含むエクソソームを用いた治療法の概略

患者由来の細胞もしくはエクソソーム産生用の細胞を単離・培養し，エクソソームを回収する。目的の miRNA を入れるタイミングとして，エクソソーム回収前に細胞に miRNA を発現するベクターを強制発現し，その後エクソソームを回収する方法と，エクソソームを回収した後にエレクトロポレーションにより目的の miRNA を導入する方法がある。このように用意した miRNA 入りのエクソソームを患者に投与する。

発現が減少していた。われわれの報告では，腫瘍内で発現が抑制されている miR-143 を，正常細胞に過剰発現をしても増殖抑制効果を示さなかった。この知見は，エクソソームによる腫瘍抑制性 miRNA の治療は重篤な副作用をもたないことを示唆している。

Ⅲ．エクソソームを用いた miRNA 治療の解決するべき点

これまでエクソソームの生物学的な働きや疾患における影響などを述べたが，エクソソームを用いた miRNA の核酸医薬の実現のためにはいくつかのハードルが存在する。まず治療に利用するためには大量にエクソソームを用意しなければならない。これまでエクソソームの産生に関わる分子として，中性スフィンゴミエリナーゼ2，Rab27a，Rab27b，Rab35，p53 およびカルシウムイオノフォアなどが報告されてきた。しかし，これらがどのようにしてエクソソームの産生をそれぞれ制御しているのか，さらにそれぞれの分子がどのように関係しているのかなど，まだ不明なことが多い[18)-27)]。このようなメカニズムの解明が細胞工学による「エクソソーム産生細胞」の開発につながる。

第二に，目的の miRNA をエクソソームに導入する方法の検討が必要である。これまでの報告から，エクソソームに目的の miRNA を導入するための方法として，①細胞内の miRNA 量を増やすことで，エクソソームに移行する miRNA 量を増やす方法，②エクソソームを回収した後に，エクソソームに対してエレクトロポレーションにより miRNA を導入する方法の2つがある。これらの方法を利用した報告はまだ少ないが，今後どちらの方法のほうが miRNA や siRNA の導入効率がいいか，またエクソソームの性質は保てるのかどうかなどを検討することで，より効果的な治療用エクソソームの開発ができる。

第三の問題として，培地中のエクソソームの回収方法である。現在，最も一般的な単離方法である超遠心分離は時間がかかるうえに，その回収率は不良である。より効果的な分離方法を確立することが不可欠である。

第四の問題点として，エクソソーム産生細胞の選択である。まだ詳細なメカニズムは解明されていないが，エクソソームにはtropism（嗜好性）が存在すると言われている。つまり標的の細胞に嗜好性が合わない産生細胞を用意しても，治療用エクソソームが取り込まれる可能性が低い。逆に考えれば，嗜好性が高い細胞を選択することにより，標的の細胞に特異的に取り込まれる可能性がある。エクソソームの取り込みのメカニズムに関してはまだ十分な研究がされていないため，さらに理解する必要がある。

最後の問題点として，エクソソームの免疫原性に関してである。エクソソームはその他のデリバリーツールに比べて免疫原性が低いと考えられる。しかし，より免疫原性が低くなるような工夫が必要であり，そのためのエクソソーム産生細胞の選択などを行う必要がある。

おわりに

驚くべきことに，動物の血清中に植物由来のmiRNAが存在することが報告された[28]。この植物由来のmiRNAは，哺乳類の標的遺伝子の発現を調節できることが示され，さらにエクソソーム中に存在すると示唆された。これは種を超えた遺伝子発現制御機構であり（cross kingdom），このような制御機構が本当に存在するかに関してはさらなる検討が必要となる。以前われわれが報告した母乳由来のmiRNAは，母から子への「個体間」のmiRNAの移動であったが[29]，植物由来のmiRNAが動物の個体に入るという「cross kigdom」のmiRNAが存在するとなると，新たな形でmiRNAを使った治療を創造する必要があるのかもしれない。

参考文献

1) Valadi H, Ekstrom K, et al：Nat Cell Biol 9, 654-659, 2007.
2) Chim SS, Shing TK, et al：Clin Chem 54, 482-490, 2008.
3) Lawrie CH, Gal S, et al：Br J Haematol 141, 672-675, 2008.
4) Simons M, Raposo G：Curr Opin Cell Biol 21, 575-581, 2009.
5) Théry C, Ostrowski M, et al：Nat Rev Immunol 9, 581-593, 2009.
6) Chaput N, Théry C：Semin Immunopathol 33, 419-440, 2011.
7) Théry C：F1000 Biol Rep 3, 15, 2011.
8) Pegtel DM, Cosmopoulos K, et al：Proc Natl Acad Sci USA 107, 6328-6333, 2010.
9) Zhang Y, Liu D, et al：Mol Cell 39, 133-144, 2010.
10) Kosaka N, Iguchi H, et al：J Biol Chem 285, 17442-17452, 2010.
11) Mittelbrunn M, Gutiérrez-Vázquez C, et al：Nat Commun 2, 282, 2011.
12) Montecalvo A, Larregina AT, et al：Blood 119, 756-766, 2012.
13) Yang M, Chen J, et al：Mol Cancer 10, 117, 2011.
14) Kogure T, Lin WL, et al：Hepatology 54, 1237-1248, 2011.
15) Kosaka N, Iguchi H, et al：J Biol Chem 287, 1397-1405, 2012.
16) Alvarez-Erviti L, Seow Y, et al：Nat Biotechnol 29, 341-345, 2011.
17) Pan Q, Ramakrishnaiah V, et al：Gut 2011 Dec 23. [Epub ahead of print]
18) Trajkovic K, Hsu C, et al：Science 319, 1244-1247, 2008.
19) Ostrowski M, Carmo NB, et al：Nat Cell Biol 12, 19-30, 2010.
20) Hsu C, Morohashi Y, et al：J Cell Biol 189, 223-232, 2010.
21) Amzallag N, Passer BJ, et al：J Biol Chem 279, 46104-46112, 2004.
22) Yu X, Harris SL, et al：Cancer Res 66, 4795-4801, 2006.
23) Lespagnol A, Duflaut D, et al：Cell Death Differ 15, 1723-1733, 2008.
24) Lehmann BD, Paine MS, et al：Cancer Res 68, 7864-7871, 2008.
25) Yu X, Riley T, Levine AJ：FEBS J 276, 2201-2212, 2009.
26) Savina A, Furlán M, et al：J Biol Chem 278, 20083-20090, 2003.
27) Savina A, Fader CM, et al：Traffic 6, 131-143, 2005.
28) Zhang L, Hou D, et al：Cell Res 22, 107-126, 2012.
29) Kosaka N, Izumi H, et al：Silence 1, 1, 7, 2010.

参考ホームページ

・ExoCarta : Home-Exosome database
　http://www.exocarta.org/

小坂展慶
2003 年	早稲田大学教育学部理学科生物学専修卒業
2005 年	同大学院理工学研究科生命理工学専攻修士課程修了
2007 年	日本学術振興会特別研究員（早稲田大学）（～ 2009 年）
2008 年	早稲田大学大学院理工学研究科生命理工学専攻博士課程修了（理学博士） 早稲田大学先進理工学研究科生命理工学専攻客員研究員 国立がんセンター研究所がん転移研究室研修生
2009 年	同リサーチレジデント
2011 年	国立がん研究センター研究所分子細胞治療研究分野研究員

専門分野：分子生理学

第2章 microRNA治療

8. 核酸医薬などのドラッグデリバリーをめざした磁性ナノコンポジットの創製

並木禎尚

本稿では，磁性ナノ構造物（磁性ナノコンポジット）に担持・搭載したsiRNAやプラスミドDNAなどの核酸医薬の挙動を，磁気エネルギーの利用により遠隔制御できる新たなドラッグデリバリーシステムについて述べる。また，体内深部の標的病巣部選択的に磁気を照射することにより，磁性ナノコンポジットを磁気誘導できる生体適合性の高い装置についても紹介する。

はじめに

磁気エネルギーにより，目的物質を標的に迅速・確実に送達できる「磁気誘導型ドラッグデリバリーシステム（magnetically guided drug delivery system：MDDS）」を開発した（図❶）。本稿では，核酸医薬の送達に利用できる3種類の磁性ナノコンポジットと2種類の磁気照射装置について紹介する。

Ⅰ. 自己会合型磁性ナノ粒子（LipoMag）

1. 酸化鉄をコアとするLipoMag

磁性流体（宇宙服可動部の気密性を保持する目的でNASAが開発した液体シール材）を素材とする自己会合型磁性ナノ粒子の製造方法を発明した。この方法は，磁性流体を構成する脂溶性界面活性剤と両親媒性のリン脂質間の疎水基同士の疎水結合を利用するもので，ナノ粒子の自己会合を

図❶ MDDSによるがん治療

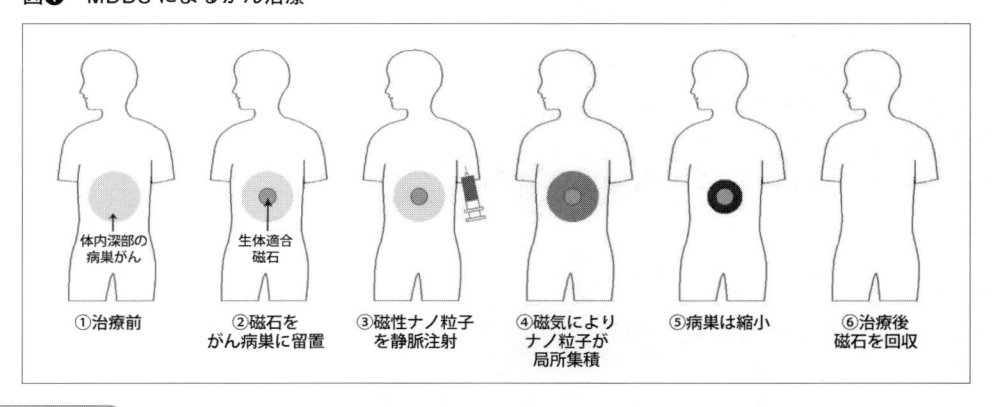

①治療前／②磁石をがん病巣に留置／③磁性ナノ粒子を静脈注射／④磁気によりナノ粒子が局所集積／⑤病巣は縮小／⑥治療後磁石を回収

体内深部の病巣がん／生体適合磁石

key words

磁性ナノコンポジット，磁気誘導型ドラッグデリバリーシステム，LipoMag（自己会合型磁性ナノ粒子），有機無機ハイブリッド籠型磁性ナノ粒子，チタンめっきネオジム磁石，チタンカプセル化ネオジム磁石，窒化鉄，異分野融合技術

促す特徴をもつ（LipoMag）[1)-5)]。リン脂質にカチオニックリピッドを混合することにより，粒子表面に陽性荷電を付与することができる（図❷）。得られたナノ粒子に陰性荷電をもつsiRNAやプラスミドDNAなどの核酸医薬を混ぜると，静電引力によりナノ粒子-核酸医薬複合体を形成する（図❸）。

細胞培養液に複合体を添加後，培養プレート底面へ磁気を照射すると，複合体は細胞表面に瞬時に集積し，迅速に取り込まれる（図❹）。その結果，磁気を用いない場合と比べ，単位時間あたりの遺伝子導入効率・RNA干渉効率は数百倍程度まで向上した。一方，ヒト胃がんを移植した動物モデルに，血管新生に関わるEGFR mRNAを分解するsiRNAを担持させたナノ粒子を静脈内投与後，がん病巣部に磁気照射したところ，ナノ粒子は新生血管に集積し，EGFR遺伝子の抑制・血管新生抑制を介して，治療効果を発揮した[2)-5)]。

2. 窒化鉄をコアとするLipoMag

酸化鉄をコアとするLipoMagの磁気吸着力を高めるため，磁気異方性が大きな窒化鉄をコア材料として用いた。高密度磁気記録媒体の分野では，小さなサイズでも優れた磁気特性を発揮できる次世代材料が求められている。近年，それらを達成できる磁性材料として，金属酸化物で表面を保護することにより耐食性を高めた窒化鉄ナノ粒子が実用化されている（図❺）。窒化鉄は磁気異方性が大きいだけでなく，生体適合性が高いため，医用材料としても魅力的である。この点に着目して，窒化鉄をコアにもつLipoMagを新たに開発した[2)6)]。

窒化鉄ナノ粒子の①高い結晶磁気異方性，②酸化保護層，③均一な粒径と球形状は，それぞれ①優れた磁気特性，②高い化学安定性，③高い分散安定性・磁気捕集性に役立つ。

X線回折の結果より，得られたナノ粒子が窒化

図❷ 自己会合型磁性ナノ粒子の製造方法（特許4183047号）

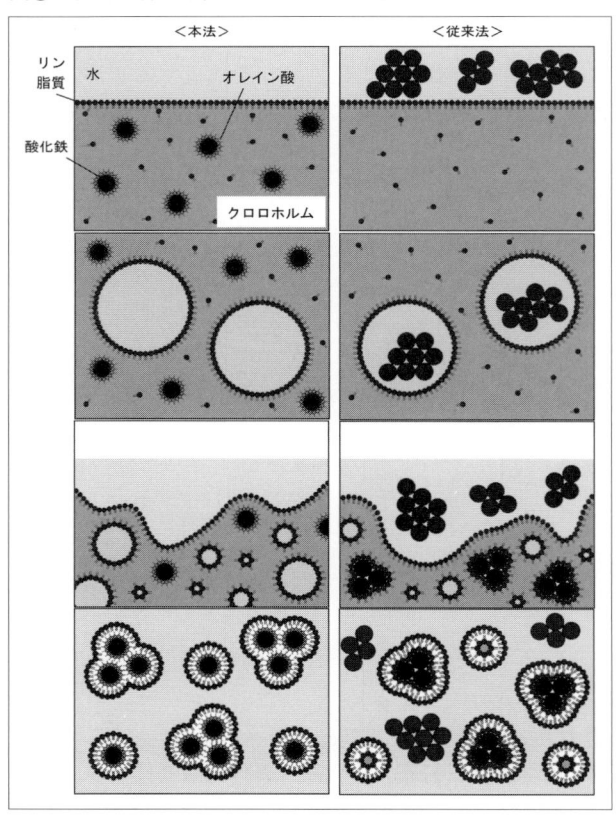

図❸ 自己会合型磁性ナノ粒子への核酸医薬の担持

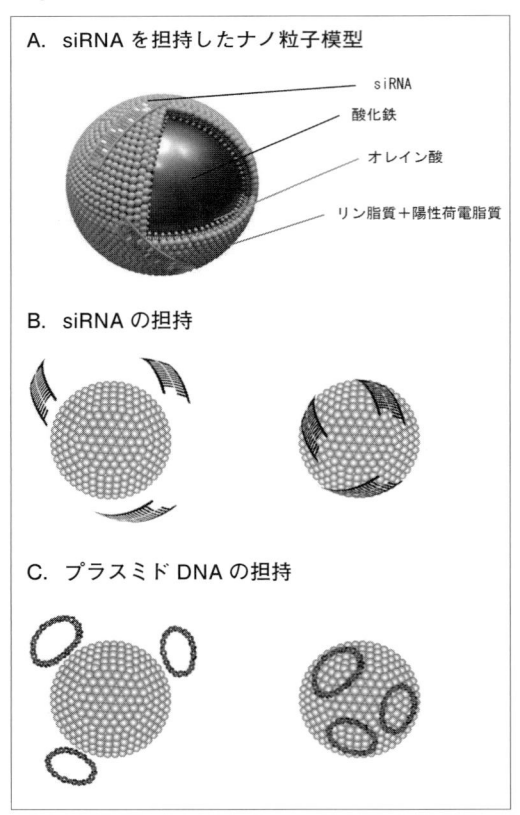

鉄であること（図❻），XPSの結果より，ナノ粒子表面の保護層がイットリウム，アルミニウム，鉄の酸化物から構成されること（図❼）を確認した．LipoMagの磁性材料を窒化鉄にすることにより，単位時間あたりの遺伝子導入効率およびRNA干渉効率は約2倍に増強した（図❽）[2)6)]．

Ⅱ．有機無機ハイブリッド籠型磁性粒子

従来困難であった「磁性粒子への水溶性薬剤の搭載」をめざし，中空網目構造をもつ磁性骨格内部に水溶性薬剤を充填し，薬剤の漏れを防ぐため骨格表面を脂質膜で密封したナノ粒子を開発した[2)7)-9)]．

近赤外蛍光物質で標識したsiRNAを搭載した籠型粒子をマウスの尾静脈より投与後，インビボイメージング装置，動物用MRIで観察したところ，

図❹ 自己会合型磁性ナノ粒子によるRNA干渉と遺伝子導入

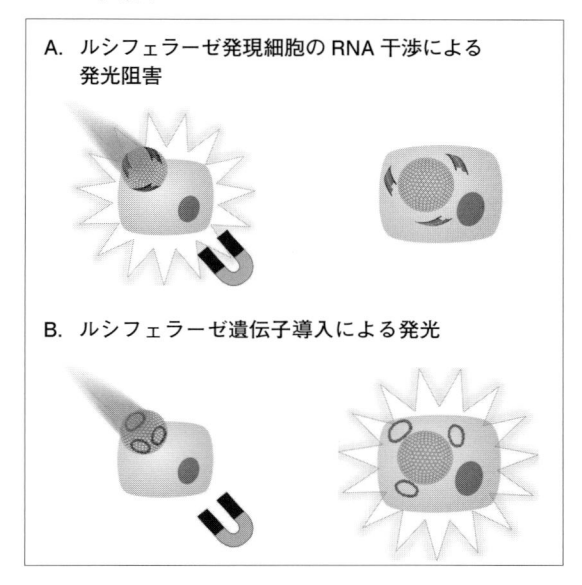

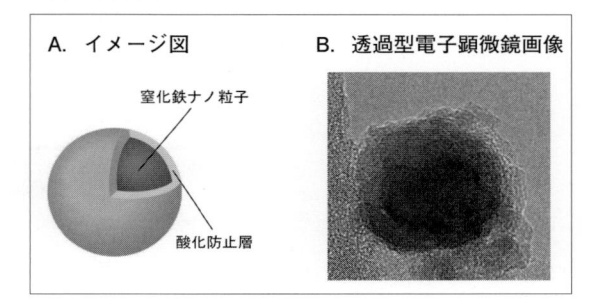

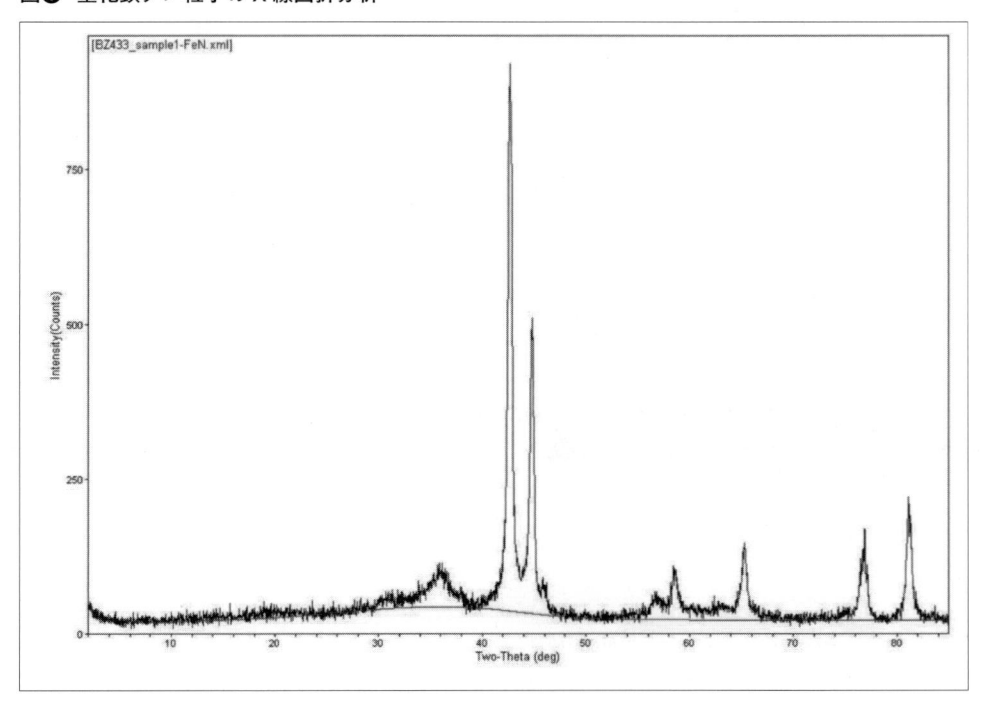

A. ルシフェラーゼ発現細胞のRNA干渉による発光阻害

B. ルシフェラーゼ遺伝子導入による発光

図❺ 窒化鉄ナノ粒子

A. イメージ図

B. 透過型電子顕微鏡画像

図❻ 窒化鉄ナノ粒子のX線回折分析

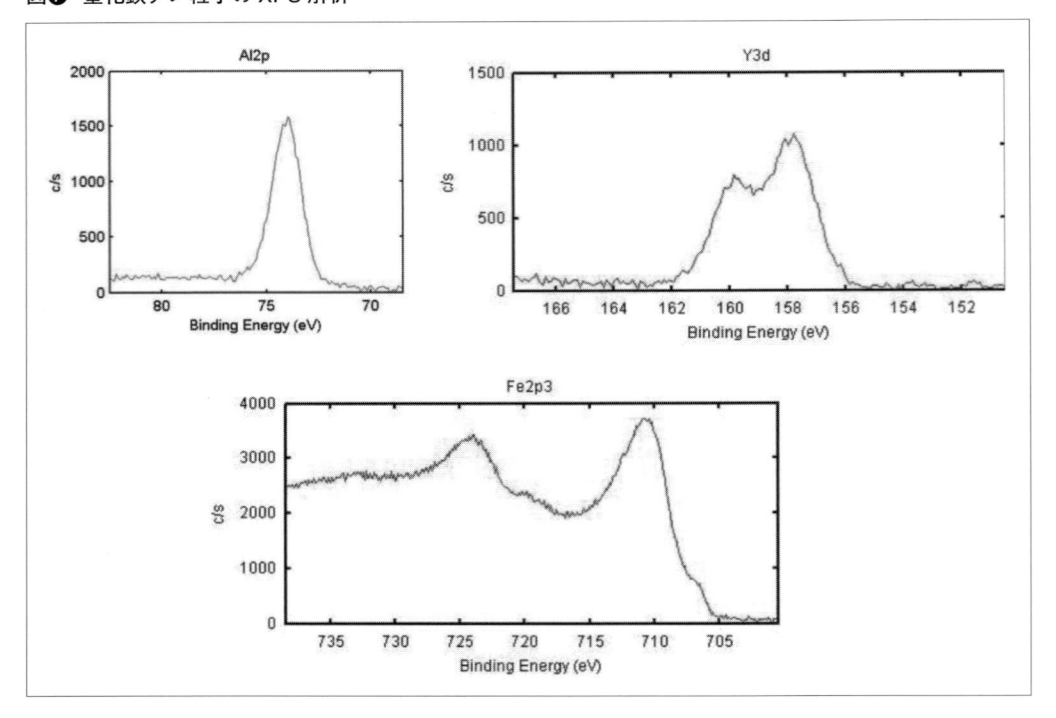

図❼ 窒化鉄ナノ粒子のXPS解析

肝臓部への集積を認めた（**図❾**，**❿**）。さらに，磁気誘導，粒径の最適化，粒子表面の修飾を行うことにより，体内深部のがん病巣への集積を遠隔制御できることを確認している（論文投稿中）。

Ⅲ．磁気照射装置

体内で磁気照射を行うため，金属アレルギーを引き起こさない生体適合性の高い磁気照射装置を開発した。ネオジム磁石は，ボロン，鉄，ネオジムの混合物を焼結することにより製造される。この焼結合金は空気中で酸化しやすいので，通常，耐食防止のためニッケルめっきされる。ニッケルは重篤な金属アレルギーを引き起こすため，インプラント材料としての利用はできない。そこでわれわれは，①チタンで表面を乾式めっきしたネオジム磁石，②チタンカプセルで隔離したネオジム磁石を新たに開発した（**図⓫**，**⓬**）。

おわりに

本稿では，核酸医薬を磁気送達可能な磁性粒子と，磁性粒子を生体内で集積させるための磁気照

図❽ 窒化鉄ナノ粒子をコアにもつLipoMag

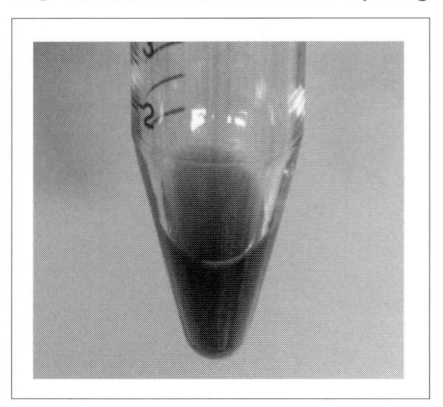

射装置を組み合わせたMDDSについて述べた。磁性粒子はMDDSの他，磁気センシングによる疾病の鋭敏な診断，交流磁場による誘導加温を利用したハイパーサーミア，生理活性物質の磁気分離など，ライフイノベーション分野において幅広く活用できる。

一方，放射性物質を吸着する薬剤を磁性粒子表面に担持することにより，磁力で迅速除染できる技術（特許登録済）の実用化が目前であり，その

8. 核酸医薬などのドラッグデリバリーをめざした磁性ナノコンポジットの創製

図❾ 有機無機ハイブリッド籠型磁性粒子（特願 2010-25660, PCT/JP2011/000638）

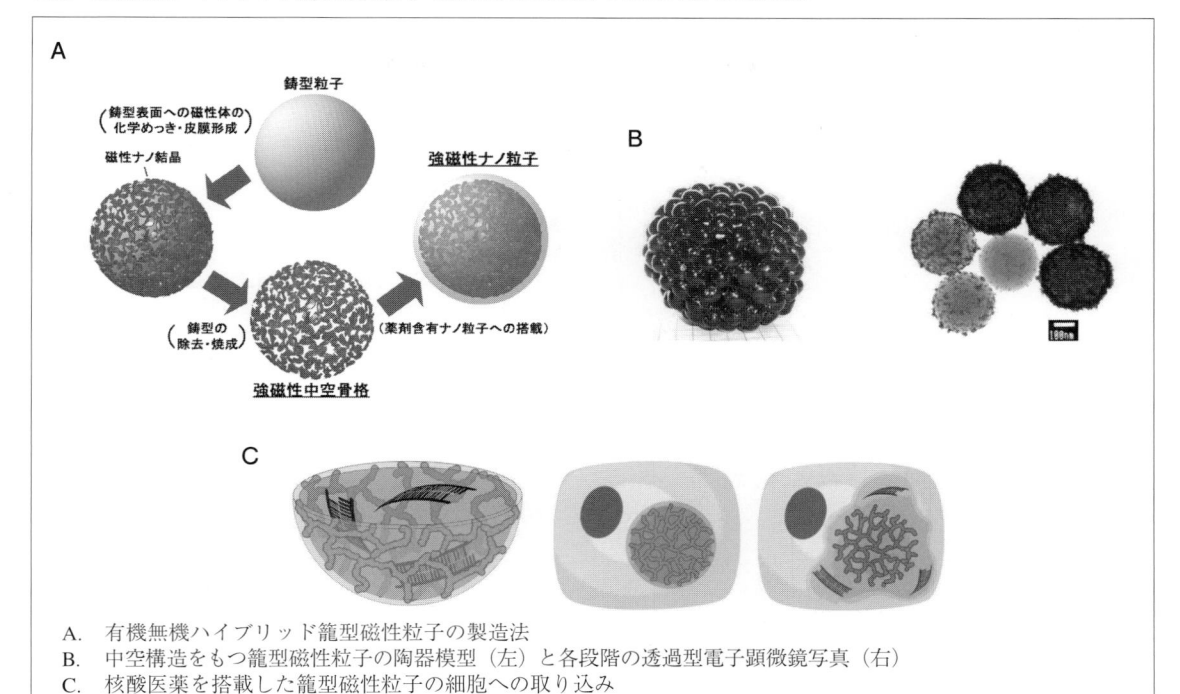

A. 有機無機ハイブリッド籠型磁性粒子の製造法
B. 中空構造をもつ籠型磁性粒子の陶器模型（左）と各段階の透過型電子顕微鏡写真（右）
C. 核酸医薬を搭載した籠型磁性粒子の細胞への取り込み

図❿ 有機無機ハイブリッド籠型磁性粒子のナビゲーション

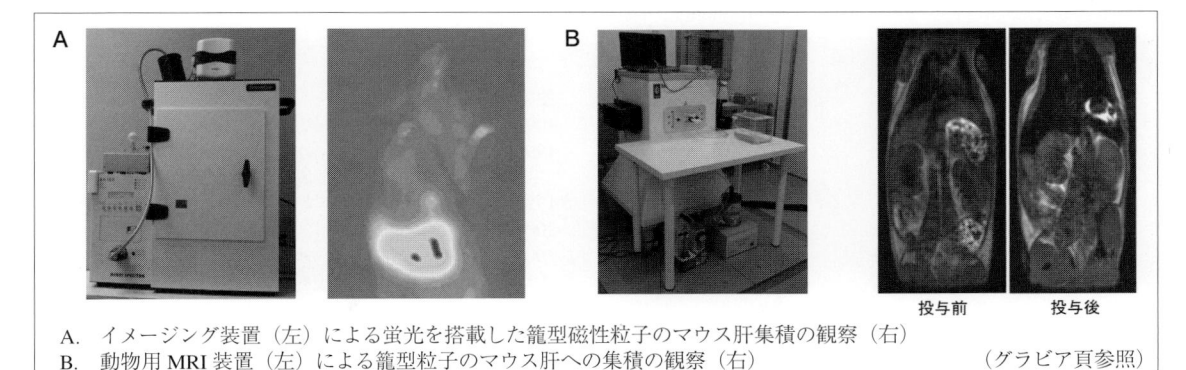

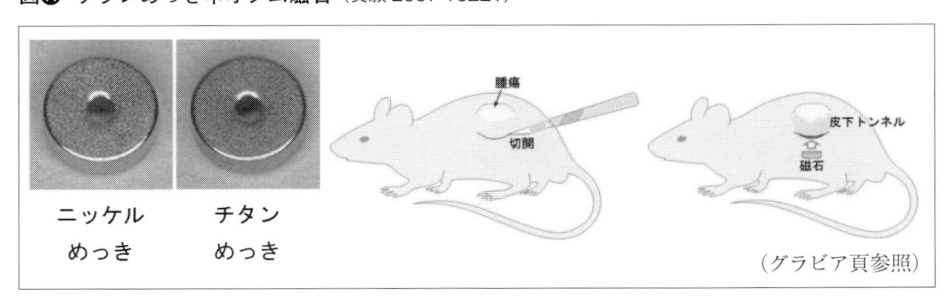

A. イメージング装置（左）による蛍光を搭載した籠型磁性粒子のマウス肝集積の観察（右）
B. 動物用 MRI 装置（左）による籠型粒子のマウス肝への集積の観察（右）

（グラビア頁参照）

図⓫ チタンめっきネオジム磁石（実願 2007-10221）

（グラビア頁参照）

図⑫　チタンカプセル化ネオジム磁石（特願 2008-304288）

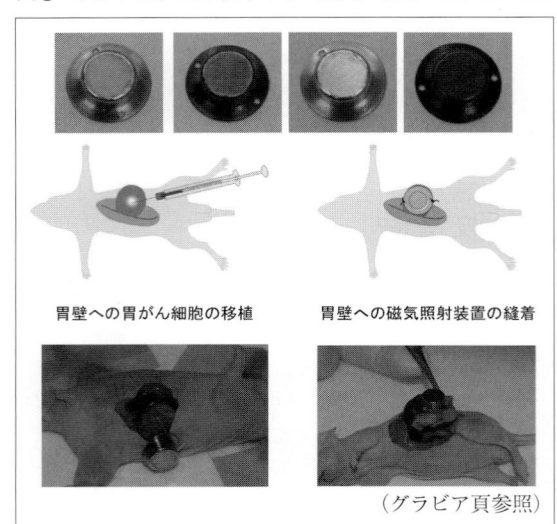

胃壁への胃がん細胞の移植　　胃壁への磁気照射装置の縫着

（グラビア頁参照）

成果はグリーンイノベーションにも大きく貢献するものと思われる。

「疾病の予防・診断・治療」に利用できる，これらの世界初・日本発の異分野融合技術が，少しでも社会に貢献できれば幸いである。

謝辞

本研究は，最先端・次世代研究開発支援プログラム（内閣府：LS114），産業技術研究助成事業（NEDO：08C46049a）による成果である。

参考文献

1) Namiki Y：Nanotechnology for Nucleic Acid Delivery (Oupicky D, Ogris M, Ed), Humana Press, in press.
2) Namiki Y, Fuchigami T, et al：Acc Chem Res 44, 1080-1093, 2011.
3) Namiki Y：NPG Asia Materials 2, 7, 2010.
4) 並木禎尚：医学のあゆみ 232, 819-821, 2010.
5) Namiki Y, Namiki T, et al：Nature Nanotechnology 4, 598-606, 2009.
6) Namiki Y, Matsunuma S, et al：Nanocrystal, 350-372, INTECH, 2011.
7) Fuchigami T, Kawamura R, et al：Biomaterials 33, 1682-1687, 2012.
8) Fuchigami T, Kawamura R, et al：Langmuir 27, 2923-2928, 2011.
9) 渕上輝顕，河村　亮，他：紛体および粉末冶金 57, 636-641, 2010.

並木禎尚
1993 年　東京慈恵会医科大学医学部医学科卒業
1996 年　同大学院卒業
　　　　同大学病院にて初期・後期臨床研修
1999 年　国立がんセンター中央病院消化器内科派遣
2001 年　東京慈恵会医科大学臨床医学研究所助手
2007 年　同講師
2011 年　了德寺大学健康科学部客員教授（兼任）

第2章 microRNA治療

9. 2'-OME RNAオリゴを基盤とした独特の二次構造をもつ新規microRNA阻害剤 S-TuD

原口　健・伊庭英夫

　われわれは，これまでに特定のmicroRNA（miRNA）を阻害するdecoy RNA, TuD RNA（tough decoy RNA）をプラスミドベクターやウイルスベクターから発現させる系を開発してきた。このベクターはそれまでのmiRNA阻害RNA発現ベクターと比べて極めて高い阻害能を有していることから，様々なmiRNA解析において用いられてきた。われわれは核酸創薬をめざし，この独特の二次構造をもつTuD RNAの構造を模した2'-OME RNAオリゴを合成し，高い阻害活性をもたせる設計法を確立した。そして，この新規miRNA阻害剤を「S-TuD（synthetic TuD）」と命名した。本稿において，このS-TuDについて紹介したい。

はじめに

　本特集で紹介されているようにmicroRNA（miRNA）は様々な生命現象に関わることが明らかにされつつあり，数年前からは基礎研究の対象としてだけではなく治療標的としても注目を集めはじめている。こうした視点から特定のmiRNAを阻害する技術は，研究ツールとしてだけではなく，miRNAを標的とした治療法の基本技術として必須となってきた。これまでにわれわれは特定のmiRNAの配列を認識してその活性を阻害するdecoy RNA（TuD RNA：tough decoy RNA）を設計し，これをRNAポリメラーゼⅢにより高レベル発現させるユニットを搭載したプラスミドベクターやレトロ/レンチウイルスベクターを開発してきた[1]。TuD RNAは特徴的な二次構造を有していて，従来のdecoy RNAに比べて著しく高い阻害効果を発揮することから，miRNAを対象とした基礎研究において有用なツールとしてmiRNAの標的の決定[2]，発がん活性の検定[3]をはじめとした幅広い分野[4)~8)]で使用されている。しかし，TuD RNA発現ウイルスベクターを治療に直接使用するためには遺伝子治療の必要があるが，残念なことにそれにはまだ，わが国では課題が多いのが現状である。そこで今回われわれはこの基盤技術の核酸医薬化をめざして，TuD RNAの二次構造を模した2本の2'-OME RNA[用解1]核酸オリゴで構成される分子を合成し，S-TuD（synthetic TuD）と名づけて，その最適の設計法を開発してきた。最近極めて良好な結果を得ることができたので[9]，本稿では，この新規miRNA阻害剤S-TuDの設計法，効果，利用法などを紹介する。

key words

miRNA, miRNA阻害剤, TuD RNA, miR-21, miR-200c, miR-16, seed, miRNAファミリー, ZEB1

I. 新規 miRNA 阻害剤 S-TuD の設計法

1. S-TuD の基本構造

　われわれがすでに確立した TuD RNA の基本構造を図❶A に示した。1分子の TuD RNA は 18bp のステム構造 I，標的 miRNA に相補な配列 MBS（miRNA binding site）を 2 つ，8bp のステム構造 II をもつステムループ，2 つの MBS と 2 つのステム構造それぞれとを連結する 3nt のリンカー配列 4 つから構成されている[1]。これらの構造はそれぞれ，核外輸送，標的 miRNA への結合，RNase や miRNA-RISC 複合体による分解への耐性，MBS と miRNA の結合しやすさ（accessibility）の向上に寄与して TuD RNA の優れた標的 miRNA 阻害活性を支えているものと考えられる。そこでわれわれは，この TuD RNA の独特の二次構造を模したオリゴヌクレオチドを合成することとした（S-TuD, synthetic TuD）。TuD RNA は 120nt 程度の長さの 1 本の RNA であるが，この長さの RNA を高効率で安価に合成することは困難である。そのため図❶B に示すように，S-TuD は 60nt 弱の長さの 2 本の RNA 鎖をアニールすることにより作製し，RNase に対する耐性を高めるためにすべてのリボースを 2'-OMe 化することにした。

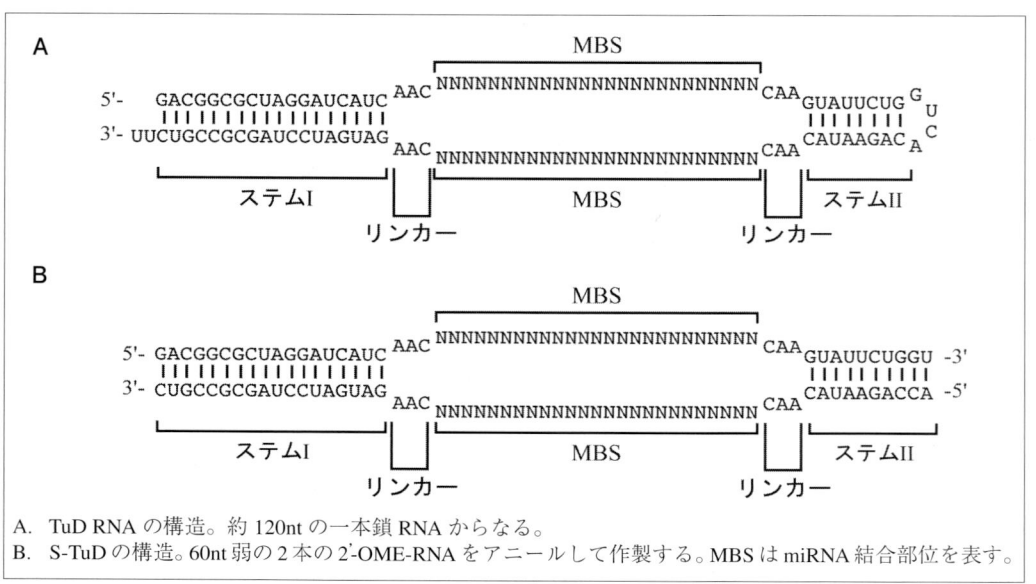

2. MBS 配列の検討

　miRNA と MBS の親和性は，もちろん完全相補である場合に最も高くなることが期待される。しかし，TuD RNA は MBS 配列として標的の miRNA に完全相補な配列の 3' 端から 10 番目と 11 番目の間に 4nt 挿入した配列（バルジ）をもっている。この塩基間で RISC 複合体中の Ago2 が標的 mRNA を切断することが知られており[10]，この 4nt 挿入により TuD RNA は RISC 複合体による切断を回避することができる。一方，S-TuD は 2'-OME RNA オリゴで構成されているので RISC 複合体による切断も受けにくいものと考えられる。そこでまず miR-21 を標的とした S-TuD の MBS 配列について，標的 miRNA に完全相補な配列である "pf"，標的 miRNA の 5' 端から 10 番目の塩基に対してのみミスマッチを導入した "10mut"，従来の 4nt のバルジを挿入した配列 "4ntin" の 3 種類について検討した。miR-21 と完全相補配列を 3'-UTR にもつレポーターを使用したアッセイでは，miR-21 活性の阻害効果は S-TuD-miR21-10mut，S-TuD-miR21-4ntin，S-TuD-miR21-pf の順に高かった（図❷A）。一方，miR-200c を標的とした S-TuD を用いて同様の検討をしたところ，阻害効果の高さは S-TuD-miR200c-pf，S-TuD-miR200c-10mut，S-TuD-miR200c-4ntin の

図❶　TuD RNA および S-TuD の構造（文献 9 より）

A. TuD RNA の構造。約 120nt の一本鎖 RNA からなる。
B. S-TuD の構造。60nt 弱の 2 本の 2'-OME-RNA をアニールして作製する。MBS は miRNA 結合部位を表す。

図❷　MBS配列の検討（文献9より）

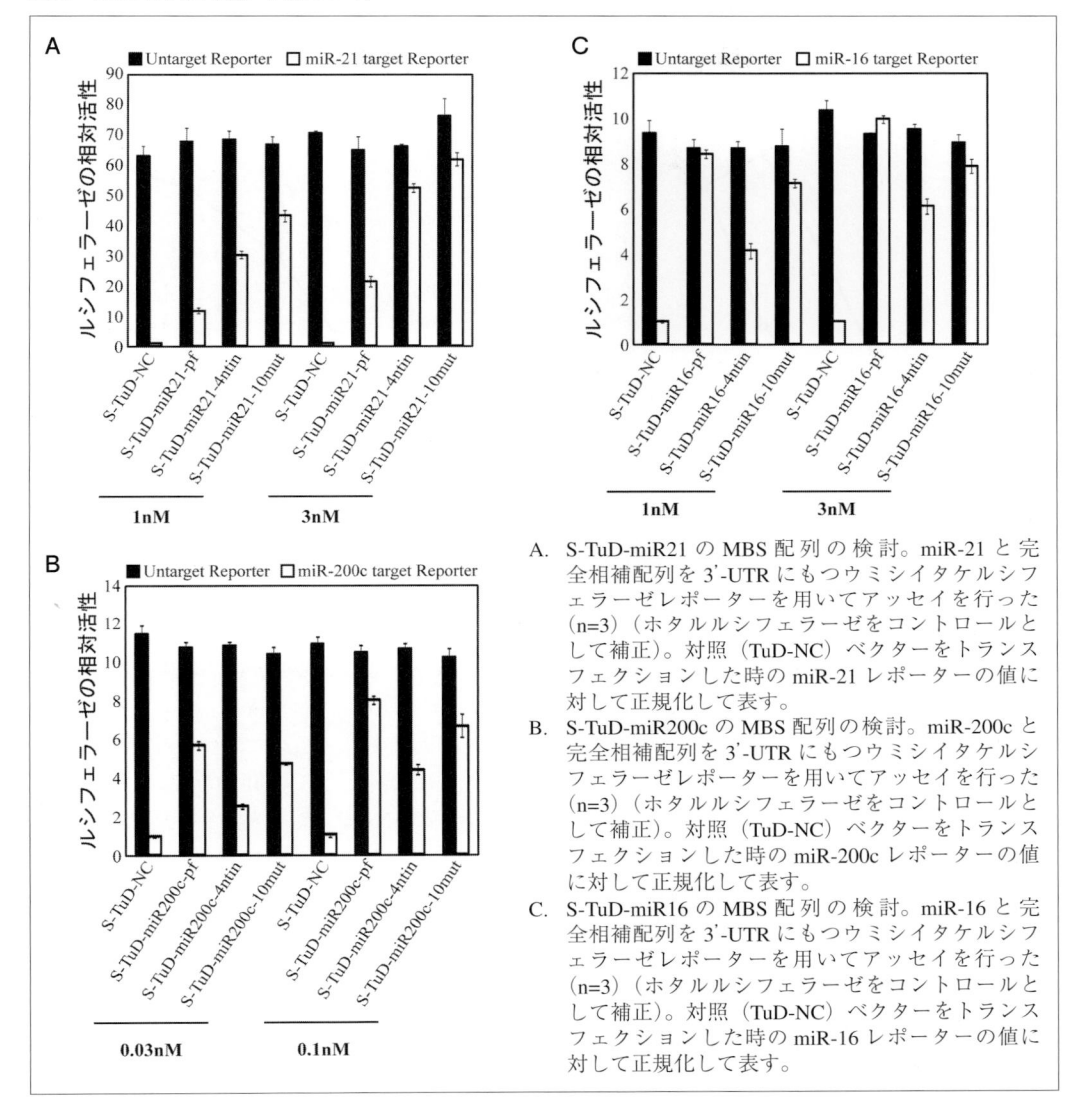

A. S-TuD-miR21のMBS配列の検討。miR-21と完全相補配列を3'-UTRにもつウミシイタケルシフェラーゼレポーターを用いてアッセイを行った（n=3）（ホタルシフェラーゼをコントロールとして補正）。対照（TuD-NC）ベクターをトランスフェクションした時のmiR-21レポーターの値に対して正規化して表す。
B. S-TuD-miR200cのMBS配列の検討。miR-200cと完全相補配列を3'-UTRにもつウミシイタケルシフェラーゼレポーターを用いてアッセイを行った（n=3）（ホタルシフェラーゼをコントロールとして補正）。対照（TuD-NC）ベクターをトランスフェクションした時のmiR-200cレポーターの値に対して正規化して表す。
C. S-TuD-miR16のMBS配列の検討。miR-16と完全相補配列を3'-UTRにもつウミシイタケルシフェラーゼレポーターを用いてアッセイを行った（n=3）（ホタルシフェラーゼをコントロールとして補正）。対照（TuD-NC）ベクターをトランスフェクションした時のmiR-16レポーターの値に対して正規化して表す。

順であった（図❷B）。さらにmiR-16を標的として上述の3種類のS-TuD-miR16を作製して検討を行った（図❷C）。阻害効果はS-TuD-miR16-pf，S-TuD-miR16-10mut，S-TuD-miR16-4ntinの順に高かった。

標的miRNAごとに最適なMBS配列が異なっていたことについて，われわれはS-TuDの二次構造に原因があるのではないかと考えて，これらのS-TuDの二次構造をCentroidFoldにより予測した[11]。CentroidFoldは2本の2'-OME RNAオリゴで構成されているS-TuDには対応していないため，ここでは同じMBS配列をもつTuD RNAの二次構造を代替として予測した。その結果，9種類のS-TuDのうち，S-TuD-miR21-pf，S-TuD-miR200c-4ntinにおいてMBS同士が強く結合することがわかった。

このような結果から一般に，より標的miRNAとの結合親和性が高いMBS配列のほうがより効果的であるが，S-TuD分子内でのMBS間の結合が強い場合はS-TuDは効果が大きく減弱するものと

第2章　microRNA 治療

図❸　S-TuD の miRNA 阻害効果の濃度依存性および既存技術との比較（文献9より）

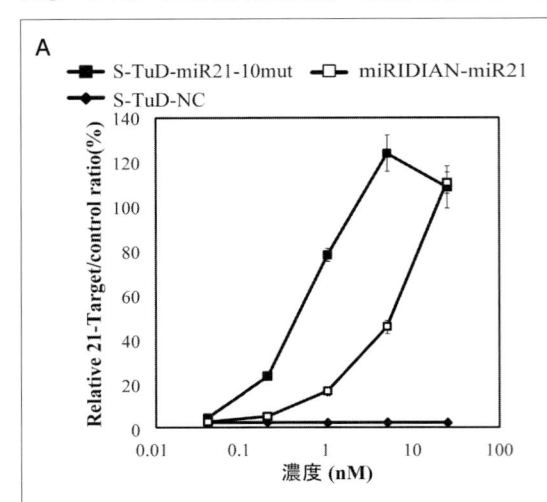

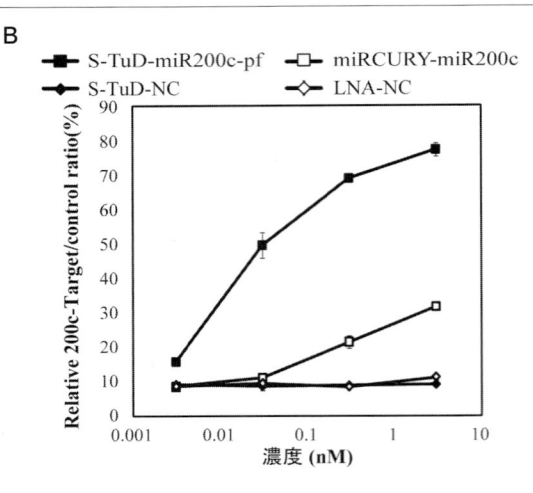

A. S-TuD-miR21-10mut の濃度依存性。0.04nM-0.2nM-1nM-5nM-25nM の範囲で miRIDIAN-miR21 と比較検討した。miR-21 と完全相補配列を 3'-UTR にもつウミシイタケルシフェラーゼレポーターを用いてアッセイを行った（n=3）（ホタルルシフェラーゼをコントロールとして補正）。miR-21 との相補配列を 3'-UTR にもたないウミシイタケルシフェラーゼレポーターの値に対する百分率比で表す。

B. S-TuD-miR200c-pf の濃度依存性。0.003nM-0.03nM-0.3nM-3nM の範囲で miRCURY-miR200c と比較検討した。miR-200c と完全相補配列を 3'-UTR にもつウミシイタケルシフェラーゼレポーターを用いてアッセイを行った（n=3）（ホタルルシフェラーゼをコントロールとして補正）。miR-200c との相補配列を 3'-UTR にもたないウミシイタケルシフェラーゼレポーターの値に対する百分率比で表す。

考えられる。そこで，われわれは MBS 配列設計法として，まず親和性の視点から "pf"，"10mut"，"4ntin" の順に候補とし，二次構造予測において MBS 間結合が強い場合は順次，次の候補を選択する方法をとっている。

II．S-TuD の miRNA 阻害活性

1．S-TuD の miRNA 阻害活性の濃度依存性と既存の阻害剤との比較

S-TuD の miRNA 阻害活性の濃度依存性はどのようなものであろうか。まず miR-21 を標的として，最適と判定された S-TuD-miR21-10mut について検討した。さらに既存の miRNA 阻害剤のうち，2'-OME RNA オリゴで構成される miRIDIAN（Thermo Scientific 社）との比較を行った（図❸ A）。S-TuD-miR21-10mut は 0.2nM で阻害効果がみられはじめ，5nM で阻害効果が飽和点に達していた。一方，miRIDIAN-miR21 は 1nM で阻害効果がみられはじめ，25nM で阻害効果が飽和点に達した。次に miR-200c を標的として，S-TuD-miR200c-pf について検討した。そして既存の miRNA 阻害剤のうち，DNA と LNA[用解2] のキメラオリゴで構成される miRCURY（Exiqon 社）との比較を行った（図❸ B）。S-TuD-miR200c-pf は 0.003nM で阻害効果がみられはじめ，0.3nM で阻害効果が飽和点に達した。一方，miRCURY-miR200c は 3nM においても阻害効果が飽和点に達しなかった。以上の結果は，S-TuD は既存技術と比べ極めて低い濃度で高い阻害効果を発揮することを示している。S-TuD の有効な濃度は標的 miRNA ごとに異なることがわかったが，これは主として標的 miRNA の発現量が多ければより投与量が要求されることを反映しているものと考えられる。

2．標的 miRNA のファミリー間における特異性

特異性を評価するために，標的 miRNA と同一の seed 配列（5'端から 2-8番目の塩基）をもつ miRNA ファミリーに対して S-TuD がどの程度 miRNA 阻害能を有するかについて検討した。標的 miRNA ファミリーとしてまず miR-200c/-429 を選択し，S-TuD-miR200c-pf と S-TuD-miR429-pf の miR-200c

図❹ miRNA ファミリーに対する S-TuD の阻害効果（文献9より）

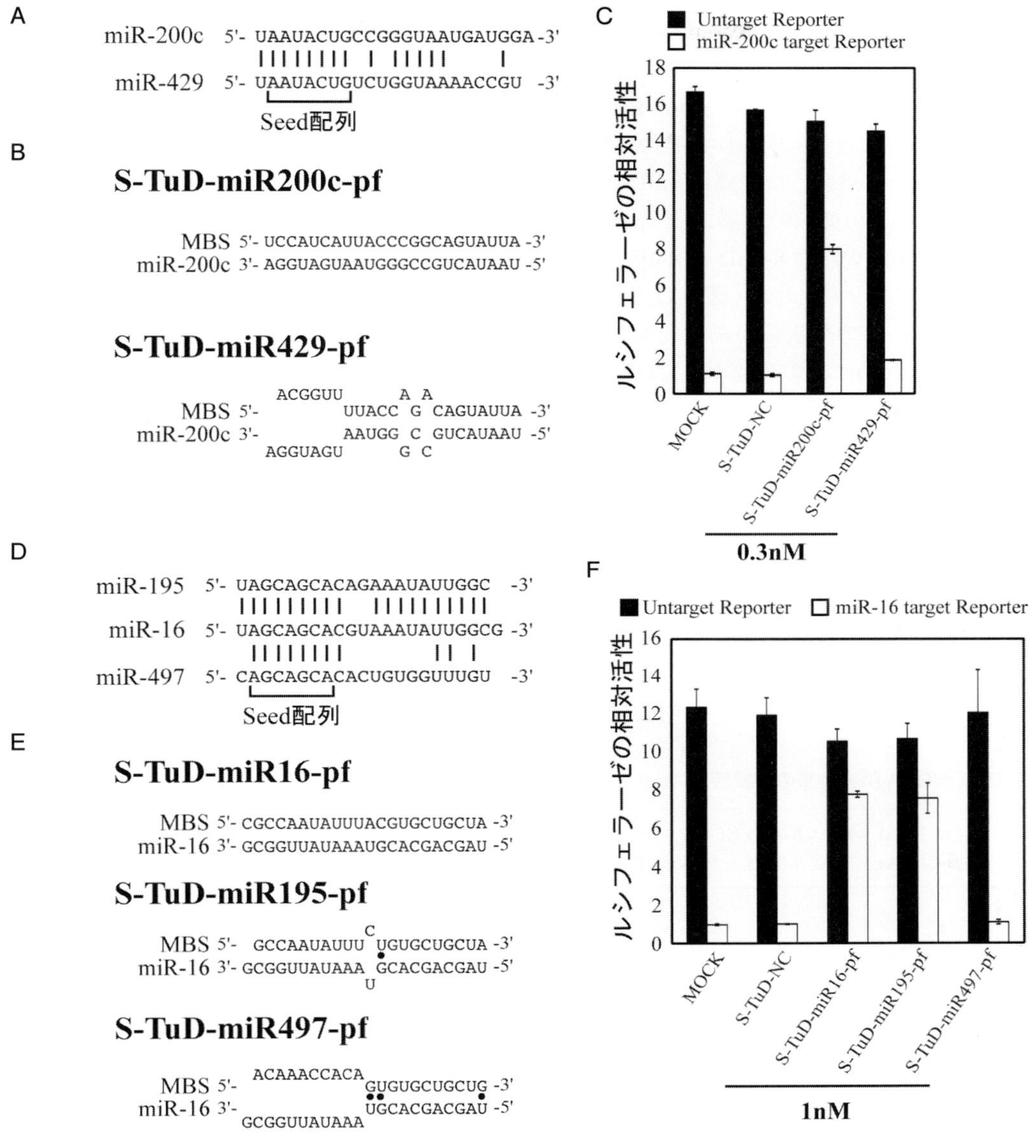

A
miR-200c 5'- UAAUACUGCCGGGUAAUGAUGGA -3'
         ||||||| | ||||| |
miR-429 5'- UAAUACUGUCUGGUAAAACCGU -3'
                 └── Seed配列 ──┘

B
S-TuD-miR200c-pf

MBS   5'- UCCAUCAUUACCCGGCAGUAUUA -3'
miR-200c 3'- AGGUAGUAAUGGGCCGUCAUAAU -5'

S-TuD-miR429-pf

```
              ACGGUU     A A
MBS      5'-        UUACC G CAGUAUUA -3'
miR-200c 3'-        AAUGG C GUCAUAAU -5'
              AGGUAGU    G C
```

C
■ Untarget Reporter
□ miR-200c target Reporter

（縦軸：ルシフェラーゼの相対活性、0〜18）
横軸：MOCK, S-TuD-NC, S-TuD-miR200c-pf, S-TuD-miR429-pf
0.3nM

D
miR-195 5'- UAGCAGCACAGAAAUAUUGGC -3'
            ||||||||| |||||||||
miR-16 5'- UAGCAGCACGUAAAUAUUGGCG -3'
            ||||||| |||
miR-497 5'- CAGCAGCACACUGUGGUUUGU -3'
            └── Seed配列 ──┘

E
S-TuD-miR16-pf

MBS   5'- CGCCAAUAUUUACGUGCUGCUA -3'
miR-16 3'- GCGGUUAUAAAUGCACGACGAU -5'

S-TuD-miR195-pf

```
                        C
MBS    5'- GCCAAUAUUU  UGUGCUGCUA -3'
miR-16 3'- GCGGUUAUAAA GCACGACGAU -5'
                        U
```

S-TuD-miR497-pf

```
           ACAAACCACA
MBS    5'-           GUGUGCUGCUG -3'
miR-16 3'-           UGCACGACGAU -5'
           GCGGUUAUAAA
```

F
■ Untarget Reporter   □ miR-16 target Reporter

（縦軸：ルシフェラーゼの相対活性、0〜16）
横軸：MOCK, S-TuD-NC, S-TuD-miR16-pf, S-TuD-miR195-pf, S-TuD-miR497-pf
1nM

A. miR-200c, miR-429 間の相同性を示す.
B. S-TuD-miR200c-pf, S-TuD-miR429-pf それぞれの MBS と miR-200c の結合様式を示す.
C. miR-200c と完全相補配列を 3'-UTR にもつウミシイタケルシフェラーゼレポーターを用いてアッセイを行った（n=3）（ホタルルシフェラーゼをコントロールとして補正）．対照（TuD-NC）ベクターをトランスフェクションした時の miR-200c レポーターの値に対して正規化して表す.
D. miR-16, miR-195, miR-497 間の相同性を示す.
E. S-TuD-miR16-pf, S-TuD-miR195-pf, S-TuD-miR497-pf それぞれの MBS と miR-16 の結合様式を示す．ドットは G-U ペアを示す.
F. miR-16 と完全相補配列を 3'-UTR にもつウミシイタケルシフェラーゼレポーターを用いてアッセイを行った（n=3）（ホタルルシフェラーゼをコントロールとして補正）．対照（TuD-NC）ベクターをトランスフェクションした時の miR-16 レポーターの値に対して正規化して表す.

に対する阻害能を測定した（図❹ A, B, C）。アッセイにはHCT-116細胞を用いたが，この細胞内ではmiR-200cの発現量が高くmiR-429の発現量は低いため，このアッセイではmiR-429の影響をほとんど受けないものと考えられる。S-TuD-miR200c-pfはmiR-200cを阻害したが，S-TuD-miR429-pfはmiR-200cを阻害しなかった。次に標的miRNAファミリーとしてmiR-16/-195/-497を選択し，S-TuD-miR16-pf，S-TuD-miR195-pf，S-TuD-miR497-pfのmiR-16に対する阻害能を測定した（図❹ D, E, F）。HCT-116細胞はmiR-16の発現量が高くmiR-195/-497の発現量は低いため，このアッセイではmiR-195/-497の影響をほとんど受けないものと考えられる。S-TuD-miR16-pf，S-TuD-miR195-pfはmiR-16を阻害したが，S-TuD-miR497-pfはmiR-16を阻害しなかった。以上のことから，S-TuDの標的認識にはseed配列だけでは不十分であって，miRNAの3'側に対しても高い相補性が必要であり，S-TuDが高い標的特異性を有することが示された。

3. miRNA阻害能の持続性

S-TuDのmiRNA阻害能の持続性について検討した。S-TuDがトランスフェクションされた細胞とされなかった細胞を区別するために，S-TuDを構成する2本の2'-OME RNAオリゴのうち，片方の5'端に5-FAM修飾を施した5-FAM-S-TuD（5-FAM-S-TuD-NC，5-FAM-S-TuD-miR200c-pf）を作製した。そしてHCT-116細胞にトランスフェクションして2日後に5-FAM陽性細胞をFACSにて分取して培養を続けた。そしてトランスフェクションから2，7，11日後にmiR-200cルシフェラーゼレポーターを用いてアッセイを行ったところ（図❺ A），7日後までは高い阻害効果を維持していた。実際に，この時期の細胞では，miR-200cの標的の1つであるZEB1の発現が上昇している（図❺ B）。この結果から，細胞分裂を繰り返す細胞においても7日程度阻害効果が持続することがわかった。本アッセイに用いたHCT-116細胞は倍加時間が16〜18時間であり，S-TuD-miR200c-pfの導入によって増殖がやや落ちるものの，細胞分裂速度の速い細胞である[12]。そのため本アッセイにおいては細胞分裂によってS-TuDはかなり希釈されてしまっているにもかかわらず7日程度阻害効果が持続したこと

図❺ S-TuDのmiRNA阻害効果の持続性（文献9より）

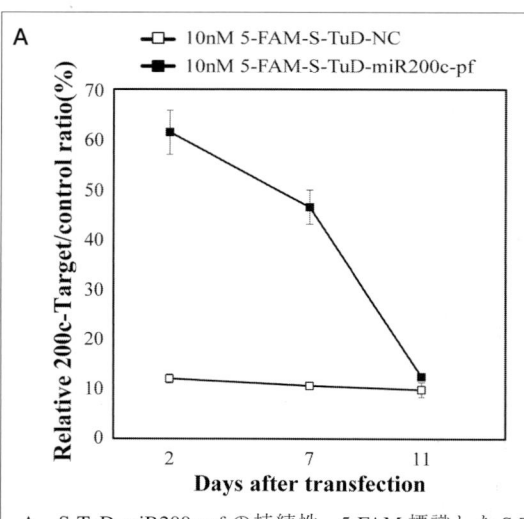

A. S-TuD-miR200c-pfの持続性。5-FAM標識したS-TuD-miR200c-pfとS-TuD-NCをHCT-116細胞へトランスフェクションして2日後に図❸Bと同様のレポーターアッセイを行った。さらにこれと同時に一部の細胞からFACS sortingにより5-FAM陽性細胞を分取した。これらの細胞の培養を続け，トランスフェクションから7，11日後に図❸Bと同様のレポーターアッセイを行った。
B. さらに，これらの分取細胞におけるmiR-200c標的遺伝子であるZEB1の発現量をウェスタンブロットにより測定した。β-アクチンをローディングコントロールとして用いた。

から，分裂速度の遅い細胞またはほとんど分裂しない細胞においてはS-TuDの効果はさらに長い期間持続するのではないかと考えられる．

おわりに

本稿で紹介したように，S-TuDは既存のmiRNA阻害剤と比較しても高い阻害能を有している．miRNA阻害ベクターであるTuD RNAと目的に応じて使い分けることにより，効率よくmiRNAの機能解析を進めることができると考えられる．また本特集で紹介されているように，特定のmiRNAが，がん・炎症免疫・感染症などの幅広いヒト疾患において，創薬標的として地位をかためつつある．今後われわれはS-TuDをmiRNAを標的とした治療薬として確立していきたい．このようなRNA創薬を実現化するためには，in vivoにおけるS-TuDの動態や効果，副作用の有無などの解析を進めるとともに，適切なドラッグデリバリーシステムを探索することが今後の課題である．

用語解説

1. **2'-OME RNA**：リボース骨格の2位にあるOH基がメチル化修飾されたRNAを指す．非修飾RNAと比べ，RNAとの結合親和性やヌクレアーゼ耐性が高い．

2. **LNA**：リボース骨格の2位の酸素原子と4位の炭素原子が架橋された核酸類縁体 locked nucleic acid を指す．非修飾RNAと比べ，RNAとの結合親和性やヌクレアーゼ耐性が高い．

参考文献

1) Haraguchi T, Ozaki Y, et al：Nucleic Acids Res 37, e43, 2009.
2) Sakurai K, Furukawa C, et al：Cancer Res 71, 1680-1689, 2011.
3) Lu Z, Li Y, et al：EMBO J 30, 57-67, 2011.
4) Hikichi M, Kidokoro M, et al：Mol Ther 19, 1107-1115, 2011.
5) Gagan J, Dey BK, et al：J Biol Chem 286, 19431-19438, 2011.
6) Matsuyama H, Suzuki H, et al：Blood 118, 6881-6892, 2011.
7) Xie Q, Chen X, et al：Cancer 118, 2431-2442, 2012.
8) Sakurai F, Furukawa N, et al：Virus Res 165, 214-218, 2012.
9) Haraguchi T, Nakano H, et al：Nucleic Acids Res 40, e58, 2012.
10) Elbashir SM, Lendeckel W, et al：Genes Dev 15, 188-200, 2001.
11) Sato K, Hamada M, et al：Nucleic Acids Res 37, W277-W280, 2009.
12) 秋山　徹，河府和義：細胞・培地活用ハンドブック，26-27, 羊土社, 2008.

参考ホームページ

・miRBase
http://www.mirbase.org/

・ncRNA-CentroidFold
http://www.ncrna.org/centroidfold

原口　健
2004年　東京大学理学部生物化学科卒業
2006年　同大学院理学系研究科生物化学専攻修士課程修了
　　　　日本学術振興会特別研究員（DC1）
2009年　東京大学大学院理学系研究科生物化学専攻博士課程修了（理学博士）
　　　　東京大学医科学研究所感染免疫部門宿主寄生体学分野助教

これまでmicroRNA阻害ベクターの開発や，今回紹介したmicroRNA阻害剤の開発を行ってきました．現在はこれらの技術を用いてがんにおけるmicroRNAの機能解明を行うとともに，これらの技術の改良・応用を進めています．

第2章　microRNA治療

10. miRNA制御ウイルスによるがん細胞特異的治療法の開発

中村貴史

　現在世界中において，生きたウイルスを利用してがんを治療するウイルス療法（oncolytic virotherapy）に関する前臨床研究および臨床試験が積極的に行われている。これは，ウイルスが本来もっているがん細胞に感染後，がん組織内で増殖しながら死滅させるという性質（腫瘍溶解性）を利用する方法であり，最大のキーポイントは正常組織に対するウイルス病原性をいかに排除するかという点にある。本稿では，がんにおけるmicroRNA（miRNA）の特性と，その遺伝子発現調節機構を利用することによって，がん細胞特異的に増殖し正常細胞では増殖しないmiRNA制御ウイルスの開発について紹介する。

はじめに

　がんウイルス療法は，1900年代の初めより始まり，実は日本でもムンプスウイルスなどを使って試みられていた[1]。しかし，その当時は正常細胞でも増殖能を保持した，つまり野生型に近いウイルスを投与していたので，安全性の観点よりなかなか新しい治療法としては定着するには難しかったのかもしれない。最近，遺伝子工学技術，ウイルスおよびがんの分子病態解析の発展により，ウイルスが元来もっている正常組織に対する病原性を排除し，ウイルスをがん細胞だけで増殖させることによって，がんを標的化することが可能になってきた。アデノウイルスやヘルペスウイルスは本来人間に対して病原性を有するが，その病原性を抑え，がん細胞で選択的に複製するための変異が加えられている[2]。一方，本来人間に対して病原性をもたないニューカッスル病ウイルスやレオウイルスは，遺伝子操作を行わなくてもヒトがん細胞に対して腫瘍溶解性を発揮する[3]。われわれが注目している麻疹ウイルスやワクシニアウイルス[用解1]はこの中間に位置づけられ，本来は麻疹や痘瘡のワクチンとして利用するため弱毒化されたウイルスである[4)5]。

　ウイルスを腫瘍選択的に増殖させ溶解させるための制御法には，①ウイルスが細胞に感染する際，がん細胞特異的に感染するように制御する方法と，②ウイルスが細胞に感染した後，がん細胞特異的に増殖するように制御する方法の2つに大別できる。前者の一例として，われわれは麻疹ウイルスと宿主細胞レセプターの相互作用を解明し，その感染制御を利用してがん細胞特異的に感染する麻疹ウイルスの開発に成功し，その効果と安全性をマウスモデルにおいて実証してきた[6)-8]。一方，後者に関しては，がんにおけるmicroRNA（miRNA）の特性を利用して，がん細胞特異的に増殖し破壊するワクシニアウイルスの開発に成功したので，本稿にて詳しく解説させていただくことにする[9]。

key words

がんウイルス療法，腫瘍溶解性，miRNA，ワクシニアウイルス，B5R，遺伝子組換え，がん特異的，let-7a，相同組換え法，遺伝子発現調節

I. miRNA

　miRNA遺伝子は，ゲノム上に少なくとも数百存在し，まず数百から数千ヌクレオチドの長さの初期miRNAが転写され，次にマイクロプロセッサーと呼ばれるタンパク質複合体によって消化され，約60～70ヌクレオチドのヘアピン型前駆体miRNAとなる。その後，エクスポーチン5（Exportin 5）を介して核から細胞質内に移り，ダイサー（Dicer）と呼ばれるリボヌクレアーゼⅢによってさらに消化され，19～24ヌクレオチドの成熟したmiRNA二量体となる。そして，成熟したmiRNA二量体は，アルゴノート（Argonaute）タンパク質などとともに複合体（RISC：RNA-induced silencing complex）を形成し機能する。その複合体は，標的メッセンジャーRNAの3'非翻訳領域（UTR）内にある部分相補的な配列に結合し，その翻訳抑制や分解作用によって，標的遺伝子発現を負に制御する[10]。miRNAによる制御は多くの生命現象に関与しており，この発現異常が疾患と深く関わっている。これより，この異常を補正する治療戦略が提案されている。一方われわれは，miRNAを直接作用させるのではなく，その特性を利用したがんウイルス療法を提案している。

II. ワクシニアウイルス

　われわれが注目しいるワクシニアウイルスは，4半世紀前の日本国内で痘瘡ワクチンとしてヒトに投与され，重篤な副作用がなく安全に使われていたワクチン株（LC16m8）である。この株では，ワクシニアウイルスの伝播増殖に重要な役割を果たすウイルス膜タンパクをコードするB5R遺伝子にフレームシフト変異がみられ，このタンパクが機能しなくなるため正常細胞での増殖性が著しく減弱している。そこで，B5Rの変異が腫瘍細胞での増殖にどう影響するかを明らかにするため，B5Rが正常に発現・機能するLC16mO株（LC16m8株を分離する過程の株であり，性質としては親株であるLister株と類似），LC16m8Δ（B5R遺伝子の全長を完全に欠失させた遺伝子組換え[用解2]ウイルスであり，性質としてはLC16m8と類似），および正常なB5R遺伝子を再挿入した遺伝子組換えウイルスLC16m8Δ-B5Rの腫瘍溶解性を，7種類の様々なヒトがん細胞株で比較検討した（図①）。その結果，B5Rを発現するLC16mO株はすべてのがん細胞に対して高い腫瘍溶解性を示したが，

図❶　ワクシニアウイルス膜タンパクB5Rと腫瘍溶解性

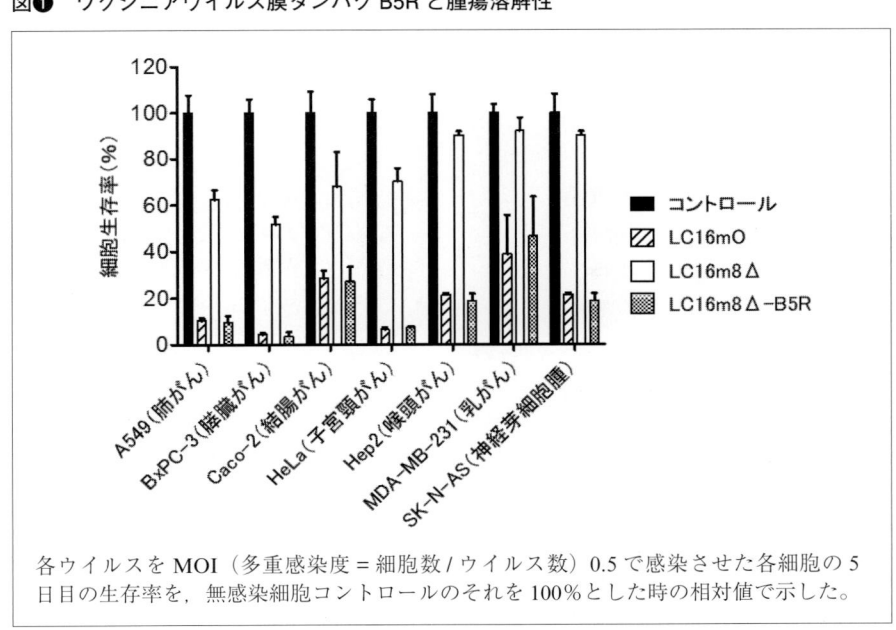

各ウイルスをMOI（多重感染度＝細胞数/ウイルス数）0.5で感染させた各細胞の5日目の生存率を，無感染細胞コントロールのそれを100％とした時の相対値で示した。

B5Rを発現しないLC16m8Δはその腫瘍溶解性が低下した。このLC16m8Δゲノムに再びB5Rを挿入し発現させた遺伝子組換えウイルス（LC16m8Δ-B5R）では，LC16mO株と同等の腫瘍溶解性を示したことより，B5Rはウイルスの弱毒化だけではなく，腫瘍溶解性とも深く関与していることが明らかとなった。

Ⅲ．miRNA制御ワクシニアウイルス

1．miRNA制御ワクシニアウイルスの構築

以上の結果より，がん細胞ではB5Rを発現するが，正常細胞ではB5Rを発現しないようにLC16m8Δ-B5Rを改良できれば，高い腫瘍溶解性による抗腫瘍効果と高い安全性を兼ね備えたがんウイルス療法になりうるという着想に至った。ワクシニアウイルスは，アデノウイルスやヘルペスウイルスなど他のDNAウイルスとは異なり，宿主細胞の細胞質でのみ複製・増殖するウイルスである。このため，ウイルスゲノム中にがん特異的プロモーターを挿入することによって，ウイルス遺伝子発現を制御するアプローチ[2]が適用できない。そこでわれわれは，miRNAによるB5Rの発現制御を試みるため，正常細胞に比べ肺がんや膵臓がんなどの様々ながん細胞で発現が低下し，この異常ががんの発生や進展と深く関わっていることが報告されているmiRNAの1つであるlet-7に注目した。相同組換え法[用解3]を用いて，LC16m8Δ-B5RゲノムのB5R遺伝子の3'UTRにlet-7aの標的配列（22塩基）を4回繰り返して挿入した遺伝子組換えmiRNA制御ワクシニアウイルスを作製した（図❷）。

2．miRNA制御ワクシニアウイルスの伝播増殖性

最初にB5Rの発現とウイルスの伝播増殖性の関係を明らかにするため，B5RのC末端側にGFP（緑色蛍光タンパク）タグをつけたmiRNA制御ワクシニアウイルス（LC16m8Δ-B5Rgfp_let7a）を作製し，感染細胞内のB5R発現を蛍光顕微鏡下で観察しながら，その伝播増殖性を検討した。その結果，let-7a高発現NHLF（正常ヒト肺線維芽）細胞ではウイルスのB5R発現が低下したが，let-7a低発現A549（ヒト肺がん）細胞ではB5Rの高発現が確認された。同様にNHLF細胞では，ウイルスの増殖による細胞の変化（細胞変性効果）もA549細胞に比べほとんどみられなかった。一方，B5Rを恒常的に発現する無制御ウイルス（LC16m8Δ-B5Rgfp）は，どちらの細胞においてもB5Rを高発現し，広範な細胞変性効果がみられた（図❸A）。

図❷　がんにおけるmiRNAの特性を利用したがん特異的ウイルス療法開発の新戦略

miRNA制御ウイルスが感染した正常細胞では，let-7aによってB5R発現が抑制される（＝ウイルスは伝播しない）が，let-7aの発現が低下するがん細胞では，B5Rが発現する（＝ウイルスは伝播増殖する）。

図❸ ワクシニアウイルス膜タンパク B5R の miRNA 制御と伝播増殖性

A. 各ウイルスを MOI（多重感染度）0.1 で感染させ，3 日後，同一視野の細胞を明視野観察（左写真），または蛍光観察（右写真）した。
B. 各ウイルス（プラーク法で定量したウイルス力価より算出して 3×10^7 pfu）を 6 週齢のメス SCID マウス（日本チャールス・リバー社）の腹腔内に投与し，15 日後，同一視野の尾部を明視野観察（左写真），または蛍光観察（中写真）した。右写真は両者の観察像をマージしたものである。
（グラビア頁参照）

次に各ウイルスをマウスの腹腔内に投与し，let-7a が高発現している正常組織でのウイルス伝播増殖性を比較検討した。その結果，無制御ウイルスでは投与部位から尾に伝播し，そこで B5R 発現とウイルス増殖による皮膚傷害が観察されたが，miRNA 制御ウイルスは伝播しなかった（図❸ B）。これらの結果より，この miRNA 制御ウイルスでは，let-7a の制御機構による遺伝子発現調節と同調して，正常細胞における B5R 発現は抑制されるが，がん細胞では let-7a が低下しているので B5R 発現は抑制されず，がん特異的に伝播増殖することが示された。

3. miRNA 制御ワクシニアウイルスの抗がん効果と安全性

miRNA 制御ワクシニアウイルスの抗がん効果と伝播増殖性を明らかにするため，ホタルルシフェラーゼ遺伝子を発現する miRNA 制御ワクシニアウイルス（▲：LC16m8Δ-B5R$_{let7a}$/LG）を作製し，ヒト膵臓がん細胞 BxPC3 の皮下腫瘍マウスモデルにおいて，マウス体内のウイルス分布を非侵襲的に観察しながら，その抗がん効果を検討した。miRNA 制御ウイルスは，B5R を恒常的に発現する無

図❹ 担がんマウスモデルにおける miRNA 制御ワクシニアウイルスの抗がん効果と安全性

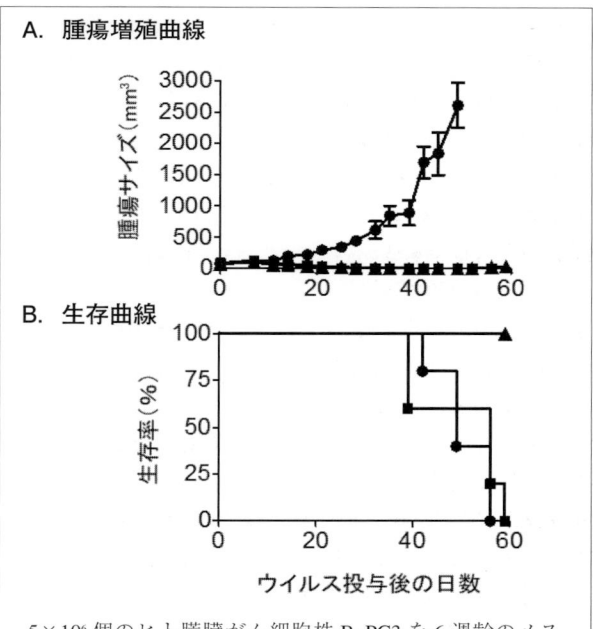

A. 腫瘍増殖曲線
B. 生存曲線

5×10^6 個のヒト膵臓がん細胞株 BxPC3 を 6 週齢のメス免疫不全ヌードマウス（日本チャールス・リバー社）の右腹側の皮下に移植し，その腫瘍直径が約 0.6cm に到達した時，10^7 pfu のウイルスを腫瘍内に 0 日，3 日，6 日目と合計 3 回投与した（各群 5 匹）。
▲：miRNA 制御ワクシニアウイルス，■：無制御ウイルス，●：コントロール液

第 2 章　microRNA 治療

図❺　担がんマウスモデルにおける miRNA 制御ワクシニアウイルスの腫瘍特異的増殖性

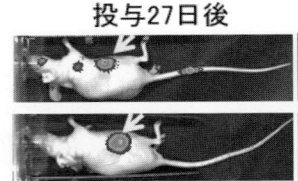

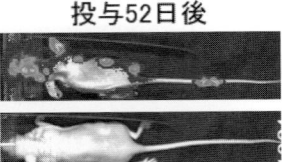

各ウイルスは，感染細胞内でルシフェラーゼを発現するので，ウイルス投与 27 日および 52 日後における BxPC3 担がんマウス体内のウイルス分布をルシフェリン投与によって非侵襲的にモニターした．増殖ウイルス数は赤色ほど多く，赤色＞黄色＞黄緑色＞水色＞青色となっている．矢印は腫瘍部位を示している．
（グラビア頁参照）

制御ウイルス（■：LC16mO/LG）と同等に，強力な抗がん作用を示した．（図❹ A）．しかしながら，無制御ウイルスを投与したマウスでは，治療 60 日後までにウイルス毒性による急激な体重減少によってすべてのマウスが死亡した．ウイルスを含まないコントロール液（●）を投与したマウスでは，治療効果がなく腫瘍増大によってすべてのマウスが死亡した．一方，それらに対し miRNA 制御ウイルスは，治療 60 日後で 5 匹中 4 匹のマウスにおいて完全な腫瘍の消失が観察され，すべてのマウスが生存していた（図❹ B）．

次に，この BxPC3 担がんマウスにおいて 27 日および 52 日後にルシフェリン（VivoGlo™ Luciferin, In Vivo Grade・Promega 社）を腹腔内投与し，IVIS イメージングシステム（Xenogen 社）によってウイルス分布を非侵襲的にモニターした．無制御ウイルスを投与したマウスでは，27 日後に全身の正常組織でウイルス増殖がみられ，52 日後と時間経過に従ってウイルス増殖は増加し，それに伴う急激な体重減少によって死亡した．それに対し miRNA 制御ウイルスを投与したマウスでは，27 日後のウイルス増殖は移植したがん細胞のみに限局し，完全に腫瘍が消失したマウスを含め正常組織におけるウイルス増殖はみられなかった．さらに，52 日後の腫瘍が消失したマウスにおいて，ウイルスは完全に消失していた（図❺）．

おわりに

以上の結果より，miRNA 制御ワクシニアウイルスは，がん細胞では B5R を発現するが，正常細胞では B5R を発現しないため，強力な腫瘍溶解性による抗腫瘍効果と高い安全性を兼ね備えたウイルスであることが実証された．さらに miRNA 制御ワクシニアウイルスは，担がんマウスにおいて血中を介して効率よく腫瘍に到達し腫瘍のみを破壊することも確認しており，転移した全身のがんを標的化できる可能性をもっていることが示唆された．

miRNA によるウイルスの制御は，その miRNA の標的配列を DNA または RNA ウイルスゲノムに挿入することによって，ワクシニア以外にも他の様々なウイルスでも報告されている．アデノウイルス[11)12)]やヘルペスウイルス[13)14)]などの DNA ウイルスは，miR-122，miR-124，miR-143，miR-145，miR-199 や let-7 によって，コクサッキーウイルス[15)]，水疱性口内炎ウイルス[16)]や麻疹ウイルス[17)]などの RNA ウイルスは，miR-7，miR-133，miR-206 や let-7 によって，正常細胞での増殖が抑制され，がん特異的に増殖するようになった．miR-7，miR-122，miR-124，miR-133，miR-206 は特定の臓器で発現が高い miRNA であり，miR-143，miR-145，miR-199，let-7 は正常細胞に比べがん細胞で発現低下している miRNA である．本アプローチでは，あらゆる種類の miRNA が利用可能となり，各ウイルスの病原性を示す臓器とがんの種類に依存して，どの miRNA を単独で，もしくは複数で利用するかが選択されている．

がんウイルス療法は始まったばかりであるが，従来の化学療法や放射線療法と比較して，様々な

メカニズムによってがん細胞を特異的に破壊・死滅させる利点がある。実際のヒトにおいて，その安全性と効果が確認されたという結果も報告されてきている[18]。これらと並行して，上述した様々なウイルスをベースにしたmiRNA制御ウイルスなど，さらなる抗がん効果の増強と安全性の向上のための研究開発も積極的に進められており，今後の臨床応用が期待される。

用語解説

1. **ワクシニアウイルス**：天然痘（痘瘡）ワクチンとして使われていたが，1980年WHOの天然痘根絶宣言の後は，非常用として一部で保管されているが，一般の予防ワクチンとしては使われていない。
2. **遺伝子組換え**：任意のDNA断片を別のDNA分子に結合させることによって，従来なかった新しい形質をもつ生物をつくることができる。本文中の遺伝子組換えウイルスとは，ワクシニアウイルスのゲノムDNA中から，*B5R*遺伝子を欠失させることや再び挿入すること，従来もっていないGFPやルシフェラーゼ遺伝子，またはmiRNAの標的配列断片を挿入することによって作製した新しい形質をもつワクシニアウイルスを意味する。
3. **相同組換え法**：異なるDNA分子間で，相互の分子に含まれる同じDNA配列をもつ領域間で二本鎖が形成されることで分子間の再結合が起こることにより，もとのDNA分子の鎖が相互に置き換わった分子が形成される。本文中の遺伝子組換えウイルスは，ワクシニアウイルスのゲノムDNAとトランスファーベクター（特定の遺伝子を欠失させる，もしくは新たな遺伝子を挿入させる領域とその両端の相同性のある領域を含む）との相同組換えにより得られる。

参考文献

1) Okuno Y, Asada T, et al：Biken J 21, 37-49, 1978.
2) Kirn D, Martuza RJ：Nat Med 7, 781-787, 2001.
3) Russell SJ：Cancer Gene Ther 9, 961-966, 2002.
4) Jean-Joseph P, Sow S, et al：Lancet 29, 665-667, 1969.
5) Hashizume K, Yoshikawa H, et al：Vaccinia Virus as Vectors for Vaccine Antigens, 421-428, Elsevier Science, 1985.
6) Nakamura T, Peng KW, et al：Nat Biotechnol 23, 209-214, 2005.
7) Paraskevakou G, Allen C, at el：Mol Ther 15, 677-686, 2007.
8) Jing Y, Tong C, et al：Cancer Res 69, 1459-1468, 2009.
9) Hikichi M, Kidokoro M, et al：Mol Ther 19, 1107-1115, 2011.
10) Lagos-Quintana M, Rauhut R, et al：Science 294, 853-858, 2001.
11) Cawood R, Chen HH, et al：PLoS Pathog 5, e1000440, 2009.
12) Sugio K, Sakurai F, et al：Clin Cancer Res 17, 2807-2818, 2011.
13) Lee CY, Rennie PS：Clin Cancer Res 15, 5126-5135, 2009.
14) Fu X, Rivera A, et al：Mol Ther 19, 1097-1106, 2011.
15) Kelly EJ, Hadac EM, et al：Nat Med 14, 1278-1283, 2008.
16) Edge RE, Falls TJ, et al：Mol Ther 16, 1437-1443, 2008.
17) Leber MF, Bossow S, et al：Mol Ther 19, 1097-1106, 2011.
18) Breitbach CJ, Burke J, et al：Nature 477, 99-102, 2011.

中村貴史

1997年	鳥取大学医学部生命科学科卒業
2001年	同大学院医学系研究科（生命科学学位取得）
2002年	米国メイヨクリニック（Stephen J. Russell博士）博士研究員
2004年	同リサーチアソシエイト
2006年	独立行政法人科学技術振興機構さきがけ研究者
2009年	東京大学医科学研究所治療ベクター開発室特任准教授
2012年	鳥取大学大学院医学系研究科機能再生医科学専攻生体機能医工学講座生体高次機能学部門准教授

ワクシニアウイルスを用いたがんウイルス療法の研究開発に従事。

第2章　microRNA 治療

11. microRNA による遺伝子発現制御システムを搭載したアデノウイルスベクターの開発

櫻井文教・水口裕之

　遺伝子治療の実現に向けては，導入遺伝子を標的組織で高効率に発現させるとともに，標的以外の組織における発現をできるかぎり抑制することが望ましい。この実現に向けて，近年，microRNAを利用した遺伝子発現制御システムに注目が集まっている。すなわち，遺伝子発現させたくない組織において特異的に高発現しているmicroRNAの完全相補配列を導入遺伝子の3'非翻訳領域に挿入することにより，組織特異的に導入遺伝子の発現を抑制することができる。本システムは，導入遺伝子の非特異的な発現による副作用の軽減に向けて極めて有用と期待される。

はじめに

　遺伝子治療とは，疾患に対し高い治療効果を示すタンパク質をコードする遺伝子を体内に導入することにより治療を達成する革新的医療であり，がんや先天性遺伝子疾患などの難治性疾患に対する治療法として期待される。つまり遺伝子治療においては，導入する遺伝子（核酸）が医薬品であることから，遺伝子が疾患部位特異的に導入されるとともに，疾患部位特異的に発現することが望ましい。この実現に向けて様々な方策が開発されてきた。まず遺伝子を疾患部位特異的に送達するストラテジーとしては，遺伝子を送達するキャリアに改変を施すなどのtargeted deliveryが試みられている。一方で，遺伝子を疾患部位特異的に発現させるストラテジーとしては，これまで組織特異的プロモーターを用いたtranscriptional targetingが主に試みられてきた。しかし近年，transcriptional targetingに加えて，microRNA（miRNA）を利用して導入遺伝子の発現を，転写後レベルにおいて組織特異的に制御するpost-transcriptional de-targetingの技術が開発された。本稿では，miRNAによる遺伝子発現制御システムを搭載したアデノウイルス（Ad）ベクターについて，われわれのデータを中心に紹介する。

I. 標的組織特異的な遺伝子発現を指向したAdベクター

　既存の遺伝子導入ベクターの中でAdベクターは，遺伝子導入ベクターとして数多くの特長を有しており，遺伝子治療臨床研究において最も使用されているベクターである。しかし，Adベクターは肝臓に高い親和性を有しており，全身投与後，投与量の90％以上は肝臓に集積し，高い遺伝子発現を示す。この特性は，肝臓が標的臓器の場合には好都合であるが，他の組織が標的の場合には大きな問題である。特に，標的細胞に対し毒性を示すような遺伝子（自殺遺伝子など）を用いた場合

---

key words

アデノウイルスベクター，制限増殖型アデノウイルス，microRNA，遺伝子発現制御，遺伝子治療，miR-122a，miR-142-3p

には，導入遺伝子の発現による強い肝障害が誘導されてしまう。

そこでこの問題を克服すべく，Adベクターそのものを改変するアプローチと，Adベクターに搭載する遺伝子発現カセットを改良するアプローチが試みられている。まず，Adベクターに様々な改変を施すことでAdベクターの体内動態（肝臓集積性）を制御するアプローチの1つとしては，遺伝子工学的なAdカプシドタンパク質の改変が挙げられる。Adベクターはそのカプシド表面に突出したファイバータンパク質のノブ領域が感染受容体であるCoxsackievirus-Adenovirus receptor（CAR）に結合することにより，細胞内に侵入する。しかし，悪性度の高いがん細胞ほどCARの発現が低下しており，そのようながん組織にAdベクターを局所投与した場合，Adベクターががん細胞に感染できずに全身循環に漏出し，最終的に肝臓に集積してしまう。そこで，Adベクターのファイバーノブに，αv-インテグリンに親和性を有するRGD（Arg-Gly-Asp）ペプチドを遺伝子工学的に付与することにより，がん細胞への親和性を向上させ，結果として肝臓への集積を抑制することができる[1]。一方で，遺伝子発現カセットを改変し，肝臓での遺伝子発現を抑制するとともに標的組織特異的な遺伝子発現をめざした試みとしては，これまで組織特異的プロモーターが盛んに研究されてきた。これらに加え，近年miRNAを利用することにより，特定の組織で導入遺伝子を発現（翻訳）させない"post-transcriptional de-targeting"が開発され，大きな注目を集めている[2)3)]。

II. miRNAによる遺伝子発現制御システム

miRNAによる遺伝子発現制御機構の詳細に関しては他の総説に譲るとして，miRNAは標的mRNAの部分的相補配列に結合し，mRNAの分解・翻訳抑制を誘導することで，遺伝子発現を負に制御する。したがって，miRNAの標的配列（完全相補配列）を導入遺伝子の3'非翻訳領域に挿入することで，導入遺伝子のmRNAにmiRNAが結合し遺伝子発現が抑制される。すなわち，遺伝子発現させたくない組織（=標的以外の組織）で特異的に高発現しているmiRNAの完全相補配列を複数コピー挿入することで，その組織における導入遺伝子の発現を特異的に抑制することが可能となる。miRNA標的配列の挿入は，合成オリゴDNAを利用した通常の遺伝子組換え法で簡単に行うことができる。本システムを設計するうえで重要となるのがmiRNA標的配列のコピー数である。著者らの検討では，2コピーよりも4コピーのmiRNA標的配列を挿入することで高効率な遺伝子発現抑制が得られた。なお，4コピーと6コピーでは大きな差がみられなかった。また，miRNAは内因性の標的遺伝子に対しては標的配列が不完全相補であっても発現抑制を示すが，本システムでは自在に標的配列を設計できることから完全相補配列が好ましい。完全相補配列にすることで不完全相補配列よりも高い遺伝子発現抑制が得られるとともに，siRNAの場合と同様にmRNAが切断されることが示されている[4)5)]。遺伝子発現抑制効率を決める細胞側の要因としては，miRNAの発現量が挙げられる[3)]。もちろんmiRNAの発現量が多いほど高効率な遺伝子発現抑制が得られるので，挿入するmiRNA標的配列を決定する際には，そのmiRNAの組織特異性のみならず発現量にも注意する必要がある。

III. miRNAによる遺伝子発現制御システムを搭載したAdベクターの開発

著者らはAdベクターによる肝臓での遺伝子発現を特異的に抑制することを目的に，肝臓特異的miRNAであるmiR-122aに対する完全相補配列を遺伝子発現カセットに4コピー挿入した（図❶A）[6)]。miR-122aは，肝臓特異的に発現しており，マウス肝細胞においては1細胞あたり約50000コピー以上発現している[7)]。本Adベクターをマウス皮下腫瘍に局所投与したところ，腫瘍での遺伝子発現は抑制されることなく，肝臓での遺伝子発現を従来のAdベクターによる遺伝子発現量の約1/100まで大きく抑制することに成功した（図❶B）。このようにmiRNAによるpost-transcriptional de-targetingでは，標的組織における導入遺伝子の発

第 2 章　microRNA 治療

図❶　miR-122a 標的配列をホタルルシフェラーゼ発現カセットに挿入した Ad ベクター（文献 13 より改変）

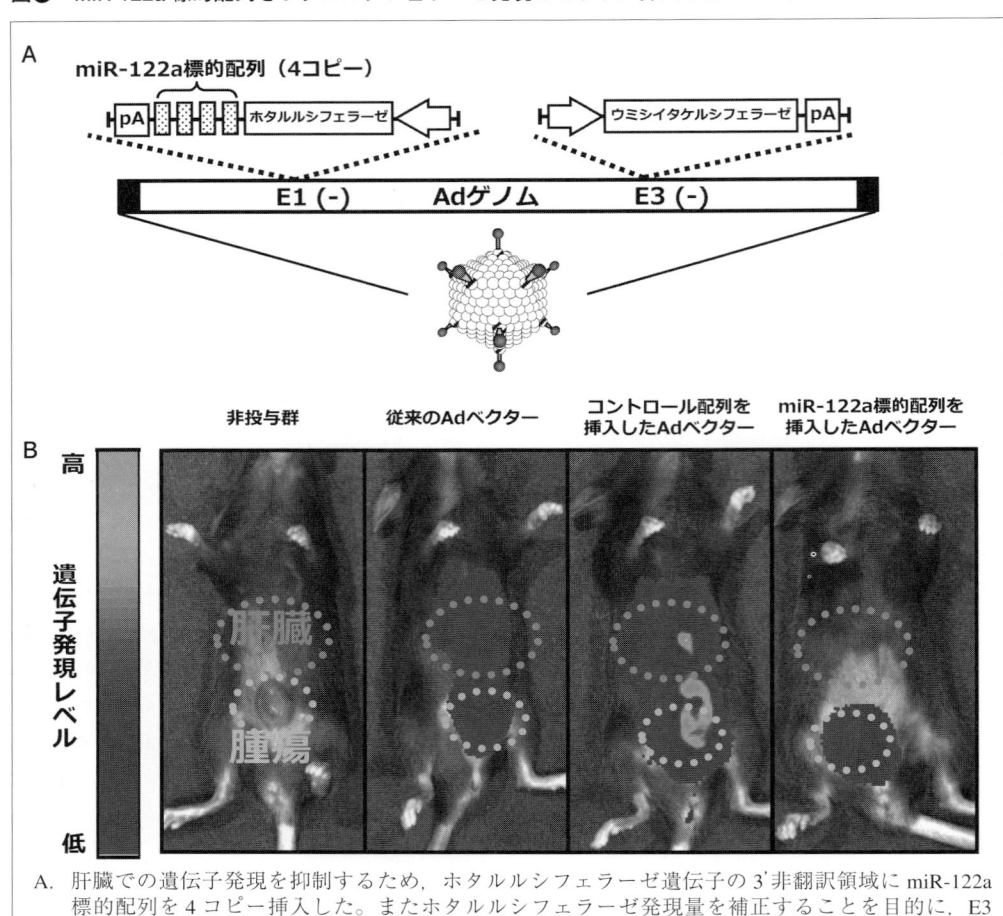

A. 肝臓での遺伝子発現を抑制するため，ホタルルシフェラーゼ遺伝子の 3' 非翻訳領域に miR-122a 標的配列を 4 コピー挿入した。またホタルルシフェラーゼ発現量を補正することを目的に，E3 欠損領域にはウミシイタケルシフェラーゼ発現カセットを挿入した。
B. miR-122a 標的配列をホタルルシフェラーゼ遺伝子の 3' 非翻訳領域に挿入した Ad ベクターを，マウス皮下腫瘍内に投与した。投与 24 時間後にホタルルシフェラーゼの発現を解析した。
（グラビア頁参照）

現は維持したまま，その miRNA が発現している組織特異的に導入遺伝子の発現を抑制可能であることが特長であると言える。

さらに，本ベクターを Herpes simplex virus thymidine kinase（HSV-TK）によるがん自殺遺伝子療法に応用した。HSV-TK は，基質であるガンシクロビルをリン酸化することにより DNA 複製を阻害し，優れた抗腫瘍効果を示すが，一方で HSV-TK が肝臓で発現することにより強い肝毒性を示す。そこで HSV-TK 発現カセットに miR-122a 標的配列を挿入したところ，優れた抗腫瘍効果を維持したまま，HSV-TK による肝障害が劇的に改善された。

このように，副作用軽減に向けて標的以外の組織における遺伝子発現を抑制する必要がある場合，miRNA による post-transcriptional de-targeting は極めて有効である。

Ⅳ．miRNA を利用した Ad 遺伝子の非特異的な発現の抑制

通常の非増殖型 Ad ベクターでは，Ad 遺伝子の発現に必須の E1 遺伝子を欠損させているため，理論上 Ad 遺伝子が発現しない。しかしながら，遺伝子導入後わずかに Ad 遺伝子が発現することで[8]，Ad タンパク質に対する免疫応答や細胞毒性

が誘導されてしまう[9]。この問題に対し，E1遺伝子のみならず，E2AやE4遺伝子を欠損させた第2世代Adベクターや，Ad遺伝子のほぼすべてを取り除いたhelper-dependent Adベクターが開発されているが，これらAdベクターの調製には特殊なパッケージング細胞を要することや高タイターのウイルスが回収困難であることなど，問題点も多い。そこで，E2AやE4遺伝子の3'非翻訳領域にmiRNAの標的配列を挿入したところ，臓器特異的にAd遺伝子の発現を抑制可能であった（図❷）。特に，E4遺伝子の3'非翻訳領域にmiR-122a標的配列を挿入したAdベクターでは，肝臓でのE4遺伝子の発現が抑制されるとともに，肝障害が大きく抑制されていた。本Adベクターは293細胞を用いて通常のAdベクターと同様に調製可能であり，高い利便性と安全性を兼ね備えたベクターとして期待される。

Ⅴ．miRNAによる遺伝子発現制御システムを搭載した制限増殖型Adの開発

Adベクターにかぎらず既存のすべての遺伝子導入ベクターでは，投与後，がん組織を構成するすべてのがん細胞に遺伝子導入するのは困難である。これに対し，がん細胞のみで選択的に増殖し，がん細胞を死滅させる制限増殖型ウイルスは，投与後，最初に感染したがん細胞で増殖したのち，近傍のがん細胞への感染を繰り返すことにより，がん全体に感染可能であることから，革新的ながん治療薬として期待されている。制限増殖型Adでは，ウイルスの増殖に必須のE1遺伝子をがん特異的プロモーターにより転写させることにより，がん細胞特異的な増殖を示すタイプのものが最も多く開発されており，臨床研究でも優れた治療効果が報告されている。しかしながら，正常細胞においてもわずかにE1遺伝子が発現し，Adが増殖する危険性がある。したがって，正常細胞での制限増殖型Adの増殖を厳密に制御するには，がん特異的プロモーターに加え，更なる「安全装置」を搭載することが望ましい。

そこで著者らは，正常細胞で高発現し，がん細胞において発現低下しているmiRNA（miR-143, -145, -199a）の標的配列をE1遺伝子発現カセットに挿入することにより，がん細胞における増殖・殺細胞効果を維持したまま，正常細胞での制限増殖型Adの複製を最大0.1％まで抑制することに成功した[10]。さらには上記miRNAに加えてmiR-122a標的配列も合わせて挿入することで，ヒト正常肝細胞においてもその増殖を抑制可能であった。同様のアプローチは，腫瘍溶解性のherpes virusやvesicular stomatitis virusなどでも報告されている[11)12)]。miRNAによる遺伝子発現制御システムを搭載した制限増殖型Adでは，がん特異的プロ

図❷ miRNAを利用してAd遺伝子の非特異的な発現を抑制可能なAdベクター

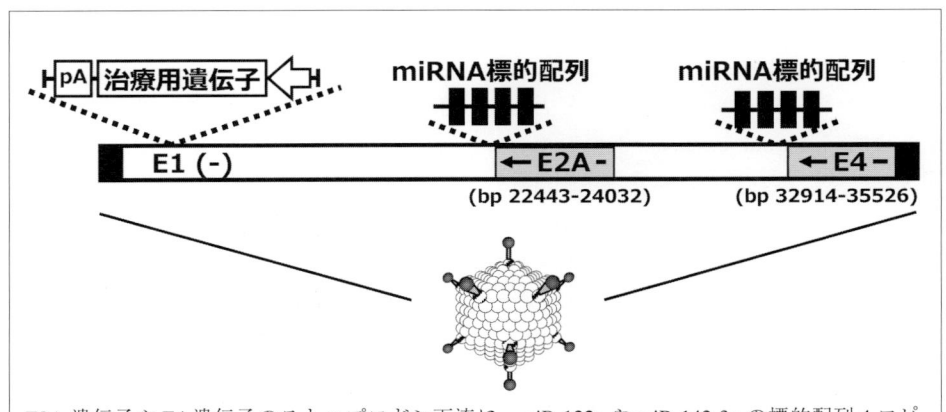

E2A遺伝子やE4遺伝子のストップコドン下流に，miR-122aやmiR-142-3pの標的配列4コピーを挿入した。本Adベクターは遺伝子導入後，miRNAの発現依存的にE2AやE4遺伝子の発現が抑制された。

第2章　microRNA 治療

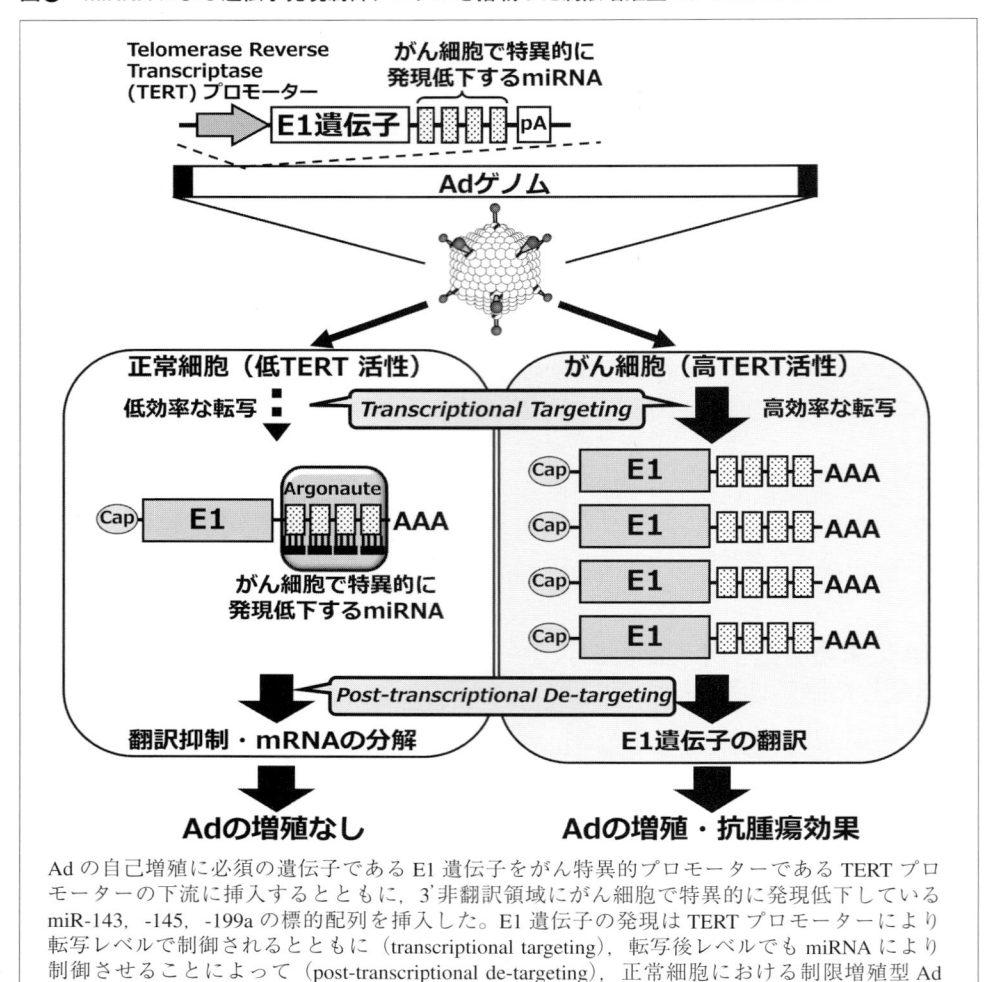

図❸　miRNA による遺伝子発現制御システムを搭載した制限増殖型 Ad（文献13より）

Ad の自己増殖に必須の遺伝子である E1 遺伝子をがん特異的プロモーターである TERT プロモーターの下流に挿入するとともに，3'非翻訳領域にがん細胞で特異的に発現低下している miR-143，-145，-199a の標的配列を挿入した。E1 遺伝子の発現は TERT プロモーターにより転写レベルで制御されるとともに（transcriptional targeting），転写後レベルでも miRNA により制御させることによって（post-transcriptional de-targeting），正常細胞における制限増殖型 Ad の増殖は大きく抑制される。

モーターによる"transcriptional targeting"により E1 遺伝子の発現を転写レベルで制御するとともに，miRNA による"post-transcriptional de-targeting"により転写後レベルにおいてもその発現を制御することにより高い安全性を示す（図❸）[13]。さらに今後は Ad 外殻タンパク質の改変による"targeted delivery"と組み合わせることにより，さらに高い安全性と有効性が得られるものと期待される。

さらに著者らは，本制限増殖型 Ad を利用して，末梢循環腫瘍細胞（circulating tumor cells：CTC）を検出するシステムの開発に取り組んでいる。CTC は末梢循環血中を流れるがん細胞であり，現在，CTC をサロゲートマーカーとしてがん患者の予後予測や抗がん剤の治療効果判定に利用する試みが盛んに行われている。制限増殖型 Ad に GFP 発現カセットを搭載することにより，制限増殖型 Ad が感染したがん細胞特異的に GFP を発現可能であることから，この性質を利用して CTC に制限増殖型 Ad を感染させ，GFP の発現を指標に CTC を検出することができる。しかし，CTC は血液細胞中に 0.0001％しか存在しないことに加え，一部の正常血液細胞もわずかながら GFP を発現してしまう。そこで著者らは E1 遺伝子発現カセットならびに GFP 発現カセットに，血液細胞特異的な

miRNAであるmiR-142-3p標的配列を挿入したところ，正常血液細胞におけるGFPの発現を大きく抑制可能であった．これにより，偽陽性の出現（GFP陽性の正常血液細胞）を可能なかぎり抑制可能となり，CTCの検出効率を大きく改善することに成功した．

おわりに

miRNAによる遺伝子発現制御システムは，Adベクターにかぎらずあらゆる遺伝子導入ベクターに応用可能であること，従来の遺伝子組換え法により作製可能であることから，極めて汎用性・応用性が高い．今後，本システムが多くの遺伝子治療研究で使用されるとともに，miRNAの機能解析研究の進展に伴って，さらに高機能な遺伝子発現制御システムが開発されるものと期待される．

参考文献

1) Mizuguchi H, Hayakawa T：Cancer Gene Ther 9, 236-242, 2002.
2) Brown BD, et al：Nat Med 12, 585-591, 2006.
3) Brown BD, et al：Nat Biotechnol 25, 1457-1467, 2007.
4) Doench DJ, et al：Genes Dev 17, 438-442, 2003.
5) Xie J, et al：Mol Ther 19, 526-535, 2011.
6) Suzuki T, et al：Mol Ther 16, 1719-1726, 2008.
7) Chang J, et al：RNA Biol 1, 106-113, 2004.
8) Shimizu K, et al：Mol Pharm 8, 1430-1435, 2011.
9) Christ M, et al：Hum Gene Ther 11, 415-427, 2000.
10) Sugio K, et al：Clin Cancer Res 17, 2807-2818, 2011.
11) Lee CY, et al：Clin Cancer Res 15, 5126-5135, 2009.
12) Edge RE, et al：Mol Ther 16, 1437-1443, 2008.
13) 櫻井文教，水口裕之：ドラッグデリバリーシステムの新展開Ⅱ，47-53，シーエムシー出版，2012.

櫻井文教

1996年	京都大学薬学部製薬化学科卒業
1998年	同大学院薬学研究科博士前期課程修了
2001年	同博士後期課程修了（薬学博士）
	国立医薬品食品衛生研究所生物薬品部賃金職員
	同生物薬品部リサーチレジデント
2003年	同遺伝子細胞医薬部研究員
2005年	独立行政法人医薬基盤研究所遺伝子導入制御プロジェクト研究員
2009年	テキサス大学ダラス校サウスウエスタンメディカルセンター博士研究員
2010年	大阪大学大学院薬学研究科分子生物学分野准教授

第 2 章　microRNA 治療

12. miRNA による iPS 細胞作製と再生医療への展開

宮崎　進・山本浩文・三吉範克・石井秀始・土岐祐一郎・森　正樹

　2006 年にマウスの線維芽細胞より，2007 年にはヒトの体細胞よりウイルスベクターを用いて 4 種類の転写因子を導入することによって，ES 細胞によく似た細胞，iPS 細胞が樹立できることが報告された。2011 年に当教室より micro RNA（miRNA）を用いて iPS 細胞と類似した多能性をもつ細胞が誘導できるということを報告した。この方法ではウイルスベクターも用いず，さらにゲノムへの遺伝子組み込みもなく安全である。今後，再生医療のみならず様々な疾患治療に応用できることが期待される。

はじめに

　1981 年にマウスの ES 細胞（embryonic stem cell）が，その後 1998 年にヒトの ES 細胞が樹立されたことで，この分化多能性を司る様々な分子メカニズムの解明に関する研究が世界中で始まった。自己再生能と様々な細胞へ分化できる多能性の特徴をもつ ES 細胞を臨床応用する研究も始まった。幹細胞は分化の程度によって全能性（totipotency），多能性（pluripotency），単能性（multipotency）に分類される。多能性細胞は 3 胚葉への分化可能な細胞で，ES 細胞が当てはまる。全能性細胞は多能性細胞の機能に加え，胚外組織（胎盤や栄養膜）への分化能も有し，受精卵や核移植された卵細胞のみが当てはまる。単能性細胞は組織幹細胞が当てはまり，単能性幹細胞は規定された組織の細胞にのみ分化できる。

　多能性細胞である ES 細胞を用いた臨床応用として，2010 年には ES 細胞を分化させた神経細胞を脊髄損傷治療に用いる臨床試験が米国で始まっており，再生医療に大きな前進となることが期待されている。

　しかし，ヒトの ES 細胞を用いて医療を行う場合には様々な問題が指摘される。まず ES 細胞を樹立するためには受精卵を使用する必要があり，生命倫理的問題が生じ，さらに再生医療において ES 細胞を使用する場合，レシピエントとなる患者は他人の ES 細胞を用いて移植するために拒絶反応が生じ，免疫抑制剤の投与が必要となる場合や生着率が低下する可能性もある。これらの問題を解決した細胞が iPS 細胞（induced pluripotent stem cell）である。

　iPS 細胞は 2006 年にマウス胎仔線維芽細胞（mouse embryonic fibroblast : MEF）から樹立され[1]，さらに翌 2007 年にはヒト皮膚線維芽細胞（human dermal fibroblast : HDF）からも同様に樹立されている[2]。iPS 細胞は分化している体細胞をリプログラミングすることによって誘導される。ES 細胞，iPS 細胞は多能性幹細胞であり，3 胚葉（内胚葉，中胚葉，外胚葉）に分化できるだけではなく，自己複製能も有する。iPS 細胞誘導は ES 細胞で特異的に発現する表面マーカー，遺伝子発現や ES

---

key words

リプログラミング，iPS 細胞，ES 細胞，microRNA，mi-iPS，再生医療，分化多能性，miR-200c, miR-302s, miR-369s

細胞同様に3胚葉に分化した奇形腫を形成することによって確認される。2倍体 blastocyte に iPS 細胞を注射するとキメラマウスとなる。このように iPS 細胞は ES 細胞が有する特異的機能を有し、ES 細胞が臨床応用する際に生じる問題を解決する細胞として注目される。この iPS 細胞にも解決しなければならない諸問題がある。iPS 細胞を誘導するためにはレトロウイルスやレンチウイルスベクターを用いてゲノムDNAにリプログラミング因子を組み込まなくてはならない。iPS 細胞が誘導された後ではこれらの組み込まれた外来遺伝子はサイレンシングによりある程度、発現抑制されていると考えられるが、一部のがん遺伝子の発現が亢進したり、組み込みの際に内在性のがん抑制遺伝子を傷害してしまう可能性も否定できず、臨床応用に際し腫瘍形成が大きな障壁となると考えられている。この問題を解決するためにプラスミドベクター、アデノウイルスベクターを用い、外来遺伝子をホストゲノムに導入することなく iPS 細胞を誘導させる方法が報告されているが[3)4)]、誘導効率の低下や遺伝子の組み込みが完全に除外できないことから、臨床応用する場合、ゲノムへの遺伝子組み込みのない iPS 細胞を効率的に安定して樹立する方法が重要となる。

2009年に、ヒト、マウスの線維芽細胞から *Oct3/4*, *Sox2*, *c-Myc*, *Klf4* の転写されたタンパクを細胞質内に入れることによってリプログラミングができることが報告された[5)]。このリプログラミング手法ではウイルスベクターやゲノムDNAを使用することなくリプログラミングがされているが、手技が複雑で、誘導効率も非常に低いため臨床応用には超えなければならない問題がある。

2011年、当教室より成熟 microRNA（miRNA）[用解1]を用いて、ウイルスベクターを用いることなく、リプログラミングし、多能性幹細胞が誘導できることを報告した[6)]。この手法で多能性幹細胞を誘導する場合、その効率はマウスで0.01%、ヒトで0.002%と低率であり、今後改善の余地はあるが、ホストゲノムへの遺伝子導入がなく、腫瘍形成の危険性を排除できる方法であり、より早期に再生医療のみならず様々な疾患治療に応用できることが期待される。

I. miRNA と分化多能性

幹細胞のもつ重要な機能として自己複製能と多能性が挙げられるが、その機能を維持するために重要な遺伝子については、これまでの研究において複数わかってきている。例えば miRNA の生合成経路において、DGCR8 や Dicer が重要なことが知られている。DGCR8 や Dicer を欠損させた ES 細胞では多能性に異常がみられることが報告されていることからも[7)8)]、miRNA は ES 細胞の分化に重要なことが示唆される。

これらのことから ES 細胞に特異的に発現し、すでにある程度分化した細胞において発現の減少している miRNA が自己複製能と多能性維持に重要な役割を果たしていることが予想される（図❶）。

多能性幹細胞である ES 細胞、iPS 細胞と分化した細胞である mASC（マウス脂肪幹細胞）の miRNA アレイを施行し、ES 細胞や iPS 細胞で特異

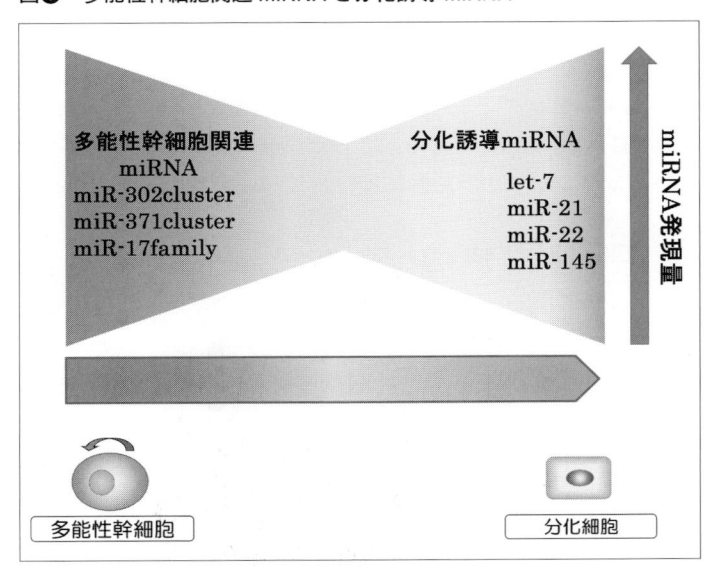

図❶　多能性幹細胞関連 miRNA と分化誘導 miRNA

多能性幹細胞関連 miRNA	分化誘導 miRNA
miR-302cluster	let-7
miR-371cluster	miR-21
miR-17family	miR-22
	miR-145

多能性幹細胞 → 分化細胞（miRNA発現量）

的に上昇し，mASCで発現のない miRNA を検索した。miR-200c，302s，369s の 3 種類の miRNA が上位に存在した。

II. miR-200c，302s，369s のターゲット

TargetScan や Sanger などのデータベース検索を用いて miR-200c の標的遺伝子を検索すると，リプログラミングにおいて重要な遺伝子がいくつか存在する。iPS 細胞が誘導されるファーストステップは間葉-上皮転換（mesenchymal-epithelial transition：MET）が重要であることが報告されている[9]。miR-200c の標的遺伝子のうち *ZEB1/ZEB2* は上皮-間葉転換（epithelial-mesenchymal transition：EMT）促進因子であるが[10]，miR-200c が抑制することによって EMT が抑制され，MET が引き起こされる。また miR-369s も *ZEB2*-related TGF-β シグナリングを抑制し，EMT を抑制していると考えられている[11]。miR-302s はこれまでに多能性幹細胞の自己複製能，多能性維持に重要な役割を果たすこと[12]や多能性幹細胞の機能維持に働いているとの報告もある[13]。miR-302s の標的遺伝子のうち，4つのエピジェネティック制御因子 *AOF1*，*AOF2*（*KDM1* or *LSD1*），*MECP1-p66*，*MECP2* がリプログラミングを行う際に重要であると考えられる。miR-302s は *Nanog/Oct4/Sox2* のプロモーター領域の脱メチル化を介してこれらの遺伝子の発現を活性化する。活性された *Nanog/Oct4/Sox2* は発現上昇するだけではなく，逆に miR-302 のプロモーターを活性化させるので miR-302s も発現上昇させる。このポジティブフィードバックループが多能性幹細胞誘導[14]に重要な役割を果たしている。

III. miRNA を用いたリプログラミング

これまでに miRNA を用いて多能性幹細胞を誘導した報告は散見される。miR-302s をゲノムに組み込み導入することでヒトの皮膚がん細胞から ES 細胞様の多能性をもつ特殊な細胞が誘導できたことや[15]，近年 miR-302/367 クラスターを導入することによって効率よく iPS 細胞が誘導できることなどが報告されている[16]。このように転写因子のみならず，miRNA でも多能性幹細胞が誘導できる。しかし上記の報告では，ホストゲノムに組み込みを行うことによって誘導されている。

miRNA は細胞質にて mRNA に結合し，転写制御しているので，成熟 miRNA を継続的にトランスフェクトすることによってゲノムへの組み込みと同じ制御が可能であると考えられる。

mASC に上記の miRNA を lipofectamine（Invitrogen 社）を用いて複数回トランスフェクトする。導入した miRNA の real-timeRT-PCR 発現は 72 時間をピークに減少が認められたことから，トランスフェクトは 48 時間ごととし，4 回繰り返し行った（図❷）。Day14 以降になると周囲とは異質なコロニー形成を認める。誘導効率は 0.01％であった。

IV. 誘導された多能性幹細胞の生物学的特性

トランスフェクト後 30 日目にコロニーをピックアップし解析を行った。ES 細胞において発現の上昇が報告されている *Nanog, Oct4, Sox2, Cripto, Dppa5, Fbx15* は ES 細胞と比較して，これらの遺

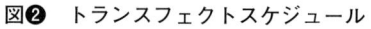

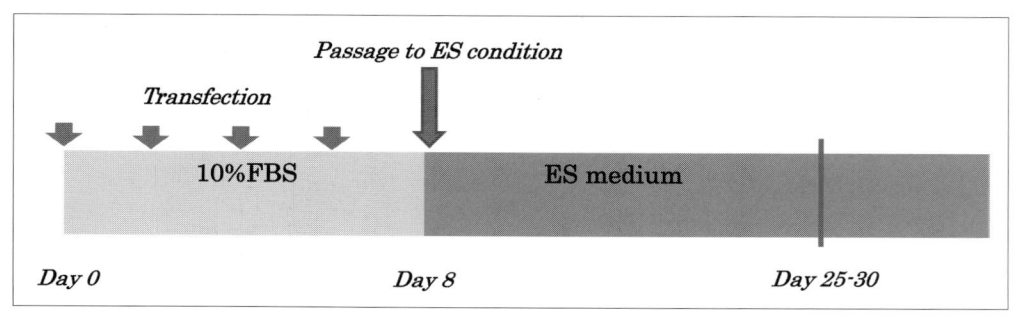

図❷ トランスフェクトスケジュール

図❸　miRNA の生合成

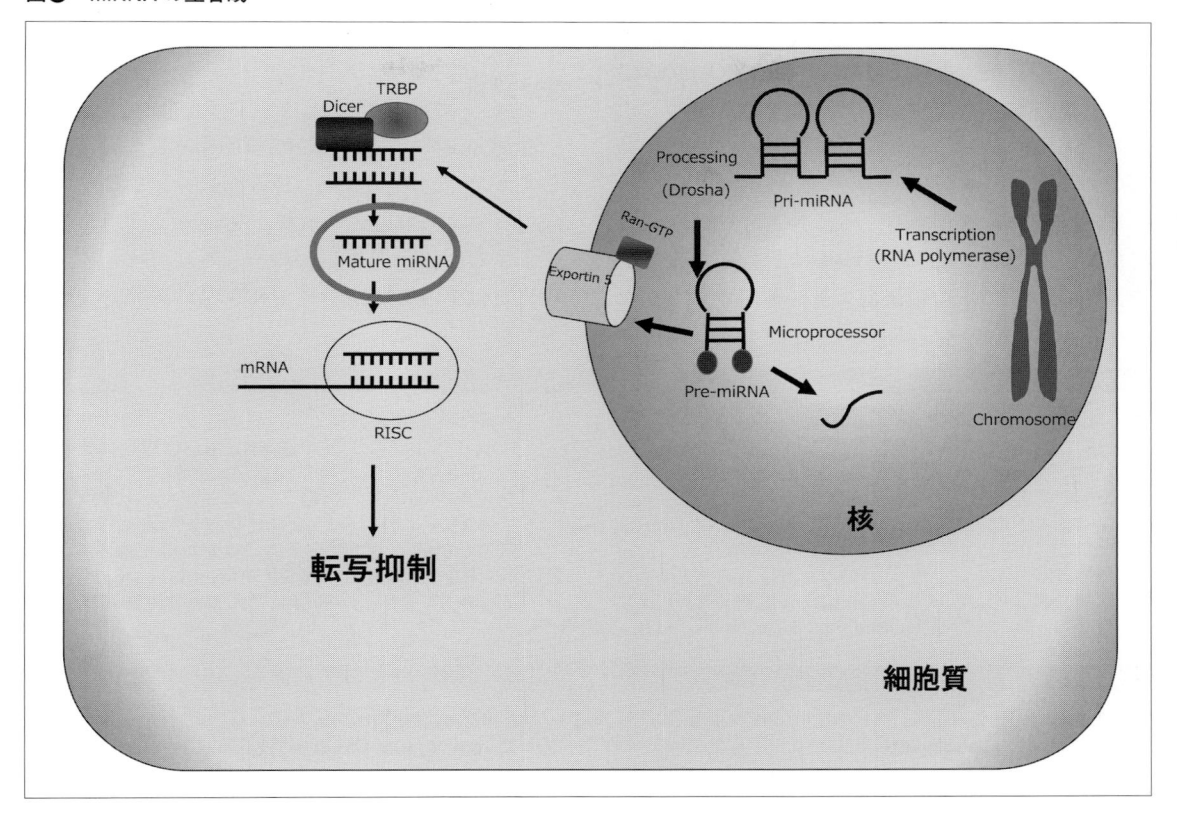

伝子の多くは同程度かそれ以上に発現の上昇を認めた。また細胞免疫染色で Ssea-1，Oct4 の発現を確認でき，ES 細胞とよく似た細胞集団であることが確認できた。miRNA を一時的に発現上昇させ，多能性幹細胞を誘導したが，30 日経過しても発現上昇が継続していることから，一時的な発現増強は内因性の miRNA の発現上昇を導き，多能性幹細胞が誘導されたのではないかと考えられた。

エピジェネティック変化を確認するために mi-iPS[用解2] を bisulfate 処理し，Nanog/Oct4 のプロモーター領域 DNA のメチル化状態を検索した。プロモーター領域 DNA は脱メチルが進んでいることが明らかとなった。これらの結果から，エピジェネティック変化がリプログラミングに必要な因子の内在性の活性化をもたらしたと考えられる。

V. 多能性の確認

胚葉体形成（embryoid bodies forming：EB 形成）を行い，その後分化誘導をした。様々な形態を示す細胞集団が出現し，この細胞集団内に内胚葉由来である Alb（肝細胞マーカー）陽性細胞，中胚葉由来である Fabp4（脂肪細胞マーカー）陽性細胞，外胚葉由来である Gfap（神経細胞マーカー）陽性細胞を認めたことから，in vitro において 3 胚葉の分化を示すことが確認された。real-time RT-PCR での発現解析においても分化マーカーの発現の上昇が認められた。続いて in vivo にて多能性を確認するために NOD/SCID（nonobese diabetic/severe combined immunodeficient）マウスに皮下移植したところ，移植後 8 週目に腫瘍形成が確認でき，病理学的検討では 3 胚葉の混在する奇形腫であると診断された。

VI. ヒト体細胞でのリプログラミング

マウスと同様の方法で hASC（ヒト脂肪幹細胞），ヒト皮膚線維芽細胞のリプログラミングを行っ

た。トランスフェクト後20日目にコロニーが出現し，これらのコロニーをピックアップした。ES細胞において発現の上昇を認める*Nanog/Oct4/Sox2/Lin28*について解析を行うと，hES細胞と類似した発現であった。しかし誘導効率は低く，0.002％程度であった。

また多能性を確認するためにNOD/SCIDマウスに皮下移植したところ，3胚葉に分化した奇形腫を認めた。これらの結果はヒトの体細胞においても成熟miRNAをトランスフェクトすることによって多能性幹細胞が誘導できることを示した。

おわりに

今回miRNAを用いてiPS細胞樹立について概説したが，ゲノムへの組み込みがなく，腫瘍形成がないと考えられるこの成熟miRNAをトランスフェクトする手法は再生医療のみならず様々な疾患治療に貢献することが予想される。

用語解説

1. **microRNA（miRNA）**：microRNA（miRNA）とは18～24ヌクレオチドからなる小さなRNAで，真核生物に広く存在している。miRNAは，内在性に発現する短い一本鎖RNAである。DNAからpri-miRNAと呼ばれるループ構造をもつRNAが転写される。そのループが酵素によって切断され，pre-miRNAを作る。このpre-miRNAが核外に輸送され，Dicerにより20-25塩基のmiRNA配列が切り出される。これがRNA-induced silencing complex（RISC）と呼ばれるリボ核酸とArgonouteタンパクの複合体に取り込まれることでmiRNA-RISC複合体を形成し，mRNAの3'末端非翻訳領域と結合して遺伝子発現を抑制する（図❸）。このmiRNAの特徴としてmRNAとの結合は不完全であるため，複数の遺伝子を標的として制御することが可能である。

2. **mi-iPS**：miRNA-induced pluripotent stem cell。microRNAを用いて誘導した人工多能性幹細胞。

参考文献

1) Takahashi K, Yamanaka S：Cell 126, 663-667, 2006.
2) Takahashi K, Yamanaka S：Cell 131, 861-872, 2007.
3) Okita K, Nakagawa M, et al：Science 322, 949-953, 2008.
4) Stadtfeld M, et al：Science 322, 945-949, 2008.
5) Zhou H, Wu S, et al：Cell Stem Cell 4, 381-384, 2009.
6) Miyoshi N, Ishii H, et al：Cell Stem Cell 8, 633-638, 2011.
7) Wang Y, Medvid R, et al：Nat Genet 39, 380-385, 2007.
8) Kanellopoulou C, Muljo SA, et al：Genes Dev X19, 489-501, 2007.
9) Samavarchi-Tehrani P, Golipour A, et al：Cell Stem Cell 7, 64-77, 2010.
10) Korpal M, Lee ES, et al：J Biol Chem 283, 14910-14914, 2008.
11) Grimson A, Farh KK, et al：Mol Cells 27, 91-105, 2007.
12) Rosa A, Brivanlou AH：EMBO J 30, 237-248, 2011.
13) Marson A, Levine SS, et al：Cell 134, 521-533, 2008.
14) Lin SL, Chang DC, et al：Nucleic Acids Res 3, 1054-1065, 2011.
15) Lin SL, Chang DC, et al：RNA 14, 2115-2124, 2008.
16) Anokye-Danso F, Trivedi CM, et al：Cell Stem Cell 8, 376-388, 2011.

宮崎　進	
2000年	近畿大学医学部卒業
	国立国際医療センター内科研修医
2002年	国立病院機構東京医療センター外科レジデント
2006年	NTT西日本大阪病院外科
2009年	大阪大学大学院医学研究科外科学講座消化器外科医員

第2章 microRNA治療

13. miRNAによる抗がん剤感受性増強効果

西田尚弘・三森功士・森　正樹

　抗がん剤耐性へのmicroRNA（miRNA）の関与が明らかになりつつある。耐性獲得の要となる個々の分子，あるいはシグナル伝達経路全体を制御することによって，miRNAは抗がん剤耐性の様々な段階に関わっていることがわかってきた。これらのmiRNAは，薬剤感受性予測因子としてだけではなく，感受性増強の治療ツールとして臨床応用が期待されている。また抗がん剤耐性細胞において特異的に発現変化が起きているmiRNAの中には，近年治療標的として注目されているがん幹細胞や，上皮間葉移行に関わるmiRNAも存在する。本稿では，これらの要素も踏まえて抗がん剤感受性に関わるmiRNAに関して概説する。

はじめに

　固形がんに対する化学療法が標準治療として確立されつつある中，抗がん剤耐性の克服はがん転移・再発の制御のために近年ますます重要な命題となっている。

　多様なヒト腫瘍細胞株に対する10万種類以上の化学物質の抗がん活性を網羅的に調べたアメリカ国立がん研究所（National Cancer Institute：NCI）の研究結果をはじめとして，各種がん細胞におけるmicroRNA（miRNA）発現と薬剤耐性が綿密に関わっていることが次第に明らかとなってきた[1]。また最近の報告は，miRNAの発現状態が薬剤感受性の指標として有用である可能性，さらにはmiRNAが抗がん剤耐性克服のための治療ツールになりうる可能性を示唆している[2]。単一の遺伝子の発現から抗がん剤耐性を単純に予測することは困難であり，miRNAがこの分野に貢献する役割が期待されている。

　耐性獲得の分子機構についてみていくと，その過程では，多様な遺伝子の発現変化が累積，その結果，代替経路が活性化することにより遺伝子ネットワーク全体の変調が起こっていると考えられる。miRNAは一対多の関係で，多様な遺伝子群を同時に制御，1つのmiRNAの発現変化が時には複数のシグナル伝達経路に広く影響を及ぼすことが知られている[3]。抗がん剤耐性とある種のmiRNAの発現に関連があることは，耐性獲得がmiRNAを中心とした遺伝子ネットワークの異常によるところが大きいことを意味する。miRNAを用いた治療戦略の新規性は，複数の遺伝子を系統的に制御することにより遺伝子ネットワーク全体を修復しようとする点にあると言える。

　本稿では，まずmiRNAが関わる抗がん剤耐性のメカニズムについて概説し，次に一部の抗がん剤耐性細胞がもつ特徴と考えられる幹細胞性や上皮間葉移行とmiRNAの関わりに関して触れる。最後に，これまでに報告されている抗がん剤感受性に影響を与えるmiRNAについて各論的に述べる。

---

key words

miRNA, 抗がん剤耐性, がん幹細胞, 上皮間葉移行, 多剤耐性, 薬剤代謝, ABCトランスポーター, 遺伝子ネットワーク, シグナル伝達経路, EGFR

I. miRNAが関わる抗がん剤耐性のメカニズム

1. 薬剤の細胞外排出・代謝に関わるmiRNA

中〜長期間の化学療法を経てがん細胞において誘導される多剤耐性（multidrug resistance：MDR）のメカニズムの1つとして，がん細胞が細胞毒性を有する薬剤を細胞外へ効率的に排出する機構を有していることが挙げられる。この機能を担っているのは，ABCトランスポーター〔ATP-binding cassette（ABC）drug transporter〕と呼ばれるエネルギー依存性膜輸送体で，ヒトでは数十種類が知られている。その中の1つMDR1/ABCB1遺伝子は，膜輸送体P糖タンパク質（P-glycoprotein：P-gp）を産生，細胞に効率的な薬剤代謝をもたらし，抗がん剤抵抗性を付与する。近年，このMDR1/ABCB1の発現制御にmiRNAが関与していることがわかってきた。KovalchukらはmiR-451がMDR1の発現を下方制御していることを報告，実際にドキソルビシン耐性の乳がん細胞株ではmiR-451の発現低下とそれに伴うMDR1の発現亢進がみられることを示した[4]。miR-451の過剰発現は細胞に抗がん剤感受性の回復をもたらした。他のABCトランスポーターBCRP/ABCG2に関しても，がんでの過剰発現が知られているが，Kennethらは多剤耐性大腸がん細胞株におけるABCG2の過剰発現の原因として，耐性細胞ではABCG2メッセンジャーRNA（mRNA）の3'非翻訳領域の短縮が起きており，ABCG2がmiRNAの抑制から逃れることで発現亢進していることを明らかにした。また最近，ABCトランスポーターABCC3とABCC6がSOX2によって誘導されることも報告されているが，Kimらは，SOX2がmiR-9*（miR-9のRNA相補鎖）によって制御されることから，miR-9*の発現亢進がSOX2発現低下を介してABCC3，ABCC6の発現を低下させ，薬剤感受性を回復させることを明らかにした[5]。SOX2は人工多能性幹細胞（induced pluripotent stem cells：iPS細胞）の誘導因子の1つでもあることから，miR-9*の幹細胞性誘導への影響も注目すべき点である。

その他，薬剤の効率的な代謝による耐性獲得機構としては，細胞内の薬剤代謝に関わる酵素ががんで過剰発現していることが挙げられる。例えば，解毒などの作用を担う水酸化酵素チトクロームP450分子種の1つとして同定されたCYP1B1は，多様ながん種においてその発現増加が示されており，発がんのみならず，抗がん剤の不活化に関わることが知られている。最近，CYP1B1の3'非翻訳領域には哺乳類で高度に保存されたmiR-27bの結合部位が存在し，miR-27bによって直接制御・抑制されることがわかった[6]。miR-27bは乳がん組織での発現が低下しており，このことががん組織におけるCYP1B1高発現の一因となっていると考えられる。その他のCYPファミリーに属するCYP3A4もmiR-148aにより制御されることが知られている[7]。

2. 抗がん剤耐性に関わるシグナル経路を制御するmiRNA

抗がん剤耐性のメカニズム解明には，抗がん剤感受性を規定する個々の遺伝子発現変化に加えて，耐性細胞で活性化あるいは不活化しているシグナル経路全体を理解することも重要である。耐性細胞では，EGFR，FGFR，PDGFR，IGFR，ERK，MAPK，mTOR，NF-κB，TRAIL，Notch経路などといった細胞の増殖・生存に関わる多様なシグナルが変化していることが知られている[8]。miRNAは，1つのシグナル伝達経路の中で，それに属する複数の遺伝子を同時に制御することによって，シグナル経路全体を制御しうる能力があると考えられている[3]。例えばmiR-21は，PTEN抑制によるPI3K経路の活性化とRAS/RAF経路の活性化によって，チロシンキナーゼ受容体が関わるシグナル伝達全体に大きな影響を及ぼす。実際にmiR-21は多くの抗がん剤耐性細胞での発現増加が示されており，各種抗がん剤耐性獲得に少なからず関与していることが予想される[3]。またGarofaloらは，TRAIL誘導性アポトーシスに対して抵抗性の肺がん細胞の解析から，このリガンドによるアポトーシス回避の機序にmiR-221/222が重要な役割を果たしていることを明らかにした。彼らは抗がん剤耐性肺がん細胞株で高発現するmiR-221/222が腫瘍抑制遺伝子p27を抑制，このこ

とが耐性がん細胞のアポトーシス回避に関わっていることを示した[9]。その他、後述するように、EGFR経路の活性化に関わることで、EGFRを標的とするゲフィチニブ耐性の原因となるmiRNAなどの報告もなされている[10]。これらの研究のように、個々の分子ではなく、抗がん剤耐性細胞で活性化あるいは抑制されているシグナル伝達経路全体に着目して、これらを制御するmiRNAを同定するというアプローチは、miRNAの特性を生かした治療開発へつながる有効な手法といえる。

II. 抗がん剤耐性とがん幹細胞、上皮間葉移行

抗がん剤耐性と幹細胞性、上皮間葉移行（epithelial mesenchymal transition：EMT）は、それぞれ独立した概念だが、密接に関連していると考えられる。抗がん剤耐性とEMTに関してはこれまでも詳細に検討されてきた。多くの報告が、一定の条件下で細胞上清に抗がん剤を添加し、継代培養を続けると、細胞はアクチン細胞骨格の再構成を経て、数日から数週間で紡錘形へと形態を変化させることを示している。遺伝子的には、E-cadherinなど上皮マーカー減退の一方で、vimentin, fibronectin, α-smooth muscle actin（SMA），N-cadherinなどの間葉系マーカーや細胞外マトリクスの分解に関わるMMPファミリーの発現が亢進、これに伴って細胞は遊走能・浸潤能など向転移性の悪性形質を獲得する[11]。これはがん細胞が、局所から浸潤・転移するときの形質変化であるEMTに酷似する現象である。これまでの報告で、ジェムシタビン耐性の膵がん細胞、オキサリプラチン耐性の大腸がん細胞、ラパチニブ耐性の乳がん細胞ではEMT様の変化を起こし、パクリタキセル（タキソール®）やオキサリプラチン曝露も細胞にEMTを誘導することが報告されている[11]。EMTと薬剤耐性ではともにEGF, FGF, Notch経路などの活性化がみられ、このようなシグナルの活性化が両者をリンクさせる要因ではないかと考えられている。

また抗がん剤耐性は、がん細胞の中でも自己複製能の高いがん幹細胞（cancer stem cell：CSC）の特徴の1つとしても捉えられている。抗がん剤曝露により多くのがん細胞が死滅しても、一部の自己複製能が高く薬剤感受性の低い細胞集団が生き残り、転移・再発をもたらすという機構は、一部の進行がん患者の実際の臨床経過を説明するうえでよいモデルである。これまで、大腸がん幹細胞分画CD133陽性にある細胞は、オキサリプラチンや5-フルオロウラシル（5-FU）などの抗がん剤に抵抗性であること、また膵がんのCD44+/CD24-分画、乳がんCD44hi/CD24low分画、glioblastomaのCD133+分画など多様ながん種の幹細胞分画において、各種抗がん剤に対する抵抗性が亢進していることが報告されている[11]。また前述のABCトランスポーターとの関係においても卵巣がんにおける幹細胞分画ではABCG2の発現亢進がみられシスプラチンへの抵抗性を示すことや、前立腺がんの幹細胞分画でもABCC1の高発現していることが知られている[11]。

以上をmiRNAによる遺伝子制御という観点からみると、抗がん剤耐性に寄与するmiRNAは、EMTや幹細胞性を誘導するということが少なからずみられ、miRNAはこの3つの概念をリンクさせる1つの要素として考えることもできる。例えばmiR-200ファミリーは間葉系への分化を誘導する転写因子ZEB1, ZEB2を制御し、EMT抑制に中心的な役割を果たすことが知られているが[12]、miR-200bはドセタキセル耐性の非小細胞肺がんにおいて[8]、miR-200bとmiR-200cはジェムシタビン耐性の膵がん細胞株において[13]、それぞれ発現低下がみられ、さらにこれらの発現を回復させることで、細胞株の抗がん剤に対する感受性が回復することが報告されている[13]。miR-200は肺がん、前立腺がん、膵がんをはじめとする様々ながん種で、その進展の過程で発現低下することが示されており、がんの悪性化、EMT、抗がん剤耐性それぞれがmiR-200の発現変化に起因すると考えられる例である。

同様に、miR-125bは造血幹細胞において高発現するmiRNAの中の1つで、幹細胞の維持に関与すると考えられるが[14]、このmiRNAはパクリタキセルをはじめとする様々な抗がん剤耐性細胞で高発現することが知られている。

miR-125bの重要な標的としてはアポトーシス促

進に働く Bcl-2 antagonist killer 1（Bak1）が挙げられ，抗がん剤耐性細胞では miR-125b が高発現することで Bak-1 の発現が抑制され，アポトーシス抵抗性が誘導されることが報告されている[15]。miR-125b は転写因子 p53 の制御下にあり，本来正常細胞においてはホメオスタシスを維持する重要な役割を担っている miRNA であるが[16]，それゆえにその発現変化は細胞に重大な影響を与えると考えられる。表❶には，抗がん剤耐性に関わる代表的な miRNA を列挙しており，それぞれの miRNA に対しがん幹細胞，EMT への関与も付記している[17)-36)]。

III. 抗がん剤感受性に影響を与える miRNA

次に，様々ながん種に対して一般的に用いられる抗がん剤・分子標的治療薬別に，薬剤感受性に影響を与える miRNA について述べる。

1. 5-フルオロウラシル（5-FU）

5-フルオロウラシル（5-fluorouracil：5-FU）は，フッ化ピリミジン系の代謝拮抗剤で，消化器がんの多剤併用化学療法の中核をなす薬剤である。近年では TS1，カペシタビン（ゼローダ®）などのプロドラッグが内服治療として頻用されている。われわれは最近，miR-10b が大腸がん株化細胞の 5-FU 耐性を亢進させることを報告した。miR-10b は当初，転移性乳がんにおいて高発現する miRNA として同定され，EMT 誘導転写因子 Twist によって誘導されるなど，その主な機能はがんの浸潤・転移促進と考えられていたが，われわれの研究から miR-10b がアポトーシス誘導遺伝子 BIM（BCL2L11 BCL2-like 11）の抑制を介して，抗アポトーシス因子として抗がん剤耐性にも働いていることが明らかとなった[37]。他にも miR-21 は，大腸がん[38]，膵がん[39]，原発性肝腫瘍[40]において，その発現が 5-FU 系薬剤の効果予測因子，感受性増強因子であるとする報告が相次いでなされている。miR-21 はがん抑制遺伝子 programmed cell death 4（PDCD4）などの制御を介して 5-FU 耐性に作用すると考えられている。Song らは，miR-140 が histone deacetylase 4（HDAC4）などの制御を介して細胞周期停止に関わり，5-FU に対する抗がん剤耐性を誘導していることを示した。miR-140 は大腸がん幹細胞分画において発現亢進を認め，幹細胞性との関わりも注目されている[41]。

2. タキサン系薬剤

タキサン系薬剤は微小管の脱重合阻害（チューブリン阻害）により細胞周期の有糸分裂期にある細胞を停止させ，アポトーシスを誘導することで細胞毒性を発揮する。ドセタキセルやパクリタキセルがこれに含まれ，胃がんや食道がんなどの消化器がんをはじめ，乳がん，非小細胞肺がん，卵巣がんなどに広く用いられている。タキサン系薬剤の耐性に関わる miRNA 遺伝子の経路としては，miR-148a-MSK1，miR-512-3p-CFLAR，miR-125b-BAK1，miR-34a-SIRT1・BCL-2 経路などがすでに報告されている[2]。最近，細胞周期制御タンパク FBXW7 とそのユビキチン化の標的である生存促進タンパク MCL-1 が，チューブリン阻害剤によるアポトーシスの重要な制御因子であること，また FBXW7，MCL-1 の発現変化がタキサン系薬剤の抵抗性に関与している可能性が示された[42]。これらの分子を制御する miRNA とタキサン系薬剤の感受性を示した報告はまだないが，例えば miR-181b は MCL-1 を標的とし，その低下が慢性リンパ性白血病の急性増悪に関わることがわかっている[43]。このように耐性獲得の主因子であると考えられる FBXW7 や MCL-1 を制御する miRNA は，タキサン系抗がん剤耐性に大きな影響を及ぼす可能性があり，今後の研究が待たれる。

3. ゲフィチニブ

ゲフィチニブ（gefitinib）は，EGFR を標的とすることで細胞に増殖抑制，アポトーシスを誘導するチロシンキナーゼ阻害剤である。EGFR 経路の活性化を認める肺がんや乳がんを中心に臨床で広く利用されている。最近 Garofalo らは，非小細胞肺がんにおいてゲフィチニブ耐性に関わる miRNA として miR-30b，miR-30c，miR-221，miR-222，miR-103，miR-203 を同定，これらの miRNA は非小細胞肺がんのゲフィチニブ誘発性アポトーシスや EMT に大きな影響を与えることを報告した[10]。また別の研究では，EGFR 経路に影響を及ぼす miRNA を anti-miR ライブラリーを用いて網羅的に検索した

表❶ 抗がん剤感受性に影響を与える miRNA（文献 11 より改変）

miRNA	薬剤耐性への関与	がん幹細胞への関与	上皮間葉移行への関与	機能	標的	組織または細胞	参考文献
miR-1	○			肺がん細胞のドキソルビシンへの感受性を高める	Pim1, FoxP1, HDAC4, MET	肺がん	17
miR-15/16	○			各種抗がん剤感受性を高める	Bcl-2	胃がん	18
miR-21	○	○		多剤耐性細胞で発現が亢進	PDCD4, LRRFIP1, PTEN, TPM1, TIMP3	乳がん，膠芽腫，膵がん	19, 20
miR-27	○		○	多剤耐性細胞で発現が亢進	MDR	卵巣がん，子宮頸がん	35
miR-34	○	○	○	各種耐性細胞で発現が低下。発現亢進でカンプトテシンに対する感受性増大	Notch, Bcl2, HMGA2, SIRT1	前立腺がん，胃がん，乳がん，膵がん	21, 22, 23
miR-98	○			ドセタキセル耐性細胞で発現亢進	未確定	非小細胞肺がん	33
miR-125b	○	○		発現亢進でパクリタキセルへの抵抗性を付与	BAK-1	乳がん	15
miR-128b	○			各種抗がん剤耐性細胞で発現が低下	MLL, AF4, MLL-AF4, AF3-MLL	急性リンパ性白血病	24
miR-140	○	○		5-FU，メトトレキサートへの耐性を付与	HDAC4	骨肉腫，大腸がん	40
miR-181	○			肺がん細胞ではシスプラチン誘導性のアポトーシスを促進する。原発性肝細胞がん細胞ではドキソルビシン耐性を付与	TIMP-3, MMP-2, MMP-9	非小細胞肺がん，原発性肝がん	25, 26
miR-192	○	○	○	ドセタキセル耐性細胞で発現が増加	未確定	非小細胞肺がん	33
miR-200	○	○	○	各種抗がん剤への感受性を亢進させる	ZEB1, ZEB2, TUBB3, ERRFI	乳がん，前立腺がん，肺がん，膀胱がん，卵巣がん，膵がん	27, 他
miR-205	○		○	ゲフィチニブ，ラパチニブへの感受性を増大させる	HER3	乳がん	28
miR-214	○			PTEN を抑制することによりシスプラチン耐性を付与	PTEN	卵巣がん	29
miR-215	○	○		発現亢進でメトトレキサートへの感受性低下	P21, p53	大腸がん，骨肉腫	36
miR-221/222	○		○	ノックダウンによりタモキシフェンへの感受性が亢進	CDKN1B, ERα, P27	急性リンパ性白血病，乳がん，非小細胞肺がん	31, 32, 他
miR-342	○			タモキシフェン耐性細胞で発現低下	未確定	乳がん	32
miR-424	○			ドセタキセル耐性細胞で発現増加	未確定	非小細胞肺がん	33
miR-451	○	○		ドキソルビシン感受性を亢進させる	MDR1	乳がん，卵巣がん，子宮頸がん	4
miR-489	○			タモキシフェン耐性細胞で発現が低下	未確定	乳がん	32
miR-630	○			シスプラチンによるアポトーシスを抑制	P27, p53	非小細胞肺がん	25

結果，従来からがん進展に関連する miRNA として報告されている miR-21, miR-155, miR-21, miR-17, miR-126 などが EGFR 経路の活性化に関連していることがわかった[44]。

4. タモキシフェン

タモキシフェン（tamoxifen, TAM）はエストロゲンレセプター（ER）にエストロゲンと競合的に結合し，抗エストロゲン作用を示す ER アンタゴニストである。ER を発現する乳がんで抗腫瘍効果を示し，術後補助療法としても予後改善効果をもたらす。しかし，その使用頻度の高さゆえ，薬剤耐性獲得が臨床的に大きな問題となっている。Tyler らはタモキシフェン耐性の乳がん細胞株のマイクロアレイ解析から，耐性株において強い発現亢進のある miR-221/222 に着目，miR-221/222 が腫瘍抑制因子 p27 を直接標的とすることによって，タモキシフェンによる細胞死を抑制している可能性を示した。また，HER2/neu の過剰発現は内分泌療法耐性症例で特に問題となるが，miR-221/222 は HER2/neu 陽性乳がんでも高発現しており，これらの miRNA が内分泌療法耐性乳がんの治療標的として有用であると考えられる[32]。HER2/neu 高発現とタモキシフェン耐性に関しては，HER2/neu が腫瘍抑制性 miRNA である miR-15/16 の発現を抑制することにより，あるいは腫瘍進展に働く miR-21 を直接誘導することにより，タモキシフェン耐性を誘導する機構も報告されている[2]。

5. トラスツズマブ

トラスツズマブ（trastuzumab）はがん遺伝子 HER2/neu に対するモノクローナル抗体で，乳がんのみならず，最近では HER2 陽性進行胃がんに対する補助療法としての投与も積極的に行われている。HER2 をはじめとするチロシンキナーゼ型受容体の下流に位置する PI3K/Akt 経路を制御する miRNA としては miR-21 が挙げられる。miR-21 の過剰発現により，直接の標的である PTEN の発現が抑制され，この結果，PI3K/Akt 経路が活性化，細胞は発がん・がん進展の方向に向かう。Sumaiyah らは HER2/neu 陽性乳がんにおいて，miR-21 高発現のグループでトラスツズマブに対する感受性が低いことを報告し[45]，miR-21 がトラスツズマブの感受性予測因子になりうることを示した。われわれのグループは胃がん細胞株を用いて，miR-125a-5p が HER2/neu を抑制し，胃がん細胞株の増殖抑制に寄与していることを報告した。少なくとも in vitro で，トラスツズマブと miR-125a-5p の併用は，どちらか一方を投与した場合に比べて，強力に細胞の増殖抑制を誘導した[46]。

おわりに

過去 10 年ほどで，がん領域における miRNA の極めて詳細な解析が進み，最近ではクオリティの高い miRNA ノックアウト，トランスジェニック動物の登場も相まって，miRNA が真に重要な治療標的であることが明らかとなってきた。がんの悪性形質獲得は遺伝子ネットワーク全体の系統的な変調と考えられる。前述のように，多くの遺伝子を包括的に制御し，ネットワーク全体を修復するという miRNA を用いた治療戦略は，抗がん剤耐性克服をはじめとして，がん治療全体に新しい展開をもたらすものとして期待される。

参考文献

1) Blower PE, Verducci JS, et al：Mol Cancer Ther 6, 1483-1491, 2007.
2) Kasinski AL, Slack FJ：Nat Rev Cancer 11, 849-864, 2011.
3) Inui M, Martello G, et al：Nat Rev Mol Cell Biol 11, 252-263, 2010.
4) Kovalchuk O, Filkowski J, et al：Mol Cancer Ther 7, 2152-2159, 2008.
5) Jeon HM, Sohn YW, et al：Cancer Res 71, 3410-3421, 2011.
6) Tsuchiya Y, Nakajima M, et al：Cancer Res 66, 9090-9098, 2006.
7) Zheng T, Wang J, et al：Int J Cancer 126, 2-10, 2010.
8) Sarkar FH, Li Y, et al：Drug Resist Updat 13, 57-66, 2010.
9) Garofalo M, Quintavalle C, et al：Oncogene 27, 3845-3855, 2008.
10) Garofalo M, Romano G, et al：Nat Med 18, 74-82, 2012.
11) Wang Z, Li Y, et al：Drug Resist Updat 13, 109-118, 2010.
12) Wellner U, Schubert J, et al：Nat Cell Biol 11, 1487-

13) Li Y, VandenBoom TG 2nd, et al：Cancer Res 69, 6704-6712, 2009.
14) O'Connell RM, Chaudhuri AA, et al：Proc Natl Acad Sci USA 107, 14235-14240, 2010.
15) Zhou M, Liu Z, et al：J Biol Chem 285, 21496-21507, 2010.
16) Le MT, Teh C, et al：Genes Dev 23, 862-876, 2009.
17) Nasser MW, Datta J, et al：J Biol Chem 283, 33394-33405, 2008.
18) Xia L, Zhang D, et al：Int J Cancer 123, 372-379, 2008.
19) Ali S, Ahmad A, et al：Cancer Res 70, 3606-3617, 2010.
20) Bourguignon LY, Spevak CC, et al：J Biol Chem 284, 26533-26546, 2009.
21) Chen GQ, Zhao ZW, et al：Med Oncol 27, 406-415, 2010.
22) Fujita Y, Kojima K, et al：Biochem Biophys Res Commun 377, 114-119, 2008.
23) Ji Q, Hao X, et al：PLoS One 4, e6816, 2009.
24) Kotani A, Ha D, et al：Blood 114, 4169-4178, 2009.
25) Galluzzi L, Morselli E, et al：Cancer Res 70, 1793-1803, 2010.
26) Wang B, Hsu SH, et al：Oncogene 29, 1787-1797, 2011.
27) Adam L, Zhong M, et al：Clin Cancer Res 15, 5060-5072, 2009.
28) Iorio MV, Casalini P, et al：Cancer Res 69, 2195-2200, 2009.
29) Yang H, Kong W, et al：Cancer Res 68, 425-433, 2008.
30) Valentine R, Dawson CW, et al：Mol Cancer 9, 1, 2010.
31) Garofalo M, Di Leva G, et al：Cancer Cell 16, 498-509, 2009.
32) Miller TE, Ghoshal K, et al：J Biol Chem 283, 29897-29903, 2008.
33) Rui W, Bing F, et al：J Cell Mol Med 14, 206-214, 2010.
34) Zhou S, Schuetz JD, et al：Nat Med 7, 1028-1034, 2001.
35) Zhu H, Wu H, et al：Biochem Pharmacol 76, 582-588, 2008.
36) Song B, Wang Y, et al：Mol Cancer 9, 96, 2010.
37) Nishida N, Yamashita S, et al：Ann Surg Oncol, (PMID：22322955), 2012.
38) Schetter AJ, Leung SY, et al：JAMA 299, 425-436, 2008.
39) Hwang JH, Voortman J, et al：PLoS One 5, e10630, 2010.
40) Tomimaru Y, Eguchi H, et al：Br J Cancer 103, 1617-1626, 2010.
41) Song B, Wang Y, et al：Oncogene 28, 4065-4074, 2009.
42) Wertz IE, Kusam S, et al：Nature 471, 110-114, 2011.
43) Visone R, Veronese A, et al：Blood 118, 3072-3079, 2011.
44) Li J, Pandey V, et al：PLoS One 7, e30140, 2012.
45) Allen KE, Weiss GJ：Mol Cancer Ther 9, 3126-3136, 2010.
46) Nishida N, Mimori K, et al：Clin Cancer Res 17, 2725-2733, 2011.

西田尚弘

2000年	近畿大学医学部医学科卒業
2005年	独立行政法人国立病院機構大阪医療センター外科
2008年	大阪大学医学部消化器外科
2012年	米国 MD Anderson Cancer Center 留学中

がん領域における microRNA をはじめとする non-coding RNA の研究を中心に行っている。

第3章

microRNA 創薬

第3章　microRNA 創薬

1. アテロコラーゲンによる核酸医薬デリバリー開発

牧田尚樹・永原俊治

　近年，次世代の医薬品候補として核酸医薬が注目を集めており，なかでも siRNA や microRNA といった RNA 干渉を利用した技術の臨床応用が期待されている。しかしながら，DDS 技術の開発の遅れから，いまだこれらの技術が市場を形成するには至っていない。このような状況下，アテロコラーゲンによる核酸医薬デリバリー技術は，核酸医薬の in vivo での有効性を飛躍的に高めるだけでなく，安全性や製剤としての完成度が高い DDS 技術として数多くの研究者に使用されている。本稿では，本 DDS 技術の応用や安全性に関する報告事例とともに，その製剤的な特長について紹介する。

はじめに

　有効性の高い新薬の創出がこれまで以上に難易度を増す昨今，従来の低分子医薬品に代わるシーズとして，抗体やペプチド，核酸医薬といったバイオ医薬品の研究が盛んになされている。核酸医薬の中でも，siRNA や microRNA といった RNA 干渉を応用した技術は，疾患の原因となる遺伝子を特異的かつ直接的に攻撃できることから，次世代の医薬品候補としての期待が大きい。しかしながら，これらの技術の応用は抗体医薬とは異なり，まだまだ市場を形成するには至っておらず，バイオ医薬品の中での核酸医薬のプレゼンスは決して高くないのが現状である。その主な要因の1つがデリバリー技術の問題である。siRNA や microRNA は，in vitro においては非常に高い活性が得られるものの，生体内での安定性の低さや物理化学的特性により in vivo で十分な活性を得ることは難しい[1]。in vivo への応用には，反応の場である細胞質へと核酸分子を効率的かつ安定的に導入する適切なデリバリーシステムとの併用が必須条件になっている。近年の研究で，PEG 化リポソームなど in vivo で有効性が得られている技術も次々と見出されてきているが[2)-4)]，肝臓などの限られた組織へしかデリバリーができないことや，安全性の問題が指摘されており，より汎用性の高い技術の開発が望まれている。特に安全性の問題では，デリバリー担体自体の毒性を低減することに加え，核酸分子が原因として起こる免疫反応を回避することも重要となる。

　こうした状況下，筆者らは独立行政法人国立がん研究センターの落谷孝広分野長および株式会社高研との共同研究で，アテロコラーゲン[用解1]を担体とした核酸医薬のデリバリーシステムの開発を行ってきた[5)-7)]。本デリバリー技術により，核酸医薬開発の主役であるアンチセンス DNA あるいは siRNA の全身投与による薬効増強を世界に先駆けて示したほか，最近では次世代の核酸医薬として期待される microRNA の効果を増強するデリバリー技術としても評価されるに至っている。本デ

---

key words

アテロコラーゲン，核酸医薬，遺伝子，siRNA，microRNA，RNA 干渉，DDS，デリバリー，腫瘍，がん，安全性，免疫誘導

リバリー技術は，基本的に核酸医薬の配列や構造に影響を受けにくい汎用性の高い技術であることから，臨床的応用への開発研究を進めるのと並行して，本分野の研究の進展に寄与する目的で，in vivo用siRNA導入キットAteloGene®（高研）として多くの研究者の利用に供している。近年では共同研究先のみならず，本キットを利用した研究者により，全身の様々な箇所で種々の病態モデルを対象とした応用例が報告されている（図❶）。本稿では，アテロコラーゲンを用いたデリバリーシステムの応用例について最近の報告事例を紹介するとともに，本デリバリーシステムの優れた特性について概説する。

I．アテロコラーゲンDDSの概要

1．アテロコラーゲンDDSのオリゴ核酸への適用

アテロコラーゲンは生理的条件では正に帯電しており，負電荷をもつsiRNAやmicroRNAなどの核酸分子と複合体を形成する性質がある。その性質を利用し，アテロコラーゲンはオリゴ核酸のDDSキャリアとして，これまで多くの実績を挙げてきた。2001年に最初のアンチセンスDNAへの応用例が名古屋大学の武井らによって報告され[8]，siRNAに関しては2004年に局所投与での応用例が[9)10)]，さらに2005年には全身投与での応用例が報告されている[11)]。

アテロコラーゲンDDSが最も汎用されているのは腫瘍モデルであり，局所投与・全身投与それぞれで多くのアプローチが成されている。ここでは特に実施例の多いsiRNAへの適用について，2010年以後に発表された報告事例から数点紹介する。

愛媛大学の中城らは，前立腺がん細胞をマウスの皮下に移植したモデルで，androgen receptor（AR）を標的とした検討と，Aktの3種のアイソフォーム（Akt1, 2, 3）を標的とした検討の2つについて報告している。ARはアンドロゲン非依存性の前立腺がん細胞でも変異を受けた状態で存在し，その増殖に強く関わっていることが知られている。変異型のARを発現するアンドロゲン非依存性の前立腺がん細胞である22Rv1細胞を皮下に

図❶　様々なモデルにおける核酸／アテロコラーゲンの応用例

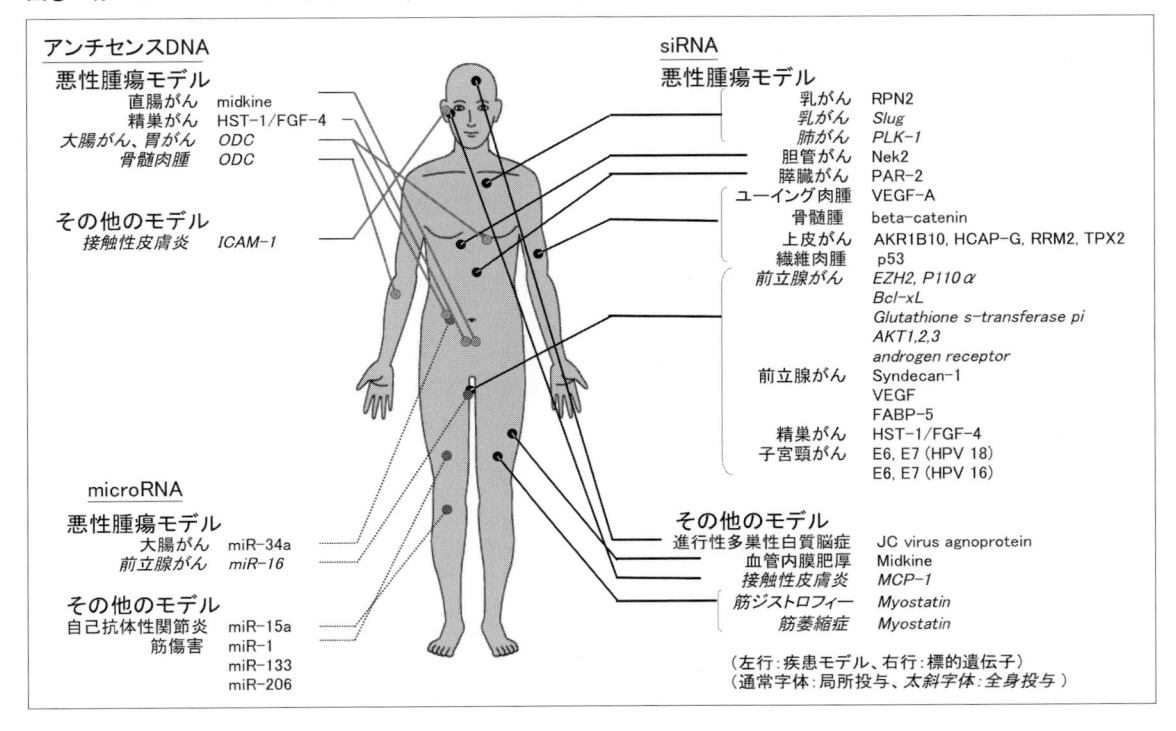

アンチセンスDNA

悪性腫瘍モデル
- 直腸がん　midkine
- 精巣がん　HST-1/FGF-4
- 大腸がん，胃がん　ODC
- 骨髄肉腫　ODC

その他のモデル
- 接触性皮膚炎　ICAM-1

microRNA

悪性腫瘍モデル
- 大腸がん　miR-34a
- 前立腺がん　miR-16

その他のモデル
- 自己抗体性関節炎　miR-15a
- 筋傷害　miR-1
- miR-133
- miR-206

siRNA

悪性腫瘍モデル
- 乳がん　RPN2
- 乳がん　Slug
- 肺がん　PLK-1
- 胆管がん　Nek2
- 膵臓がん　PAR-2
- ユーイング肉腫　VEGF-A
- 骨髄腫　beta-catenin
- 上皮がん　AKR1B10, HCAP-G, RRM2, TPX2
- 繊維肉腫　p53
- 前立腺がん　EZH2, P110α
- Bcl-xL
- Glutathione s-transferase pi
- AKT1,2,3
- androgen receptor
- 前立腺がん　Syndecan-1
- VEGF
- FABP-5
- 精巣がん　HST-1/FGF-4
- 子宮頸がん　E6, E7 (HPV 18)
- E6, E7 (HPV 16)

その他のモデル
- 進行性多巣性白質脳症　JC virus agnoprotein
- 血管内膜肥厚　Midkine
- 接触性皮膚炎　MCP-1
- 筋ジストロフィー　Myostatin
- 筋萎縮症　Myostatin

（左行：疾患モデル、右行：標的遺伝子）
（通常字体：局所投与、太斜字体：全身投与）

移植したマウスに，AR siRNA/アテロコラーゲンを3日おきに合計5回，尾静脈より投与したところ，腫瘍の増殖が有意に抑制され，また腫瘍組織中のARタンパク質の発現量が顕著に抑制された[12]。Aktは細胞の増殖と生存に関わるセリン/スレオニンキナーゼの1つであり，1～3の3つのアイソフォームが存在する。中城らは，それぞれのアイソフォームを特異的に認識するsiRNAをアテロコラーゲン製剤化し，PC-3細胞を皮下に移植したマウスの尾静脈より3日おきに合計5回投与したところ，いずれの配列でも腫瘍の増殖および標的タンパク質の発現を有意に抑制できることを明らかにした[13]。

また，岐阜大学の大野らはユーイング肉腫移植モデルマウスに対し，2種類のアプローチで治療を試みた。ユーイング肉腫の多くでは*EWS/Fli-1*融合遺伝子というキメラがん遺伝子が発現しており，この発現が腫瘍の形成に強く関与していることが知られている。*EWS/Fli-1*融合遺伝子は血管増殖因子である vascular endothelial growth factor（VEGF）の過剰産生を促すため，大野らはまずVEGFを標的としたsiRNA/アテロコラーゲンを腫瘍内に直接投与することによるユーイング肉腫の治療を試みた。結果，用量相関的に腫瘍の増殖が抑制され，さらに血管密度の減少と微小血管周辺の形態変化が観察され，siRNA/アテロコラーゲンが効果を発揮したことが明確に示された[14]。次に，*EWS/Fli-1*融合遺伝子を直接標的とするsiRNA/アテロコラーゲンによる治療を試みたところ，腫瘍の成長阻害能が得られただけでなく，腫瘍内での*EWS/Fli-1*融合遺伝子の発現抑制，細胞レベルでの増殖阻害が確認され，siRNA/アテロコラーゲン製剤が腫瘍内の標的遺伝子に作用し，抗腫瘍効果を発揮したことが示された[15]。

国立がん研究センターの山田らは，肝細胞がんで過剰発現する遺伝子の中から*AKR1B10*, *HCAP-G*, *RPM2*, *TPX2*の4種が治療のための標的遺伝子となることを見出し，それらのsiRNAとアテロコラーゲンの複合体をマウスに移植した腫瘍に直接投与することで，腫瘍の増殖を効果的に抑制した[16]。

2. アテロコラーゲンDDSのmicroRNAへの応用

前項で紹介したように，siRNA/アテロコラーゲンは2004年以降，様々なモデルで応用されているが，近年，本デリバリーシステムをmicroRNAに応用した事例も報告されている。microRNAはその基本的な構造・物性がsiRNAと共通であることから，siRNA同様にアテロコラーゲンと複合体を形成させ，局所投与用製剤や全身投与用製剤を調製することができる。

microRNA/アテロコラーゲンの応用例も，腫瘍への適用が多い。国立がん研究センターの中釜らは，大腸がん細胞が増殖阻害を受けた際にmiR-34aが高発現すること，またmiR-34aを大腸がん細胞に導入することで，その増殖を完全に抑制できることを見出した。このmiR-34aをアテロコラーゲンと複合体化し，大腸がん細胞を皮下に移植したマウスの腫瘍塊を包み込むように投与したところ，腫瘍の成長が有意に抑制され，この結果から本デリバリーシステムがmicroRNAにも適用可能であることが明確に示された[17]。

また，国立がん研究センターの落谷らは，初めてmicroRNAの全身投与に本デリバリーシステムを適用した結果を2009年に論文発表している。落谷らは，miR-16は前立腺がん細胞での発現レベルが低く，またmiR-16を前立腺がん細胞に導入することで，細胞の増殖が強く抑制されることを見出した。そこで，siRNA/アテロコラーゲンの評価にも用いていた前立腺がん細胞の骨転移モデルマウスに，miR-16/アテロコラーゲンを3日おきに合計3回静脈内投与することで，その抗腫瘍効果を評価した。その結果，最終投与の18日後でも腫瘍の増殖がみられず，miR-16/アテロコラーゲンの抗腫瘍効果が明確に示された[18]。

鳥取大学の尾崎らは，骨肉腫患者の主要な死因である肺転移の原因を突き止めるため，転移性の細胞株と非転移性の細胞株とで発現しているmicroRNAのパターンを比較評価したところ，miR-143の発現低下が細胞の転移性に強く寄与していることを明らかにした。そこで，尾崎らはmiR-143をアテロコラーゲン製剤化し，マウスの骨肉腫モデルに静脈内投与したところ，原発腫瘍

の増殖には治療群と対照群で差異は認められなかったものの，肺への転移は治療群で顕著に抑制されることを見出した。これは，原発腫瘍内の細胞にmiR-143が効率的に取り込まれ，細胞が転移性を失ったことを示した結果であり，miR-143/アテロコラーゲンが転移阻害剤としての高い有効性を有することが明確に示された[19]。

II．アテロコラーゲンDDSの特長

1．アテロコラーゲンの安全性

コラーゲンは元来抗原性が低いタンパク質であることが知られているが，その抗原性の大部分はテロペプチドに由来する。筆者らがデリバリー担体としているアテロコラーゲンは，このテロペプチドが消化されていることにより，抗原性はほとんどない。実際，アテロコラーゲンはすでに形成外科領域で皮膚の陥凹部を修復する皮下投与型医療機器として臨床適用されており，高い生体親和性と安全性が確認されている。また，ウサギ・サルへ高用量のアテロコラーゲンを静脈内投与した場合でも血液検査や生化学検査などで臨床的所見は全くみられず，高い認容性が実証されている（表❶，❷）。また，高研の藤本らはアテロコラーゲンをマウスに投与した際に肝臓に与える影響を，DNAマイクロアレイを用いて調べた結果について報告している。藤本らの検討によると，市販のリポソーム系の試薬を投与した場合，アポトーシスや炎症・免疫応答関連を含む毒性に関与する多くの遺伝子の発現亢進がみられたのに対し，アテロコラーゲンを投与した場合には毒性関連遺伝子の発現亢進はほとんど認められなかった[20]。

さらに2011年に名古屋大学の武井らによって，

表❶　アテロコラーゲンの認容性（ウサギ）

投与製剤	対照液（PBS），siRNA（250μg/mL），アテロコラーゲン（0.05%），siRNA/アテロコラーゲン								
投与液量	対照液は10mL/kg，他の投与製剤は1，3および10mL/kg								
投与経路	単回静脈内持続投与（20mL/hr）								
評価時点	投与3日後								
検査項目	症状観察，血液学的検査，凝固系検査，血清生化学検査								

群	投与製剤	対照	siRNA			アテロコラーゲン			siRNA/アテロコラーゲン		
	投与液量（mL）	10	1	3	10	1	3	10	1	3	10
結果	症状観察	NA	NA	NA	NA	NA	NA	NA	NA	NA	NA
	血液学的検査	NA	NA	NA	NA	NA	NA	NA	NA	NA	NA
	凝固系検査	NA	NA	NA	NA	NA	NA	NA	NA	NA	NA
	血清生化学検査	NA	NA	NA	NA	NA	NA	NA	NA	NA	NA

NA：異常所見なし

表❷　アテロコラーゲンの認容性（サル）

投与製剤	対照液（PBS），siRNA（250μg/mL）/アテロコラーゲン（0.05%）					
投与液量	1，3および10mL/kg					
投与経路	単回静脈内持続投与（20mL/hr）					
評価時点	投与3日後					
検査項目	症状観察，血液学的検査，凝固系検査，血清化学検査					

群	投与製剤	対照			siRNA/アテロコラーゲン		
	投与液量（mL）	1	3	10	1	3	10
結果	症状観察	NA	NA	NA	NA	NA	NA
	血液学的検査	NA	NA	NA	NA	NA	NA
	凝固系検査	NA	NA	NA	NA	NA	NA
	血清生化学検査	ALT他↑	NA	NA	NA	NA	NA

NA：異常所見なし

アテロコラーゲンDDSにはsiRNAの主要な副作用の1つとして問題視されている非特異的な免疫誘導を抑制する作用があることが報告された。武井らは、強い免疫誘導性を有するsiRNAを細胞に導入あるいはマウスに投与したところ、市販の複数種の導入試薬では強い免疫反応が誘起されたのに対し、アテロコラーゲンを用いた場合はin vitroにおいてもin vivoにおいても免疫誘導を全く誘起しないことを示した。この報告の中で、アテロコラーゲンDDSは免疫誘導の原因となる細胞にsiRNAを取り込ませないこと、またその一方で薬効としては市販のリポソーム系の試薬と同程度以上の効果があることが指摘されており、こうした導入細胞の選択性が副作用の低減に寄与していることが示唆された[21]。

2. アテロコラーゲンDDSの製剤的特徴

アテロコラーゲンの水溶液は肉眼で観察されるほどの大きな粒子は形成されず、無色透明の均一な溶液となる。しかしながら塩の存在などにより、アテロコラーゲンは線維化あるいは凝集による不溶化を起こしてしまう性質があるため、単純水溶液では核酸医薬との複合体溶液を安定に調製することは難しい。そこで著者らは、独自の製剤的な工夫を加えることにより、核酸/アテロコラーゲン複合体を安定な等張液として製造する手法の確立に成功した。

製剤の頑健性を確認するために、siRNA/アテロコラーゲン複合体製剤を5℃の溶液状態で6ヵ月間保存し、経時的に物性の評価を行った。その結果、保存期間中にアテロコラーゲンの線維化や凝集が起こらないこと、製剤中のsiRNAに分解が起こらないこと、siRNAとアテロコラーゲンの結合率に変化が生じないことが示された。また、凍結乾燥した製剤は水を加えると直ちに溶解し、投与可能な状態になることから、本技術は溶液製剤としても凍結乾燥製剤としても流通・保管できる高い汎用性を有していることが立証された。さらに、この製剤はフィルター滅菌も問題なく行うことができるため、製造工程を完全に無菌管理する必要性もない。以上のように、本技術は単に核酸医薬をデリバリーするためのDDS技術というだけでなく、医薬品化を見据えた「製剤技術」としても高い完成度を有している。

おわりに

今回紹介したように、アテロコラーゲンDDSはsiRNAやmicroRNAなどの核酸医薬をin vivoに適用していくうえで非常に有用な技術である。また、アテロコラーゲンの高い安全性と製剤技術としての完成度の高さから、アテロコラーゲンDDSは研究用途だけでなく具体的な医薬品開発も視野に入れることのできる汎用性の高いデリバリーシステムと言える。現在、siRNAやmicroRNAを医薬品として開発する研究が世界中で進んでいるが、今もなお有効なデリバリーシステムの構築がネックになっている。本稿で記したように、本デリバリーシステムの高い有効性と安全性を示す知見の蓄積はかなりの量に達しており、著者らは本システムを適用した核酸医薬の早期の実用化をめざしている。

用語解説

1. **アテロコラーゲン**：酵素処理によりテロペプチドを消化させることで単分子化したⅠ型コラーゲン。Ⅰ型コラーゲンはGly-Pro-Hypのアミノ酸の繰り返し配列を有する3本のポリペプチド鎖がヘリックスを形成した棒状のタンパク質分子で（長さ300nm、幅1.5nm）、両末端部分にヘリックスを形成しないテロペプチドを有する。生体中のⅠ型コラーゲンはこのテロペプチドを介した架橋構造を形成することにより、1つ1つの分子が寄り添う形で会合したcollagen fibril、あるいはcollagen fibril同士がさらに会合した巨大な線維であるcollagen fiberとして存在している。

参考文献

1) White PJ：Clin Exp Pharmacol Physiol 35, 1371-1376, 2008.
2) Zimmermann TS, Lee ACH, et al：Nature 441, 111-114, 2006.
3) Santel A, Aleku M, et al：Gene Ther 13, 1222-1234, 2006.

4) Love KT, Mahon KP, et al：Proc Natl Acad Sci USA 107, 1864-1869, 2010.
5) Sano A, Maeda M, et al：Adv Drug Deliv Rev 55, 1651-1677, 2003.
6) 落谷孝広：遺伝子医学 3, 516-522, 1999.
7) 落谷孝広：遺伝子医学 6, 21-25, 2002.
8) Takei Y, Kadomatsu K, et al：Cancer Res 61, 8486-8491, 2001.
9) Minakuchi Y, Takeshita F, et al：Nucleic Acids Res 32, e109, 2004.
10) Takei Y, Kadomatsu K, et al：Cancer Res 64, 3365-3370, 2004.
11) Takeshita F, Minakuchi Y, et al：Proc Natl Acad Sci USA 102, 12177-12182, 2005.
12) Azuma K, Nakashiro K, et al：Biochem Biophys Res Commun 391, 1075-1079, 2010.
13) Sasaki T, Nakashiro K, et al：Biochem Biophys Res Commun 399, 79-83, 2010.
14) Nagano A, Ohno T, et al：Int J Cancer 126, 2790-2798, 2010.
15) Takigami I, Ohno T, et al：Int J Cancer 128, 216-226, 2011.
16) Satow R, Shitashige M, et al：Clin Cancer Res 16, 2518-2528, 2010.
17) Tazawa H, Tsuchiya N, et al：Proc Natl Acad Sci USA 104, 15472-15477, 2007.
18) Takeshita F, Patrawala L, et al：Mol Ther 18, 181-187, 2010.
19) Osaki M, Takeshita F, et al：Mol Ther 19, 1123-1130, 2011.
20) Ogawa S, Onodera J, et al：J Toxicol Sci 36, 751-762, 2011.
21) Inaba S, Nagahara S, et al：Mol Ther 20, 356-366, 2012.

参考ホームページ

・大日本住友製薬株式会社
 http://www.ds-pharma.co.jp/
・独立行政法人国立がん研究センター
 http://www.ncc.go.jp/jp/
・株式会社高研
 http://www.kokenmpc.co.jp/

牧田尚樹
2004 年　東京工業大学生命理工学部卒業
2006 年　同大学院生命理工学研究科修士課程卒業
　　　　大日本住友製薬株式会社入社

第3章 microRNA創薬

2. miRNA医薬開発の現状と展望

山田陽史・吉田哲郎

　miRNAの機能解析が進み，その発現異常ががん・代謝性疾患など種々の疾患と関連するケースが続々と報告されてきた。そのため，過剰なmiRNAを抑制したり不足するmiRNAを補充したりしてmiRNAの発現をコントロールし，治療効果を発揮させるコンセプトの医薬品をめざした取り組みが始まっている。miRNAの発現制御が可能な分子構造などに関する技術の進展に伴い，miRNAを創薬標的とした欧米のベンチャー企業も複数設立されている。すでにmiR-122を阻害するアンチセンス医薬はHCV治療薬として第2相臨床試験中であり，今後の展開が期待される。

はじめに

　ヒトにおいてmiRNAの存在が2001年に初めて報告されて以来，現在では1500種を超えるmiRNAの存在が確認されている。組織あるいは発生時期に特異的に発現するmiRNAも多く，その発現異常が疾患の発症と関与するケースも続々と報告されてきた。今後，医薬品の標的として相応しい分子が枯渇していく懸念がある中で，miRNAはつい最近までその存在すら確認されていなかっただけに，miRNAを標的とした新たな医薬品への展開が期待されている。特に，発現異常が疾患発症につながるmiRNAに着目し，それを正常状態に戻すことにより治療効果を発揮させるというコンセプトの医薬品をめざした取り組みが欧米のベンチャー企業を中心に起こっており，すでに臨床試験が開始されているものもある。

　miRNAを標的とした医薬を成立させるための必要な要素として，大きく①miRNAの発現を人為的に制御できる分子構造，②適切な標的miRNAの選定，③適切なドラッグデリバリーシステム（DDS）と組み合わせた製剤化の3つが挙げられる（図❶）。本稿では，各要素の現状を踏まえながらmiRNA医薬に向けた取り組みについて概説する。

Ⅰ. miRNAの発現制御技術

　疾患発症の原因となるmiRNAの発現異常を正常に戻すアプローチとしては，過剰に発現するmiRNAを抑制する方向と，発現が低下したmiRNAそのものを補充する方向がある。既存の医薬品の場合，生体内分子を制御する分子として合成低分子化合物が用いられることが多く，miRNAも低分子化合物で制御できれば個体への投与が比較的容易となる。実際，miR-21やmiR-122に対する低分子阻害剤が報告されているが，その作用メカニズムや特異性に関しては不明な点も多い。ある特定のmiRNAを特異的に制御する生体内の因子が見出されれば，それに作用する低分子化合物を取得することも可能と考えら

---

key words

DDS, miR-122, アンチセンス, LNA, ホスホロチオエート, シード配列, デコイ, RISC, 遺伝子治療, siRNA

2. miRNA医薬開発の現状と展望

図❶ miRNAを標的とした医薬品の成立に必要な要素

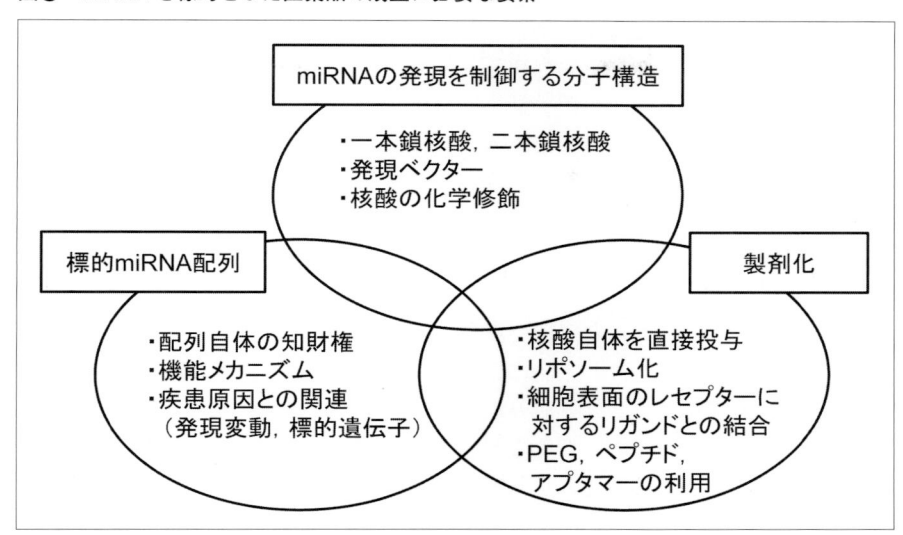

```
        ┌──────────────────────────────┐
        │   miRNAの発現を制御する分子構造   │
        └──────────────────────────────┘
                 ・一本鎖核酸，二本鎖核酸
                 ・発現ベクター
                 ・核酸の化学修飾

  ┌──────────┐                    ┌──────┐
  │標的miRNA配列│                    │ 製剤化 │
  └──────────┘                    └──────┘
   ・配列自体の知財権        ・核酸自体を直接投与
   ・機能メカニズム          ・リポソーム化
   ・疾患原因との関連        ・細胞表面のレセプターに
    （発現変動，標的遺伝子）    対するリガンドとの結合
                             ・PEG，ペプチド，
                              アプタマーの利用
```

れ，let-7ファミリーの生合成を特異的に阻害するlin-28分子[1]などはその候補になりうるだろう。しかし一般に，miRNAの生合成経路に関与する因子の多くはmiRNA全般に共通するものが多く，特定のmiRNAを制御するという点では普遍的な手段としては考えにくい。現時点では特異性の点から核酸自体を制御分子として用いる手法が主流であり，以下ではそれらについて述べる。

1. miRNAの発現を抑制する技術

siRNAはmRNAの発現抑制技術として確立されているが，鎖長が短いmiRNAに対しては利用困難である。標的miRNAの相補配列を作用させるアンチセンスオリゴヌクレオチド（ASO）の手法が最も一般的である。血中や細胞内に含まれるヌクレアーゼに対する耐性向上や標的miRNAとの結合能向上のため，ASOの糖の部分を2'-F，2'-O-methyl（2'-O-Me），2'-O-methoxyethyl（2'-MOE）などの化学修飾体，locked nucleic acid（LNA），peptide nucleic acid（PNA）などの核酸類縁体に置き換えた分子も利用される。

これらは分子量8000以下の一本鎖核酸であり，何らかのDDSを用いなくても，細胞内に存在するmiRNAの機能阻害が可能であることが示されている。またmiRNAの標的遺伝子という視点では，その発現を上昇させることになり，標的を抑制させることが一般的な他の医薬とは異なる特徴を有する。

動物個体への静脈注射でmiRNA機能阻害が報告された初めての例としては，2'-O-Me修飾RNAとホスホロチオエート骨格を組み合わせて構成されたmiR-122相補配列ASOにコレステロール修飾を施した化合物が挙げられる。この化合物をマウス静脈へ投与すると，miR-122が抑制されてその標的遺伝子の発現が上昇し，miR-122が関与するコレステロールの抑制が確認された[2]。

miRNAの相補配列長は，標的miRNAに対する特異的な認識能が担保されれば必ずしも標的miRNAと同一長でなくてもよい。特にASOの配列長が短くなればなるほど分子量が減少し，それだけ細胞内への取り込み能が向上すると考えられる。内在のmiR-122は本来22merであるが，デンマークのベンチャー企業Santaris社では15merのLNA/DNA ASOをサルへ投与することで，血中コレステロールの低下を確認した[3]。さらにこのグループでは，miRNAのシード配列である7merあるいは8merに対する相補配列をすべてLNAで構成した「tiny LNA」の設計を試み，DDSなしで静脈から投与すると種々の組織や乳がん部位に送達されてmiRNAの機能阻害を引き起こすことも報告している[4]。この場合，シード配列が同

一なmiRNAファミリー全体を抑制することになり，ファミリー全体が類似の機能を有する場合には有効だと考えられる。miRNAのシード配列とは異なる位置に存在する配列に対しての阻害効果が懸念されるが，マイクロアレイによるmRNA解析では問題となるようなオフターゲット効果は観察されていないようである。

ASOによる抑制以外の技術として，本来miRNAが作用する標的配列の代理配列をおとり（デコイ）として作用させ，miRNAの活性を減弱させるという手法がある。miRNAと完全に相補する配列を代理配列にしてしまうと，細胞外からsiRNAを導入した際に標的mRNAが切断されるのと同様に代理配列そのものが切断されてしまうため，ミスマッチ配列を加えるなど何らかの工夫が必要である。代理配列を細胞内に導入する手法として発現ベクターを用いるのが一般的で，decoy[5]，sponge[6]，eraser[7]，TuD（Tough decoy）[8]など，いくつかのグループから種々の手法が提唱されている。発現ベクターでの遺伝子導入による医薬品は，いわゆる遺伝子治療の範疇に入り，ベクターに対する安全性などの面からASOよりも開発のハードルが高くなると予想される。最近，2'-O-Me RNAの合成核酸だけで構成されたTuD（S-TuD：Synthetic TuD）を細胞内へ導入すると，発現ベクターと同様のmiRNA機能阻害を示したことから[9]，ASO以外の分子フォーマットとして実用化が期待される。

2. miRNAの発現を増加させる技術

生体内のmiRNAは核内で前駆体として転写され，種々のプロセシングを経て生合成された成熟体miRNAはRISC（RNA induced silencing complex）と複合体を形成して機能を発揮する。したがって，内在miRNAと同様のプロセシングを受ける前駆体配列を発現ベクターにより発現させることが可能であり，let-7を発現するレンチウイルス[10]やmiR-26を発現するアデノウイルス[11]をマウスに投与した例などがあり，どちらの場合も抗腫瘍作用を見出している。ただし，医薬への利用を考えると遺伝子治療という範疇に入り，また内在性miRNAの生合成経路と競合するため，毒性

につながる懸念もある[12]。

一方，miRNAはmRNAとは異なり短鎖RNAであるため，ベクターを用いずに核酸分子として細胞内へ導入することも可能である。遺伝子治療のようなコンセプトが合成核酸分子の投与で実現できることは，miRNA医薬ならではの利点と考えられる。miRNAは最終的にRISCと複合体を形成して機能を発揮するため，単に一本鎖のmiRNA成熟体を導入しても機能しない。miRNAの生合成経路を踏まえると，ヘアピン型の一本鎖pre-miRNA，あるいはそれがDicerで切断された二本鎖RNAの形状で導入する手段が考えられる。この点はsiRNAの形状にも通ずる話であり，一本鎖ヘアピン型は2005年に提唱されたものの[13]，あまり一般化していない。長鎖RNA合成の困難さがその一因であったが，CEM（cyanoethoxymetyhyl）法[14]などの開発によりその点は克服されつつある。一方，二本鎖RNAの形状のほうが一般的であり，「miRNA mimic」などとも呼ばれ試薬としても販売されている。成熟体miRNA配列が効率的にRISC複合体として形成できるよう，種々の化学修飾が施されていることが多い。ただし基本的にsiRNAと同様の形状であるため，医薬としての利用には何らかのDDSが必要であるという点ではsiRNA医薬と同様の課題を有する。

II. 創薬標的候補miRNA

様々な疾患がmiRNAの異常に起因することが示されており，遺伝病の1つである進行性難聴の原因が内耳の有毛細胞に発現しているmiR-96の変異に関連しているとの報告もある[15]。

特に，がんとmiRNAとの関係はよく知られている。miRNAマイクロアレイなどのプロファイリングにより各種がんで発現低下あるいは発現亢進するmiRNAが同定され，いわゆるがん遺伝子やがん抑制遺伝子的な機能を有するmiRNAが見出されている[16]。がん遺伝子miRNAの場合は人為的な抑制で，一方，がん抑制遺伝子miRNAの場合は発現増加の手法で正常状態へコントロールすることになる。ただし診断マーカー用途と

は異なり，疾患発症の結果として発現変動するmiRNAでは治療効果が期待できないため，その機能メカニズム解析が必須である．miRNA発現ライブラリーによる機能スクリーニングはがん化の原因miRNAを同定する有効な手法の1つであり，その結果，miR-372/373ががん遺伝子として同定された[17]．一般にがん組織ではmiRNA全体が正常組織に比べて発現がグローバルに低下する傾向を示すことから[18]，多くのmiRNAががん抑制遺伝子的に機能すると考えられるが，miR-21，miR-17～92クラスター（Oncomir-1とも呼ばれる）のようにがん遺伝子的な活性を有するものもある[16]．

現存する多くのDDSあるいはASOは肝臓に蓄積しやすいため，代謝性疾患や肝炎ウイルスに関与するmiRNAは医薬品への展開を考えると有望な標的miRNAである．miR-122は肝臓に特異的に発現し，C型肝炎ウイルス（HCV）の5'UTRに結合してウイルス複製を増強していることから[19]，その阻害剤がHCV治療薬として着目されている．また，miR-122をASO投与により抑制すると血中コレステロール値が減少することから[2]，代謝性疾患の標的としての可能性も考えられる．miR-33はコレステロール欠乏を感知する転写因子SREBP（sterol responsive element binding protein）のイントロンにコードされるmiRNAで，miR-33欠損マウスでは血中HDLコレステロール濃度が増加することから[20]着目されており，Regulus社のグループではmiR-33に対するASOをサルに皮下投与することで血中HDLコレステロール濃度の増加とVLDLトリグリセリドの減少を確認した[21]．

miR-33の例のようにmiRNAノックアウトマウスの表現型は個体レベルでの機能解析に有用な情報で，Sanger Instituteでは種々のmiRNAに対して網羅的なノックアウトES細胞の作製が試みられており[22]，今後，創薬標的のmiRNA候補はますます増加すると考えられる．

Ⅲ．医薬開発への動きと課題

siRNA医薬の場合，知財面で優位な基本特許を有するAlnylam社がキープレイヤーとなっているが，miRNAではいくつかのベンチャー企業がmiRNA医薬に必要な技術要素のどこかを拠り所として開発に取り組んでいる状況である．

現時点で臨床試験が行われているmiRNA医薬は，Santaris社のHCV治療薬SPC3649（miravirsen）だけである．これはmiR-122に対する15merのASOで，LNAおよびDNAから構成されDDSを必要とせずに直接注射する製剤で，現在Phase2試験中である．単回投与では12mg/kgでも副作用は生じず，7mg/kgを週1回4週間皮下投与すると血中ウイルスRNAが1/100から1/1000に減少することを見出している[23]．Santaris社はLNAをコア技術として事業化を進めているが，miR-122配列自体に関する権利はRegulus社が主張している．Regulus社はアンチセンス医薬で蓄積のあるISIS社とAlnylam社との合弁ベンチャーであり，miR-122 ASOに関しては2'-F/MOE化学修飾でHCV治療薬の開発を進め，Santaris社とは競合状態にある．Regulus社ではmiR-122以外にもいくつかのmiRNAに関して配列そのものの権利を保有しており，miR-21阻害による心線維化抑制剤などを進めている．

Mirna社はmiRNA補充というコンセプトで主にがん治療薬を開発している．例えばp53で誘導されるmiR-34の場合，マウスモデルでmiR-34補充による抗腫瘍効果を確認して[24]，肝臓がん治療薬として進めている．この他，心疾患領域miRNAの機能解析で研究蓄積のあるMiaragen社は，阻害剤ではSantaris社のLNA分子で，補充剤ではRXi社が有するmiRNA発現の分子構造などを用いて開発を進めている．**表❶**に各社の状況を記した．

Roche社やNovartis社など一部大手の製薬会社がsiRNA医薬開発から撤退していると報道される一方で，miRNA関連ベンチャーとの提携を活発化させているGlaxoSmithKline社をはじめとした大手製薬企業の動きもある．これはmiRNAのASO薬はDDSが不要というメリットがクローズアップされているからだと考えられる．ただし，細胞内への取り込み機構については不明な点が多

表❶ miRNA医薬品の開発状況

企業	標的miRNA	疾患	開発ステージ (提携先)	作用・構造
Santaris社	miR-122	HCV感染症	Phase2	アンチセンス（LNA/DNA）による阻害
Regulus社	miR-33	アテローム性動脈硬化	Pre-clinical	アンチセンス（2'-F/MOEなど）による阻害
	miR-21	肝臓がんなど	Pre-clinical	
	miR-21	線維症	Pre-clinical (Sanofi-Aventis)	
	miR-122	HCV感染症	Pre-clinical (GlaxoSmithKline)	
	miR-155	免疫・炎症領域	Pre-clinical (GlaxoSmithKline)	
Mirna社	miR-34	肺がん，前立腺がんなど	Pre-clinical	二本鎖RNA/リポソームによる補充
	miR-16	前立腺がんなど	Pre-clinical	
	let-7	肺がんなど	Pre-clinical	
Miragen社	miR-208/499	慢性心不全	Pre-clinical	阻害（詳細な構造は不明）
	miR-15/195	心筋リモデリング	Pre-clinical	
	miR-451	真性多血症	Pre-clinical	
	miR-29	心線維化	Pre-clinical	補充（核酸構造・DDSの詳細は不明）

く，送達可能な臓器も肝臓など一部に限られている．さらに，miRNA補充剤とする場合はDDS技術も不可欠であり，これら以外にも免疫刺激性回避や代謝・毒性の評価系構築，新しい分子形態医薬品であることによる規制面の不備など，いくつものハードルが存在する．この点はsiRNA医薬とともに解決していかなければならない課題である．

おわりに

miRNAは生体内に存在する分子であり，いくつかのmiRNAは標的遺伝子を介したフィードバック機構による発現制御機構を有している．例えば，miR-21の標的である転写因子NFIBはmiR-21プロモーターに結合部位があり，miR-21の発現を阻害する[25]．実際にmiR-21を強制発現させるとNFIBが減少して内在性miR-21の発現が上昇することが観察されており[25]，この結果は少ないmiRNA量の投与でも十分な薬効発揮につながる可能性を示している．

また第1章にあるとおり，現在，miRNAによる定量・診断技術が進歩しつつある．したがって，miRNAの状態を調べる診断薬をコンパニオン薬として利用することで，より高い治療効果を生み出すことも期待される．miRNA医薬への課題は多いが，こうしたmiRNAならではの特徴を生かしてmiRNA医薬でしか実現できない治療法を提示することが，実用化への近道だと考えている．

参考文献

1) Viswanathan SR, et al：Science 320, 97-100, 2008.
2) Krützfeldt J, et al：Nature 438, 685-689, 2005.
3) Elmén J, et al：Nature 452, 896-899, 2008.
4) Obad S, et al：Nat Genet 43, 371-378, 2011.
5) Care A, et al：Nat Med 13, 613-618, 2007.
6) Ebert MS, et al：Nature Methods 4, 721-726, 2007.
7) Sayed D, et al：Mol Biol Cell 19, 3272-3282, 2008.
8) Haraguchi T, et al：Nucleic Acids Res 37, e43, 2009.
9) Haraguchi T, et al：Nucleic Acids Res 40, e58, 2012.
10) Trang P, et al：Oncogene 29, 1580-1587, 2010.
11) Kota J, et al：Cell 137, 1005-1017, 2009.
12) Grimm D, et al：Nature 441, 537-541, 2006.
13) Siolas D, et al：Nat Biotechnol 23, 227-231, 2005.
14) Shiba Y, et al：Nucleic Acids Res 35, 3287-3296, 2009.
15) Mencía A, et al：Nat Genet 41, 609-613, 2009.
16) Kent OA, Mendell JT：Oncogene 25, 6188-6196, 2006.
17) Voorhoeve PM, et al：Cell 124, 1169-1181, 2007.
18) Lu J, et al：Nature 435, 834-838, 2005.
19) Jopling CL, et al：Science 309, 1577-1581, 2007.
20) Horie T, et al：Proc Natl Acad Sci USA 107, 17321-17326, 2010.
21) Rayner KJ, et al：Nature 478, 404-407, 2011.
22) Prosser HM, et al：Nat Biotechnol 29, 840-845, 2011.
23) Janssen HL, et al：Hepatology 54 (S1), 1430A, Abst.

LB-6, 2011.
24）Trang P, et al：Mol Ther 19, 1116-1122, 2011.

参考ホームページ

- Santaris Pharma A/S
  http://www.santaris.com/
- Regulus Therapeutics
  http://www.regulusrx.com/
- Mirna Therapeutics
  http://www.mirnarx.com/
- Miragen Therapeutics
  http://www.miragentherapeutics.com/

25）Fujita S, et al：J Mol Biol 378, 492-504, 2008.

山田陽史
1994 年　東京大学理学部生物化学科卒業
1996 年　同大学院理学系研究科修士課程修了
　　　　協和発酵工業（株）東京研究所
2008 年　協和発酵キリン（株）探索研究所
2011 年　同バイオ医薬研究所主任研究員

第3章 microRNA 創薬

3. がんにおける miRNA 生合成機構の異常と治療標的としての可能性

鈴木　洋・宮園浩平

　microRNA（miRNA）は，内在性の RNA サイレンシング機構を担う代表的な低分子 RNA 群であり，miRNA の多様性および miRNA による遺伝子制御機構の複雑性を反映して，miRNA はがんの様々な生物学的側面で多彩な役割を演じていることが明らかになってきた。がんでは様々な miRNA の発現異常・機能異常が認められるが，miRNA の産生を司る生合成機構そのものにもがんでは異常が認められることが近年明らかとなってきており，これらの知見は低分子 RNA 生物学の進展にも寄与している。本稿では，がんにおける miRNA 生合成機構の異常について概説し，miRNA 生合成機構を対象とした治療応用の可能性について議論したい。

はじめに

　microRNA（miRNA）は 21〜25 塩基程度からなる低分子 RNA の代表的なものである。miRNA は，非常に多数の標的 mRNA に対して，主にその 3' 非翻訳領域と RNA サイレンシング機構を介して相互作用することで遺伝子発現を負に制御する。

　がんにおける miRNA 生合成機構の異常をひもとくにあたり，まず細胞内における miRNA の生合成機構について概説する[1]。miRNA の産生は，核内で主に RNA ポリメラーゼ II による転写を経て，miRNA 遺伝子からヘアピン構造を含む miRNA 一次転写産物（primary miRNA：pri-miRNA）が合成されるステップからスタートする。pri-miRNA は核内で Drosha/DGCR8 複合体により RNase III 活性を介して 60〜70 塩基の precursor miRNA（pre-miRNA）へと変換される。続いて，pre-miRNA は核外輸送因子である XPO5（exportin-5）により RanGTP 依存的に核から細胞質に輸送され，細胞質において別の RNase III である Dicer によって切断され二本鎖 RNA となる。Dicer は TRBP2（TAR RNA-binding protein 2）などと複合体を形成する。一本鎖化された miRNA は RNA サイレンシング機構を介して遺伝子発現制御を行う。

　近年の研究により，miRNA 生合成経路が，がん化/がん進展を制御するがん抑制/発がん分子ネットワークと動的にクロストークすること，また miRNA 生合成経路の主要因子が様々ながんで発現異常を示し，さらにがんにおける遺伝子異常の標的となっていることが明らかになってきている（図❶）。様々な病態における miRNA の発現異常・機能異常，そして生体におけるその生理的意義を考えるうえで，miRNA の誕生と死を司るメカニズムの理解はより重要となってきている[1,2]。

I. がんにおける miRNA 生合成機構の異常

1. p53 などの細胞内シグナルネットワークと miRNA 生合成のクロストーク

　これまで，様々な種類の miRNA は一様な生合

---

key words

microRNA，プロセシング，Drosha，Dicer，XPO5，TRBP2，p53，Lin28，MCPIP1，エノキサシン

3. がんにおける miRNA 生合成機構の異常と治療標的としての可能性

図❶ がんにおける miRNA 生合成機構の異常とその治療標的の可能性

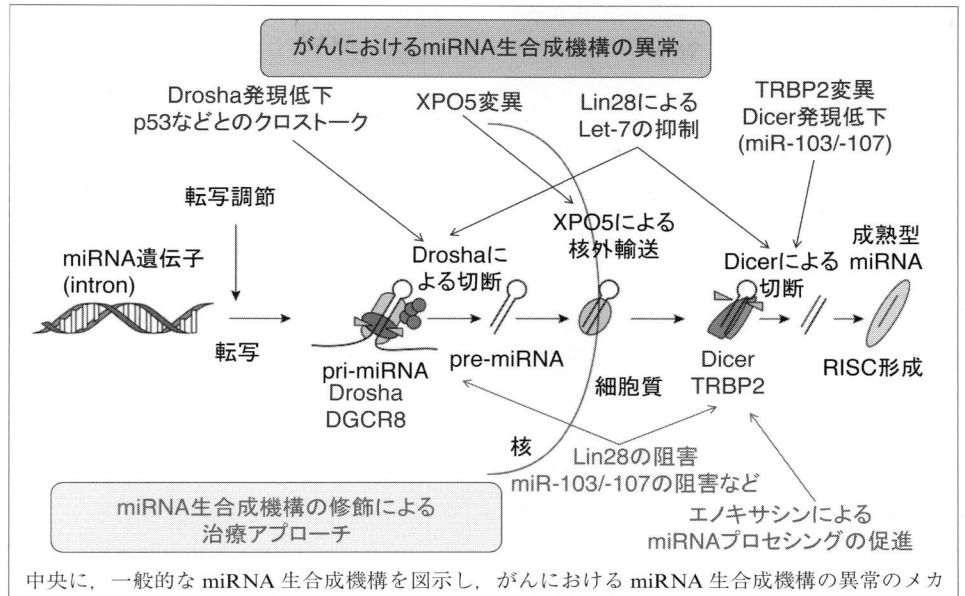

中央に，一般的な miRNA 生合成機構を図示し，がんにおける miRNA 生合成機構の異常のメカニズム（上），miRNA 生合成機構を対象とした治療標的の可能性（下）をまとめた。

成の過程を経て，成熟型 miRNA へとプロセシングされると考えられてきたが，研究の進展により現在では，個々の miRNA が，細胞内の様々なシグナル経路と miRNA 生合成経路のクロストークや，様々な RNA 結合タンパクによる調節を介して，多様な制御を受けることが示されている．われわれはこれまでに，代表的ながん抑制遺伝子である p53 が，Drosha 複合体およびその補助因子である p68/p72 DEAD-box 型 RNA helicase と相互作用し，miR-16, miR-143 などのがん抑制因子として機能する miRNA のプロセシングを促進させることを見出している[3]．また Su らは，p53 ではなく p53 ホモログである p63 が Dicer と miR-130b を協調的に転写活性化することにより，がんの転移を抑制することを報告している[4]．われわれの報告と合わせて，従来転写因子として知られていた因子や様々な RNA 結合タンパクなどが miRNA の生合成を修飾していることが報告された．Smad, エストロゲンレセプターや Nanog などの転写因子による制御や，hnRNP A1, KSRP, Lin28, NF90-NF45, Mll-Af4, HDAC1, TDP-43 などの修飾因子が引き続いて発見されており，現在 miRNA 研究の大きな焦点となっている．

2. Lin28 による let-7 プロセシングの抑制

miRNA 生合成を制御する RNA 結合タンパクの中で Lin28（Lin28A および Lin28B）は，がん抑制因子として機能する miRNA の代表的なものである let-7 のプロセシングを特異的に阻害する．Lin28 は let-7 前駆体に結合し，ウリジル化酵素 TUT4 による pre-let-7 の 3'末端のポリウリジル化を誘導し Dicer によるプロセシングを阻害することが報告されているが，最近 Piskounova らは，Lin28A が細胞質で TUT4 依存的にプロセシングを阻害するのに対し，Lin28B は核小体に存在し，核内で核小体に pri-let-7 を引き込むことで Drosha によるプロセシングを阻害するというモデルを提案している[5]．Lin28A/B は肝細胞がん・CML などの様々ながんで，がんの進展に伴って相互排他的に高発現となり，let-7 の発現低下を促すことで，がんの進行に寄与していることが示唆されている[6]．

3. miRNA のグローバルダウンレギュレーション：予後因子としての Drosha・Dicer

miRNA はがんの進行過程でがん抑制因子，がん促進因子の両方の役割を演じるが，一方で，乳

がんや前立腺がんなどの様々ながん種におけるmiRNAの網羅的な発現プロファイルによって，ヒトの悪性腫瘍ではしばしばmiRNAの広範な発現量減少（グローバルダウンレギュレーション）が観察されている[7]。これらの観察に呼応するように，DroshaやDicerといったmiRNA生合成の中核分子を実験的に発現低下させると，細胞の形質転換と in vivo での腫瘍形成が促進される。さらにマウス発がんモデルでの検討により，Dicerのホモ欠損は発がんを抑制するがヘテロ欠損は発がんを促進することから，Dicerはハプロ不全がん抑制因子として機能していることが示唆されている[8]。肺がんでは前がん病変でDicerの発現上昇がみられ，その後，進行がんで発現低下がみられることが報告されており，肺がんや卵巣がんなどでDroshaやDicerの低発現と予後不良の相関が報告されている[9]。Dicer自身も let-7, miR-103/-107 などのmiRNAによって調節されうるが，Martelloらは，miR-103/-107 が Dicer を抑制し，その下流のmiR-200などの産生を抑制することで，EMTおよび転移を促進するという機構を提案している[10]。また，家族性胸膜肺芽腫におけるDicerの変異も報告されている。これらの報告は，一部のがんにおいてDrosha・Dicerなどのプロセシング因子の発現が予後予測因子となる可能性を提示している。

4. MSI陽性腫瘍におけるTRBP2・XPO5の変異

Estellerらのグループはこれまでに，遺伝性非ポリポーシス大腸がん，および散発性のマイクロサテライト不安定性（microsatellite instability：MSI）陽性の大腸がん，胃がん，子宮内膜がんにおいて，10〜40％程度の頻度でDicerの補助因子であるTRBP2，pre-miRNAの核外輸送を担うXPO5の遺伝子変異が認められることを見出している[11,12]。TRBP2の場合，TRBP2のマイクロサテライト反復配列内のフレームシフト変異によって，TRBP2の発現低下と，これに付随してmiRNAプロセシング機能の低下，およびDicerのタンパクレベルでの不安定化が誘導される。一方で，XPO5のマイクロサテライト反復配列内のフレームシフト変異は，野生型よりも短い変異型XPO5の産生を伴い，pre-miRNAの核外輸送機能・プロセシング機能の低下を惹起する。これらのTRBP2またはXPO5変異がん細胞において，野生型TRBP2, Dicer, XPO5の再導入は，多くのがん抑制miRNAの発現を亢進し増殖抑制を誘導する。また，XPO5正常細胞ではXPO5の発現低下は細胞増殖を亢進するが，XPO5変異がん細胞では野生型XPO5の発現低下は細胞増殖を低下させることから，前述のDicerの場合と合致してmiRNA生合成機構は用量依存的ながん抑制機構といえるだろう。

5. MCPIP1：miRNAの生合成を抑制する負のRNase

最近われわれは，miRNA生合成の制御因子を探索する過程で，MCPIP1（別名 Zc3h12a）というRNaseがpre-miRNAのターミナルループ部分を切断・分解することにより，miRNAの生合成を負に制御することを見出している[13]。miRNAを産生する過程の調節機構に比べて，miRNA前駆体・成熟型miRNAの安定性・ターンオーバーの調節機構については不明な点が非常に多い。miRNAの新規生合成を制御するうえでpre-miRNA自身が積極的な分解の対象になっている可能性を示唆するわれわれの報告は，miRNA前駆体・成熟型miRNAの安定性制御機構を明らかにするうえで1つの嚆矢といえるだろう。さらにわれわれは，肺がんのトランスクリプトーム解析により，MCPIP1とDicerが拮抗関係にあり，Dicerとは逆にMCPIP1の高発現と予後不良が相関することを見出している。MCPIP1は炎症応答によって発現調節を受ける分子群の1つであり，MCPIP1は炎症応答とがんにおけるmiRNA生合成機能不全を結びつける分子かもしれない。

II．がんにおけるmiRNAの細胞非自律的な機能

がんにおいて，miRNAは薬剤耐性，浸潤・転移，血管新生，がん幹細胞などのがん特有の様々な生物学的側面で多彩な役割を演じている。従来の研究では，個々のmiRNAの，細胞周期や細胞死といったがん細胞そのものに与える影響（細胞自律的な機能）に焦点がおかれていたことが多かった

が，現在がんにおけるmiRNAの細胞非自律的な機能にも注目が集まっている。分泌型miRNAによるがんの制御はその代表例といえるだろう。一方で，がん細胞内のmiRNAの細胞非自律的な機能もいくつか報告されてきている。Pngらは，がんで発現低下がみられるmiR-126が，がん細胞から分泌されるIGFBP2やMERTKといった血管新生促進因子を抑制することにより，がん微小環境における血管内皮細胞の動員を抑制し，転移を抑制することを報告している[14]。

また最近われわれは，NPM-ALK陽性悪性リンパ腫（未分化大細胞型リンパ腫）で高発現するmiR-135bがGATA3やSTAT6といったTh2細胞分化のマスター因子を抑制することにより，リンパ腫細胞をTh17細胞様の免疫形質に偏向させ，炎症性サイトカインの分泌亢進・がん微小環境における炎症応答の促進を誘導することを見出している[15]。miRNA生合成機構とは少し異なるテーマではあるが，がんにおける治療アプローチとしてmiRNAの機能修飾を考えた場合に，今後はこのようなmiRNAの細胞非自律的な機能にも注目していく必要があろう。

Ⅲ．がんにおけるmiRNA生合成機構の修飾：治療標的としての可能性

ここまで，がんにおけるmiRNA生合成機構の異常について概説してきた。これらの知見は，がんの分子病態の把握，そしてより実際的な意義として，がんの分類・診断・予後予測という点で有用であるだろう。しかし一方で，これらの知見をがんの治療にトランスレーションしていくことは可能であろうか。がんの治療アプローチとしてmiRNAの機能修飾を考えた際に，がんで発現異常・機能異常をきたすいくつかのmiRNAを対象と考えることが多いのは事実であろう。miRNA生合成を修飾すると，広範な種類のmiRNAの機能が変動することが予想され，副作用の発生などについて予測がつかないという考え方も可能である。このように，がんの治療標的としてmiRNA生合成機能の修飾を想定することは少しイメージするうえで難しい面があるが，最近の報告はいくつかの可能性を提示しつつある（図❶）。

個々のmiRNAの機能修飾をする場合でも，miRNAの生合成機構を修飾する場合でも，修飾機転から治療効果を創出する根底にあるのはRNAサイレンシングという分子機構であるが，前者の場合においても，がん細胞と正常細胞の内在性のRNAサイレンシング機構や免疫機構が外来性の修飾に対してどのような応答をするかについては実はあまりよくわかっていないのが実情である。こういった背景の中で，CalinらのグループはRNAiのエンハンサーとして機能する低分子化合物ががん細胞の選択的な増殖抑制をもたらすことを報告している[16]。彼らが使用したRNAiエンハンサー，エノキサシン（enoxacin）はもともとRNAiを増強する低分子化合物のスクリーニングによって同定された化合物であり，フルオロキノロン系抗菌剤の1つである[17]。エノキサシンはTRBPと相互作用し，TRBPとRNAの結合を増強，内在性のmiRNAのプロセシングを促進，外来性に導入されたsiRNAのRNAi効果も促進する。Calinらのグループは，エノキサシンが正常線維芽細胞株では増殖抑制をきたさないが，多くのがん細胞株で，野生型TRBP2に依存する形でがん抑制因子となる数多くのmiRNAの産生を亢進し増殖抑制を誘導することを報告している。興味深いことに，彼らはin vivoでの検討で，エノキサシンがマウス正常個体には明らかな副作用を引き起こさずに移植腫瘍を抑制することを見出している。ある生理学的機構を広範囲に修飾するという点で，DNAメチル化阻害剤，HDAC阻害剤，プロテアソーム阻害剤が血液疾患などで実際に導入されてきた経緯を考慮すると，実学として，がんでmiRNA生合成機能不全を是正するというアプローチには検討の価値があるかもしれない。

エノキサシンの抗腫瘍効果はがんにおけるmiRNAのグローバルダウンレギュレーションとリンクするものであるが，がんではいくつかのmiRNAががんを促進している場合もあり，oncogenic miRNA addictionと呼ばれる状態があることも事実である。Pericらは，Calinらの報告で使用されたがん細胞株のいくつかが，その生存を

Droshaおよび miR-19 などのがん促進 miRNA に依存していることを報告している[18]。これは前述の miRNA 生合成機構は用量依存的ながん抑制機構であるという考え方とも合致する。これらの報告を総合すると，がんでの miRNA の生合成機能不全が miRNA の発現プロファイルで指摘されている以上に広範な現象である可能性，そしてそのような場合に，一部のがんでは，抑制された miRNA 生合成機構が転写活性化されたがん促進 miRNA のプロセシングに優先的に使用されているという可能性を想起することが可能であろう。このような場合には，エノキサシンのような RNAi エンハンサーとがん促進 miRNA のターゲティングが相乗効果をもたらすかもしれない。

おわりに

miRNA を治療標的として考えた場合に，がん細胞と正常細胞の内在性の RNA サイレンシング機構や免疫機構が外来性の治療修飾に対してどのような応答をするかについては不明な点が多く，今後の検討課題である。新たに登場している MCPIP1 などの miRNA 生合成修飾因子が，こういった局面でどのような役割を演じうるかについても興味深い。本稿では後半で miRNA 生合成機構を広範に修飾するアプローチの可能性について議論したが，最近 Lin28 と let-7 前駆体の相互作用の様式について詳細な構造解析がなされており[19]，こういった研究をバックボーンとして特異的な miRNA のプロセシング修飾も治療標的として考えうるであろう。個々の miRNA の機能に焦点をあてた研究とともに，miRNA 生合成および miRNA システム全体に焦点をあてた研究が，miRNA を治療アプローチにトランスレーションしていくうえで重要であると考え，今後の研究の進展に期待したい。

参考文献

1) Suzuki HI, Miyazono K：J Biochem 149, 15-25, 2011.
2) Suzuki HI, Miyazono K：J Mol Med (Berl) 88, 1085-1094, 2010.
3) Suzuki HI, Yamagata K, et al：Nature 460, 529-533, 2009.
4) Su X, Chakravarti D, et al：Nature 467, 986-990, 2010.
5) Piskounova E, Polytarchou C, et al：Cell 147, 1066-1079, 2011.
6) Viswanathan SR, Powers JT, et al：Nat Genet 41, 843-848, 2009.
7) Lu J, Getz G, et al：Nature 435, 834-838, 2005.
8) Kumar MS, Pester RE, et al：Genes Dev 23, 2700-2704, 2009.
9) Merritt WM, Lin YG, et al：N Engl J Med 359, 2641-2650, 2008.
10) Martello G, Rosato A, et al：Cell 141, 1195-1207, 2010.
11) Melo SA, Ropero S, et al：Nat Genet 41, 365-370, 2009.
12) Melo SA, Moutinho C, et al：Cancer Cell 18, 303-315, 2010.
13) Suzuki HI, Arase M, et al：Mol Cell 44, 424-436, 2011.
14) Png KJ, Halberg N, et al：Nature 481, 190-194, 2012.
15) Matsuyama H, Suzuki HI, et al：Blood 118, 6881-6892, 2011.
16) Melo S, Villanueva A, et al：Proc Natl Acad Sci USA 108, 4394-4399, 2011.
17) Shan G, Li Y, et al：Nat Biotechnol 26, 933-940, 2008.
18) Peric D, Chvalova K, et al：Oncogene 31, 2039-2048, 2011.
19) Nam Y, Chen C, et al：Cell 147, 1080-1091, 2011.

鈴木　洋
2004 年　東京大学医学部卒業
　　　　同附属病院血液・腫瘍内科臨床研修
2010 年　東京大学大学院卒業（分子病理学）
　　　　同大学院医学系研究科病因・病理学専攻分子病理学特任助教

宮園教授のもと，miRNA の誕生と死のメカニズム，がんとの関係に注目しながら，RNA サイレンシングのような未知の生物学的フレームワークの同定，研究から臨床への橋渡しの可能性を探索している。

第3章　microRNA 創薬

4. がん抑制型 microRNA を基点とした
　がん分子ネットワークの解明とがんの新規治療戦略

野畑二次郎・関　直彦

　ポストゲノムシークエンス時代のがん研究のトピックスとして，機能性 RNA の1つである microRNA（miRNA）が，がん抑制型あるいはがん遺伝子型 miRNA として，がんの発生・進展・転移に深く関わっていることが示された。最近，われわれを含む多くの miRNA 研究者は，これらがん関連 miRNA が制御する分子ネットワークの網羅的な解析に苦戦している。本稿では，われわれが注目するがん抑制型 miRNA の研究戦略と最近の知見について紹介したい。また，miRNA を基点とした分子ネットワークの解析成果から見えてくるがんの新規治療戦略について述べたい。

はじめに

　近年，種々のタンパクコード遺伝子（mRNA）の発現調節に関わる遺伝子として，タンパク質をコードしない機能性 RNA（non-coding RNA：ncRNA）の1つである microRNA（miRNA）が注目されている。miRNA は真核生物のゲノム中にコードされている遺伝子であり，最終的に19～24塩基長の低分子 RNA として機能している。miRNA は，配列特異的に mRNA を標的として，mRNA の分解やその翻訳を阻害することで遺伝子の発現を制御している。現在，miRNA のデータベース上ではヒトで1600種類の前駆体 miRNA および2042種類の成熟型 miRNA が登録済み（miRBase Release 19）であり，タンパクコード遺伝子の30％以上がこれらの miRNA によって制御されていることがバイオインフォマティクスによって予想されている[1]。ゆえに正常細胞の中では，タンパクコード遺伝子と miRNA の複雑な分子ネットワークによって，正常な遺伝子発現が精巧に保たれており，このバランスが崩壊することががんを含むヒトの疾患の発生・進展に深く関与していることが推測される。

　がんにおいては，miRNA の発現異常が様々ながんで報告されており，がんの発生・進展・転移において様々な miRNA が関与していることは周知の事実である。近年では，がん細胞やがん組織で発現変化を認めた miRNA を軸として，がん部で発現抑制されているがん抑制型 miRNA，がん部で発現が亢進しているがん遺伝子型 miRNA の探索と機能解析が精力的に行われている。また，これら miRNA の機能解析から，わずか19～24塩基長の RNA が実際にがん抑制遺伝子，がん遺伝子として機能していることが証明されている[2,3]。miRNA の大きな特徴として，1つの miRNA が複数のタンパクコード遺伝子発現を制御していることであり，これと同時に1つのタンパクコード遺伝子は複数の miRNA によって制御されていることから，細

---

key words

がん抑制型 miRNA，miRNA 発現プロファイル，miR-1，miR-133a，miR-375，TAGLN2，AEG-1/MTDH，TargetScan，KEGG

胞内ではタンパクコード遺伝子とmiRNAを含むncRNAとの極めて複雑な分子ネットワークが形成されていることは想像に難しくない。最近では，がん抑制型miRNA，がん遺伝子型miRNAを基点として，がん細胞におけるmiRNA分子ネットワーク（miRNA-タンパクコード遺伝子）の解明を試みた研究が盛んに行われている[2)3)]。

がん研究において，解析対象となるmiRNAの選択にはゲノムベースの発現解析が有効な手段となる。PCRベースあるいはアレイベースの解析ツールや次世代シークエンサーを用いた解析など様々な方法により，短時間にかつ正確にがん細胞で発現変動するmiRNAを探索することが可能である。miRNAの解析ツールの充実とともにがんにおけるmiRNA研究は飛躍的に増加している。われわれも，頭頸部・食道・肺の扁平上皮がんや尿路上皮がん，腎細胞がん，前立腺がんの臨床検体を用いて，がんmiRNA発現プロファイルを作成してきた（機能ゲノム学ホームページ参照）。解析の結果，由来の異なるがん細胞でも共通して発現変動するmiRNAの存在を確認している。その中でわれわれは，がんに共通して発現が抑制されているmiRNAに注目して，がん抑制型miRNAの機能解析とがん抑制型miRNAが制御する分子ネットワークの解明を継続している。

I．がん抑制型miRNAの探索と機能解析と分子ネットワークの解明

われわれの戦略は，がん臨床検体を用いたmiRNA発現プロファイルの作成から始まる。解析では，Life Technologies社のTaqMan® Low Density Array Human MicroRNA Panelを用いて，がん組織由来RNAと非がん組織由来のRNAを用いて各miRNAの発現を測定し，内在性RNAで標準化した後，がん部と非がん部を比較する。この解析においてがん組織で発現低下を認めたmiRNAについてがん抑制型miRNAの候補として，細胞増殖能，遊走能，浸潤能などの機能解析を行う。実際には，がん細胞株に合成したmiRNA（Ambion® Pre-miR™ miRNA Precursors：Life Technologies社）を核酸導入し検討を行っている。さらに，がん抑制型miRNAが確定できれば，このmiRNAを基点とした分子ネットワークについて遺伝子発現解析手法により探索を行っている。ここでは，各種がんで発現が低下していることが示されたmicroRNA-1（miR-1）/microRNA-133a（miR-133a）クラスターと扁平上皮がんで発現が抑制されているmicroRNA-375（miR-375）についてわれわれの知見を述べたい。

1．がん抑制型miR-1/miR-133aクラスターの機能解析

われわれがこれまでに作成した扁平上皮がん（頭頸部[4)]，食道[5)]，肺[6)]），泌尿器がん（膀胱[7)]・腎細胞[8)]）の各種がんmiRNA発現プロファイルにおいて，miR-1およびmiR-133aはがん細胞で発現が低下していることが示された（表❶）。ゲノム上の構造を調べてみると，興味深いことにmiR-1とmiR-133aはヒトゲノム上にクラスターとして近接しており，さらに同様のクラスターが2つの染色体上（20q13.33と18q11.2）に存在している。また，miR-1とシード配列が共通であるmiR-206と，miR-133aとシード配列が共通のmiR-133bもクラスターとして6p12.2に存在している（図❶）[9)]。ヒトゲノムの進化，miRNAの機能を考えるうえで，なぜこのようなクラスターが存在するのか，ゲノム上に3ヵ所も同じクラスターが存在する意味は何か，その答えは持ち合わせていないが，miRNAの起源とともに大変興味ある知見である。そもそも，miRNAはクラスターと呼ばれるお互いが近接して存在していることが珍しくない。miR-15a-16，miR-17-92，miR-23a〜27a〜24-2などは代表的なクラスターmiRNAであり，これらは種を超えてよく保存されていることが知られている[10)]。これらmiRNAは生体の正常な分子機構や疾患の分子機構に関与することが報告されていることから，クラスターmiRNAの解析は大変重要と考える。

miR-1，miR-133a，miR-206，miR-133bは，ショウジョウバエ，マウス，ヒトの筋組織中で高い発現が認められているクラスターmiRNAであり，これらはmyomiRsとも呼ばれている[11)]。当初は，心筋・骨格筋の分化・増殖に関与するほか，心不全や不整脈など心疾患の関連が報告されていた[12)]。

4. がん抑制型 microRNA を基点としたがん分子ネットワークの解明とがんの新規治療戦略

表❶ がんにおいて発現低下している miRNA

発現低下順位	下咽頭がん	上顎がん	食道がん	肺がん	膀胱がん	腎細胞がん
1	miR-1	miR-874	miR-375	miR-133a	miR-133a	miR-141
2	miR-375	miR-133a	let-7c	miR-1247	miR-204	miR-200c
3	miR-139-5p	miR-375	miR-145	miR-206	miR-1	miR-187
4	miR-504	miR-204	miR-143	miR-99b*	miR-139-5p	miR-509-5p
5	miR-125b	miR-1	miR-100	miR-139-5p	miR-370	miR-135a
6	miR-199b	miR-139-5p	miR-133a	miR-30a-3p	miR-133b	miR-508-3p
7	miR-100	miR-145	miR-99a	miR-138	miR-574-3p	miR-1285
8	miR-497	miR-143	miR-133b	miR-126	miR-376c	miR-206
9	let-7c	miR-486-3p	miR-1	miR-30e-3p	miR-214	miR-218
10	miR-30a*	miR-146a	miR-30a-3p	miR-26a-1*	let-7c	miR-133b
11	miR-218	miR-410	miR-504	miR-140-3p	miR-140-3p	miR-1291
12	miR-10b	miR-126	miR-139-5p	miR-34b	miR-134	let-7g*
13	miR-126*	miR-539	miR-204	miR-574-3p	miR-411	miR-204
14	miR-378	miR-134	miR-203	miR-628-5p	miR-218	miR-429
15	miR-328	miR-218	miR-326	miR-186	miR-196b	miR-370
16	miR-204	miR-146b-5p		miR-628-3p	miR-186	miR-363
17	miR-143	miR-140-3p		miR-146b-5p	miR-320	miR-335
18	miR-126	miR-30a-3p		miR-16		miR-1
19	miR-99a	miR-191		miR-125a-5p		miR-1255B
20	miR-195	miR-186		miR-320		miR-362-3p
21	miR-489	miR-148a		miR-191		
22	miR-203	miR-30e-3p				
23	miR-140-5p	miR-29c				
24	miR-29a					
25	miR-26a					
26	miR-214					
27	miR-30a					
28	miR-26b					
29	miR-30e*					
30	miR-30b					
31	let-7b					

われわれが作成した各種がん miRNA 発現プロファイルにおいて発現が有意に低下していた miRNA を発現低下の大きい順にリストアップしている（P 値 <0.05）。

図❶ miR-1, miR-133a, miR-133b, miR-206 がコードされているヒトゲノム領域と各成熟型 miRNA の塩基配列

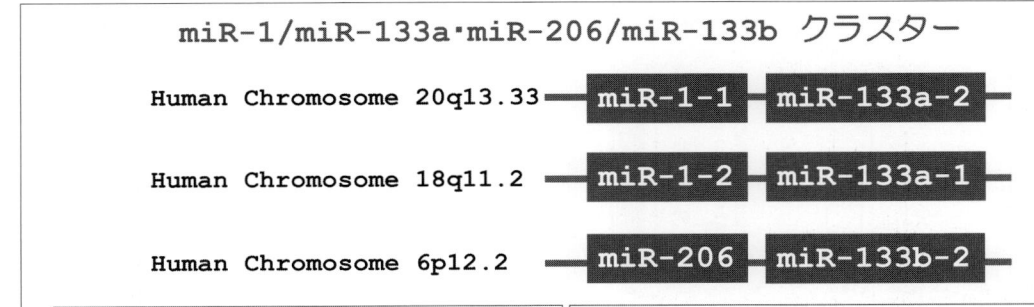

miR-1/miR-133a・miR-206/miR-133b クラスター

Human Chromosome 20q13.33 ― miR-1-1 ― miR-133a-2

Human Chromosome 18q11.2 ― miR-1-2 ― miR-133a-1

Human Chromosome 6p12.2 ― miR-206 ― miR-133b-2

| miR-1: | UGGAAUGUAAAGAAGUAUGUAU |
| miR-206: | UGGAAUGUAAGGAAGUGUGUGG |

| miR-133a: | UUUGGUCCCCUUCAACCAGCUG |
| miR-133b: | UUUGGUCCCCUUCAACCAGCUA |

miR-1 と miR-206 は 4 塩基, miR-133a と miR-133b は 1 塩基の差異がそれぞれあるが, シード配列（5'末端側の 2-8 塩基目の配列）は共通である。

（グラビア頁参照）

われわれは，miR-1/miR-133aクラスターががん組織で有意に発現抑制されていることから（図❷A，B），これらmiRNAががん抑制機能を有している仮定を立て以下の解析を行った．扁平上皮がんや膀胱がん，腎がん，前立腺がん由来の複数の細胞株に核酸導入し，細胞増殖能，遊走能，浸潤能，アポトーシス誘導能などの解析を試行した結果，miR-1/miR-133aクラスターはがんの増殖・遊走・浸潤を有意に抑制し，アポトーシスの誘導を起こすことを見出した（図❷C，D）[7)8)13)]．miR-1またはmiR-133aが単独でがん抑制機能を有することは他の研究室からも相次いで報告されており，これらmiRNAはがん抑制型miRNAとして機能していることが証明されつつある[9)]．

次にわれわれは，がん抑制型miR-1/miR-133aクラスターは，がん遺伝子機能を有する遺伝子（群）を共通して制御していると予想した．そこで，われわれはマイクロアレイを用いた遺伝子発現解析からmiR-1/miR-133aクラスターによって制御される遺伝子（群）の探索を行った．解析の結果，transgelin 2（TAGLN2）はmiR-1とmiR-133aの両方の導入細胞でその発現が大きく低下し（図❷E），さらにタンパクコード遺伝子の3'UTR配列とmiRNAのシード配列から結合を予測するプログラム（TargetScanHuman）を用いたところ，TAGLN2の3'UTRにはmiR-1とmiR-133aがそれぞれ結合する部位が存在した．このことからTAGLN2はmiR-1/miR-133aクラスターの直接的な標的遺伝子と考えられた．miR-1またはmiR-133aの核酸導入によって，TAGLN2のmRNAとタンパクの発現は明らかに抑制され，ルシフェラーゼレポーターアッセイによってmiR-1およびmiR-133aがTAGLN2の3'UTR予想結合部位で直接結合することが証明された．

次に，TAGLN2ががん細胞においてがん遺伝子機能を有するかについてsiRNAを用いた解析を

図❷　miR-1，miR-133a クラスターの機能解析

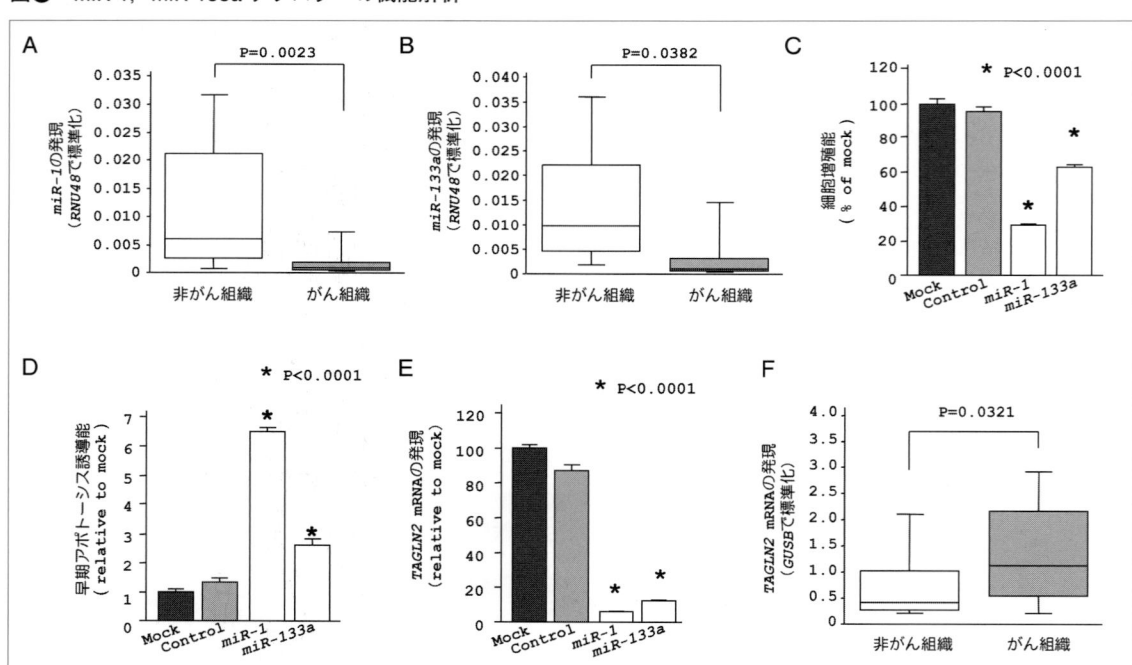

頭頸部扁平上皮がん臨床検体において，がん部におけるmiR-1およびmiR-133aは正常部と比較して有意に発現が抑制されていた（A，B）．miR-1およびmiR-133aの核酸導入によって細胞増殖の抑制（C）とアポトーシスの誘導（D）が認められた．miR-1およびmiR-133aは，TAGLN2のmRNAの発現を有意に抑制した（E）．臨床検体におけるTAGLN2 mRNAはがん部で有意に発現が亢進していた（F）．

4. がん抑制型 microRNA を基点としたがん分子ネットワークの解明とがんの新規治療戦略

行った。si-TAGLN2によって，miR-1/miR-133aクラスターと同様にがんの増殖・遊走・浸潤が有意に抑制され，アポトーシスが誘導された。また，TAGLN2のmRNAおよびタンパク質は頭頸部がん・膀胱がん・腎細胞がんで有意に亢進していた（図❷F）。他の研究者からもTAGLN2は肝細胞がん[14]，肺腺がん[15]，膵臓がん[16]などで発現が亢進していることが報告されており，TAGLN2はがん遺伝子機能を有することが示唆された。TAGLN2はアクチン結合タンパクであり，細胞の遊走と関連があると考えられている。しかしながら，TAGLN2がいかにしてアポトーシス誘導を抑制しているのかについては現時点では不明であり，解析を継続している（その他のがん種におけるmiR-1/ miR-133a クラスターが制御する分子ネットワークについても，われわれの最近のレビューに記述しているので参照していただきたい[9]）。

2. がん抑制型 miR-375 の機能解析

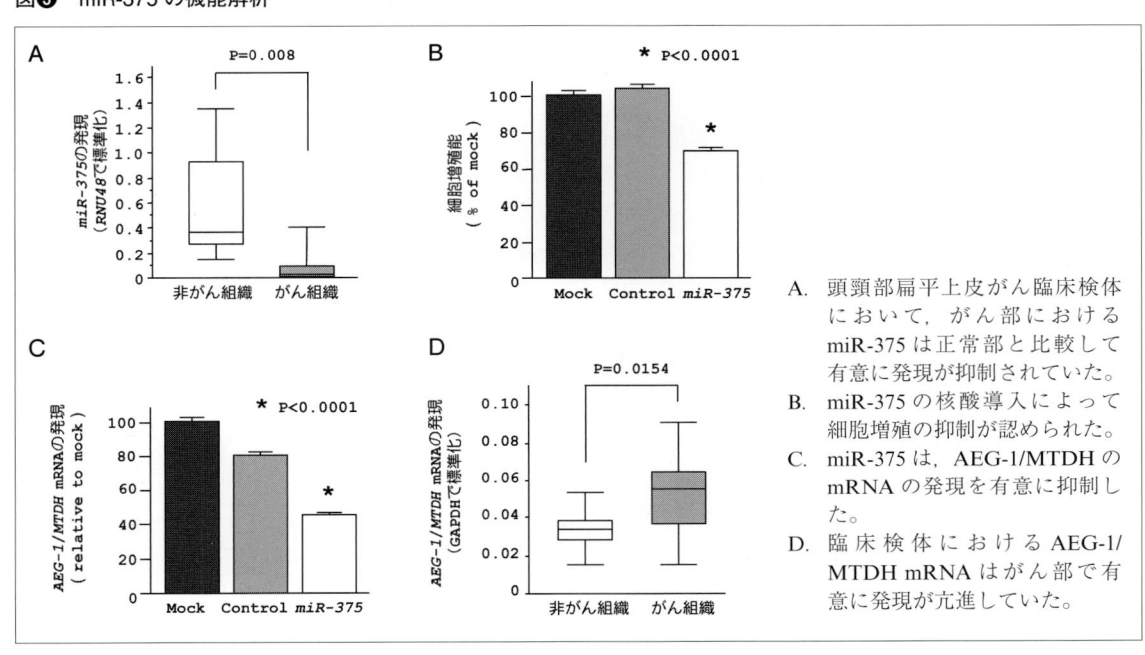

扁平上皮がん（下咽頭がん[17]・上顎がん[18]・食道がん[5]）の発現プロファイルから，miR-375はがん組織において顕著に発現が抑制されていることが認められた。そこでわれわれはmiR-375ががん抑制型miRNAの候補であると考え，機能解析を施行した。臨床検体を用いてその発現を確認すると，扁平上皮がん組織では非がん組織と比較して有意にmiR-375の発現が低下していた（図❸A）。さらに，扁平上皮がん由来細胞株にmiR-375を核酸導入することにより，がん細胞の増殖抑制が観察された（図❸B）[18]。以上の解析結果から，頭頸部扁平上皮がんにおいてmiR-375はがん抑制型miRNAであると判断した。しかしながら，前立腺がんではmiR-375はがん部で発現が亢進していることが報告されており，がん遺伝子型のmiRNAである可能性が示唆されている[19]。同じmiRNAが細胞によってがん抑制型あるいはがん遺伝子型と逆の機能を有することは大変興味深い知見である。miRNAの発現制御機構ががん種によって異なっていることが推定されるが，その詳細な分子機構はいまだわかっていない。最近の食道扁平上皮がんの解析では，miR-375の発現抑制にはゲノム上のメチル化が関与していることが示された[20]。エピジェネティックな影響で発現制御を受けるmiRNAとそのmiRNAによって発現制御されるタンパクコード遺伝子の複雑なネット

図❸ miR-375 の機能解析

A. 頭頸部扁平上皮がん臨床検体において，がん部におけるmiR-375は正常部と比較して有意に発現が抑制されていた。
B. miR-375の核酸導入によって細胞増殖の抑制が認められた。
C. miR-375は，AEG-1/MTDHのmRNAの発現を有意に抑制した。
D. 臨床検体におけるAEG-1/MTDH mRNAはがん部で有意に発現が亢進していた。

ワークの解明が細胞ごとに必要であり，その網羅的な解析方法の開発が待ち望まれている。

次にわれわれは，扁平上皮がんにおいてmiR-375が制御する遺伝子（群）の探索についてmiR-375導入細胞を用いて行った。複数種類のがん細胞を用いた解析の結果から，AEG-1/MTDH（astrocyte-elevated gene-1/metadherin）がmiR-375の共通の標的遺伝子であることが示唆された（図❸C）。AEG-1/MTDHは当初，胎児アストロサイト細胞において HIV-1 または TNF-α により誘導される遺伝子としてクローニングされた。その後，悪性星細胞種や神経芽細胞種などの多くのがんにおいて過剰発現することが確認されている[21]。われわれの解析からも，扁平上皮がんで発現が亢進していることが示された（図❸D）[18]。AEG-1/MTDH遺伝子ノックダウンによる解析では，がん細胞の増殖抑制を認めており，扁平上皮がんにおいて，がん抑制型 miR-375 の発現抑制と AEG-1/MTDH遺伝子の過剰発現の分子機構が明らかとなった。

II．miRNAを基点としたがんの新規治療戦略

miRNAはわずか21塩基程度の低分子核酸であること，ヒトゲノム中に存在する内在性の遺伝子であることなどから，当初から「核酸医薬」としての開発が期待されている。実際に動物実験では，がん抑制型の miRNA を投与してがんの進展や転移を抑制した報告が相次いでなされ，「核酸医薬」の現実性が高まっている[22)-24)]。しかしながら，使用する miRNA の選択や投与方法（DDS），核酸導入によるオフターゲットの問題など解決すべき問題も多々あることは事実である。一方，生物学的には，miRNA を基点とした分子ネットワークの解析（miRNA-messengerRNA ネットワーク）から，これまで知られていないパスウェイががんにおいて重要である事実が明らかとなってきた。

ここではがん抑制型 miRNA である miR-375 を例にして miRNA を基点としたがんの新規治療戦略を述べてみたい。まず，miR-375 が制御する遺伝子群を TagetScan データベースから抽出し（データベースから2267個の遺伝子がmiR-375の標的配列を有している），KEGG（Kyoto Encyclopedia of Genes and Genomes）上にマップしてみた。その結果，55のパスウェイが miR-375 により制御されていることが示唆された（図❹）。この中で，「PATHWAY IN CANCER」について見てみると，epidermal growth factor receptor（EGFR），vascular endothelial growth factor（VEGF），mammalian target of rapamycin（mTOR）が miR-375 の標的であることが示されている（図❺）。これら遺伝子が様々ながんに重要な役割を担っていることは明らかであり，miR-375 がこれら遺伝子のパスウェイに関わっていることは大変興味ある知見である。われわれが解析の対象としている頭頸部扁平上皮がんでは，miR-375 の発現抑制は顕著に起こっており，その結果として，EGFR，VEGF，mTORの発現が増大している。現在，EGFR，VEGF，mTORを標的とした「分子標的薬」は，肺がん（ゲフィチニブ：商品名イレッサ，エルロチニブ：商品名タルセバ），大腸がん（セツキシマブ：商品名アービタックス，ベバシズマブ：商品名アバスチン），腎がん（スニチニブ：商品名スーテント，エベロリムス：商品名アフィニトール，テムシロリムス：商品名トーリセル）などで用いられている。しかしながら，本邦において頭頸部扁平上皮がんに対してこれら「分子標的薬」は現在適応外であり臨床の現場で使用されていない。miR-375の「核酸医薬」が使用できない現在において，すでに使用されている「分子標的薬」を適用拡大して使用することは現実性が極めて高い治療方法である。このように，miRNAを基点として，miRNAが制御する遺伝子（群）・パスウェイを詳細に明らかにしていくことで，すでに存在する医薬品をがん治療薬として使用できる可能性がある。miRNAが制御する分子ネットワークを明らかにすることは生物学的にまた治療の応用範囲を広げる意味で大変重要な解析であると考える。

おわりに

2004年にヒトゲノム解読プロジェクトが完了し，その結果としてヒトゲノム中には数多くのタンパク質をコードしない機能性RNA（ncRNA）の

4. がん抑制型 microRNA を基点としたがん分子ネットワークの解明とがんの新規治療戦略

図❹ KEGG パスウェイを利用した miR-375 によって制御される下流遺伝子群の探索の流れ

```
┌─────────────────────────────────┐
│ TargetScan のアルゴリズムを用いて │
│ miR-375 の標的遺伝子候補の抽出    │
└─────────────────────────────────┘
              ↓
       2267 遺伝子を抽出
              ↓
┌─────────────────────────────────┐
│     GENECODIS 2.0               │
│ (http://genecodis.dacya.ucm.es/)│
│  を用いて KEGG pathway に分類    │
└─────────────────────────────────┘
              ↓
     55 のパスウェイが有意に
  miR-375 によって制御されていると予想
```

miR-375 によって制御される上位20パスウェイ

KEGG パスウェイ	遺伝子数	P値
Pathways in cancer	48	4.84E-05
MAPK signaling pathway	43	2.09E-05
Focal adhesion	35	2.91E-05
Endocytosis	33	1.48E-04
Glutamatergic synapse	32	3.27E-08
Calcium signaling pathway	32	3.01E-05
Neuroactive ligand-receptor interaction	32	2.06E-02
Cytokine-cytokine receptor interaction	30	3.84E-02
Protein processing in endoplasmic reticulum	29	1.15E-04
Purine metabolism	28	2.47E-04
Regulation of actin cytoskeleton	26	2.66E-02
Ubiquitin mediated proteolysis	25	2.25E-04
Wnt signaling pathway	25	9.69E-04
Salivary secretion	22	1.10E-05
Gap junction	22	1.32E-05
Axon guidance	22	1.36E-03
Pancreatic secretion	20	2.99E-04
Dilated cardiomyopathy	19	3.12E-04
Neurotrophin signaling pathway	19	9.67E-03
Oocyte meiosis	18	6.73E-03

図❺ KEGG パスウェイ「PATHWAY IN CANCER」マップの一部

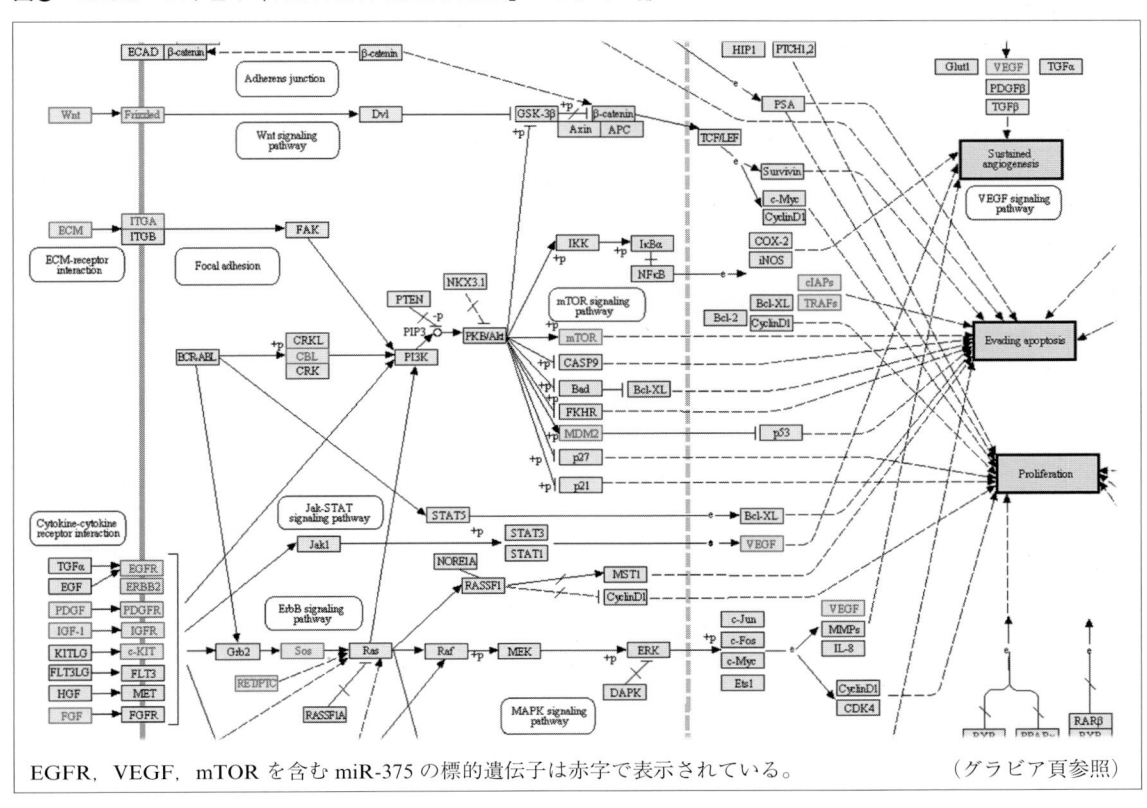

EGFR, VEGF, mTOR を含む miR-375 の標的遺伝子は赤字で表示されている。　　　　（グラビア頁参照）

存在が明らかになった。ヒトの転写産物の多くが機能未知であるncRNAであり，タンパクコード遺伝子はわずか数％にすぎない。miRNAはがん研究分野で注目され，ここ数年で大きく解析が進んだncRNAの一種であるが，その機能や制御する分子ネットワークはほとんどわかっていない。わずか21塩基のRNA分子ががん抑制遺伝子・がん遺伝子として機能することが広く認知されたに過ぎない。この小さいRNA分子が制御する分子ネットワークの新しい解明方法の開発が急務であり，ゲノム中に存在するncRNA-mRNAネットワークの全体像を描き出すことが，がんの新たな診断法や治療法の開発につながると考える。miRNAが制御する分子ネットワークの解明は，ポストゲノムシークエンス時代のゲノム研究の大きなテーマである。

参考文献

1) Filipowicz W, Bhattacharyya SN, et al：Nat Rev Genet 9, 102-114, 2008.
2) Esquela-Kerscher A, Slack FJ：Nat Rev Cancer 6, 259-269, 2006.
3) Garzon R, Calin GA, et al：Annu Rev Med 60, 167-179, 2009.
4) Nohata N, Hanazawa T, et al：Br J Cancer 105, 833-841, 2011.
5) Kano M, Seki N, et al：Int J Cancer 127, 2804-2814, 2010.
6) Moriya Y, Nohata N, et al：J Hum Genet 57, 38-45, 2012.
7) Yoshino H, Chiyomaru T, et al：Br J Cancer 104, 808-818, 2011.
8) Kawakami K, Enokida H, et al：Eur J Cancer 48, 827-836, 2012.
9) Nohata N, Hanazawa T, et al：Oncotarget 3, 9-21, 2012.
10) Altuvia Y, Landgraf P, et al：Nucleic Acids Res 33, 2697-2706, 2005.
11) Callis TE, Wang DZ：Trends Mol Med 14, 254-260, 2008.
12) Townley-Tilson WH, Callis TE, et al：Int J Biochem Cell Biol 42, 1252-1255, 2010.
13) Nohata N, Hanazawa T, et al：Int J Oncol 39, 1099-1107, 2011.
14) Shi YY, Wang HC, et al：Br J Cancer 92, 929-934, 2005.
15) Rho JH, Roehrl MH, et al：J Proteome Res 8, 5610-5618, 2009.
16) Chen R, Yi EC, et al：Gastroenterology 129, 1187-1197, 2005.
17) Kikkawa N, Hanazawa T, et al：Br J Cancer 103, 877-884, 2010.
18) Nohata N, Hanazawa T, et al：J Hum Genet 56, 595-601, 2011.
19) Szczyrba J, Nolte E, et al：Mol Cancer Res 9, 791-800, 2011.
20) Kong KL, Kwong DL, et al：Gut 61, 33-42, 2012.
21) Hu G, Wei Y, et al：Clin Cancer Res 15, 5615-5620, 2009.
22) Takeshita F, Patrawala L, et al：Mol Ther 18, 181-187, 2010.
23) Kota J, Chivukula RR, et al：Cell 137, 1005-1017, 2009.
24) Esquela-Kerscher A, Trang P, et al：Cell Cycle 7, 759-764, 2008.

参考ホームページ

- 千葉大学大学院医学研究院先端応用医学講座機能ゲノム学
  http://genomejet.jp/
- miRBase Release 19
  http://www.mirbase.org/
- TargetScanHuman
  http://www.TargetScan.org/

野畑二次郎

2005年	千葉大学医学部医学科卒業
2007年	同耳鼻咽喉・頭頸部外科
2009年	同大学院医学薬学府先進医療科学専攻入学
2012年	同博士課程在籍中

耳鼻咽喉科医の視点も踏まえて，頭頸部がんにおけるがん抑制型microRNAの機能解析を行っている。トランスレーショナルリサーチの実現に向けて，がん抑制型microRNAが制御する分子ネットワークの解析に悪戦苦闘している。

索 引

キーワード INDEX

●A
ABC トランスポーター ········· 194
AEG-1/MTDH ················· 224

●B
B5R ························· 177
BART miRNA ··················· 75
BMI1 ························ 136

●C
C19MC ······················· 111
ccRCC（淡明細胞がん） ········· 77
CD44 ························ 136
chRCC（嫌色素性腎がん） ······· 77

●D
DDS ···················· 203, 208
Dicer ······················· 215
DNMT3a ···················· 119
Drosha ······················ 215

●E
EBV 関連胃がん ················ 75
EGFR ······················· 196
Epstein-Barr virus ············· 75
estradiol（E2） ··············· 113
ES 細胞 ····················· 188

●F
FLT3 ······················· 68
fMRI ························ 117

●H
HCV ·························· 30
HER2 ······················· 56
HIF1α ························ 77
HSD17B1 ···················· 112

●I
IgA 腎症 ····················· 41
iPS 細胞 ···················· 188

●K
KEGG ······················· 224

●L
let-7 ···················· 37, 56
let-7a ······················ 178
Lin28 ······················ 215
LipoMag
（自己会合型磁性ナノ粒子）····· 163
LNA ························ 209

●M
MCPIP1 ····················· 216
microRNA（miRNA）·· 30, 48, 60, 72,
89, 101, 110, 122, 139,
147, 157, 169, 177, 182,
189, 193, 202, 214
microRNA192 ················· 42
microRNA200b ················ 42
microRNA429 ················· 42
mi-iPS ······················ 191
miR-1 ··················· 61, 220
miR-10b ····················· 56
miR-16 ····················· 171
miR-17-92 クラスター ·········· 67
miR-21 ············· 37, 54, 91, 102, 170
miR-22 ····················· 139
miR-31 ······················ 38
miR-34 ······················ 56
miR-92a ····················· 90
miR-122 ···················· 208
miR-122a ··················· 183
miR-125 ····················· 56
miR-133 ····················· 61
miR-133a ··················· 220
miR-140 ····················· 49
miR-142-3p ················· 187
miR-143 ···················· 152
miR-146 ···················· 122
miR-155 ····················· 80
miR-200c ············ 133, 170, 190
miR-200 ファミリー ······ 80, 133
miR-205 ····················· 38
miR-206 ····················· 61
miR-210 ····················· 77
miR-223 ····················· 64
miR-302s ··················· 190
miR-369s ··················· 190
miR-375 ···················· 223
miRNA 阻害剤 ··············· 169
miRNA 発現プロファイル ······ 220
miRNA ファミリー ··········· 172
MMP13 ····················· 154
MYCN ······················ 62
myogenic regulatory factor ····· 61
myomiRs ····················· 61

●N
non-coding RNA ············· 122
NPM1 ······················ 68

●P
p53 ················· 54, 126, 137, 214
p63 ························ 137
p73 ························ 137

PAI-1 ······················ 154
pRCC（乳頭状腎がん） ········· 77

●Q
quality of vision（QOV） ······· 83

●R
RISC ······················· 210
RNA 干渉 ··················· 202

●S
seed ······················· 172
siRNA ················· 202, 210
SMAD3 ····················· 137
small interfering RNA（siRNA）·· 148
small RNA ··················· 74

●T
TagetScan ·················· 224
TAGLN2 ···················· 222
TRBP2 ····················· 216
TS-1 ······················· 103
TuD RNA ··················· 169

●V
VHL ······················· 77

●X
XPO5 ······················ 216

●Z
ZAP-70 ····················· 66
ZEB1 ······················ 174
ZEB1/2 ····················· 137

●あ
アデノウイルスベクター ······· 182
アテロコラーゲン ········ 152, 202
アポトーシス ················ 126
アルツハイマー病 ············· 45
安全性 ····················· 205
アンチセンス ················ 209

●い
胃がん ······················ 72
遺伝子 ····················· 202
遺伝子組換え ················ 177
遺伝子治療 ············ 182, 210
遺伝子ネットワーク ··········· 193
遺伝子発現制御 ·············· 183
遺伝子発現調節 ·············· 179
異分野融合技術 ·············· 168

キーワード INDEX

●う
ウイルス感染 ……………… 30

●え
エクソソーム ‥ 43, 47, 112, 119, 157
エストロゲン ……………… 57
エノキサシン ……………… 217
エピジェネティクス ……………… 119
炎症性サイトカイン ……………… 122
炎症性腸疾患 ……………… 95

●お
横紋筋肉腫 ……………… 60
オンコサイトーマ ……………… 81

●か
潰瘍性大腸炎 ……………… 95
核酸医薬（品）……… 139, 160, 202
角膜 ……………… 83
活性酸素種（ROS）……………… 136
喀痰 ……………… 37
加齢黄斑変性 ……………… 87
がん ……………… 203
がんウイルス療法 ……………… 176
がん幹細胞 ……………… 56, 133, 195
がん幹細胞仮説 ……………… 134
肝線維化 ……………… 30
関節リウマチ（RA）……… 48, 122
がん治療 ……………… 139
がん特異的 ……………… 178
がん抑制遺伝子 ……………… 139
がん抑制型 miRNA ……………… 219
がん抑制的 miRNA ……………… 126

●き
喫煙 ……………… 38
機能的スクリーニング ……………… 127
急性白血病 ……………… 67

●く
グリオーマ ……………… 105
クローン病 ……………… 95

●け
経尿道的投与 ……………… 148
血液・脳脊髄液 ……………… 47
血清 ……………… 89
血清・血漿 miRNA ……………… 69
血清中 microRNA ……………… 95
ゲムシタビン ……………… 102
原発性脳腫瘍 ……………… 105

●こ
抗エストロゲンレセプター治療 ‥ 57
抗がん剤耐性 ……………… 193
骨肉腫 ……………… 151
滑膜炎 ……………… 123
コホート研究 ……………… 114
コラーゲン関節炎 ……………… 123

●さ
再生医療 ……………… 188
細胞外マトリクス ……………… 86
細胞間コミュニケーション …… 157
細胞周期制御 ……………… 106
細胞老化 ……………… 139

●し
シード配列 ……………… 209
磁気誘導型ドラッグデリバリー
　システム ……………… 163
シグナル伝達経路 ……………… 194
自己会合型磁性ナノ粒子 …… 163
磁性ナノコンポジット ……………… 163
周産期医療 ……………… 114
腫瘍 ……………… 204
腫瘍細胞浸潤 ……………… 106
腫瘍マーカー ……………… 73
腫瘍溶解性 ……………… 176
上皮間葉移行 ……………… 56, 195
上皮間葉転換 ……………… 136
神経芽腫 ……………… 62
神経膠腫（グリオーマ）……… 105
腎細胞がん ……………… 77
浸潤 ……………… 151
浸潤がん ……………… 146
新生血管 ……………… 87
腎生検 ……………… 42

●す
髄液中 miRNA ……………… 108
髄芽腫 ……………… 107
膵がん ……………… 101
水晶体 ……………… 84
髄膜腫 ……………… 107
スクリーニング ……………… 101
ステロイド ……………… 42
ストレス応答 ……………… 126

●せ
制限増殖型 Ad ……………… 185
染色体異常 ……………… 67

●そ
早期診断 ……………… 101
相同組換え法 ……………… 178
側坐核 ……………… 117
組織型 ……………… 38

●た
第 19 番染色体 ……………… 110
大腸がん ……………… 89, 127
胎盤 ……………… 110
多剤耐性 ……………… 194

●ち
チタンカプセル化ネオジム磁石 168
チタンめっきネオジム磁石 … 167
窒化鉄 ……………… 164
中枢神経原発悪性リンパ腫 … 108

●て
デコイ ……………… 210
デリバリー ……………… 148, 202
転移 ……………… 56, 151
転移巣 ……………… 151

●と
透析 ……………… 41
糖尿病網膜症 ……………… 87
トリプルネガティブ乳がん …… 56

●な
内部コントロール ……………… 74
内部標準 ……………… 98
軟骨ホメオスタシス ……………… 49

●に
乳がん ……………… 139
妊娠高血圧症候群 ……………… 112
妊娠高血圧腎症 ……………… 112

●の
ノッチシグナル ……………… 136

●は
パーキンソン病 ……………… 45
バイオマーカー ‥ 34, 46, 89, 107, 119
肺がん ……………… 36
肺転移 ……………… 151
破骨細胞 ……………… 124
パラフィン標本 ……………… 39

●ひ
比較 ΔCt 法 ……………… 74
非コード RNA ……………… 139
非ホジキンリンパ腫 ……………… 67

●ふ
ぶどう膜炎 ……………… 86
プロセシング ……………… 215
分化多能性 ……………… 188
分泌型 microRNA（miRNA）119, 157

229

▶▶キーワード INDEX

●へ
ベータガラクトシダーゼ活性 ‥ 141
便 ………………………………… 91
変形性関節症（OA）…………… 48

●ほ
膀胱がん ……………………… 146
膀胱内投与 …………………… 148
報酬回路 ……………………… 117
補充療法 ……………………… 139
ホスホロチオエート ………… 209
母体血漿 ……………………… 111

●ま
マイクロ RNA ………………… 139
マイクロアレイ …………… 30, 72
慢性肝炎 ……………………… 30

慢性糸球体腎炎 ……………… 41
慢性疼痛 ……………………… 116
慢性リンパ性白血病 ………… 65

●め
メサンギウム ………………… 41
メトホルミン ………………… 137
免疫誘導 ……………………… 206

●も
網膜 …………………………… 86
網膜色素変性 ………………… 87

●や
薬剤応答 ……………………… 30
薬剤代謝 ……………………… 194

●ゆ
有機無機ハイブリッド籠型
　磁性ナノ粒子 ……………… 165

●よ
予後 …………………………… 37
予後因子 ……………………… 72
予知 …………………………… 114

●り
リプログラミング …………… 188
緑内障 ………………………… 85

●わ
ワクシニアウイルス ………… 177

TaKaRa

miRNA阻害実験の強力なツール

Tough Decoy miRNA-Blocking Expression Vector

microRNAと相補的な配列をもち、特異的に効率よくその活性を阻害する「**Tough Decoy RNA**」を細胞内で発現するベクターです。miRBaseに登録されたヒト、マウス、ラットの各microRNAに対応しています。発生・分化・腫瘍形成などにおけるmicroRNAの機能解析ツールとして利用できます。

- 「Tough Decoy RNA」は独自の二次構造により細胞内で分解を受けにくく、ベクターから発現されるため、高いmicroRNA阻害効果を長く持続可能
- レトロウイルスベクターでの導入により、さらに長期間microRNA阻害効果を保持可能

Tough Decoy RNA (TuD RNA)

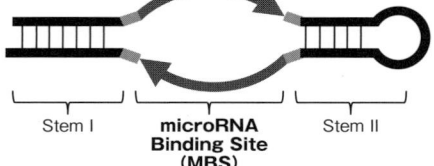

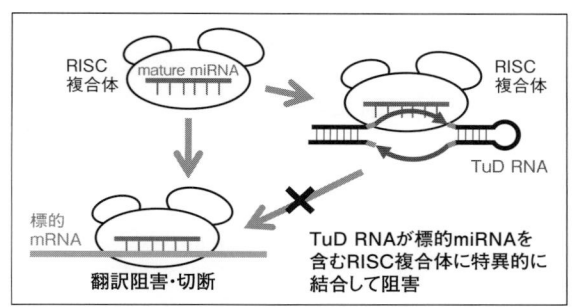

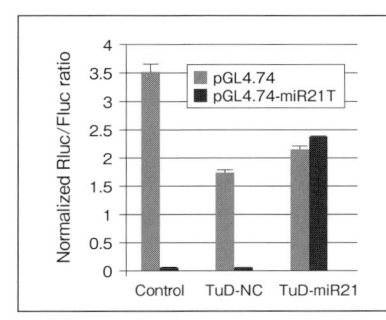

Stem I / microRNA Binding Site (MBS) / Stem II

RISC複合体 — mature miRNA
標的mRNA
翻訳阻害・切断

TuD RNAが標的miRNAを含むRISC複合体に特異的に結合して阻害

■ TuD RNAによる標的miRNAの阻害実験

3'UTRにmiR-21のターゲット配列を付加した*Renilla* Luciferase発現プラスミド（pGL4.74-miR21T）と、miR-21抑制TuD RNA発現プラスミド（TuD-miR21）[※1]をHCT116細胞にコトランスフェクションして、*Renilla* Luciferase活性を測定した[※2]。
グラフ右端のように、TuD-miR21の共発現により*Renilla* Luciferase活性の上昇が認められ、miR-21の機能抑制が確認された。

※1 ベクター：pBAsi-mU6 Neo DNAに搭載
※2 ホタルルシフェラーゼで標準化

Tough Decoy miRNA-Blocking Expression Vector検索サイトからご利用いただけます

http://www.takara-bio.co.jp/TuD

Tough Decoy RNAおよび配列設計法は東京大学医科学研究所 伊庭英夫教授らにより開発され、東京大学よりライセンスを受けてタカラバイオ（株）がTough Decoy miRNA-Blocking Expression Vectorとして製造・販売しています。
Vectors expressing efficient RNA decoys achieve the long-term suppression of specific microRNA activity in mammalian cells. Takeshi Haraguchi, *et al. Nucleic Acids Res.* (2009) Vol 37. No.6. e43.

タカラバイオ株式会社

東日本支店　TEL 03-3271-8553　FAX 03-3271-7282
西日本支店　TEL 077-565-6969　FAX 077-565-6995
Website　http://www.takara-bio.co.jp

TaKaRaテクニカルサポートライン
製品の技術的なご質問にお応えします。
TEL 077-543-6116　FAX 077-543-1977

MR005改2

トランスレーショナルリサーチを支援する

遺伝子医学 MOOK
Gene & Medicine

16号
メタボロミクス：その解析技術と臨床・創薬応用研究の最前線
編 集：田口 良
（東京大学大学院医学系研究科特任教授）
定 価：5,500円（本体 5,238円＋税）
型・頁：B5判、252頁

15号
最新RNAと疾患
今，注目のリボソームから疾患・創薬応用研究までRNAマシナリーに迫る 
編 集：中村義一
（東京大学医科学研究所教授）
定 価：5,400円（本体 5,143円＋税）
型・頁：B5判、220頁

14号
次世代創薬テクノロジー
実践：インシリコ創薬の最前線
編 集：竹田-志鷹真由子
（北里大学薬学部准教授）
　　　　梅山秀明
（北里大学薬学部教授）
定 価：5,400円（本体 5,143円＋税）
型・頁：B5判、228頁

13号
患者までとどいている 再生誘導治療
バイオマテリアル，生体シグナル因子，細胞を利用した患者のための再生医療の実際 
編 集：田畑泰彦
（京都大学再生医科学研究所教授）
定 価：5,600円（本体 5,333円＋税）
型・頁：B5判、316頁

12号
創薬研究者必見！
最新トランスポーター研究2009
編 集：杉山雄一
（東京大学大学院薬学系研究科教授）
　　　　金井好克
（大阪大学大学院医学系研究科教授）
定 価：5,600円（本体 5,333円＋税）
型・頁：B5判、276頁

11号
臨床糖鎖バイオマーカーの開発
－糖鎖機能の解明とその応用 
編 集：成松 久
（産業技術総合研究所 糖鎖医工学研究センター長）
定 価：5,600円（本体 5,333円＋税）
型・頁：B5判、316頁

お求めは医学書販売店、大学生協もしくは弊社購読係まで

発行／直接のご注文は
株式会社 メディカルドゥ

〒550-0004
大阪市西区靭本町 1-6-6　大阪華東ビル 5F
TEL.06-6441-2231　FAX.06-6441-3227
E-mail　home@medicaldo.co.jp
URL　http://www.medicaldo.co.jp

トランスレーショナルリサーチを支援する　※ 1, 3, 7, 8 号は在庫がございません

遺伝子医学 MOOK
Gene & Medicine

10号
DNAチップ/マイクロアレイ臨床応用の実際
- 基礎, 最新技術, 臨床・創薬研究応用への実際から今後の展開・問題点まで -

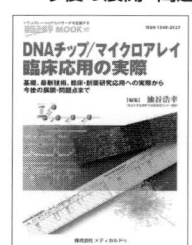

編 集： 油谷浩幸
　　　　（東京大学先端科学技術研究センター教授）

定 価： 6,100円（本体 5,810円＋税）
型・頁： B5判、408頁

9号
ますます広がる 分子イメージング技術
生物医学研究から創薬, 先端医療までを支える
分子イメージング技術・DDSとの技術融合

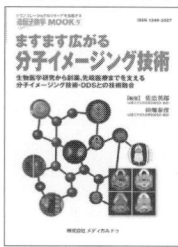

編 集： 佐治英郎
　　　　（京都大学大学院薬学研究科教授）
　　　　田畑泰彦
　　　　（京都大学再生医科学研究所教授）

定 価： 5,600円（本体 5,333円＋税）
型・頁： B5判、328頁

6号
シグナル伝達病を知る
- その分子機序解明から新たな治療戦略まで -

編 集： 菅村和夫
　　　　（東北大学大学院医学系研究科教授）
　　　　佐竹正延
　　　　（東北大学加齢医学研究所教授）
編集協力： 田中伸幸
　　　　（宮城県立がんセンター研究所部長）

定 価： 5,250円（本体 5,000円＋税）
型・頁： B5判、328頁

5号
先端生物医学研究・医療のための遺伝子導入テクノロジー
ウイルスを用いない遺伝子導入法の材料, 技術, 方法論の新たな展開

編 集： 原島秀吉
　　　　（北海道大学大学院薬学研究科教授）
　　　　田畑泰彦
　　　　（京都大学再生医科学研究所教授）

定 価： 5,250円（本体 5,000円＋税）
型・頁： B5判、268頁

4号
RNAと創薬

編 集： 中村義一
　　　　（東京大学医科学研究所教授）

定 価： 5,250円（本体 5,000円＋税）
型・頁： B5判、236頁

2号
疾患プロテオミクスの最前線
- プロテオミクスで病気を治せるか -

編 集： 戸田年総
　　　　（東京都老人総合研究所グループリーダー）
　　　　荒木令江
　　　　（熊本大学大学院医学薬学研究部）

定 価： 6,000円（本体 5,714円＋税）
型・頁： B5判、404頁

お求めは医学書販売店、大学生協もしくは弊社購読係まで

発行／直接のご注文は
株式会社 メディカルドゥ

〒550-0004
大阪市西区靱本町 1-6-6　大阪華東ビル 5F
TEL.06-6441-2231　FAX.06-6441-3227
E-mail　home@medicaldo.co.jp
URL　http://www.medicaldo.co.jp

監修者プロフィール

落谷孝広（おちや　たかひろ）

国立がん研究センター研究所分子細胞治療研究分野　分野長

<経歴>
1988年　大阪大学大学院医学研究科博士課程修了，医学博士
　　　　大阪大学細胞工学センター助手
1991年　米国ラホヤ癌研究所（The Burnham Institute）ポストドクトラルフェロー
1993年　国立がんセンター研究所分子腫瘍学部室長
1998年　国立がんセンター研究所がん転移研究室室長
2004年　早稲田大学生命理工学部客員教授（兼任）
2008年　東京工業大学生命理工学客員教授（兼任）
2010年　国立がん研究センター研究所分子細胞治療研究分野分野長
2012年　星薬科大学，昭和大学歯学部，客員教授（兼任）

バイオマテリアルによるDDS，再生医療研究，動物個体レベルの癌の基礎研究に従事。
核酸医薬の実用化をめざしている。

編集者プロフィール

黒田雅彦（くろだ　まさひこ）

東京医科大学分子病理学講座　主任教授

<経歴>
1989年　東京医科大学卒業
1993年　東京大学大学院医学系研究科修了（病理学専攻）
　　　　町並陸生教授に病理診断学を師事
1993年　東京大学医学部文部教官助手
1996年　New York University, Skirball Institute に留学
1999年　東京医科大学病理学第一講座講師
2004年　JST CREST 研究代表
2009年　東京医科大学分子病理学講座主任教授

核酸医薬の臨床応用をめざしている。

尾﨑充彦（おさき　みつひこ）

鳥取大学医学部生命科学科病態生化学分野　准教授

<経歴>
1995年　鳥取大学医学部生命科学科卒業
2000年　同大学院医学系研究科博士後期課程修了
　　　　同医学部病理学第一講座助手
2003年　同大学院医学系研究科遺伝子機能工学部門助教
2007年　国立がんセンター研究所がん転移研究室外来研究員
2008年　鳥取大学大学院医学系研究科遺伝子機能工学部門助教
2011年　同医学部生命科学科病態生化学分野准教授

発がんおよびがん転移予防をめざした研究に取り組んでいる。

遺伝子医学MOOK 23
臨床・創薬利用が見えてきたmicroRNA

定　価：5,500円（本体5,238円＋税）
2012年9月30日　第1版第1刷発行

監　修　落谷孝広
編　集　黒田雅彦・尾﨑充彦
発行人　大上　均
発行所　株式会社 メディカル ドゥ

〒550-0004　大阪市西区靭本町 1-6-6　大阪華東ビル
TEL. 06-6441-2231／FAX. 06-6441-3227
E-mail：home@medicaldo.co.jp
URL：http://www.medicaldo.co.jp
振替口座　00990-2-104175
印　刷　モリモト印刷株式会社
©MEDICAL DO CO., LTD. 2012　Printed in Japan

・本書の複製権・上映権・譲渡権・公衆送信権（送信可能化権を含む）は株式会社メディカル ドゥが保有します。
・JCOPY ＜（社）出版者著作権管理機構 委託出版物＞
本書の無断複写は著作権法上での例外を除き禁じられています。複写される場合は，そのつど事前に，（社）出版者著作権管理機構（電話 03-3513-6969，FAX 03-3513-6979，e-mail：info@jcopy.or.jp）の許諾を得てください。

ISBN978-4-944157-53-2